名师名著 教育中国·规划精品系列

教育部国家级一流本科课程建设成果教材

"十二五"普通高等教育本科国家级规划教材

FOOD ENGINEERING PRINCIPLES

食品工程原理
第二版

刘成梅 罗舜菁 吴建永 主编

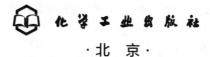
化学工业出版社
·北京·

内容简介

本书是"十二五"普通高等教育本科国家级规划教材的再版，编写内容有机融入了国家一流课程建设教学成果、"两性一度"建设成果、专业发展新成就等，坚持理论联系实际，注重产教融合，以数字资源为抓手，围绕培养学生创新精神和实践能力，以"三传理论"为主线，讲解食品工程"单元操作"。全书共分十章，依次为流体流动与输送，机械分离，粉碎与混合，传热，制冷、冷冻与保鲜，蒸发与结晶，传质导论与气体吸收，液体蒸馏，固体干燥，其他传质分离方法。

本书可作为食品科学与工程及相关专业本科教材，也可供相关专业研究生和技术人员参考。

图书在版编目（CIP）数据

食品工程原理 / 刘成梅，罗舜菁，吴建永主编 . —
2版 . —北京：化学工业出版社，2024.4
"十二五"普通高等教育本科国家级规划教材　教育部
国家级一流本科课程建设成果教材
ISBN 978-7-122-45557-4

Ⅰ.①食… Ⅱ.①刘…②罗…③吴… Ⅲ.①食品工程学-
高等学校-教材　Ⅳ.①TS201.1

中国国家版本馆CIP数据核字（2024）第088957号

责任编辑：赵玉清	文字编辑：周　偶　尉迟梦迪	
责任校对：李雨晴	装帧设计：刘丽华	

出版发行：化学工业出版社
　　　　　（北京市东城区青年湖南街13号　邮政编码100011）
印　　装：北京新华印刷有限公司
880mm×1230mm　1/16　印张24¾　字数744千字
2024年4月北京第2版第1次印刷

购书咨询：010-64518888　　售后服务：010-64518899
网　　址：http://www.cip.com.cn
凡购买本书，如有缺损质量问题，本社销售中心负责调换。

近十年来，我国食品工业日新月异，工程教育理念也发生了深刻变革。"以学生为中心"理念、"立德树人"根本任务、"新工科"重大战略，是我国高等工程教育改革的主旋律。《食品工程原理》编者识变、应变、求变，积极投身于课程体系改革和资源建设。南昌大学"食品工程原理"课程荣获国家级一流本科线下课程（2020年）、省级精品在线慕课和省级虚拟仿真项目。面对新一轮工业革命，我们积极贯彻落实党的二十大精神，将教学改革新成果、专业发展新成就等，有机融入食品工程原理教材中，编写坚持理论联系实际，注重产教融合，以数字教学为抓手，围绕培养学生创新精神和实践能力，以"三传理论"为主线，讲解食品工程"单元操作"。

本书是"十二五"普通高等教育本科国家级规划教材的再版。作为国家级一流本科课程建设成果教材，新版教材编写特点如下：

（1）多维引导，学生中心。

体现国家一流课程建设、"两性一度"建设的教学成果，各章设置"思维导图""兴趣引导""学习目标""过程检查"和"知识归纳"模块，为学生自主学习创造条件。"思维导图"强调知识点之间的来龙去脉和相互联系，使学生既见树木，又见森林。"兴趣引导"将抽象理论融入生活现象，激发学生学习兴趣。"学习目标"明确知识、能力和素养达成要求，并通过"过程检查"检验学生对重点、难点知识的掌握程度。"知识归纳"提炼学习要素、总结知识规律，帮助学生进一步理解、实践课堂知识。

（2）数字赋能，创新实践。

全书配套慕课、多媒体课件、动画、习题答案等教学资源。通过二维码等数字技术贯通线上、线下，为翻转课堂创造条件，将课程由"老师教、学生学"转化为"学生学、老师教"。设置"工程能力训练"模块，提高学生运用所学知识综合分析解决实际问题的能力。

（3）以食为本，育人为先。

食品工程原理的"三传理论"源自于化工原理，但是两者在"单元操作"上有明显区别。为适应食品产业变革的需求，进一步强化本书的食品特色，编者与江西齐云山食品有限公司等企业充分开展产教协同育人模式，更新了"制冷、冷冻与保鲜"和"其他传质分离方法"两章内容，并在"粉碎与混合"章节融入了前沿科技和产业实际，删去了"固体流态化"和"萃取"两章内容。此外，在每章末尾新增了"拓展阅读"模块，帮助读者了解与食品工程原理相关的重大科技成果和前沿进展，厚植科学家精神和创新精神，培养学生家国情怀。

以纸质教材为核心，辅之以数字化资源，会使教材显现出立体化，学生学习显现出个性化，从而在培养学生能力和科学素养等方面起到行稳至远的作用。为进一步帮助学生强化对所学知识的理解与运用，作为新形态课程教材，本书还提供案例、拓展阅读、习题/测试参考等数字化资源，正版验证后（一书一码）即可获得（操作提示见封底）。

全书共十章，由江西省高水平本科教学团队（食品工程创新实践团队）编写，分工如下：绪论、第九章，刘成梅；第一章，刘蓉；第二、五章，罗舜菁；第三章，罗舜菁、陈婷婷；第四、七、八章，吴建永；第六章，张锦胜；第十章，彭娟。全书由刘成梅审改、定稿。

本书第一版作者张继鉴、张彬和衷平海由于年龄原因未能参与本版修订工作，在此向三位作者以及第一版的其他作者所做的贡献深表谢意。本教材成书过程中，得到了化学工业出版社的有力支持。

食品工程原理涉及高等数学、物理化学等多学科知识，由于编者水平有限，书中疏漏和不足之处在所难免，敬请广大读者批评指正。

编者

于南昌大学

绪　论

一、食品工业与食品工程原理

食品工业是我国国民经济的重要支柱产业，也是关系国计民生及关联农业等领域的大产业。中国食品工业连续十多年保持高速增长，尤其是近年来，增速更是始终保持在 20% 以上，已成为我国制造业的第一大产业。它不仅是国民经济的重要支柱，更是提供国民日常生活的基本保证。从以经验和手工加工为主的传统加工方式发展到先进的现代化加工方式，食品工业走过了一条漫长的发展道路，直至 20 世纪 40 年代后，食品加工才在粮油、果蔬、肉制品等加工领域逐步实现了工业化生产。

食品工程原理是食品专业的一门重要专业基础课，主要介绍食品加工生产过程中动量、热量、质量传递的基本理论，各个单元操作的基本原理、计算以及典型设备的结构构造、操作常识和设计选型，是食品生产加工过程中一切工程技术研究和实践的基础。简单地讲，食品工程原理也可以被看成是一门以"三传理论"和"单元操作"为主要研究对象的学科。"三传理论"是食品加工过程中的基本理论，而单元操作则是基本方法，它们贯穿于整个食品加工生产过程中。

二、食品工程原理的主要研究内容

食品工程原理之所以在食品专业中占据如此重要的地位，是因为它不仅是食品加工中机械设计制造、配套选型和操作维修的基础，同时也是保证食品加工工艺准确实施的基础。

与化学加工相比，食品加工出现的时间更早，但发展始终缓慢，由于单元操作和三传理论的引进，食品加工出现了一门新的学科——食品工程原理，才使得食品工业从以经验和手工加工为主的传统加工方式发展到先进的现代化加工方式，进入了一个新的发展时代，这促使现代食品工业不断向规模化、自动化、科学化方向发展。

在食品加工过程中，不同的原料、产品所需要的加工过程千差万别，加工工艺各不相同，但食品加工过程中所涉及的单元操作只有二十多种。如果从"三传理论"的角度出发，我们可以将这些单元操作大致分为：

动量传递　流体输送、粉碎、混合、搅拌、过滤、沉降、离心分离、固体流态化等；

热量传递　加热、冷却、冷凝、蒸发、冷冻等；

质量传递　吸收、蒸馏、萃取、结晶、干燥、膜分离、吸附等。

　　食品加工大致可分为粮食及粮食制品、食用油、肉及肉制品、乳及乳制品、糖及糖制品、饮料及速溶饮品、酒、调味品、豆制品加工九大类，这九大类常见食品的加工、原料和成品都存在着明显的不同，但在其加工过程中所涉及的单元操作基本都包括在这二十多种单元操作中。

　　同种单元操作在不同的食品加工过程中应用，其基本原理是相同的，其设备也大致类似或者可以通用，但与化工过程比较，食品加工过程单元操作有自己明显的特点。这是由于食品加工中的原料结构和成分更加复杂，导致其原料具有一些很明显的特性，如热敏性、易氧化、易腐蚀；同时，食品加工所需的原料多为液态、固态（化工过程中多用气态和液态原料），而且其中多数液态原料、液态半成品、液态产品都属于非牛顿液体；此外，在食品加工过程中往往会添加各种酶或菌等辅助原料，这些辅助原料又往往对温度、酸碱条件有比较特殊的，甚至苛刻的要求。这些特点使得食品加工过程大部分单元操作都有相应的要求，也决定了某些单元操作在食品加工过程中被更多地选用。

　　例如速冻，新鲜的食品在常温下保存，食品在酶和微生物作用下色、香、味会逐渐变差，营养价值也逐渐降低，随着存放时间稍长，食品还会腐败变质，直至完全不能食用。除此之外，还有非酶引起的变质，如油脂的氧化酸败。速冻技术的出现很好地解决了这个问题。低温条件下，微生物的生长繁殖和酶的活性都受到极大抑制，同时非酶因素引起的化学反应的速度也大大降低，为食品的保鲜和延长食品的保质期创造了条件。很多传统的中式食品小笼包、水饺、汤圆、八宝饭等等，都可以经过速冻加工后在保持自身原有风味和营养价值的情况下，长期保存或长途运输，极大地方便了广大人民的日常生活。

　　再如低温加热杀菌，加热杀菌是食品加工中抑制有害微生物生长繁殖的有效手段，但是有的食品如牛奶，其中含有大量的蛋白质，由于蛋白质具有高温下易变性的特点，会直接影响食品应有的营养价值和色香味，所以在加工过程中常用低温加热杀菌（温度低于100℃）来将牛奶中的部分微生物杀灭。

　　又如真空浓缩，果汁生产过程中，浓缩可以使果汁体积缩小，在不加任何防腐剂的情况下能长期保藏。但由于大多数果汁在常压下长时间浓缩容易被氧化而发生各种不良变化，影响果汁质量。因此，在具体生产操作中多采用真空浓缩。在真空低压条件下迅速使果汁中的水分蒸发，既缩短了时间，又可有效地抑制果汁的褐变及防止色素和营养成分的氧化。

　　同时随着食品加工工艺的成熟和进步，又有很多新型的单元操作被引进来，如半透膜浓缩、冷冻浓缩、辐射干燥、冷冻干燥等等。随着自身学科体系的不断发展、成熟与完善，食品工程原理在提升食品生产加工效率，创新食品加工过程，提高食品的品质、安全性等诸多方面，为食品工业的向前发展提供了源源不断的动力。

三、学好本课程的主要方法

　　《食品工程原理》作为食品专业一门重要的主干基础专业课程，其中涉及的很多问题往往比较复杂，需要同学们同时运用如物理学、数学、物理化学等多门基础课的综合知识，学好这门课程也必须掌握与之相适应的学习方法。

1. 善于总结，抓住基本原理和方法

　　食品工程原理课程所涉及的基础知识面很广，概念、公式、物理量等也很多，计算比较复杂，尤其是一些半推理半经验的公式比较难理解和运用。学习时应紧密围绕"三传理论"和"单元操作"这两个基础及时对所学知识加以总结和梳理，会很容易解决问题。比如：蒸发是传热的一种形式；萃取和吸收的本质都是质量传递，等等。

2. 善于培养自身的工程素质

　　《食品工程原理》本身属于一门工程类基础课，讨论的问题多为工程实际问题，其最大的特点就是真实性和复杂性。这要求同学们在学习本课程时要将以往的理论思维模式向工程实践模式转变，在处理问题时多从实际出发，考虑现实环境因素和实际应用因素，不能仅仅从理论上推断它的可能性。比如：在工厂设计中设备选型时，除了考虑所选设备的技术指标外，还要考虑厂区大小、运营成本、生产规模、投资回报等诸多问题。

3. 善于利用实验和工厂实践的机会巩固和提高对理论知识的理解

　　学习本课程最终目的是将学习的理论知识真正运用到生产实践中去。《食品工程原理》是一门具有很强工程实用性的课程，其理论主要来源于食品加工的实践研究，把这些理论知识与实验、实践进行有机的结合，对理论知识的学习和准确运用有十分积极的影响。

第一章　流体流动与输送

历史上的撞船事件、航海中的"船吸现象"

1912 年秋，当时世界上最大的远洋轮船之一——"奥林匹克号"正在大海上航行。突然，一艘比它小得多的铁甲巡洋舰"豪克号"从后面追了上来，在距它约 100m 处平行疾驰。就在这时，一件意外的事情发生了："豪克号"好像着了魔，突然失控，竟然扭转船头朝"奥林匹克号"冲去，就像被大船吸过去似的。结果，"奥林匹克号"的船舷被"豪克号"撞了一个大洞，酿成重大海难事故。通过对本章的学习，可以分析并解释此事件发生的原因。

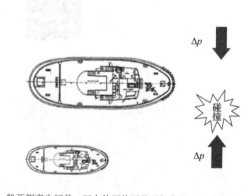

船两侧产生压差，巨大的压差压着两船靠拢，最后相撞

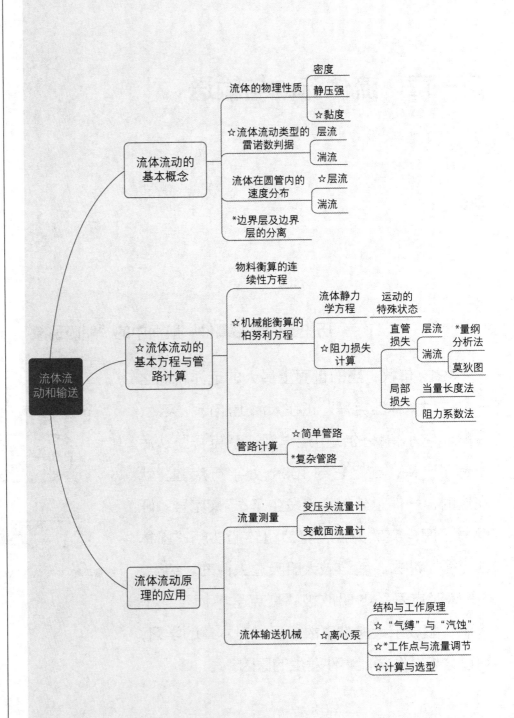

👁 学习目标

1. 掌握流体静压强常用单位之间的换算和不同表示方法之间的关系，理解牛顿黏性定律及流体的黏度。
2. 简要描述流体静力学基本方程在工程中的三种应用场景以及测定原理。
3. 通过对管道直径进行估算和选型，强化工程中经济核算的概念；熟悉两种流体流动类型的雷诺数判据，了解不同流动类型流体在圆管内的速度分布规律。
4. 掌握流体流动的物料衡算和机械能衡算，即连续性方程式和伯努利方程式，熟练运用其解决工程中的问题。能够学以致用，与小组成员一起，分析解释"历史上的撞船事件"发生原因，并提出有效避免"船吸现象"的方法。
5. 了解边界层和边界层分离，理解量纲分析法，掌握直管阻力损失和局部阻力损失的计算，掌握简单管路和复杂管路的计算。
6. 指出并简要描述根据流体力学原理制作的两大类三种以上工程中常用流量计及其流量测量原理。
7. 熟悉离心泵的结构、工作原理和性能曲线，指出离心泵操作和安装中需要注意事项并简述原因，指出至少三种离心泵流量调节的方法，掌握离心泵的计算与选型。

　　物质的三种常规聚集状态是气、液、固三态，气态和液态物质统称为流体。化工、石油、制药、生物、食品、环境等许多生产领域中所处理的物料多为流体。物料由一个设备输送到另一个设备，从上一道工序转移到下一道工序，都需在一定的流动状态下进行。设备中发生的传热、传质以及化学反应等也都与流体流动的状态密切相关。因此，掌握流体流动的基本规律是解决流体输送，研究传热、传质过程以及设备设计和选型的重要基础。

　　食品生产过程中经常要将流体物料通过管道从某处输送到指定的地方，为达到此目的，必须对流体输入能量，以克服流体阻力及补充输送流体时所不足的能量，满足工艺对流体的流量和压强的要求。为流体提供能量的机械称为流体输送机械。本章将重点讨论流体流动的基本原理，并运用基本原理分析和解决流体输送过程中的基本计算问题。

　　在研究流体流动时，常将流体视为由无数分子微团组成的连续介质，每个分子微团称为质点，其大小与管道或容器的几何尺寸相比是微不足道的。把流体视为连续介质的连续性假设首先意味着流体是由一系列连续的流体质点组成的；其次还意味着质点的运动过程是连续的。这样就可以摆脱复杂的分子运动，从宏观的角度来研究流体的流动规律。但是，并不是在任何情况下都可以把流体视为连续介质，如高度真空下的气体就不能再视为连续介质了。

第一节　流体的物理性质

一、流体的密度

　　单位体积流体的质量，称为流体的密度，其表达式为

$$\rho = \frac{m}{V} \tag{1-1}$$

　　式中，ρ 为流体的密度，kg/m^3；m 为流体的质量，kg；V 为流体的体积，m^3。

　　单位质量流体的体积称为流体的比体积，用符号 υ 表示，在 SI 单位制中的单位为 m^3/kg，数值上等

于密度的倒数。表 1-1 所列为几种常见流体食品的密度和比体积。

流体的密度是压强和温度的函数。液体的密度基本上不随压强变化，故常称液体为不可压缩流体，但随温度稍有改变。气体的密度随压强和温度的变化较大，常称为可压缩流体，因此气体的密度必须标明其状态。输送过程中若压强改变不大，因而密度也改变不大时，气体可按不可压缩流体处理。在温度不太低、压强不太高的情况下，气体可视为理想气体。操作条件下的气体密度可用下式进行计算：

$$\rho = \frac{m}{V} = \frac{pM}{RT} = \rho_0 \frac{T_0 p}{T p_0} \qquad (1\text{-}2)$$

式中，p 为气体的压强，kN/m^2 或 kPa；M 为气体的摩尔质量，kg/kmol；R 为通用气体常数，$R=8.314kJ/(kmol \cdot K)$；T 为气体的热力学温度，K；ρ_0 为理想气体在标准状态（$p_0=1.013 \times 10^5 Pa$，$T_0=273K$）下的密度，$\rho_0 = M/22.4 (kg/m^3)$。

表 1-1　几种常见流体食品的密度和比体积（15℃）

品名	密度 $\rho/(kg/m^3)$	比体积 $v/(m^3/kg)$	品名	密度 $\rho/(kg/m^3)$	比体积 $v/(m^3/kg)$
10%食盐水	1070	9.37×10^{-4}	牛奶	1030~1040	$(9.27~9.63) \times 10^{-4}$
20%食盐水	1150	8.71×10^{-4}	芝麻油	910~930	$(1.07~1.1) \times 10^{-4}$
20%蔗糖液	1080	9.27×10^{-4}	猪油	910~920	$(1.09~1.1) \times 10^{-4}$
40%蔗糖液	1180	8.50×10^{-4}	椰子油	910~940	$(1.06~1.1) \times 10^{-4}$

食品生产中遇到的流体，往往是由若干组分所构成的混合物。液体混合物的密度可按加成法则计算，即各组分在混合前后的体积保持不变

$$v_m = \frac{1}{\rho_m} = \sum \frac{a_i}{\rho_i} \qquad (1\text{-}3)$$

式中，a_i 为组分 i 的质量分数。

气体混合物的密度也可按加成法则计算，即各组分在混合前后其质量不变

$$\rho_m = \sum \psi_i \rho_i \qquad (1\text{-}4)$$

式中，ψ_i 为组分 i 的体积分数。

若混合气体可视为理想气体，则其密度也可按式（1-2）计算，但式中的 M 应以气体混合物的平均摩尔质量 M_m 代替，即

$$M_m = \sum M_i y_i \qquad (1\text{-}5)$$

式中，M_i 为气体混合物中组分 i 的摩尔质量；y_i 为气体混合物中组分 i 的摩尔分数。

理想气体混合物中各组分的体积分数与摩尔分数、压强分数相等，故式（1-4）、式（1-5）中的 ψ、y 及各组分的压强分数三者之间可以互相替换。

二、流体的静压强

垂直作用于流体单位面积上的压力，称为流体的静压强，简称压强，以符号 p 表示。在静止流体中，从各方向作用于某一点的压强大小均相等。

SI 单位制中，流体压强的单位是帕斯卡（Pa），即 N/m^2。工程上为了使用

和换算方便，常将 1kgf/cm² 近似地作为 1 个大气压，称为 1 工程大气压（at）。此外还有许多习惯使用的单位。现列出一些常见的压强单位及它们之间的换算关系：

$$1 \text{ 标准大气压 (atm)} = 1.013 \times 10^5 \text{Pa} = 1.033 \text{kgf/cm}^2 = 10.33 \text{mH}_2\text{O} = 760 \text{mmHg}$$

$$1 \text{ 工程大气压 (at)} = 9.807 \times 10^4 \text{Pa} = 1 \text{kgf/cm}^2 = 10 \text{mH}_2\text{O} = 735.6 \text{mmHg}$$

流体的压强除用不同的单位来计量外，还可以有不同的计量基准。以绝对真空（即零大气压）为基准，称为绝对压强，即压强的实际数值；以当地大气压为基准，当被测流体的绝对压强大于外界大气压时，所用测压仪表称为压强表，压强表上的读数称为表压强，两者的关系可用下式表示

$$\text{表压强} = \text{绝对压强} - \text{大气压}$$

当被测流体的绝对压强小于大气压时，所用测压仪表称为真空表，真空表上的读数称为真空度，真空度与绝对压强之间的关系为：

$$\text{真空度} = \text{大气压} - \text{绝对压强}$$

真空度是表压强的负值，因此，工业上亦将真空度称为负压。

三、流体的黏性

（一）牛顿黏性定律

当静止的流体受到一持续施加的切向力的作用时，产生连续的变形，即流动。运动流体内部速度不同的相邻两流体层间存在的相互作用力，称为流体的内摩擦力或黏滞力。流体流动时产生内摩擦力的性质称为流体的黏性。

考察如图 1-1 所示的间距很小的两平行平板间的流体层。将下板固定，对上板施加一恒定外力，使上板作平行于下板的匀速直线运动。由于流体具有黏性，附在上板底面的一薄层流体的速度等于板移动的速度，以下各层速度逐渐降低，附在下板表面的一薄层流体速度为零。各流体层之间存在速度差，即存在相对运动。由于流体分子运动的结果，运动较快的流体层对其相邻的运动较慢的流体层，有着拖动其向运动方向前进的力；而同时运动较慢的流体层，对其上运动较快的流体层也作用着一个大小相等、方向相反的力，阻碍较快的流体层的运动。

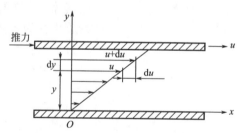

图 1-1　平板间流体速度变化

实验证明，两相邻流体层之间单位面积上的内摩擦力（或称为剪应力 $\tau = F/A$）与两流体层的速度随其垂直距离的变化率（称为速度梯度 $\mathrm{d}u/\mathrm{d}y$）成正比。即

$$\tau = \mu \frac{\mathrm{d}u}{\mathrm{d}y} \tag{1-6}$$

式中，μ 为比例系数，称为黏性系数或动力黏度，简称黏度。

此式所示的关系称为牛顿黏性定律。服从牛顿黏性定律的流体，称为牛顿型流体，包括所有的气体和大部分低分子量的液体，如空气、水、食用油、牛奶等稀溶液。不符合牛顿黏性定律的流体称为非牛顿型流体。根据流体的流变方程式或流变图，可将非牛顿型流体分为以下三类：与时间无关的黏性流体、与时间有关的黏性流体以及黏弹性流体。与时间无关的黏性流体又可分为假塑性流体，如聚合物溶液或熔融体、油脂、淀粉悬浮液、蛋黄浆和油漆等；胀塑性流体，如湿沙、玉米粉、糖溶液和某些高浓度的粉末悬浮液等；宾汉塑性流体，如纸浆、牙膏、肥皂和污泥浆等。与时间有关的黏性流体，可分为以下两种：触变性流体，如某些高聚物溶液、某些食品和油漆等；流凝性流体，如某些溶胶和石膏悬浮液等。

黏弹性流体介于黏性流体和弹性固体之间，既有黏性又有弹性。属于此种流体的有面粉团、凝固汽油和沥青等。

（二）流体的黏度

黏度是影响流体流动的重要物理性质之一，是衡量流体黏性大小的物理量。黏度的物理意义为：速度梯度等于 1 时运动流体单位面积上所产生内摩擦力的大小。流体黏度越高，流动时产生的内摩擦力越大。流体只有在运动时才显示其黏度。

SI 单位制中黏度的单位可以通过式（1-6）确定。

$$[\mu] = \left[\frac{\tau}{d\boldsymbol{u}/dy}\right] = \frac{N/m^2}{(m/s)/m} = \frac{N \cdot s}{m^2} = Pa \cdot s$$

常用流体的黏度可从相关手册中查得，手册中黏度数据的单位常以泊（P）或厘泊（cP）表示，它们是物理单位制（CGS 制）中黏度的单位，与国际单位制的换算如下：$1cP = 10^{-2}P = 10^{-3}Pa \cdot s$。

在工程流体力学中，还常常采用流体黏度 μ 与密度 ρ 之比来表示流体的黏性，称为运动黏度，用符号 ν 表示

$$\nu = \mu/\rho \tag{1-7}$$

SI 单位制中 ν 的单位为 m^2/s。CGS 制中 ν 的单位为 cm^2/s，称为斯托克斯，用符号 St 表示。

流体的黏度随温度而变：温度升高，液体的黏度减小，气体的黏度增大。气体和液体的黏度一般随压强的升高而略有增加，但变化不大，因此在工程计算中视为不随压强而变。实际流体食品多为复杂的多组分体系，因此除温度外，其黏度还受其他因素的影响。图 1-2 为一些常见液体食品的黏度随温度的变化曲线，图 1-3 所示为组分含量和悬浮粒子大小对食品黏度的影响。

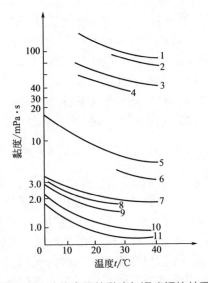

图 1-2　液体食品的黏度与温度间的关系

1—菜籽油；2—猪油；3—椰子油；4—沙丁鱼油、鲸油；5—40% 蔗糖溶液；6—50% 蔗糖溶液；7—20% 蔗糖溶液；8—20% 葡萄糖溶液；9—牛奶；10—10% 盐酸；11—水

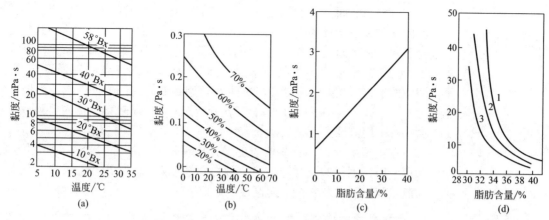

图1-3　组分含量和悬浮粒子大小对食品黏度的影响
（a）橘子汁；（b）蔗糖溶液；（c）牛奶；（d）巧克力
1—细粒；2—中粒；3—粗粒

第二节　流体流动的基本概念

一、流体静力学

流体静力学是研究流体在外力作用下达到平衡，即流体处于静止或相对静止状态下的规律。流体在重力与压力作用下达到平衡时呈静止状态，由于一定质量流体的重力是固定不变的，因此讨论流体静止的基本规律实际上就是讨论静止流体内部压强随高度变化的规律。

流体静力学基本方程式是用于描述静止流体内部的压强沿着高度变化的数学表达式。对于静止流体，任意面上都只受到垂直于此面的大小相等、方向相反的静压强。对于不可压缩流体，密度不随压强变化，其静力学基本方程可推导如下。

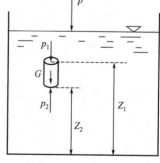

如图1-4所示，在密度为 ρ 的连续静止流体中任意画出一垂直液体柱，其横截面积为 A，p_1、p_2 分别为作用于液柱上、下底面处的压强。以容器底为基准水平面，研究其受力。在垂直方向上作用于液柱的力有：

（1）向上作用于液柱下底面的总压力 p_2A；

（2）向下作用于液柱上底面的总压力 p_1A；

（3）向下作用于整个液柱的重力 $\rho g A(Z_1-Z_2)$。

在静止流体中，所有作用于该液柱上的力在垂直方向的投影之和应为零，即

$$p_2A=p_1A-\rho g A(Z_1-Z_2)=0 \qquad (1\text{-}8)$$

将式（1-8）进行变形，有

图1-4　流体静力平衡

$$p_2=p_1+\rho g(Z_1-Z_2) \qquad (1\text{-}9)$$

或

$$p_1+\rho g Z_1=p_2+\rho g Z_2 \qquad (1\text{-}9a)$$

为讨论方便，设液面上方的压强为 p_0，距液面 h 处的压强为 p，式（1-9）可改写为

$$p=p_0+\rho g h \qquad (1\text{-}10)$$

式（1-9）和式（1-10）均为流体静力学基本方程。由此可知：

（1）当液面上方的压强一定时，在静止液体内任一点的压强 p 与该点距液面的深度 h 及液体本身的密度 ρ 有关。因此，在静止的、连续的同一液体内，处于同一水平面上的各点，其压强相等。此压强相等的水平面，称为等压面。

（2）当液面上方的压强 p_0 改变时，液体内部各点的压强 p 亦随之增减，即液面上方所受的压强能以同样大小传递到液体内部的任一点（巴斯噶原理）。

（3）式（1-10）还可改写为 $(p-p_0)/(\rho g)=h$，即静止流体内压强或压强差的大小可以用液柱高度来表示。

在化工生产中，有些仪表的操作原理是以流体静力学基本方程为依据的，如用于压强测量的液柱压差仪。静力学基本方程还可以用于容器、设备中液位的测定和控制以及安全液封高度的确定。

过程检查 1.1

○ 列举静力学基本方程在工程中的三种应用场景并简述原理。

二、稳定流动与非稳定流动

稳定流动

在流动系统中，任意位置处流体的流速、压强、密度等相关物理量都不随时间而变，这种流动称为稳定流动。若流动的流体中任意位置处的物理参数有部分或全部随时间而变，这种流动称为非稳定流动。

非稳定流动

在食品工业生产过程中，流体流动多属于连续的稳定流动过程，只有间歇操作过程或在开工与停工阶段为非稳定流动过程。

三、流量与流速

（一）流量

1. 体积流量

单位时间内流体流经管道任一截面的体积，称为体积流量，以 V_s 表示，单位为 m^3/s。

2. 质量流量

单位时间内流体流经管道任一截面的质量，称为质量流量，以 m_s 表示，单位为 kg/s。

体积流量与质量流量之间的关系为

$$m_s = \rho V_s \tag{1-11}$$

（二）流速

1. 平均流速

流速是指单位时间内流体质点在流动方向上所流经的距离。实验证明，流体在管道内流动时，管道截面上流体质点的速度沿半径而变化。管壁处流速为零，离管壁愈远则速度愈大，到管中心处达到最大值。工程上一般以体积流量除以管道截面积（A）所得之商来表示流体在管道中的速度，称为平均流速，简称流速，以 u 表示，单位为 m/s。

流量与流速的关系为：

$$u = \frac{V_s}{A} = \frac{m_s}{\rho A} \tag{1-12}$$

2. 质量流速

单位时间内流体流经管道单位截面积的质量，称为质量流速，以 G 表示，单位为 kg/（m² · s）。它与流速及流量的关系为

$$G = m_s/A = \rho V_s/A = \rho u \tag{1-13}$$

可压缩流体在管内流动时，若压强、温度发生变化，则体积流量与流速也随之改变，但其质量流量与质量流速不变。

3. 管道直径的估算

流体输送管道的直径是根据流量与流速计算的，若以 d 表示管道内径，则

$$u = \frac{V_s}{A} = \frac{V_s}{\frac{\pi}{4}d^2}$$

于是

$$d = \sqrt{\frac{V_s}{0.785u}} \tag{1-14}$$

流量取决于生产任务，适宜的流速原则上应根据经济权衡来确定。一般液体的流速为 0.5 ～ 3m/s，气体的流速为 10 ～ 30m/s。一些流体在管道中的常用流速范围列于表 1-2 中。

表1-2　某些流体在管道中的常用流速范围

流体类别	流速/(m/s)	流体类别	流速/(m/s)
水及一般液体	1～3	压强较高的气体	15～25
黏度较大的液体	0.5～1	饱和水蒸气	
低压气体	8～15	0.8MPa以下	40～60
易燃、易爆的低压气体	<8	0.3MPa以下	20～40
		过热水蒸气	30～50

四、流体流动类型与雷诺数

（一）流体流动类型——层流和湍流

随着流体物性、流速以及流道截面几何形状等因素的不同，流体流动时将表现出不同的流动形态。英国物理学家奥斯本·雷诺（Osborne Reynolds）在 1883 年通过实验直观地考察了流体流动时的内部情况以及有关因素的影响，首先提出流体流动有两种截然不同的类型，即层流和湍流。

雷诺实验装置如图 1-5（a）所示，在液面高度维持恒定的水箱 3 底部水平安装一入口为喇叭状的等径玻璃管 4，管出口处用阀门 5 来调节水流量，水箱上方的容器 1 内充有有色液体作为示踪剂。实验时，水流经玻璃管的同时，示踪剂经针管 2 注入玻璃管中心轴线上。

雷诺实验

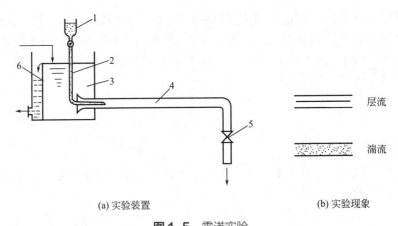

(a) 实验装置　　　　　　　　　　　　　(b) 实验现象

图 1-5　雷诺实验

1—示踪剂容器；2—针管；3—水箱；4—水平玻璃管；5—阀门；6—溢流装置

实验现象如图 1-5（b）所示。流速小时，示踪剂沿等径玻璃管 4 的管轴线方向形成一根轮廓清晰的流线，平稳地流过全管，如图 1-5（b）上图所示，表明管内流体质点有秩序地顺着轴线呈层状平行流动，层与层的流体质点间无宏观混合，这种流型称作层流或滞流。逐渐加大管内流体流速，示踪剂流线开始波动、弯曲，呈波浪形细线。进一步增加流体流速，示踪剂流线的波动加剧，并形成旋涡向四周散开，最后与水流主体完全混合，整个玻璃管内呈现均匀的有色水流，如图 1-5(b)下图所示，表明流体质点除了沿管轴线方向向前运动外，还存在流速大小和方向不断改变的不规则杂乱运动，这种流型称为湍流或紊流。

（二）流动类型的判据——雷诺数 Re

雷诺通过实验还发现，流体的流动类型不仅与流速 u 有关，还与流体的密度 ρ、黏度 μ 以及管子的直径 d 有关。经过进一步的分析研究，雷诺将上述影响因素组成为一个复合数群 $du\rho/\mu$ 的形式，作为判断流体流动类型的准则。此数群称为雷诺数，用 Re 表示，即

$$Re = \frac{du\rho}{\mu} \qquad (1\text{-}15)$$

雷诺数 Re 是一个量纲为 1 的数群，计算时只要数群中的各物理量采用统一的单位制，其值相等。

根据实验得到判别在直管内流动的流体流动类型的一般依据为：

（1）$Re \leqslant 2000$ 时，流动类型属于层流或滞流；

（2）$2000 < Re < 4000$，流动类型不稳定，可能是层流也可能是湍流，与外界干扰情况有关，该雷诺数范围称为过渡区；

（3）$Re \geqslant 4000$ 时，流体流动类型为湍流或紊流。

五、流体在圆管内的速度分布

由于流体存在黏性，流体流动时，管截面上质点的轴向速度是沿半径变化的。管截面上流速大小沿半径的变化规律称为流体在管内的速度分布规律。流动类型不同，流体在管内的速度分布规律不同。

（一）流体在圆管中层流时的速度分布

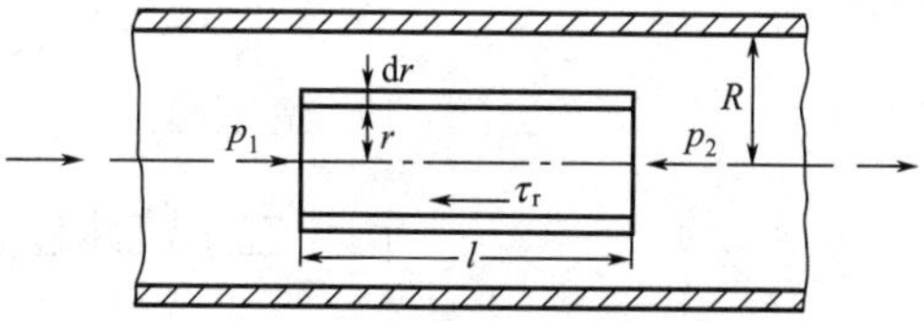

如图 1-6 所示，流体在半径为 R 的水平直管内作稳定层流流动。于管中心处任取一段长为 l、半径为 r 的流体柱。水平方向作用于此流体柱的力有两端的总压力 $(p_1-p_2)\pi r^2$ 及圆柱体周围表面上与相邻流体层间的内摩擦力 $\tau(2\pi rl)$。

由于稳定流动时此流体柱处于平衡状态，因而作用于此流体柱水平方向上的合力为零

图 1-6 圆管内层流速度分布方程的推导

$$(p_1 - p_2)\,\pi r^2 - \tau(\,2\pi rl\,) = 0$$

根据牛顿黏性定律 $\tau=-\mu\dfrac{\mathrm{d}\boldsymbol{u}}{\mathrm{d}r}$，并整理上式可得

$$\frac{\mathrm{d}\boldsymbol{u}}{\mathrm{d}r}=-\frac{\Delta p}{2\mu l}r \tag{1-16}$$

式中，$\Delta p=p_1-p_2$ 为两截面间的压强差。积分上式的边界条件为：当 $r=R$ 时，$\boldsymbol{u}=0$；当 $r=r$ 时，$\boldsymbol{u}=\boldsymbol{u}$。将上式分离变量并积分整理得

$$\int_0^u \mathrm{d}\boldsymbol{u}=-\frac{\Delta p}{2\mu l}\int_R^r r\mathrm{d}r$$

$$\boldsymbol{u}=\frac{\Delta p}{4\mu l}(R^2-r^2) \tag{1-17}$$

式（1-17）即为流体在圆管内层流时的速度分布方程。由此可知，层流时速度 $\boldsymbol{u}$ 沿半径 r 呈抛物线分布，如图 1-7（a）所示。

在管中心处 $r=0$，速度 $\boldsymbol{u}$ 达到最大值 $\boldsymbol{u}_{\max}$，即

$$\boldsymbol{u}_{\max}=\frac{\Delta p}{4\mu l}R^2 \tag{1-18}$$

由图 1-6 可知，在半径 r 处取厚度为 $\mathrm{d}r$ 的一个微小环形截面，则流过此环形截面的流体体积流量为：

$$\mathrm{d}V_s=\boldsymbol{u}\mathrm{d}A=\frac{\Delta p}{4\mu l}(R^2-r^2)(2\pi r\mathrm{d}r) \tag{1-19}$$

边界条件为：当 $r=0$ 时，$V_s=0$；当 $r=R$ 时，$V_s=V_s$。积分得到通过整个管道截面的体积流量为：

$$V_s=\frac{\pi R^4\Delta p}{8\mu l} \tag{1-20}$$

则流体在圆管内层流时的平均流速为

$$u=\frac{V_s}{\pi R^2}=\frac{\pi R^4\Delta p/(8\mu l)}{\pi R^2}=\frac{\Delta p}{8\mu l}R^2 \tag{1-21}$$

与式（1-18）比较，得

$$u=\frac{1}{2}\boldsymbol{u}_{\max} \tag{1-22}$$

即流体在圆管内层流时的平均流速等于管中心处最大流速的 1/2。

以管径 d 代替式（1-21）中的半径 R，并改写得

$$\Delta p=32\frac{\mu lu}{d^2} \tag{1-23}$$

此式称为哈根-泊谡叶（Hagen-Poiseuille）公式。此式表明，流体以层流通过圆直管时，用以克服摩擦阻

力的压强差 Δp 与流速 u 的一次方成正比，因此可以作为流体层流流动时的直管阻力计算式。此外，哈根 - 泊谡叶公式也是毛细管黏度计测定液体黏度的理论依据。

（二）流体在圆管中湍流时的速度分布

湍流时，流体中充满着各种大小的旋涡，流体质点除了沿管道轴线方向流动外，在管道截面上，流体质点的运动方向和速度大小也随时变化。由于湍流运动的复杂性，目前还不能利用理论推导出其速度分布式，只能借助于实验数据用经验公式近似地表达，发现如下的 $1/n$ 次方规律：

$$u = u_{max}\left(1 - \frac{r}{R}\right)^{1/n} \tag{1-24}$$

式中，n 值与雷诺数 Re 有关，当 Re 越大，n 值也越大，n 值在 $6 \sim 10$ 之间。当 $Re = 1.0 \times 10^5$ 左右时，$n = 7$。

由此可见，湍流时的速度分布不再是严格的抛物线，速度分布曲线如图 1-7（b）所示。由于流体存在黏性，湍流时管壁处的流体速度也等于零，靠近管壁的流体层仍作层流流动，这一流体薄层称为层流底层，其中的速度梯度比层流时大。层流底层的厚度随 Re 值的增加而减小。离开层流底层，流速逐渐增大，至管中心处达到最大值 u_{max}。在上述 Re 数范围内，平均流速与最大流速的关系为：

$$u = (0.79 \sim 0.87)u_{max} \tag{1-25}$$

上述速度分布规律，仅在管内流动达到平稳（或称充分发展）时才成立。管口附近，外来影响尚未消失；管路拐弯、分支处和阀门附近，流动受到干扰，这些地方的速度分布曲线都会发生变形。

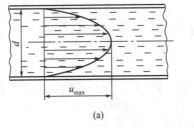
（a）

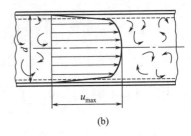
（b）

图 1-7　圆管内流体的速度分布
（a）层流；（b）湍流

六、边界层和边界层的分离

（一）边界层及其形成

实际流体沿壁面流动时，可在流体中划分出两个区域：一为壁面附近速度变化较大的区域，称为边界层，流动阻力主要集中在此区域；另一为离壁面较远、速度基本不变的区域，其中的流动阻力可以忽略。一般将速度达到主体流速的 99% 之处规定为两个区域的分界线，即从速度为零至速度等于主体速度的 99% 的区域属于边界层范围。

现以水沿平板流动为例，说明边界层形成的过程。如图 1-8 所示，湍流运动的水先以均匀一致的时均速度 u_0 趋近平板，达到平板前沿后，受到固体壁面的影响，在壁面处的速度降为零，形成速度梯度。相应的剪应力促使邻近壁面的水层流速减缓，开始形成边界层。在某一垂直距离处流体的速度等于 $0.99u_0$，则此距离为流动边界层的厚度 δ。该厚度以外未受壁面影响的区域称为外流区或主流区。在板的前沿附近，边界层很薄，整个边界层内部全为层流，称为层流边界层。距前沿渐远，剪应力继续作用使边界层加厚，边界层内的流动将由层流转变为湍流，此后的边界层称为湍流边界层。

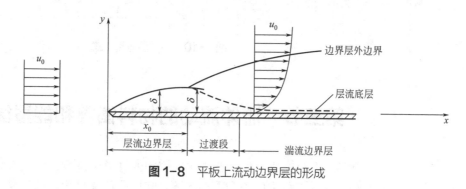

图 1-8 平板上流动边界层的形成

若流体以均匀一致的流速经圆滑的管口流入管道，如图 1-9 所示，则在入口处开始形成边界层，此边界层的厚度随着距入口处的距离的增大而逐渐增加，直至边界层在管中心汇合，占据了全部管截面积。此后的边界层厚度即等于管半径，不再变化，此种流动即称为充分发展的流动。流动达到充分发展所需管长称为"进口段长度"。层流时此段长度与管径之比约等于 $0.05Re$，此处的 Re 是按管内的平均速度计算的。湍流时进口段长度大约等于（$40 \sim 50$）d。

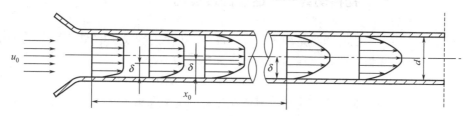

图 1-9 圆管内边界层的形成及发展

（二）边界层分离

边界层的一个重要特点是在某些情况下会脱离壁面，这一现象称为边界层分离，可以用流体流过圆柱体壁面为例来说明。

如图 1-10 所示，流体绕过弧形的壁面，在达到最高点 B 以前，边界层中流体处于加速减压状态，边界层的发展与平板情况无本质区别。流过最高点 B 后，边界层内流体便处于减速增压中，到达点 C 时紧靠壁面处的流体速度首先降至零，由于流速分布的不均匀性，离壁面不同距离的流体速度相继下降为零。点 C 称为边界层分离点，由流速为零的各点连成的图中虚线 CC' 称为边界层分离面。此后截面继续扩大，近壁处的流体在反向压力的作用下被迫倒流，因而产生大量旋涡，这一现象即为边界层分离。显然，若流体所经过的流道有弯曲、突然扩大或缩小，或流体绕过物体流动，均可造成边界层分离。边界层分离所形成的大量旋涡将增加流体的内摩擦及流体质点的碰撞和混合，使阻力损失明显增大，这种阻力称为形体阻力，以区别于流体沿壁面流过时由于黏性力引起的摩擦阻力。

边界层分离增大能量消耗，在流体输送中应设法避免或减轻，但它对混合及传热传质又有促进作用，故有时也要加以利用。

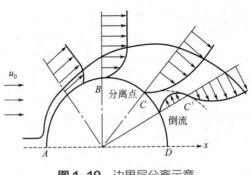

图 1-10　边界层分离示意

第三节　流体流动的物料衡算和能量衡算

　　食品工业生产中流体的输送多在密闭的管道中进行，因此研究流体在管内的流动规律是工程中的一个重要课题。守恒原理是自然界最为普遍的法则，根据质量守恒和能量守恒原理，对一定的流体流动体系进行物料衡算和能量衡算，可以获得反映管内流体流动规律的基本方程式：连续性方程式和伯努利方程式。本节主要围绕这两个方程式进行讨论。

一、物料衡算——连续性方程式

　　物料衡算是用于计算食品生产过程中所处理的物料量间的关系。根据质量守恒定律，物料衡算的基本关系式为

$$输入 = 输出 + 积存 \tag{1-26}$$

　　对于稳定流动，流体在过程中无积累或漏损，则上式可简化为

$$输入 = 输出 \tag{1-26a}$$

　　设流体在图 1-11 所示的管道中作连续稳定流动，从截面 1—1′ 流入的流体质量流量 m_{s1} 应等于从截面 2—2′ 流出的流体质量流量 m_{s2}：

$$m_{s1} = m_{s2} \tag{1-27}$$

即

$$\rho_1 A_1 u_1 = \rho_2 A_2 u_2 \tag{1-27a}$$

此关系可推广到管道的任一截面，即

$$m_s = \rho A u = 常数 \tag{1-27b}$$

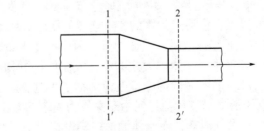

图 1-11　连续性方程的推导

若流体可视为不可压缩流体，$\rho=$ 常数，上式可简化为：

$$V_s = Au = 常数 \tag{1-28}$$

以上关系即为稳定流动体系物料衡算的基本关系式，均称为连续性方程式。它反映了在稳定流动系统中流量一定时，管路各截面上流速的变化规律。此规律与管路的安排以及管路上是否装有管件、阀门或输送设备等无关。

对于圆形管道，由式（1-28）可得

$$\frac{u_1}{u_2} = \frac{A_2}{A_1} = \left(\frac{d_2}{d_1}\right)^2 \tag{1-28a}$$

式中，d_1、d_2 分别为管道截面 1—1′ 和截面 2—2′ 处的管内径，m；u_1、u_2 分别为流体通过截面 1—1′ 和截面 2—2′ 处的流速，m/s。

上式表明，在稳定连续的不可压缩流体中，流速与管道截面积成反比，与管道内径的平方成反比。

二、机械能衡算——伯努利方程式

（一）流动系统的总能量衡算

在稳定条件下，单位时间内若有质量为 m 的流体通过截面 1 进入某划定体积，亦必有质量为 m 的流体从截面 2 流出。伴随流体进、出此划定体积，且与流体流动有关的输入或输出的能量主要有：内能（mU）、位能（mgz）、动能（$mu^2/2$）和静压能（pV）；此外，不依附于流体，而是通过其他途径进出系统的能量有：热（mq_e）和功（mw_e）。则伴随单位质量流体经过稳定流动系统中任意两截面 1 和 2 之间的总能量衡算式为：

$$U_1 + gz_1 + u_1^2/2 + p_1/\rho_1 + q_e + w_e = U_2 + gz_2 + u_2^2/2 + p_2/\rho_2 \tag{1-29}$$

即

$$\Delta U + g\Delta z + \Delta u^2/2 + \Delta(p/\rho) = q_e + w_e \tag{1-29a}$$

其中当流体吸入热量时 q_e 为正，放热为负；流体接受外功时 w_e 为正，向外界做功为负。各项的单位均为 J/kg。式（1-29）中的能量可分为两类：一是机械能，即位能、动能、静压能和功，此类能量在流体流动过程中可以相互转变，亦可转变为热或流体的内能；另一类包括内能和热，这二者在流动系统内不能直接转变为用于输送流体的机械能。因此，考虑流体输送的能量衡算时，可以将热和内能撇开而只研究机械能相互转变的关系，即机械能衡算。

（二）流动系统的机械能衡算——伯努利方程式

流体在管内流动时要做功以克服流动的阻力，故其机械能有所消耗。消耗了的机械能转化为热，此热不能自动地变回机械能，只是将流体的温度略微升高，即略微增加流体的内能。若按等温流动考虑，则这微量之热可以视为散失到流动系统以外去的能量而列入输出项中，即于衡算式的输出项中增加 $\sum w_f$——每单位质量流体通过划定体积的过程中所损失的能量，其单位与 w_e 相同，为 J/kg。若在流动系统中无热交换器，式中 $q_e=0$；流体温度不变，则 $\Delta U=0$；对于不可压缩流体，$\rho_1=\rho_2=\rho$。则式（1-29）和式（1-29a）可变为：

$$gz_1 + u_1^2/2 + p_1/\rho + w_e = gz_2 + u_2^2/2 + p_2/\rho + \sum w_f \tag{1-30}$$

$$g\Delta z + \Delta u^2/2 + \Delta p/\rho = w_e - \sum w_f \tag{1-30a}$$

上式即为实际流体的机械能衡算式。

若流体无黏性，流体在流动过程中则无能量损失，这种流体称为理想流体。对于理想流体流动而又

无外功加入时，式（1-30）便简化为

$$gz_1 + u_1^2/2 + p_1/\rho = gz_2 + u_2^2/2 + p_2/\rho \qquad (1\text{-}31)$$

此式称为伯努利方程式，适用于不可压缩理想流体，故又称为理想流体伯努利方程式。但习惯上将实际流体的机械能衡算式也称为伯努利方程式。

（三）伯努利方程式的意义与应用

1. 伯努利方程式的意义

（1）流体流动中，各种形式的机械能可以互相转变，机械能衡算式（1-30）表示此种能量相互转换时的关系。若没有外功加入又没有能量损耗，则任一截面上单位质量流体所具有的总机械能 E 为一常数，即

$$E = gz + u^2/2 + p/\rho = \text{常数} \qquad (1\text{-}32)$$

若有外功加入并有能量损耗，则下游截面与上游截面的总机械能之差 ΔE 为：

$$\Delta E = w_e - \sum w_f \qquad (1\text{-}33)$$

（2）对于可压缩流体，若所取系统两截面间绝对压强的变化小于原来绝对压强的20%，即 $(p_1-p_2)/p_1 \leqslant 20\%$ 时，其密度 ρ 的变化也很小，则可作为不可压缩流体处理，伯努利方程式仍适用。计算时密度取两截面密度的平均值，即 $\rho = (\rho_1 + \rho_2)/2$。

（3）对于没有外功加入的静止流体，$w_e = 0$，$u = 0$；流体不流动，自然就无机械能损耗，因而 $\sum w_f = 0$。于是式（1-30）变化为

$$gz_1 + p_1/\rho = gz_2 + p_2/\rho$$

此即流体静力学的基本方程。可见流体的静力学平衡是流体流动的一种特殊形式。

（4）根据流体的衡算基准不同，式（1-30）可写成不同形式。

① 以单位重量流体为衡算基准。将式（1-30）中各项都除以重力加速度 g，又令 $w_e/g = h_e$，$\sum w_f/g = \sum h_f$，则式（1-30）可写成

$$z_1 + u_1^2/(2g) + p_1/(\rho g) + h_e = z_2 + u_2^2/(2g) + p_2/(\rho g) + \sum h_f \qquad (1\text{-}34)$$

$$\Delta z + \Delta u^2/(2g) + \Delta p/(\rho g) = h_e - \sum h_f \qquad (1\text{-}34a)$$

上式为单位重量流体的机械能衡算式。式中 z 称为位压头，$u^2/2g$ 为动压头，$p/(\rho g)$ 为静压头，三项之和称为总压头。h_e 是流体接受外功所增加的压头，$\sum h_f$ 是流体流经划定体积的压头损失。式中各项的单位均为 m。

② 以单位体积流体为衡算基准。将式（1-30）中各项都乘以流体密度 ρ，得

$$\rho gz_1 + \rho u_1^2/2 + p_1 + \rho w_e = \rho gz_2 + \rho u_2^2/2 + p_2 + \rho \sum w_f \qquad (1\text{-}35)$$

此式为单位体积流体的机械能衡算式。式中各项的单位均为 Pa。

2. 伯努利方程式的应用

对流体流动体系作物料衡算和能量衡算得到的连续性方程式和伯努利方程式是流体流动的基本方程式，是分析和解决流体输送问题最重要的两个关系式。下面通过例题来说明其应用。

【例1-1】　附图所示为一牛奶输送系统。牛奶用泵以 13m³/h 的流量由储槽（连通大气）送至蒸发器中进行真空浓缩。泵进口管是 $\phi56mm \times 1.5mm$ 的不锈钢管，出口管尺寸为 $\phi50mm \times 1.5mm$。储槽液面距蒸发器入口处的垂直距离为 6m，牛奶经管路系统的总能量损失为 96J/kg（不包括出口损失），蒸发器内液面上方的真空度为 70.166kPa，操作地区的平均大气压强为 101.33kPa。牛奶的密度为 1090kg/m³。试求：（1）泵的有效功率；（2）泵的轴功率（设该泵效率为 0.63）。

例1-1 附图

解　（1）选取储槽液面为 1—1′ 截面，并以此为基准水平面，蒸发器入口管处为 2—2′ 截面。在截面 1—1′ 和 2—2′ 间列伯努利方程，即

$$gz_1 + u_1^2/2 + p_1/\rho + w_e = gz_2 + u_2^2/2 + p_2/\rho + \sum w_f$$

式中：$z_1=0$，$z_2=6m$；$p_1=0$（表压），$p_2=-70166Pa$（表压）；$u_1 \approx 0$，

$$u_2 = \frac{V_s}{A} = \frac{V_s}{\pi d^2/4} = \frac{13/3600}{\pi \times 0.047^2/4} = 2.08\ (m/s)$$

又已知 $\rho=1090kg/m^3$，$\sum w_f=96J/kg$。将以上数值代入，得

$$w_e = g(z_2 - z_1) + (u_2^2 - u_1^2)/2 + (p_2 - p_1)/\rho + \sum w_f$$

$$= 9.81 \times 6 + \frac{2.08^2}{2} + \frac{-70166}{1090} + 96 = 92.6\ (J/kg)$$

单位时间内泵对流体所做的有效功即为泵的有效功率（N_e，单位为 J/s 或 W），即

$$N_e = w_e m_s = w_e \rho V_s = 92.6 \times 1090 \times \frac{13}{3600} = 364\ (W)$$

（2）泵的轴功率（N）为有效功率除以效率（η）之商，故

泵的轴功率
$$N = \frac{N_e}{\eta} = \frac{364}{0.63} = 578\ (W)$$

由此例题可知，应用伯努利方程式解题的一般步骤为：

（1）选取上、下游截面，确定能量衡算范围。两截面间的流体必须连续且稳定流动；所选截面必须与流体流向垂直；已知量与所求量应尽可能在所取截面上（指 p、z、u）或在所取截面之间（指 w_e、$\sum w_f$）。

（2）选择基准水平面。原则上只要与水平面平行的平面均可作为基准水平面。为了便于计算，一般取较低截面的中心所在水平面为基准水平面。

（3）列伯努利方程式并求解。伯努利方程中的物理量 z、p 之值，一律以截面中心为基准来确定；流速 u 一律用该截面的平均流速。方程中各物理量的单位必须一致。两截面上压强的表示方法也必须一致，都采用表压强或都用绝对压强。

过程检查 1.2

○　列举一些生活中遇到的与流体流动相关的现象，并利用所学流体动力学知识进行解释。

第四节　流体流动的阻力损失

　　黏性流体流动时存在流动阻力并消耗机械能。流体流动中产生阻力损失的原因有两点：一是由于流体具有黏性，因此流动时存在内摩擦，这是流动阻力产生的内因；二是流体流经的固体壁面促使流动中的流体内部发生相对运动，这是流动阻力产生的外部条件。完整的管路系统主要由若干直管段和管路上所安装的各种管件和阀门组成。流体流经等径直管时产生的阻力损失称为直管阻力损失或摩擦损失；流体流经管件、阀门及管道的进出口时产生的阻力损失称为局部阻力损失。伯努利方程中的 $\sum w_f$ 是指流体流经管路系统的总能量损失，等于直管阻力损失 w_f 和局部阻力损失 w'_f 之和。由于这两类阻力损失的机理和算法不尽相同，以下分别进行讨论。

一、直管阻力损失的计算

（一）直管阻力损失的计算通式

　　不可压缩流体在一段水平的等径圆直管内稳定流动，流动过程中需克服内摩擦而消耗机械能。在两截面 1、2 间列伯努利方程，因位能和动能均不变，且无外功加入，则流体的能量损失为

$$w_f = (p_1 - p_2)/\rho = \Delta p_f/\rho \tag{1-36}$$

即
$$\Delta p_f = p_1 - p_2 = \rho w_f = \rho g h_f \tag{1-36a}$$

式中，静压差（$p_1 - p_2$）代表流体流过这段水平管时因克服摩擦阻力而产生的压强降，是这种阻力损失的直观表现，称为压强损失，以符号 Δp_f 代表。

　　下列式（1-37）、式（1-37a）、式（1-37b）是计算不可压缩流体在圆直管内作稳定流动时阻力损失的通用算式，均称为范宁（Fanning）公式，对层流和湍流均适用。

$$\Delta p_f = \lambda \frac{l}{d} \times \frac{\rho u^2}{2} \tag{1-37}$$

$$w_f = \frac{\Delta p_f}{\rho} = \lambda \frac{l}{d} \times \frac{u^2}{2} \tag{1-37a}$$

$$h_f = \frac{w_f}{g} = \frac{\Delta p_f}{\rho g} = \lambda \frac{l}{d} \times \frac{u^2}{2g} \tag{1-37b}$$

　　式中，λ 与管壁作用于流体四周表面的剪应力成正比，称为摩擦系数，量纲为 1。两种流体流动类型在能量损失的性质上有所不同，其 λ 的求法也不同，下面将分别讨论。

（二）层流时的直管阻力损失

　　由哈根-泊谡叶公式可知，流体层流时阻力损失的计算式为

$$\Delta p_f = \frac{32\mu l u}{d^2} = \left(\frac{64}{d u \rho/\mu}\right)\left(\frac{l}{d}\right)\frac{u^2 \rho}{2} = \lambda \frac{l}{d} \times \frac{u^2 \rho}{2} \tag{1-38}$$

可见，层流时的摩擦系数 λ 为：

$$\lambda = \frac{64}{du\rho/\mu} = \frac{64}{Re} \tag{1-39}$$

即，层流时摩擦系数 λ 仅与雷诺数有关，且呈直线关系。

（三）湍流时的直管阻力损失

1. 量纲分析法

流体在湍流流动时的情况比层流时复杂得多，难以完全用解析法得到湍流时阻力损失的理论计算公式。对于此类复杂问题，工程技术中经常采用的解决途径是通过实验建立经验关系式。由于影响过程的因素很多，进行实验时，要单独研究每一个变量不仅使实验工作量浩繁，而且难以将实验结果关联成具有指导意义的便于应用的经验公式。要解决这类问题，可以应用量纲分析法或称因次分析法，将若干个单一变量组合成一个量纲为 1 的数群，称为特征数，用这些数群替代各个单一变量来组织实验，使实验与关联工作都能够得到简化。

量纲分析法的基础是量纲一致性原则，即任何根据物理规律导出的物理方程，其等号两边各项的量纲必然相同。

量纲分析法的基本定理是 π 定理：若影响某物理现象的物理量数为 n 个，这些物理量的基本量纲数为 m 个，则该物理现象可用 $N=n-m$ 个独立的特征数之间的关系式来表示。

根据对摩擦阻力损失的分析及有关实验研究得知，湍流时阻力所引起的能量损失 Δp_f 与下列几个因素有关：管径 d，管长 l，平均流速 u，流体密度 ρ，流体黏度 μ 及管壁粗糙度 ε。以相应的幂函数的形式表示为

$$\Delta p_f = K d^a l^b u^c \rho^d \mu^e \varepsilon^f \tag{1-40}$$

式中 7 个物理量的量纲分别为：

$$[\Delta p] = ML^{-1}\Theta^{-2} \qquad [d] = [l] = [\varepsilon] = L$$

$$[u] = L\Theta^{-1} \qquad [\rho] = ML^{-3} \qquad [\mu] = ML^{-1}\Theta^{-1}$$

其中共有质量 M、长度 L、时间 Θ 三个基本量纲。根据 π 定理，此现象可用 $N=n-m=7-3=4$ 个特征数来描述其阻力损失与各变量的关系。将各物理量的量纲代入式（1-40），得：

$$ML^{-1}\Theta^{-2} = M^{d+e}L^{a+b+c-3d-e+f}\Theta^{-c-e}$$

根据量纲一致性原则，上式等号两侧各同名基本量量纲的指数必须相等，以 b、e、f 表示 a、c、d，联立解得

$$\begin{cases} a = -b - e - f \\ c = 2 - e \\ d = 1 - e \end{cases}$$

将结果代入式（1-40），得

$$\Delta p_f = K d^{-b-e-f} l^b u^{2-e} \rho^{1-e} \mu^e \varepsilon^f$$

将指数相同的各物理量合并，求得下列 4 个量纲为 1 的特征数之间的关系式：

$$\frac{\Delta p_f}{\rho u^2} = K \left(\frac{l}{d} \right)^b \left(\frac{du\rho}{\mu} \right)^{-e} \left(\frac{\varepsilon}{d} \right)^f \tag{1-41}$$

式中，$du\rho/\mu$ 即为雷诺数 Re；$\Delta p_f/(\rho u^2)$ 称为欧拉（Euler）数，以 Eu 表示。

根据进一步实验得知，Δp_f 与 l 成正比，即 $b=1$，则式（1-41）可改写为以下更为普遍的形式：

$$\Delta p_{\mathrm{f}} = \psi\left(Re, \frac{\varepsilon}{d}\right)\left(\frac{l}{d}\right)\left(\frac{\rho u^2}{2}\right) \tag{1-42}$$

与范宁公式比较，湍流时流体的直管阻力损失也可写成

$$w_{\mathrm{f}} = \frac{\Delta p_{\mathrm{f}}}{\rho} = \lambda \frac{l}{d} \times \frac{u^2}{2}$$

只是湍流时，其摩擦系数 λ 为

$$\lambda = \psi\left(Re, \frac{\varepsilon}{d}\right) \tag{1-43}$$

即，湍流时摩擦系数 λ 是 Re 及 ε/d 的函数，其函数关系需要通过实验确定。

2. 湍流时的摩擦系数

　　将湍流的实验数据关联，可得到不同形式的 λ 经验、半经验关系式，如适用于光滑管的柏拉修斯（Blasius）式：

$$\lambda = 0.316/Re^{0.25} \tag{1-44}$$

其适用范围为 $Re = 5 \times 10^3 \sim 1 \times 10^5$。

　　类似的计算 λ 的关系式很多，每个公式都有其各自的适用范围，复杂且使用不便。实际工程计算中，可将摩擦系数 λ 对 Re 及 ε/d 的关系曲线标绘在双对数坐标上，如图 1-12 所示，此图称为摩擦系数图，由莫狄（Moody）于 1944 年根据大量实验数据及有关经验公式得出。通过该图可以很方便地由 Re 及 ε/d 的值查出 λ 值。依 Re 数的范围可将图分为以下四个区域：

　　（1）层流区（$Re \leqslant 2000$），$\lambda = 64/Re$，与 ε/d 无关。

　　（2）过渡区（$2000 < Re < 4000$），流动处于不稳定状态。为安全计，一般应将湍流时相应的曲线延伸查取 λ。

　　（3）湍流区（$Re \geqslant 4000$ 及虚线以下的区域），λ 与 Re 和 ε/d 均有关。在此区域内，不同的 ε/d 对应一系列曲线，其中最下面的一条曲线为流体通过光滑管时的摩擦系数 λ 与 Re 的关系曲线。

　　（4）完全湍流区（图中虚线以上的区域），又称为阻力平方区。此区域内 λ 与 Re 无关，仅与 ε/d 有关。

3. 管壁粗糙度对摩擦系数的影响

　　工业生产中所铺设的管道，按其管材的性质和加工情况，大致可分为光滑管与粗糙管。通常把玻璃管、塑料管、铜管及铅管称为光滑管；把钢管和铸铁管等称为粗糙管。管内壁粗糙面凸出部分的平均高度，称为绝对粗糙度，以 ε 表示；绝对粗糙度与管内径之比 ε/d，称为相对粗糙度。表 1-3 列出某些工业管道的绝对粗糙度。

　　管壁粗糙度对不同流动类型的流体有不同的影响。层流时，由于管壁上凹凸不平的地方被平稳流过的流体层所掩盖，流体在其上流过与沿光滑管壁没有区别，管壁粗糙度对流体阻力或摩擦系数没有影响。湍流时，如果层流底层的厚度大于壁面的绝对粗糙度，管壁粗糙度对流体阻力或摩擦系数的影响与层流时相近，这种情况的管子，称为水力光滑管。随着 Re 数的增加，湍流主体区域扩大，层流底层变薄。当管壁的绝对粗糙度大于层流底层厚度时，粗糙管壁上的凸出部分与流体质点直接碰撞，引起旋涡，使流体的能量损失增大。Re

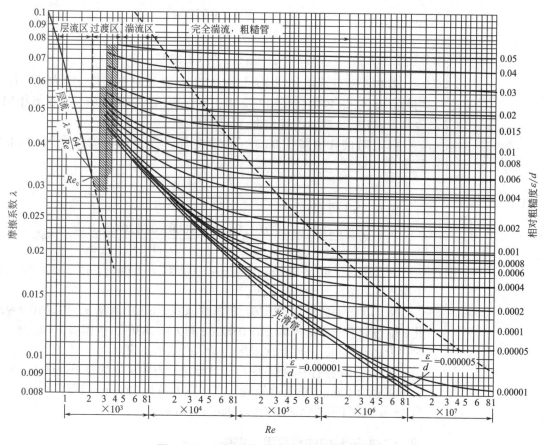

图1-12 摩擦系数 λ 与 Re、ε/d 的关系曲线

数越大，管壁粗糙度对摩擦系数 λ 的影响也越显著。若 Re 数一定，管壁粗糙度越大，则摩擦系数 λ 越大，阻力损失也越大。

表1-3 某些工业管道壁面粗糙度的约值

	管 材	ε/mm		管 材	ε/mm
金属管	无缝黄铜管、铜管及铅管	0.01～0.05	非金属管	玻璃、塑料管	0.0015～0.01
	新无缝钢管、镀锌铁管	0.1～0.2		橡皮软管	0.01～0.03
	新铸铁管	0.3		木材管	0.25～1.25
	轻度腐蚀的无缝钢管	0.2～0.3		陶土排水管	0.45～6.0
	显著腐蚀的无缝钢管	＞0.5		混凝土管	0.33
	旧铸铁管	＞0.85		石棉水泥管	0.03～0.8

【**例1-2**】 4.4℃的水以 0.5676m³/min 的流量通过一长为 305m 的水平工业钢管。有 6.1m 的压头可用来克服流动的摩擦损失，试求管径。

解 查附录得 4.4℃水的物理性质：

$$\rho=1000kg/m^3；\mu=1.55cP=1.55\times10^{-3}Pa\cdot s；$$

由题知：压头损失 $\qquad\qquad h_f=6.1m$

体积流量 $\qquad V_s=0.5676/60=9.46\times10^{-3}（m^3/s）$

以 d 表示管径，则流速 $\qquad u=\dfrac{9.46\times10^{-3}}{\pi d^2/4}=\dfrac{0.01204}{d^2}$ $\qquad\qquad$（a）

代入范宁公式

$$6.1 = \lambda \left(\frac{305}{d} \right) \left(\frac{0.01204}{d^2} \right)^2 \times \frac{1}{2 \times 9.81}$$

$$d^5 = 3.694 \times 10^{-4} \lambda \qquad\qquad (b)$$

若知 λ 便可算出 d，因 λ 与雷诺数 Re 及相对粗糙度 ε/d 有关，这两者又均与 d 有关，d 包含在未知的 λ 中，所以要用试差法求解。在试差中以先设 λ 为佳，因它比 u 或 d 的变化小，范围窄。

湍流时的 λ 值多在 $0.02 \sim 0.03$ 之间，先设 $\lambda = 0.02$，代入式（b）中可算出

$$d = 0.0941\text{m}$$

由式（a）可得：

$$Re = \frac{du\rho}{\mu} = \frac{d\rho}{\mu} \left(\frac{0.01204}{d^2} \right) = \left(\frac{1000 \times 0.01204}{0.00155} \right) \left(\frac{1}{d} \right) = 82547$$

对于钢管，取 $\varepsilon = 0.2\text{mm}$，则 $\varepsilon/d = 0.2/94.1 = 0.0021$，由 ε/d 及 Re 在图 1-12 上读出 $\lambda = 0.026$，比原设值大。

第二次试差假设 $\lambda = 0.026$。将其代入式（b）中重算 d，得 $d = 0.0992\text{m}$。用此 d 值按前面的方法重算 $\varepsilon/d = 0.00202$ 和 $Re = 78303$，查图得 $\lambda = 0.026$，与第二次假设之值相同，表明此次求出的 d 值已基本正确。

实际采用的内径一般不应小于计算值。查附录中的管子规格表，知宜选用公称直径为 100mm 的无缝钢管，其实际外径为 108mm，因压力不大，选壁厚为 4mm。此管子规格表示为 $\phi 108\text{mm} \times 4\text{mm}$。

（四）非圆形管内的直管阻力损失

在食品生产中，可能会遇到一些流体在非圆形管道内流动的问题。例如，流体通过两同心圆构成的套管式热交换器；工艺过程中常用矩形或方形管作为通风和粉尘分离管道。工程计算中，对非圆形管道内的湍流流动问题，通常仍可采用前面介绍的圆管公式计算 Re 和阻力损失 w_f，但必须找到一个与圆管直径相当的量，即当量直径 d_e，来代替上述公式中的 d。

当量直径是流体流经管道截面积的 4 倍除以润湿周边长度（管壁与流体接触的周边长度），即

$$\text{当量直径 } d_e = 4 \times \text{ 流通截面积 / 流体润湿周边长度} \qquad (1\text{-}45)$$

亦可将截面积与润湿周边长度之比称为水力半径，则当量直径等于水力半径的 4 倍。

对矩形管 $d_e = \dfrac{4ab}{2(a+b)} = \dfrac{2ab}{a+b}$ （a、b 分别为矩形管的长、宽）

对套管环隙

$$d_e = \frac{4\pi \left(d_1^2 - d_2^2 \right)/4}{\pi \left(d_1 + d_2 \right)} = d_1 - d_2 \qquad \text{（}d_1 \text{ 为外管内径，} d_2 \text{ 为内管外径）}$$

当量直径用于计算非圆形管道湍流时的流动阻力比较可靠。在层流情况下采用当量直径计算阻力损失时，应将 $\lambda = 64/Re$ 的关系修正为

$$\lambda = \frac{C}{Re} \qquad\qquad (1\text{-}46)$$

式中，C 为常数。一些非圆形管的常数 C 值见表 1-4。

表1-4　某些非圆形管的常数 C 值

非圆形管截面	正方形	等边三角形	环形	矩　形	
				长：宽=2：1	长：宽=4：1
常数C	57	53	96	62	73

二、局部阻力损失的计算

在流体输送管路中，除了等直径的直管段外，流体还要流经阀门以及弯头、三通等管件。此时，速度的大小、方向都会发生变化，并受到阻碍和干扰，出现涡流，使流体的湍动程度增加，阻力损失也明显增大。将流体流经阀门及管件时引起的阻力损失统称为局部阻力损失，工程上常采用阻力系数法和当量长度法进行近似计算。

（一）阻力系数法

参照计算直管阻力损失的范宁公式，将局部阻力损失也表示为动能的倍数，即

$$\Delta p'_f = \zeta \rho u^2/2 \tag{1-47}$$

$$w'_f = \zeta u^2/2 \tag{1-47a}$$

$$h'_f = \zeta u^2/2g \tag{1-47b}$$

式中，ζ 为局部阻力系数，简称阻力系数，由实验测定。常用管件的局部阻力系数值见表 1-5。

表1-5　管件和阀门的局部阻力系数及当量长度值（湍流）

管件、阀门名称	阻力系数ζ	当量长度与管径之比l_e/d	管件、阀门名称	阻力系数ζ	当量长度与管径之比l_e/d
标准弯头，45°	0.35	17	闸阀，全开	0.17	9
标准弯头，90°	0.75	35	闸阀，3/4	0.9	45
90°方形弯头	1.3	65	闸阀，1/2开	4.5	225
180°回弯头	1.5	75	闸阀，1/4开	24	1200
管接头	0.04	2	截止阀，全开	6.4	320
活接头	0.04	2	截止阀，半开	9.5	475
三通	1	50	止逆阀，摇板式	2	100
滤水网	2	100	止逆阀，球形	70	3500
水表，盘形	7	350	角阀，全开	2	100

当流体流经截面突变的管路时，其阻力系数可用下式计算：

突然扩大时

$$\zeta = \left(1 - \frac{A_1}{A_2}\right)^2 \tag{1-48}$$

突然缩小时

$$\zeta = 0.5\left(1 - \frac{A_2}{A_1}\right)^2 \tag{1-49}$$

式中，A_1、A_2 分别为流体流经管道的上、下游截面积。

作为流体流经截面突变的特例，若流体自管出口流进容器或直接排放于外部空间时，$(A_1/A_2) \approx 0$，由式（1-48）可得 $\zeta_o=1$，称为出口阻力系数。反之，若流体自容器进入管道时，$(A_2/A_1) \approx 0$，由式（1-49）

可得 $\zeta_i = 0.5$，称为进口阻力系数。计算突然扩大和突然缩小的管路局部阻力损失时，均取小截面的流速计算动能项。

（二）当量长度法

将流体流经管件、阀门所产生的局部阻力，折合成相当于流体流过长度为 l_e 的直管管道时所产生的阻力，这样所折合的管道长度 l_e 称为当量长度，局部阻力损失即可参照直管阻力损失的公式进行计算：

$$\Delta p'_f = \lambda \frac{l_e}{d} \times \frac{\rho u^2}{2} \tag{1-50}$$

$$w'_f = \lambda \frac{l_e}{d} \times \frac{u^2}{2} \tag{1-50a}$$

$$h'_f = \lambda \frac{l_e}{d} \times \frac{u^2}{2g} \tag{1-50b}$$

管件和阀门的当量长度 l_e 由实验测定，工业常见管件和阀门的当量长度可由表 1-5 查得。

流体在管路系统中流动，其总阻力损失应等于直管阻力损失与局部阻力损失之和，即

$$\sum w_f = w_f + w'_f = \left(\lambda \frac{l}{d} + \sum \zeta \right) \frac{u^2}{2} = \lambda \left(\frac{l + \sum l_e}{d} \right) \frac{u^2}{2} \tag{1-51}$$

$$\sum h_f = h_f + h'_f = \left(\lambda \frac{l}{d} + \sum \zeta \right) \frac{u^2}{2g} = \lambda \left(\frac{l + \sum l_e}{d} \right) \frac{u^2}{2g} \tag{1-51a}$$

【例1-3】将 5℃ 的鲜牛奶以 5000kg/h 的流量从贮奶罐输送至杀菌器进行杀菌。这条管路系统所用的管子为外径 38mm、内径 35mm 的不锈钢管，管子长度 12m，中间有一只摇板式单向阀，三只 90° 弯头，试计算管路进口至出口的阻力损失。已知鲜奶 5℃ 时的黏度为 3cP，密度为 1040kg/m³。

解 流速　　　$u = \dfrac{V_s}{A} = \dfrac{5000/(1040 \times 3600)}{\pi \times 0.035^2/4} = 1.39 \text{（m/s）}$

则　　　$Re = \dfrac{du\rho}{\mu} = \dfrac{0.035 \times 1.39 \times 1040}{3 \times 10^{-3}} = 1.69 \times 10^4$

由表 1-3 查出管子绝对粗糙度 $\varepsilon = 0.2$mm，则相对粗糙度 $\varepsilon/d = 0.2/35 = 0.00571$，由 ε/d 及 Re 数值，查图 1-12 可得：$\lambda = 0.035$

（1）用阻力系数法计算

管子入口	$\zeta_i = 0.5$	3 只 90° 弯头	$3\zeta_2 = 3 \times 0.75 = 2.25$
1 只摇板式单向阀	$\zeta_1 = 2.0$	管子出口	$\zeta_o = 1$

因此总阻力损失为：

$$\sum w_f = \left(\lambda \frac{l}{d} + \sum \zeta \right) \frac{u^2}{2} = \left[0.035 \times \frac{12}{0.035} + 0.5 + 2.0 + 2.25 + 1 \right] \frac{1.39^2}{2} = 17.15 \text{（J/kg）}$$

（2）用当量长度法计算

管子入口	$\zeta_i = 0.5$	3 只 90° 弯头	$3(l_{e2}/d) = 3 \times 35 = 105$
1 只摇板式单向阀	$l_{e1}/d = 100$	管子出口	$\zeta_o = 1$

因此总阻力损失为：

$$\sum w_f = \left(\lambda \frac{l + \sum l_e}{d} + \zeta_i + \zeta_o \right) \frac{u^2}{2} = \left[0.035 \left(\frac{12}{0.035} + 100 + 105 \right) + 0.5 + 1 \right] \frac{1.39^2}{2} = 19.97 \; (\text{J/kg})$$

第五节　管路计算

管路计算按其目的可分为设计型计算和操作型计算两类。设计型计算通常是针对一定的流体输送任务和流体的初始状态，确定合理且经济的管路和输送机械。操作型计算则是针对已有的管路系统，核算当某一个或几个操作参数发生改变时，系统其他参数的变化情况。上述两类计算虽然解决的问题不同，但计算所遵循的基本原理以及所采用的基本计算式是一致的，都是连续性方程、伯努利方程以及各种阻力损失计算式的具体综合应用。

食品工业生产中的管路依其布设方式，可分为简单管路和复杂管路两大类。

一、简单管路

简单管路通常是指由等径或不同直径及截面形状的管道串联而成的无分支管路。简单管路的基本特点是：

（1）通过各管段的质量流量不变，对不可压缩流体则体积流量也不变（指稳定流动），即服从连续性方程。

（2）全管路的流动阻力损失为各段直管阻力损失及所有局部阻力损失之和。

该管路所需解决的常见问题有以下几种：

（1）已知管径、管长（包括所有管件的当量长度）和流量，求输送所需总压头或输送机械的功率。

（2）已知输送系统可提供的总压头，求已定管路的输送量或输送一定流量的管径。

【例1-4】 如附图所示，用泵将20℃的果汁从贮罐送到高位槽，贮罐液面维持恒定，贮罐与高位槽上方均为大气压。果汁的密度为1016kg/m³，黏度为5cP，流量为9m³/h。高位槽液面比贮罐液面高10m。泵吸入管用ϕ60mm×3.5mm无缝钢管，直管长度为15m，并有一底阀（可大致按摇板式止逆阀求其当量长度），一个90°弯头；泵排出管用ϕ48mm×3.5mm无缝钢管，直管长50m，管路上装有一个闸阀、一个截止阀、3个90°弯头和两个三通。阀门都按全开考虑。试求泵的轴功率，设泵的效率为70%。

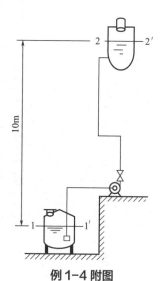

例1-4 附图

解　如图，取贮罐液面与高位槽液面分别为上、下游截面1、2，并以贮罐液面为基准水平面，在两截面间列伯努利方程

$$\Delta z + \Delta u^2 / 2g + \Delta p / \rho g = h_e - \sum h_f$$

式中：$\Delta z = 10\text{m}$，流速 $u_1 = u_2 \approx 0$，进出口截面都为大气压，$\Delta p = 0$，则上式可简化为：

$$h_e = \Delta z + \sum h_f = 10 + \sum h_f$$

算出管路的总压头损失 $\sum h_f$，便可得所需的有效压头 h_e。泵进、出口的管径不同，故要分两段分别进行计算。

（1）ϕ60mm×3.5mm 吸入管路的损失 $(\sum h_f)_1$

$$d_1 = 60 - 2 \times 3.5 = 53\text{mm} = 0.053\text{m}, \quad l_1 = 15\text{m}, \quad \varepsilon_1 = 0.2\text{mm}$$

管件、阀门的当量长度（查表1-5）：

底阀（按摇板式止逆阀计）　　$l_e/d=100$

90° 弯头　　　　　　　　　　$l_e/d=35$

已知20℃果汁的物性：$\rho=1016kg/m^3$，$\mu=5cP=0.005Pa\cdot s$

吸入管流速　　　　$u_{进}=\dfrac{9/3600}{\pi\times0.053^2/4}=1.13$（m/s）

则　　　　　　　$Re_1=\dfrac{d_1u_{进}\rho}{\mu}=\dfrac{0.053\times1.13\times1016}{0.005}=12170$

又 $\varepsilon_1/d_1=0.2/53=0.0038$，查图 1-12 得：$\lambda_1=0.035$，则

$$\left(\sum h_f\right)_1=\left[\zeta_i+\lambda_1\left(\dfrac{l+\sum l_e}{d}\right)_1\right]\left(\dfrac{u_{进}^2}{2g}\right)$$

$$=\left[0.5+0.035\times\left(\dfrac{15}{0.053}+100+35\right)\right]\times\left(\dfrac{1.13^2}{2\times9.81}\right)=0.98（m）$$

（2）$\phi48mm\times3.5mm$ 排出管的损失 $\left(\sum h_f\right)_2$

$$d_2=48-2\times3.5=41mm=0.041m，\quad l_2=50m，\quad \varepsilon_2=0.2mm$$

管件、阀门的当量长度（查表 1-5）：

闸阀（全开）　　　　　$l_e/d=9$

截止阀（全开）　　　　$l_e/d=320$

90° 弯头 3 个　　　　$3(l_e/d)=3\times35=105$

三通 2 个　　　　　　$2(l_e/d)=2\times50=100$

排出管流速　　$u_{出}=u_{进}(d_1/d_2)^2=1.13\times(53/41)^2=1.89$（m/s）

则　　　　　　$Re_2=\dfrac{d_2u_{出}\rho}{\mu}=\dfrac{0.041\times1.89\times1016}{0.005}=15746$

又 $\varepsilon_2/d_2=0.2/41=0.0049$，查图 1-12 得：$\lambda_2=0.036$，则

$$\left(\sum h_f\right)_2=\left[\zeta_o+\lambda_2\left(\dfrac{l+\sum l_e}{d}\right)_2\right]\left(\dfrac{u_{出}^2}{2g}\right)$$

$$=\left[1+0.036\times\left(\dfrac{50}{0.041}+9+320+105+100\right)\right]\times\left(\dfrac{1.89^2}{2\times9.81}\right)=11.7（m）$$

（3）全管路所需的压头和泵的轴功率

所需总压头　　$h_e=\Delta z+\sum h_f=10+\left(\sum h_f\right)_1+\left(\sum h_f\right)_2=10+0.98+11.7=22.68（m）$

则泵的有效功率

$$N_e=m_sw_e=\rho V_sh_eg=(1016\times9/3600)\times(22.68\times9.81)=565J/s=0.565kW$$

泵的轴功率　　　　　$N=N_e/\eta=0.565/0.7=0.8（kW）$

二、复杂管路

分支管路和并联管路均称为复杂管路，如图 1-13 所示。这类管路的特点是：

（1）主管中流体的质量流量等于各支管内质量流量之和。

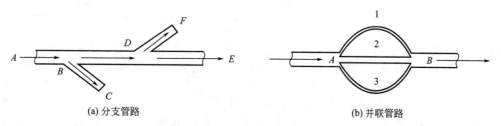

(a) 分支管路	(b) 并联管路

图 1-13 分支管路和并联管路

（2）对任一支管而言，分支前及汇合后的总压头皆相等。据此可建立支管间的机械能衡算式，从而定出各支管的流量分配。

对于分支管路，主管流量等于各支管流量之和

$$V_s = V_{s1} + V_{s2} + V_{s3} \tag{1-52}$$

以分支点 D 为例，可得到支点与各支管的能量关系

$$h_D = h_E + (\sum h_f)_{DE} = h_F + (\sum h_f)_{DF} \tag{1-53}$$

式中，h_D、h_E、h_F 分别代表相应位置上的总压头；$(\sum h_f)_{DE}$、$(\sum h_f)_{DF}$ 分别代表截面 D 至出口 E 或 F 的总压头损失。

对于并联管路，主管流量仍然等于各支管流量之和，关系如式（1-52）。图 1-13 所示的并联管路中，对分流点 A 和汇合点 B 所处截面列伯努利方程并简化得：

$$(\sum h_f)_{AB} = (\sum h_f)_1 = (\sum h_f)_2 = (\sum h_f)_3 \tag{1-54}$$

复杂管路的常见问题是：

（1）已知管路布置和输送任务，求输送所需的总压头或功率；

（2）已知管路布置和提供的压头，求流量的分配，或已知流量分配求管径的大小。

【例 1-5】 如本例附图所示，在相同的容器 1 和 2 内各填充高度为 1m 和 0.7m 的固体颗粒，并以相同管路并联组合。两支路管长皆为 5m，管径皆为 200mm，直管摩擦系数均为 0.02，每支管均安装一闸阀，容器 1 和 2 的局部阻力系数分别为 10 和 8。已知管路总流量始终保持为 0.3m³/s，试求：

（1）当两阀门全开时，两支管的流量比和并联管路的阻力损失；

（2）阀门 D 关小至两支管流量相等时，并联管路的阻力损失为多少？

（3）将两阀门均关小至 $\zeta_C = \zeta_D = 20$ 时，两支路的流量比及并联管路的阻力损失各为多少？

解 （1）由表 1-5 查得闸阀全开时的阻力系数

$$\zeta_C = \zeta_D = 0.17$$

因并联管路

$$\sum h_{f1} = \sum h_{f2}$$

则

$$\left(\lambda_1 \frac{l_1}{d_1} + \zeta_1 + \zeta_C \right) \frac{u_1^2}{2g} = \left(\lambda_2 \frac{l_2}{d_2} + \zeta_2 + \zeta_D \right) \frac{u_2^2}{2g}$$

$$\frac{u_1}{u_2} = \sqrt{\frac{\lambda_2 \dfrac{l_2}{d_2} + \zeta_2 + \zeta_D}{\lambda_1 \dfrac{l_1}{d_1} + \zeta_1 + \zeta_C}} = \sqrt{\frac{0.02 \times \dfrac{5}{0.2} + 8 + 0.17}{0.02 \times \dfrac{5}{0.2} + 10 + 0.17}} = 0.901 \tag{a}$$

又

$$V_s = V_{s1} + V_{s2} = 0.3$$

例 1-5 附图

即
$$\frac{\pi}{4}d_1^2 u_1 + \frac{\pi}{4}d_2^2 u_2 = 0.3$$

$$u_1 + u_2 = \frac{0.3}{0.785 \times 0.2^2} = 9.55 \qquad (b)$$

由式（a）与式（b）联立解得：

$$u_2 = 5.02 \text{m/s}$$

并联管路阻力损失为

$$\sum h_f = \sum h_{f2} = \left(\lambda_2 \frac{l_2}{d_2} + \zeta_2 + \zeta_D \right) \frac{u_2^2}{2g}$$

$$= \left(0.02 \times \frac{5}{0.2} + 8 + 0.17 \right) \frac{5.02^2}{2 \times 9.81} = 11.1 (\text{m})$$

（2）当阀门 D 关小至局部阻力系数为 ζ'_D 时，两支管流量相等，即

$$\frac{V'_{s1}}{V'_{s2}} = \frac{u'_1}{u'_2} = \sqrt{\frac{0.02 \times \frac{5}{0.2} + 8 + \zeta'_D}{0.02 \times \frac{5}{0.2} + 10 + 0.17}} = 1 \qquad (c)$$

解得　　　　　　　　　　　　$\zeta'_D = 2.17$

由式（c）与式（b）联立解得　　$u'_2 = 4.78 \text{m/s}$

并联管路阻力损失为

$$\sum h'_f = \sum h'_{f2} = \left(\lambda_2 \frac{l_2}{d_2} + \zeta_2 + \zeta'_D \right) \frac{(u'_2)^2}{2g}$$

$$= \left(0.02 \times \frac{5}{0.2} + 8 + 2.17 \right) \frac{4.78^2}{2 \times 9.81} = 12.4 (\text{m})$$

（3）当两阀门同时关小至 $\zeta_C = \zeta_D = 20$ 时：

$$\frac{V''_{s1}}{V''_{s2}} = \frac{u''_1}{u''_2} = \sqrt{\frac{0.02 \times \frac{5}{0.2} + 8 + 20}{0.02 \times \frac{5}{0.2} + 10 + 20}} = 0.966 \qquad (d)$$

由式（b）与式（d）联立解得 $u''_2 = 4.86 \text{m/s}$

并联管路阻力损失为

$$\sum h''_f = \sum h''_{f2} = \left(\lambda_2 \frac{l_2}{d_2} + \zeta_2 + \zeta''_D \right) \frac{(u''_2)^2}{2g}$$

$$= \left(0.02 \times \frac{5}{0.2} + 8 + 20 \right) \frac{4.86^2}{2 \times 9.81} = 34.3 (\text{m})$$

　　此例计算结果说明，在并联管路中，当增加阻力小的支路阻力或同时增加各支路阻力时均可使各支路流量趋于均匀，但其结果均使并联管路阻力增大。因此，提高并联管路流量的均匀性，必以增加阻力损失为代价。

第六节　流体流动原理在食品工业中的应用

一、流速与流量测量

流速是流体运动中最基本的参数，流量则是对生产过程进行调节和控制的重要参数。食品生产过程及科学实验研究中，经常要对流速和流量等参数进行测量，并加以调节、控制。

以流体能量守恒为基础的流量测量装置有以下两大类：一类是变压头流量计，即将流体动压头的变化以静压头变化的形式表示出来，如测速管、孔板流量计和文丘里流量计。另一类是变截面流量计，即流体流量变化时流道的截面积发生变化，以保持不同流速下通过流量计的压强降相同，如转子流量计。下面对这几种典型的流量计分别讨论。

（一）变压头的流量计

1. 测速管

测速管又称皮托管，如图 1-14 所示，是由两根同心套管组成的。内管前端开口，管截面严格垂直于来流方向；外管前端封闭，距前端一定距离处管侧壁上沿周向开若干测压小孔。内、外管的另一端分别连接液柱压差计的两个端口。

流体以流速 u 趋近测速管的前端，流体到达内管口 A 处动压头转变为静压头，故内管传递出的压强相当于流体在 A 点处的动压头与静压头之和，称为冲压头：

$$h_A = \frac{u^2}{2g} + \frac{p}{\rho g}$$

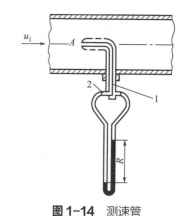

图 1-14　测速管
1—静压管（外管）；2—冲压管（内管）

当流体沿外管侧壁上的小孔流过时，其速度没有改变，故通过侧壁小孔从外管传递出的压强与该处流体的静压头相当：

$$h_B = p/(\rho g)$$

U 形管压差计的读数反映上述两压头之差：

$$h_A - h_B = u^2/(2g)$$

故得
$$u = \sqrt{2g(h_A - h_B)} = \sqrt{2(p_A - p_B)/\rho} \tag{1-55}$$

若 U 形管压差计内指示液密度为 ρ'，读数为 R，则根据流体静力学基本方程式可得：

$$u = \sqrt{2R(\rho' - \rho)g/\rho} \tag{1-56}$$

测速管所测的是管道截面上某一点的轴向速度，故可用于测定管道截面上的速度分布。对圆管内的层流或湍流，则可通过测量其管中心处的速度 u_{max}，得出管截面上的平均流速 u，进而求得流体的流量。圆管中 u/u_{max} 与雷诺数的关系见图 1-15，Re_{max} 和 Re 分别为最大流速 u_{max} 和平均流速 u 下的雷诺数。

2. 孔板流量计

如图 1-16 所示，在流道上垂直安装一中心开圆孔的金属薄板，孔中心位于管轴线上，将 U 形管压差计分别接于孔板前后引出的测压口，即构成孔板流量计。

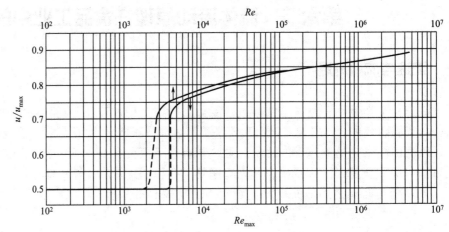

图 1-15 u/u_{max} 与 Re 的关系

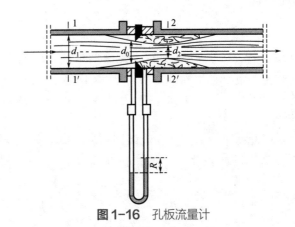

图 1-16 孔板流量计

根据伯努利方程和流体静力学基本方程式可得：

$$u_0 = C_0 \sqrt{\frac{2gR(\rho' - \rho)}{\rho}}$$

$$V_s = A_0 u_0 = C_0 A_0 \sqrt{\frac{2gR(\rho' - \rho)}{\rho}}$$

式中，C_0 为孔板的流量系数，简称孔流系数。孔流系数 C_0 需由实验确定。对于按标准规格及精度制作的孔板（称标准孔板），角接法取压，C_0 与 Re 和（d_0/d_1）² 的关系如图 1-17 所示。在孔板的设计和使用中，其测量范围应尽量落在 C_0 值为常数的区域，一般取 C_0 值在 0.6～0.7 之间。

3. 文丘里流量计

为了减少流体流经孔板时的能量损失，用一段渐缩、渐扩管代替孔板，这样构成的流量计称为文丘里流量计。文丘里流量计的测量原理与孔板流量计相同，其流量计算只是将孔流系数 C_0 用文丘里流量系数 C_v 代替，由实验测定。在湍流情况下，喉径与管径之比在 0.25～0.5 内，C_v 的值一般为 0.98～0.99。

（二）变截面的流量计——转子流量计

转子流量计由一根截面积自上而下逐渐缩小的锥形玻璃管和一个能上下移动的比流体重的转子构成，如图 1-18 所示。转子流量计垂直安装在流体管路

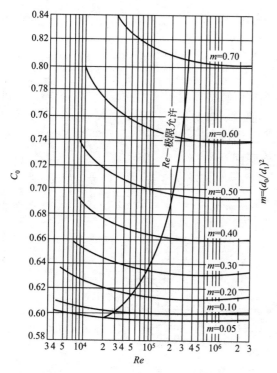

图 1-17 孔流系数 C_0 与 Re 及 $(d_0/d_1)^2$ 的关系

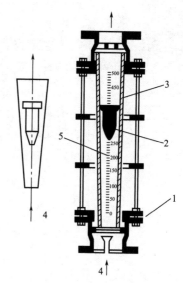

图 1-18 转子流量计
1—填料函；2—转子；3—锥形玻璃；
4—流体进口；5—刻度

上，流体由玻璃管底部流入，经过转子与玻璃管间的环隙，由顶部流出。

对于一定的流量，作用于转子的上升力 $(p_1-p_2)A_f$ 与转子的净重力 $(\rho_f-\rho)V_f g$ 相平衡，转子停于一定的位置，即

$$p_1-p_2=(\rho_f-\rho)V_f g/A_f$$

转子可以视为收缩口面积变化的孔板，将上式代入孔板流量计的公式，并用 C_R 表示转子流量计的流量系数，则得到通过环隙的流体体积流量为：

$$V_s = A_0 u_0 = A_0 C_R \sqrt{\frac{2g(\rho_f - \rho)V_f}{\rho A_f}} \tag{1-57}$$

由上式可知，对于一定的转子和流体，在测量范围内，流量只随环隙面积 A_0 而变，故转子流量计一般都以转子的位置来指示流量，而将刻度标于管壁上。一般用于测量液体的转子流量计是以 20℃的水标定其刻度，用于气体流量测量的则是以 20℃、760mmHg 下的空气标定的。

当被测流体与标定条件不符时，须对原有的流量刻度进行校正，其流量校正式为：

$$\frac{V_{s2}}{V_{s1}} = \sqrt{\frac{\rho_1(\rho_f - \rho_2)}{\rho_2(\rho_f - \rho_1)}} \tag{1-58}$$

式中各参数下标 1、2 分别表示出厂前标定时所用液体（气体）及实际工作时液体（气体）的参数。

二、流体输送机械

为流体提供能量的机械设备统称为流体输送机械。通常，输送液体的机械称为泵；输送气体的设备则按其所产生的压强的高低分别称之为通风机、鼓风机、压缩机和真空泵。

流体输送机械按其工作原理又可分为：①动力式或叶轮式；②容积式或正位移式；③流体动力式。

（一）离心泵

离心泵是典型的依靠高速旋转的叶轮所产生的离心力向液体传送机械能的输送机械，具有结构简单、输液量大而且均匀并易于调节、操作方便、适用介质范围广等优点，在工业生产中得到广泛的应用。

1. 离心泵的主要部件及工作原理

（1）离心泵的主要部件　离心泵的构造如图 1-19 所示，由两个主要部分构成：一是包括叶轮和泵轴的旋转部件；二是由泵壳、轴封装置和轴承组成的静止部件。其中最主要的部件是叶轮和泵壳。

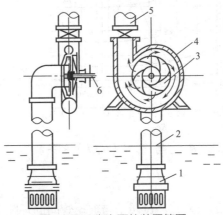

图 1-19　离心泵的装置简图

1—底阀；2—吸入管；3—叶轮；
4—泵壳；5—排出管；6—泵轴

① 叶轮　叶轮是离心泵的关键部件，作用是将原动机的机械能直接传给液体，以增加液体的静压能和动能。叶轮通常由 6 ～ 12 片的后弯叶片组成。按其机械结构可分为封闭式、半闭式和敞开式三种，如图 1-20 所示。

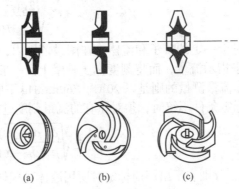

(a)　　　　　　(b)　　　　　　(c)

图 1-20　离心泵的叶轮类型

（a）封闭式；（b）半闭式；（c）敞开式

叶轮按其吸液方式不同可分为单吸式和双吸式两种。单吸式叶轮结构简单，液体只能从叶轮一侧被吸入。双吸式叶轮可同时从叶轮两侧对称地吸入液体，因此双吸式叶轮不仅具有较大的吸液能力，而且可基本上消除轴向推力。

② 泵壳　泵壳即泵体的外壳，通常为蜗壳形，作用是在叶轮四周形成一个截面积逐渐扩大的蜗形通道。由于流道截面积逐渐扩大，以高速从叶轮四周抛出的液体可逐渐降低流速，减少能量损失，使部分动能有效地转化为静压能。所以，泵壳不仅是一个汇集由叶轮抛出的液体的通道，同时还是一个能量转换装置。

泵轴与泵壳之间的密封称为轴封，其作用是防止泵壳内液体沿轴漏出或外界的空气漏入泵内。常用的轴封装置有填料密封（填料函）和机械密封两种。

（2）离心泵的工作原理　如图 1-19 所示，离心泵的工作原理如下：启动前，泵内要先灌满被输送的液体。启动后，泵轴由外界的动力带动，叶轮便在泵壳内旋转，产生离心力。叶轮中央的液体在惯性离心力的作用下沿叶片间的通道被抛向叶轮外周，使流向叶轮外周的液体的静压强增高，并以很高的速度（15～25m/s）流入泵壳。在蜗形通道内，由于截面逐渐扩大，动能不断转换为静压能，液体以较高的压强沿切向流出泵壳经排出管排出。排出管上装有调节阀，供开工、停工和调节流量时使用。

与此同时，因液体的向外运动，在叶轮中心吸入口处形成一低压区，在液面压强（常为大气压）与泵内压强（负压）的压差作用下，泵外液体便经单向底阀、吸入管被连续地吸入泵内。只要叶轮不停地旋转，离心泵就不断地吸入和排出液体。

离心泵启动时，若泵内未充满液体或在运转过程中发生漏气，就没有抽吸液体的能力。这是由于泵壳内积存有空气，空气密度远小于液体密度，叶轮旋转所产生的离心力不足以形成吸上液体所需的低压，此时离心泵虽运转却不能正常输送液体，此现象称为"气缚"。可见，离心泵无自吸能力。

离心泵的
工作原理

 过程检查1.3

○ 流体通过离心泵都获得了哪几种能量？其中哪种能量占主导地位？

2. 离心泵的主要性能参数和特性曲线

（1）离心泵的主要性能参数　要正确地选择和使用离心泵，就必须掌握泵的性能和它们之间的相互关系。

表征离心泵特性的参数主要有：转速 n，流量 Q，压头（又称扬程）H，轴功率（即输入功率）N 和效率 η。

① 流量 Q　离心泵的流量（又称送液能力），是指单位时间内泵所输送的液体体积，单位为 L/s、m^3/s 或 m^3/h。离心泵的流量与泵的结构、尺寸和转速有关。

② 压头 H　离心泵的压头（又称泵的扬程），是指单位重量液体流经泵后所获得的能量，单位为 m 液柱。离心泵的压头不仅与泵的结构、尺寸和转速有关，还与泵的流量有关。

泵的压头通常由实验测定。如图 1-21 所示，在泵的进、出口处分别安装真空表和压强表，在真空表和压强表所处截面间列伯努利方程，即

$$\frac{(-p_v)}{\rho g}+\frac{u_1^2}{2g}+H=h_0+\frac{p_m}{\rho g}+\frac{u_2^2}{2g}+\sum h_f$$

由于两截面 b—c 间的距离很短，其阻力损失通常可以忽略，于是上式可简化成：

$$H=h_0+H_m+H_v+\frac{u_2^2-u_1^2}{2g} \qquad (1\text{-}59)$$

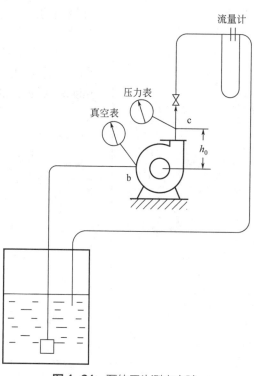

图1-21　泵的压头测定实验

式中，h_0 为两截面间的垂直距离，m；p_m 为压强表的读数，mH_2O；p_v 为真空表的读数，mH_2O；u_1、u_2 分别为吸入管和排出管中液体的流速，m/s。

③ 轴功率 N 和效率 η　离心泵的轴功率 N 是指泵轴运转所需的功率，即电动机直接输入到泵轴的功率。由于离心泵实际运转中存在着各种形式的能量损耗，因此泵轴从电机得到的轴功率，并不能全部有效地转换为流体的机械能。液体从泵获得的实际功率，即离心泵的有效功率，以 N_e 表示，单位为 W 或 kW，可以根据泵的压头 H 和流量 Q 算出

$$N_e = QH\rho g \tag{1-60}$$

有效功率与轴功率的比值即为离心泵的效率 η

$$\eta = \frac{N_e}{N} = \frac{QH\rho g}{N} \tag{1-61}$$

效率 η 值恒小于 1，是反映离心泵能量损失大小的参数，即泵对外加能量的利用程度。离心泵运转过程中的机械能损失主要有以下三种形式：泵的液体泄漏所造成的容积损失；进入泵的液体流经叶轮、泵壳时产生的摩擦阻力、局部阻力以及液体在泵壳中因冲击而造成的水力损失；泵在运转时，泵轴与轴承、泵轴与轴封装置等机械部件间由于机械摩擦而引起的机械损失。与其相对应的效率分别称为容积效率 η_1、水力效率 η_2 和机械效率 η_3。泵的总效率 η（又称效率）等于上述三种效率的乘积，即

$$\eta = \eta_1 \eta_2 \eta_3 \tag{1-62}$$

对离心泵来说，小型水泵的效率一般为 50% ～ 70%，大型泵可达 90%。油泵、耐腐蚀泵的效率比水泵低，杂质泵的效率更低。

（2）离心泵的特性曲线

① 离心泵的特性曲线　泵的性能参数之间并非孤立，而是相互联系、相互制约的。描述固定转速下泵的基本性能参数之间关系的曲线，称为离心泵的特性曲线，是正确选择和使用离心泵的主要依据，由离心泵的制造厂提供。

离心泵的特性曲线是在固定转速下测出的，只适用于该转速，故特性曲线图上一定要注明转速 n 的数值。图 1-22 为 IS100-80-125 型离心泵在 n=2900r/min 时的特性曲线图，其曲线组成及特点如下：

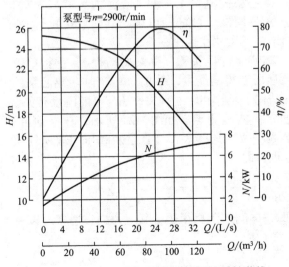

图 1-22　IS100-80-125 型离心泵的特性曲线

a. *H-Q* 曲线，表示泵的压头与流量的关系。在较大流量范围内，离心泵的压头 H 是随流量 Q 的增大而减小的（流量很小时可能有例外）。

b. *N-Q* 曲线，表示泵的轴功率与流量的关系。N 随 Q 的增大而增大，当 $Q=0$ 时，泵轴消耗的功率最小。因此，启动离心泵时，为了减小启动功率，应将出口阀关闭，使启动电流最小，保护电机。

c. *η-Q* 曲线，表示泵的效率与流量的关系。$η$ 先随 Q 的增大而上升，达到最大值后，又随 Q 的增大而下降。该曲线最大值即效率最高点。泵在该点所对应的压头和流量下操作时，效率最高，故该点为离心泵的设计点。根据生产任务选用离心泵时，应使泵在效率不低于最高效率的 92% 左右的范围内运转，此范围称为离心泵的高效率区。

② 离心泵的转速和叶轮尺寸对特性曲线的影响　离心泵的特性曲线是在一定转速下测得的。当转速由 n 改变为 n' 时，若变化幅度不大，效率可认为不变，其与流量、压头及轴功率的关系近似为

$$\frac{Q'}{Q}=\frac{n'}{n},\ \frac{H'}{H}=\left(\frac{n'}{n}\right)^2,\ \frac{N'}{N}=\left(\frac{n'}{n}\right)^3 \tag{1-63}$$

式（1-63）称为比例定律，适用于转速变化小于 20% 的情况。

其他如叶轮尺寸的改变、输送液体的物理性质等也会影响泵的特性曲线。叶轮外周经过切削而使叶轮直径变小，在固定转速下，其与流量、压头及轴功率之间的关系近似为

$$\frac{Q'}{Q}=\frac{D'}{D},\ \frac{H'}{H}=\left(\frac{D'}{D}\right)^2,\ \frac{N'}{N}=\left(\frac{D'}{D}\right)^3 \tag{1-64}$$

式（1-64）称为切割定律，只适用于切削量不大的情况。

3. 离心泵的汽蚀现象与安装高度

（1）离心泵的汽蚀现象　由离心泵的工作原理可知，离心泵通过旋转的叶轮将液体从其中央抛向外周对液体做功，而在叶轮入口处形成低压，如图 1-23 所示。提高泵的安装高度，将导致泵内压强降低，当其叶轮入口处压强最低值 p_K 低至被输送液体的饱和蒸气压 p_v 时，部分液体汽化，所生成的蒸气泡随液体流入叶轮的高压区，气泡受压破裂或急剧凝结。在凝结的瞬间，周围液体以高速冲击此凝结点处，产生频率很高、瞬时压力很大的剧烈冲击，可使叶片的金属表面出现斑痕及裂缝，甚至呈海绵状逐步脱落而破坏，这种现象称为"汽蚀"。发生汽蚀时，还会造成离心泵噪声大、泵体震动；同时液体实际流量、压头和效率均明显下降，严重时可导致完全不能输出液体。

（2）离心泵的安装高度　防止汽蚀现象产生的最有效措施，就是要求泵的安装高度不能超过某一定值，以确保泵内的最低压强 p_K 高于操作温度下被输送液体的饱和蒸气压 p_v。但 p_K 很难测出，因此用泵入口接管 1—1' 处的压强 p_1 代替。我国的离心泵样本中，采用汽蚀余量表示泵的吸上性能，用以对泵的安装高度加以限制，以避免发生汽蚀。

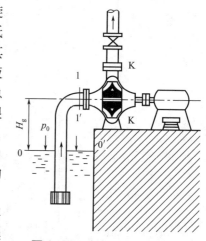

图 1-23 离心泵的安装高度

汽蚀余量 Δh 是指离心泵入口处，液体的静压头 $p_1/(\rho g)$ 与动压头 $u_1^2/(2g)$ 之和，超过液体在操作温度下的饱和蒸气压头 $p_v/(\rho g)$ 的某一最小指定值，即

$$\Delta h=\left(\frac{p_1}{\rho g}+\frac{u_1^2}{2g}\right)-\frac{p_v}{\rho g} \tag{1-65}$$

其值可从泵的样本中查得。

如图 1-23 所示，以储罐液面 0—0' 为基准水平面，在液面 0—0' 与截面 1—1' 之间列伯努利方程，得：

$$H_{g,\text{允许}} = \frac{p_0}{\rho g} - \left(\frac{p_1}{\rho g} + \frac{u_1^2}{2g}\right) - \sum h_f \qquad (1\text{-}66)$$

式中，$H_{g,\text{允许}}$ 为允许安装高度，m；p_0 为液面处压强，Pa；p_1 为泵入口处压强，Pa；u_1 为泵入口管的液体流速，m/s；$\sum h_f$ 为截面 0—0′ 至截面 1—1′ 的压头损失，m。

将式（1-65）代入上式，则泵的允许安装高度 $H_{g,\text{允许}}$ 与汽蚀余量 Δh 之间的关系为：

$$H_{g,\text{允许}} = (p_0 - p_v)/\rho g - \sum h_f - \Delta h \qquad (1\text{-}67)$$

离心泵性能表上的 Δh 值是按输送 20℃ 的水规定的，当输送其他液体时，需进行校正。因校正系数常小于 1，按式（1-67）算出的 $H_{g,\text{允许}}$ 稍大，故为简便计，也可不校正，而将其视为外加的安全因数。

用上述方法求出的安装高度为允许值，实际应用时，安装高度应比允许值小，通常取实际安装高度 $=H_{g,\text{允许}} - (0.5 \sim 1)\text{m}$。

4. 离心泵的工作点与流量调节

（1）离心泵的工作点　离心泵的特性曲线代表其自身所具有的输送能力，与管路系统无关。当离心泵安装在一定的管路系统中，在固定转速下运转时，其实际的工作性能参数不仅与泵本身的特性有关，还与管路特性有关。

① 管路特性曲线　当离心泵安装在特定的直径均一的管路系统中工作时，流体流过管路系统所需的压头（即要求泵提供的压头）可由伯努利方程式求得，即

$$h_e = \Delta z + \frac{\Delta p}{\rho g} + \frac{\Delta u^2}{2g} + \sum h_f$$

$$= \Delta z + \frac{\Delta p}{\rho g} + \frac{8}{\pi^2 g}\left[\left(\frac{1}{d_2^4} - \frac{1}{d_1^4}\right) + \lambda\left(\frac{l + \sum l_e}{d^5}\right)\right]Q^2 \qquad (1\text{-}68)$$

对特定的管路，上式中的各量除 λ 与 Q 外，其他均为定值。湍流时 λ 的变化也很小，若令 $K = \dfrac{8}{\pi^2 g}\left[\left(\dfrac{1}{d_2^4} - \dfrac{1}{d_1^4}\right) + \lambda\left(\dfrac{l + \sum l_e}{d^5}\right)\right]$，则式（1-68）可简化为

$$h_e = \Delta z + \frac{\Delta p}{\rho g} + KQ^2 \qquad (1\text{-}69)$$

此式表明，在特定管路中输送液体时，所需压头 h_e 与流量 Q 的平方成正比，称为管路特性方程。按此式标绘出的曲线称为管路特性曲线，如图 1-24 中 $h_e\text{-}Q$ 的关系曲线。管路特性曲线的形状与管路布置及操作条件有关，而与泵的性能无关。

② 工作点　离心泵的特性曲线 $H\text{-}Q$ 与其所在管路的特性曲线 $h_e\text{-}Q$ 的交点 A，称为泵在该管路上的工作点，如图 1-24 所示。工作点所对应的流量 Q 和压头 H，既能满足管路系统的要求，又是离心泵实际所能提供的。若工作点所对应的效率是在最高效率区，则该工作点是适宜的。

（2）离心泵的流量调节　离心泵在实际操作过程中，经常需要调节流量。从泵的工作点可知，调节流量实质上就是改变离心泵的特性曲线或管路特性曲线，从而改变泵的工作点。

① 改变管路特性曲线　管路在离心泵出口处都装有调节流量用的阀门，

改变阀门开度即可改变管路特性曲线。当阀门关小时，管路局部阻力增大，管路特性曲线变陡，如图1-24中曲线1所示，泵的工作点由 A 移至 A_1，流量由 Q 降到 Q_1。当阀门开大时，管路局部阻力减小，管路特性曲线变得平坦，如图1-24中曲线2所示，泵的工作点由 A 移至 A_2，流量由 Q 增至 Q_2。

通过改变阀门开度来调节流量快速简便，且流量可以连续变化，但管路阻力损失增大且可能使泵在低效率区工作，因此多用于流量变化幅度不大但需要经常调节的场合。

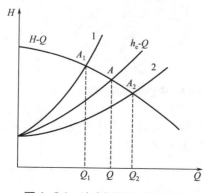

图1-24　改变阀门开度调节流量

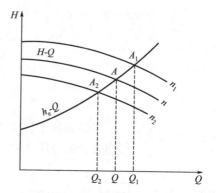

图1-25　改变泵转速调节流量

② 改变泵的特性曲线

a. 改变泵的转速　通过改变泵的转速来改变泵的特性曲线，也是调节流量的一种方法。如图1-25所示，转速为 n 时，泵的工作点为 A，若将泵的转速提高到 n_1，泵的特性曲线上移，工作点移至 A_1，流量增大至 Q_1；若将泵的转速降至 n_2，泵的特性曲线下移，工作点移至 A_2，流量减少至 Q_2。

与阀门调节相比，改变泵的转速不额外增加管路阻力，并在一定范围内保持泵在高效率区工作，能量利用更经济。因此，随着电机变频调速技术的推广，通过改变泵的转速来调节流量的方法在大功率流体输送系统中的应用越来越多。

b. 车削叶轮外径　车削叶轮外径是离心泵调节流量的一种独特方法，但一般可调范围不大，且直径减小不当还会降低泵的效率，故生产上很少采用。此时叶轮直径、流量、压头和功率之间的关系可按式（1-64）进行计算。

5. 离心泵的并联和串联操作

在实际生产中，当单台离心泵不能满足输送任务的要求或为适应生产大幅度变化而动用备用泵时，可以采用多泵组合安装的方式。离心泵最基本的组合安装方式是泵的并联和串联。

（1）并联操作　两台性能相同的泵并联操作时，其泵组的特性曲线的作法是：依据单台泵特性曲线Ⅰ上的一系列坐标点，保持其纵坐标（ H ）不变，横坐标（ Q ）加倍，由此得到的一系列对应的坐标点即可绘得两台泵并联操作的合成特性曲线Ⅱ，如图1-26所示。

并联泵的工作点为合成特性曲线与管路特性曲线的交点。由图可见，两台泵并联后的总流量必低于原单台泵流量的两倍，除非管路系统中没有能量损失。

（2）串联操作　两台性能相同的泵串联操作时，依据单台泵特性曲线Ⅰ上的一系列坐标点，保持其横坐标（ Q ）不变，纵坐标（ H ）加倍，由此得到的一系列对应坐标点即可绘出两台泵串联操作的合成特性曲线Ⅱ，如图1-27所示。

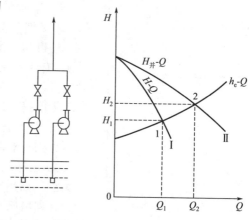

图1-26　离心泵的并联操作

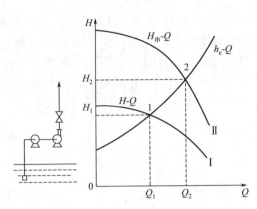

图 1-27　离心泵的串联操作

串联泵的工作点为合成特性曲线与管路特性曲线的交点。由图可见，两台泵串联后的总压头必低于单台泵压头的两倍。

过程检查1.4

○ 离心泵的工作点如何确定？简述离心泵流量调节的方法。

---

6. 离心泵的类型、选用与安装操作

（1）食品工业中常用的几种离心泵

① 清水泵　广泛用于输送各种不含固体颗粒、物理化学性质类似于水的介质。常用的有单级单吸式离心泵 IS 系列、多级离心泵 D 系列、双吸式离心泵 S 或 Sh 系列等。

② 耐腐蚀泵　耐腐蚀泵（F）中所有与流体介质接触的部件都采用耐腐蚀材料制造，因此要求结构简单，零件容易更换，维修方便，密封可靠。

③ 油泵　用于输送石油产品及其他易燃易爆液体的泵称为油泵（Y）。对油泵的重要要求是密封完善。热油（200℃以上）泵的密封圈、轴承、支座等都需有冷却水夹套冷却，以防其受热膨胀。泵的吸入口与排出口均向上，以便从液体中分离出的气体不致积存泵内。

④ 杂质泵　输送含有固体颗粒的悬浮液、稠厚的浆液等的泵称为杂质泵（P），又细分为污水泵（PW）、砂泵（PS）、泥浆泵（PN）等。要求不易堵塞、易拆卸、耐磨。这类泵的主要结构特点是叶轮流道宽，叶片数少（仅2～3片），有些泵壳内还衬以耐磨的可更换的钢护板。

（2）离心泵的选用　选择离心泵的基本原则，是以能满足液体输送的工艺要求为前提。选择步骤为：

① 确定输送系统的流量与压头　流量一般为生产任务所规定；管路所需的压头则应根据输送系统管路的安排，利用伯努利方程式进行计算。

② 选择泵的类型与型号　根据所输送的液体性质及操作条件确定所用泵的类型；然后根据已确定的流量与压头从泵样本或产品目录中选出合适的型号，并列出该泵的各种性能参数。如果没有适合的型号，则在邻近型号中选用 H 和 Q 都稍大的一个；若同时有几个型号都能满足要求，则除了考虑型号的 H

和 Q 比较接近于所需数值外，还应考虑型号的效率 η 在此条件下比较大。

③ 校核泵的特性参数　如果输送液体的黏度和密度与水相差很大，则应核算泵的流量、压头及轴功率。

【例1-6】　要用泵将河水以 100m³/h 的流量输送到一高位槽中，已知高位槽水面高出河面10m，此流量下管路系统的总压头损失为 7mH₂O。试选择一适当的离心泵并估算由于阀门调节而多消耗的轴功率。

解　根据已知条件，选用清水泵。以河面所在水平面为基准面，在河面与高位槽水面间列伯努利方程式，则管路所需压头为

$$h_e = \Delta z + \frac{\Delta p}{\rho g} + \frac{\Delta u^2}{2g} + \sum h_f = 10 + 0 + 0 + 7 = 17 \, (\text{mH}_2\text{O})$$

根据已知流量 $Q=100\text{m}^3/\text{h}$ 及计算出的 h_e 值，选择 IS100-80-125 型水泵。由附录查得该泵的性能参数为：流量 $Q=100\text{m}^3/\text{h}$；压头 $H=20\text{mH}_2\text{O}$；轴功率 $N=7.00\text{kW}$；效率 $\eta=78\%$。

由于所选泵压头稍高，操作时靠略为关小阀门调节。由于用阀调节而多消耗的轴功率为：

$$\Delta N = \frac{\Delta H Q \rho g}{\eta} = \frac{(20-17) \times (100/3600) \times 1000 \times 9.81}{1000 \times 0.78} = 1.05 \, (\text{kW})$$

（3）离心泵的安装与运转　各种类型的泵，都有生产部门提供的安装与使用说明书可供参考。此处仅指出一般应注意的问题：

① 泵的安装高度必须低于允许值，以免出现汽蚀现象或吸不上液体。因此在管路布置时应尽可能减小吸入管路的阻力，吸入管路应短而直，其直径不应小于泵入口的直径。

② 离心泵启动前，必须于泵内灌满液体，至泵壳顶部的小排气旋塞开启时有液体冒出为止，以保证泵内无空气积存，防止气缚现象。

③ 离心泵应在出口阀关闭即流量为零的条件下启动，此点对大型泵尤其重要。电机运转正常后，再逐渐开启调节阀，至达到所需流量。停泵前亦应先关闭调节阀，以免压出管路内的液体倒流入泵内使叶轮受冲击而损坏。

④ 运转过程中要定时检查轴承发热情况，注意润滑。若采用填料密封，应注意其泄漏和发热情况，填料的松紧程度要适当。

 拓展阅读

顾毓珍公式

　　流体流动和输送中含有许多经典的流体力学经验公式，其中关于摩擦系数 λ 与雷诺数和相对粗糙度之间的方程就比较多。这些公式是化工和食品工程领域中不可或缺的工具，它们帮助我们理解和预测流体在管道中的流动行为。顾毓珍先生（1907—1968）早年在美国麻省理工学院攻读博士学位期间，提出了流体在直管内流动时，摩擦系数与雷诺数及相对粗糙度之间的关联式，被称为"顾毓珍公式"。因该公式基础理论可靠且便于实际应用，得到了国际学术界的广泛认可，这是我国科学家在化学工程学科领域的杰出贡献之一。更重要的是，他在获得博士学位后，毅然选择回国，将所学知识贡献给祖国的发展。回国后，为了尽速建立起我国独立完整的油脂、化工教材体系，切实提高教学质量，他先后编著出版了《液体燃料》《油脂工业》《油脂制备学》《化工计算》等图书。从20世纪50年代后期开始，基于我国化学工业当时的现状，为强化过程、提高生产力，顾毓珍先生开始着重对湍流时的动量及热量传递开展理论与实践相结合的研究，都取得了很好效果，并直接推广于工业生产。顾毓珍先生严于治学，勤奋工作，带着对国家和社会强烈的责任感和使命感，一生致力于基础理论研究与实践相结合，为我国化学工业的发展和化学工程学科的开创做出了重要贡献。

第一章

知识归纳

流体静力学方程 $p_2 = p_1 + \rho g(z_1 - z_2)$

○ 适用于静止、连续、均质的不可压缩流体。
○ 在静止的、连续的同一流体内，处于同一水平面上的各点，其压强相等。
○ 压强可传递——巴斯噶原理。
○ 静止流体内的压强或压强差可以用一定高度的流体柱来表示。
○ 利用静力学原理可以进行压强测量、液面测定和安全液封高度的确定。

流体流动的基本方程
物料衡算的连续性方程：

$$\rho_1 A_1 u_1 = \rho_2 A_2 u_2$$
$$A_1 u_1 = A_2 u_2 \text{（不可压缩流体）}$$

机械能衡算的伯努利方程：

$$gz_1 + \frac{u_1^2}{2} + \frac{p_1}{\rho} + w_e = gz_2 + \frac{u_2^2}{2} + \frac{p_2}{\rho} + \Sigma w_f \text{（单位质量流体）}$$

$$z_1 + \frac{u_1^2}{2g} + \frac{p_1}{\rho g} + h_e = z_2 + \frac{u_2^2}{2g} + \frac{p_2}{\rho g} + \Sigma h_f \text{（单位重量流体）}$$

○ 伯努利方程适用于等温、连续、均质的不可压缩流体的稳定流动。
○ 应用伯努利方程注意事项：确定衡算范围，按流体流动方向依次选取上、下游截面；确定基准水平面；方程中各项物理量单位一致，压强的表示方法也须一致。

流体阻力损失的计算
○ 直管阻力损失：

$$w_f = \lambda \frac{l}{d} \frac{u^2}{2} \begin{cases} \text{层流：} \lambda = \dfrac{64}{Re} \\ \text{湍流：} \lambda = f\left(Re, \varepsilon/d\right) \end{cases}$$

○ 局部阻力损失：

$$\begin{cases} \text{当量长度法：} w_f = \lambda \dfrac{\Sigma l_e}{d} \dfrac{u^2}{2} \\ \text{阻力系数法：} w_f = \Sigma \zeta \dfrac{u^2}{2} \end{cases}$$

流体流动原理在食品工业中的应用
○ 流量测量：一类是变压头流量计，有测速管、孔板流量计和文丘里流量计，测速管测得的是管道截面上某一点的轴向速度；另一类是变截面流量计，如转子流量计，当实际流体与出厂前标定流体状态不同时需校正。
○ 流体输送机械：输送液体的机械称为泵，依靠叶轮旋转产生的离心力为液体提供机械能的泵为离心泵。
○ 离心泵没有自吸能力，启动前必须灌满被输送液体，否则会发生"气缚"现象；离心泵启动时应关闭出口阀，使启动功率最小以保护电机；停泵前也应先关闭出口阀，以防液体倒流入泵，冲击损坏叶轮；离心泵的安装高度要受泵的吸上性能的限制，以免发生"汽蚀"。

○ 离心泵的流量调节通过改变泵的工作点进行。

🌿 工程训练

　　某食品厂一生产车间，要求用离心泵将冷却水由贮水池经换热器送到另一敞口高位槽。已知高位槽液面比贮水池液面高出 10m，管内径为 75mm，管路总长（包括局部阻力的当量长度在内）为 400m。液体流动处于阻力平方区，摩擦系数为 0.03。流体流经换热器的局部阻力系数为 0.32。

　　离心泵在转速 $n=2900$r/min 时的 H-Q 特性曲线数据如下：

$Q/(m^3/s)$	0	0.001	0.002	0.003	0.004	0.005	0.006	0.007	0.008
H/m	26	25.5	24.5	23	21	18.5	15.5	12	8.5

　　现因生产需要，要求流量增加为 0.0055m³/s，其他条件不变，试通过计算，提出几种不同的解决方案，并进行比较。（工厂有同型号备用泵）

✏️ 习题

1-1　烟道气的组成约为 φ_{N_2} 75%，φ_{CO_2} 15%，φ_{O_2} 5%，φ_{H_2O} 5%（体积分数）。试计算常压下 400℃时该混合气体的密度。

1-2　已知成都和拉萨两地的平均大气压强分别为 0.095MPa 和 0.062MPa。现有一果汁浓缩锅，需保持锅内绝对压强为 8.0kPa。这一设备若置于成都和拉萨两地，表上读数分别应为多少？

1-3　图示为一平板在油面上作水平运动，已知运动速度 u 为 1m/s，板与固定板之间的距离 $d=1$mm，油的黏度 1.148N·s/m²，由平板所带动的油的运动速度呈直线分布，作用在平板单位面积上的黏滞力为多少？

1-4　如附图所示，用一复式 U 形管压差计测定水流管道 A、B 两截面间的压差，指示液为汞，两段汞柱之间充满水，测压前两 U 形压差计的水银液面为同一高度。今若测得 $h_1=1.2$m，$h_2=1.3$m，$R_1=0.9$m，$R_2=0.95$m，管道中 A、B 两点间的压差 Δp_{AB} 为多少？（先推导关系式，再进行数字运算）

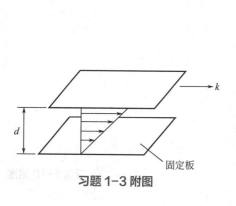

习题 1-3 附图

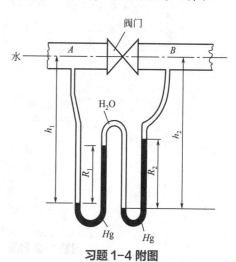

习题 1-4 附图

1-5　密度为 920kg/m³ 的椰子油由总管流入两支管，总管尺寸为 ϕ60mm×3.5mm，两支管尺寸分别为 ϕ38mm×3.5mm 与 ϕ25mm×3.5mm。已知椰子油在总管中的流速为 0.8m/s，且两支管中的流量比为 2.2。试分别求椰子油在两支管中的体积流量、质量流量、流速及质量流速。

1-6　某输水管路，水温为 20℃，管内径为 200mm，试求：（1）管中流量达到多大时，可使水由层流开始向湍流过渡？（2）若管内改送运动黏度为 0.14cm²/s 的液体，并保持层流流动，求管中最大平均流速。

1-7　一虹吸管放于牛奶贮槽中，其位置如图所示。贮槽和虹吸管的直径分别为 D 和 d，若流动阻力忽略不计，试计算虹吸管的流量。贮槽液面高度视为恒定。

1-8　如图所示水在管中流动。在截面 1 处的流速为 0.5m/s，管内径为 0.2m，由于水的压强产生水柱高为 1m；在截面 2 处管内径为 0.1m。试计算在截面 1、2 处产生的水柱高度差 h。（忽略水由 1 到 2 处的能量损失）

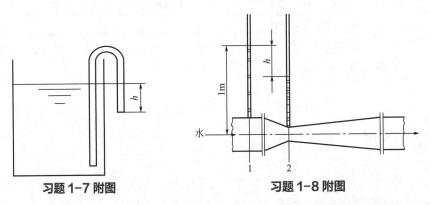

习题 1-7 附图　　　　　习题 1-8 附图

1-9　敞口高位槽中的葡萄酒（密度为 985kg/m³）经 ϕ38mm×2.5mm 的不锈钢导管流入蒸馏锅，如图所示。高位槽液面距地面 8m，导管进蒸馏锅处距地面 3m，蒸馏锅内真空度为 8kPa。在本题特定条件下，管路摩擦损失可按 $\sum w_f = 6.5u^2$（J/kg）（不包括导管出口的局部阻力）计算，u 为葡萄酒在管内的流速（m/s）。试计算：（1）导管 A—A 截面处葡萄酒的流速；（2）导管内葡萄酒的流量。

1-10　如图所示一冷冻盐水循环系统。盐水的循环量为 45m³/h。流体流经管路的压头损失为：自 A 至 B 段为 9m，自 B 至 A 的一段为 12m。盐水的重度为 1100kgf/m³。求：（1）泵的轴功率，设其效率为 0.65。（2）若 A 处的压强表读数为 1.5kgf/cm²，则 B 处的压强表读数应为多少（kgf/cm²）？

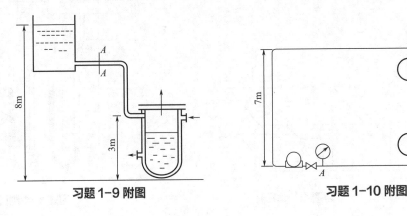

习题 1-9 附图　　　　　习题 1-10 附图

1-11 要求以均匀的速度向果汁蒸发浓缩釜中进料。现装设一高位槽，使料液自动流入釜中（如附图所示）。高位槽内的液面保持距槽底1.5m的高度不变，釜内的操作压强为0.01MPa（真空度），釜的进料须维持在12m³/h，则高位槽的液面要高出釜的进料口多少米才能达到要求？

已知料液的密度为1050kg/m³，黏度为3.5×10^{-3}Pa·s，连接管为ϕ57mm×3.5mm的钢管，其长度为$[(x-1.5)+3]$m，管道上的管件有180°回弯头一个、截止阀（按1/2开计）一个及90°弯头一个。

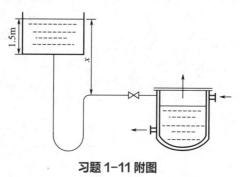

习题1-11附图

1-12 求常压下35℃的空气以12m/s的流速流经长120m的水平通风管的能量损失。管道截面为长方形，高300mm，宽200mm。（设$\varepsilon/d=0.0005$）

1-13 拟用泵将葡萄酒由贮槽通过内径为50mm的光滑铜管送至白兰地蒸馏锅。贮槽液面高出地面3m，管子进蒸馏锅处高出地面10m。泵出口管路上装有一闸阀调节流量，管路总长80m（包括除调节阀以外的所有局部阻力的当量长度）。葡萄酒的密度为985kg/m³，黏度为1.5mPa·s。试求：（1）在阀1/2开度和全开两种情况下的管路特性方程；（2）流量为15m³/h时，两种情况下管路所需的压头及功率。

1-14 在一内径为300mm的管道中，用皮托管来测定平均摩尔质量为60kg/kmol的气体流速。管内气体的温度为40℃，压强为101.3kN/m²，黏度为0.02cP。已知在管道同一截面上测得皮托管最大读数为30mmH₂O。求此时管道内气体的平均速度。

1-15 有一测空气流量的转子流量计，其流量刻度范围为400~4000L/h，转子材料用铝制成（$\rho_{铝}=$2670kg/m³），今用它测定常压20℃的二氧化碳，试问能测得的最大流量（L/h）。

1-16 如图，20℃软水由高位槽分别流入反应器B和吸收塔C中，反应器B内压力为0.5atm（表压），塔C中真空度为0.1atm，总管为ϕ57mm×3.5mm，管长（20+Z_A）m，通向器B的管路为ϕ25mm×2.5mm，长15m，通向塔C的管路为ϕ25mm×2.5mm，长20m（以上管长包括各种局部阻力的当量长度在内）。管道皆为无缝钢管，粗糙度可取为0.15mm。如果要求向反应器供应0.314kg/s的水，向吸收塔供应0.471kg/s的水，高位槽液面至少高于地面多少？

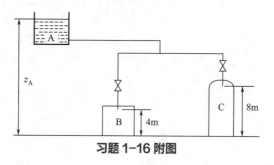

习题1-16附图

1-17 某食品厂为节约用水，用离心泵将常压热水池中60℃的废热水经ϕ68mm×3.5mm的管子输送至凉水塔顶，并经喷头喷出而入凉水池，以达冷却目的，水的输送量为22m³/h，喷头入口处需维持0.05MPa（表压），喷头入口的位置较热水池液面高5m，吸入管和排出管的阻力损失分别为1mH₂O和4mH₂O。试选用一台合适的离心泵，并确定泵的安装高度。（当地大气压为0.099MPa）

第二章　机械分离

　　家庭制作豆浆时，通常使用网筛过滤豆渣进行固液分离。过滤开始时，滤速较快，滤出的豆浆较浑浊；随着筛网上豆渣的积累，过滤速度会逐渐降低，滤出的豆浆也变得较为澄清。影响过滤速度的原因是什么？造成豆浆逐渐澄清的原因又是什么？在工业生产中我们如何做到既保持一定的过滤速度以保证一定的生产效率，又兼顾保证滤液品质达到一定要求呢？在本章学习中，我们将了解到几种常见机械分离过程的基本原理、影响因素和有关计算，这些知识将有助于帮助我们解答以上问题。

豆浆过滤前期

豆浆过滤后期

 思维导图

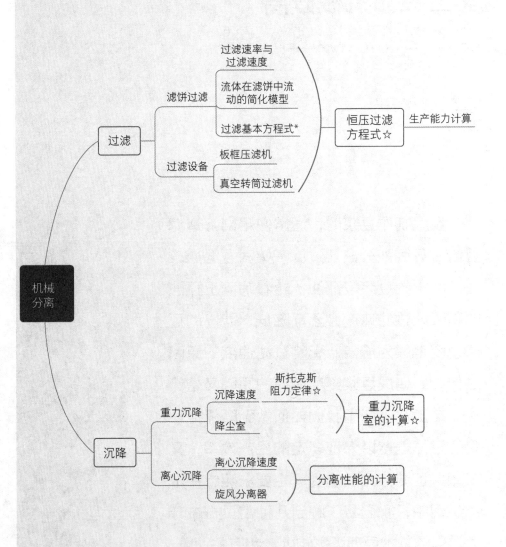

👁 学习目标

1. 定义滤浆、滤饼、过滤介质、滤液、过滤速度。
2. 绘出流体在固定床内流动的简化模型，列出简化模型的有关假定，推导过滤基本方程。
3. 列出过滤阻力、过滤介质阻力和过滤速度的影响因素。
4. 推导恒压过滤速度方程。
5. 列出过滤常数和介质常数（V_e 或 q_e）的影响因素，描述过滤常数的测定方法。
6. 描述板框过滤机、转筒真空过滤机的构造和操作方式特点，计算相应的过滤面积、过滤时间、洗涤时间、生产能力。
7. 定义重力沉降速度、离心沉降速度。
8. 推导重力沉降速度方程、离心沉降速度方程。
9. 描述重力降尘室、旋风分离器构造和操作方式特点，计算降尘室、旋风分离器沉降速度、生产能力以及能分离的最小直径。

　　机械分离是指分离的混合物至少由两相的物料组成，分离设备只是简单地将混合物进行分离，属于非均相物系的分离。例如，过滤、沉降等。机械分离已在食品工业中占有相当重要的地位，研究机械分离在食品加工中的应用，对食品加工的科学化具有重要意义。

　　食品工业生产中的机械分离主要包括以下几类：

　　（1）固 - 固分离，根据不同固体颗粒的大小和密度等性质来分离，如筛分、分级等。

　　（2）固 - 液分离，如利用板框过滤机等将酵母从啤酒发酵液中分离。

　　（3）固 - 气分离，如利用旋风分离器将乳粉颗粒从热风中分离。

　　（4）液 - 液分离，如利用碟式离心机将稀奶油从牛乳中分离。

　　除此之外，还有液 - 气分离、气 - 气分离等。由于食品中的主要原料是固体和液体，因此液 - 气分离、气 - 气分离的模式在食品工业中的运用较少。

第一节　过　　滤

一、概述

　　过滤是分离悬浮液最常用和最有效的单元操作之一。过滤是在外力的作用下，利用多孔介质截留悬浮液中的固体粒子，从而达到固、液分离的操作。通常称悬浮液为滤浆，多孔介质为过滤介质，截留的固体粒子为滤渣或滤饼，通过滤饼和过滤介质的清液为滤液。

（一）过滤方式

　　在食品加工工业中，过滤的应用十分广泛，按照过滤方式可以分成滤饼过滤和深层过滤两大类。

1. 滤饼过滤

　　悬浮液过滤是固体被过滤介质截留，在过滤介质上面形成滤渣层，如图 2-1（a）所示。这种过滤悬浮液中颗粒直径一般大于介质孔隙。在过滤开始时，会有少量很小的颗粒穿过介质混于滤液中，使滤液

浑浊。随着滤渣的逐步堆积，滤液逐渐变清，同时在介质表面形成一个滤渣层，称为滤饼。对于滤饼过滤，滤饼才是真正有效的过滤介质。滤饼过滤适合于悬浮颗粒量大且生产量大的情况使用，在食品工业生产中，蔗糖榨汁中的固形杂质，采用澄清处理后，还必须进行过滤精制；食用油的浸取与精炼过程中，采用板框过滤或叶滤机除去种子的碎片和组织细胞。本节着重讨论的是滤饼过滤。

2. 深层过滤

过滤介质上面没有形成滤饼。此时悬浮液中颗粒直径小于介质孔隙，且含量很少（体积分数＜0.1%）时，一般用较厚的粒状床层或素烧陶瓷筒做介质进行过滤。由于悬浮液中的颗粒尺寸比介质孔道直径小，当颗粒进入床层内细长而弯曲的孔道时，靠静电及表面吸附力等的作用附着在孔道壁上，如图 2-1（b）所示。饮用水的净化，酒、牛奶、色拉油和一些清饮料的过滤常采用深层过滤。

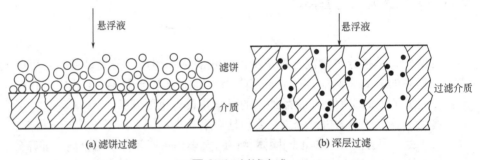

图 2-1 过滤方式

（二）过滤介质

过滤介质是过滤操作的要素之一，其作用是使液体流过的同时截留住固体颗粒。

工业上过滤介质应满足以下基本要求：

（1）多孔性，孔道大小适宜，阻力小，滤饼易形成的同时可以截留悬浮的固体颗粒。

（2）有一定的机械强度以利于卸渣时的频繁拆装、洗涤。

（3）物理化学性质稳定，耐高温、耐腐蚀。

在食品加工中，过滤介质除了要满足以上基本要求外，还要具备无毒、不易滋生微生物、易于清洗消毒等特点。

工业上常用的过滤介质分为以下几类。

1. 织物介质

由棉、麻、丝、毛等天然纤维，玻璃丝和各种合成纤维织成的滤布，常用于淀粉糖浆、糖液、酱油的过滤，是食品工业中应用最广的过滤介质。还有由铜、不锈钢等金属丝编织成的滤网，其中不锈钢丝滤布可用于酸性食品的过滤。

2. 堆积介质

由石英砂、活性炭之类的固体颗粒或玻璃棉等非编织的纤维堆积而成的过滤介质，主要用于固相含量极少的悬浮液的深层过滤，如糖的脱色和水的过滤等。

3. 多孔固体介质

由素烧陶瓷、多孔塑料、金属烧结成的筒或板，主要用于含有少量微粒的悬浮液的过滤，如糖液和白酒的过滤。

4. 多孔膜

特殊工艺制成的高分子薄膜，可以分离到 0.005μm 的微粒，用于微滤和超滤。

（三）滤饼的种类及助滤剂

一些形成滤饼的颗粒具有一定的刚性（如碳酸钙等），当过滤操作压力增大时颗粒不变形，滤饼的孔道不发生明显变化，这种滤饼称为不可压缩滤饼。另一些由易变形的颗粒（如豆渣、干酪等）形成的滤饼，当过滤操作压力增大时，滤饼发生变形，孔道变小，使流动阻力急剧增大，这种滤饼称为可压缩滤饼。

实际上，多数滤饼都具有一定的可压缩性。过滤的悬浮液中含有极细固体颗粒或其具有很大压缩性时，颗粒易堵死介质孔道形成孔隙很小的滤饼层；液体黏度太大时，会造成过滤阻力太大，使过滤困难。在这种情况下，可使用一些助滤剂以改变滤饼结构，提高刚性，增大滤饼的空隙率，减小过滤阻力。

作为助滤剂的条件是：质地坚硬；能悬浮于料液中；粒子大小有适当的分布；不含可溶性盐分和色素，并具有化学稳定性等。食品工业中常用助滤剂有硅藻土、珍珠岩、纤维粉末、活性炭、石棉等。使用最广泛的是硅藻土，其形成的滤饼的空隙率可达 85%。

助滤剂的使用方法一是预涂，把助滤剂单独配成悬浮液，使其过滤，在过滤介质表面形成一层助滤剂层后再进行过滤。另一种方法是预混，在滤浆中直接加入助滤剂，一起过滤，使混合滤饼层可压缩性减小，空隙增大，过滤阻力减小。

助滤剂的加量一般小于悬浮液固体颗粒重量的 0.5%。而在工业生产中，滤饼是产品时，不宜使用助滤剂。

二、过滤的基本理论

（一）过滤速率与过滤速度

单位时间内过滤的滤液体积，称为过滤速率，单位为 m³/s，它反映过滤机的生产能力。单位过滤面积的过滤速率，称为过滤速度，单位为 m/s，它反映过滤机的效率。

过滤速度是过滤过程的关键参数，因过滤为一种不稳定的流动过程，其瞬时速度为：

$$u = \frac{dV}{Ad\theta} \tag{2-1}$$

式中，u 为瞬时过滤速度，m³/（m²·s）即 m/s；V 为过滤体积，m³；A 为过滤面积，m²；θ 为过滤时间，s。

（二）滤饼的阻力

过滤是液体通过滤饼层与过滤介质的流动。过滤速度与推动力成正比，与过滤阻力成反比。因此，如图 2-2（a）所示，在过滤层的两边，必存在一压力差 Δp，可用下式表示：

$$\Delta p = \Delta p_1 + \Delta p_2$$

式中，Δp_1 为通过滤饼的压力降，取决于滤饼的性质和厚度，Pa；Δp_2 为通过过滤介质的压力降，取决于过滤介质的性质和厚度，Pa。

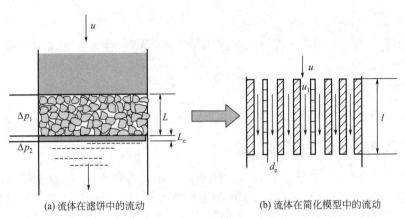

(a) 流体在滤饼中的流动　　　　　(b) 流体在简化模型中的流动

图 2-2 流体的流动

滤饼层颗粒之间存在着网络状的空隙，可将滤渣饼层中形状复杂多变的流通管道，用图 2-2（b）的简化流动模型表示。其中简化模型的流通管道体积等于实际滤饼中空隙体积，滤饼中所有颗粒的表面积等于简化模型中流通管道的内表面积。

简化模型中流通管道的当量直径可由空隙率和颗粒的比表面来计算。依照第一章中非圆形管道当量直径的定义，当量直径 d_e 为：

$$d_e = 4 \times \frac{流通截面积}{湿润周边长} = 4 \times \frac{空隙体积}{颗粒表面积} = \frac{4\varepsilon}{S_0(1-\varepsilon)}$$

式中，ε 为单位体积滤渣层中的空隙体积，称为空隙率，m^3/m^3；S_0 为单位体积颗粒所具有的表面积，称为比表面，m^2/m^3。

滤液在滤饼中流过时，由于通道的直径很小，阻力很大，液体的流速亦很小，属于层流，故流速可用第一章的泊谡叶公式表示：

$$u_1 = \frac{d_e^2 \Delta p_1}{32\mu l} \qquad (2\text{-}2)$$

式中，u_1 为滤液在流通通道内的流速，即为单位流通通道面积的过滤速率；u 是指滤液在整个过滤面积的流速，即为单位过滤面积的过滤速率。故二者的关系为：

$$u = u_1 \varepsilon = \frac{dV}{Ad\theta} = \frac{\varepsilon d_e^2 \Delta p_1}{32\mu K_0 L} = \frac{\varepsilon^3 \Delta p_1}{S_0^2(1-\varepsilon)^2 \times 2K_0 \mu L} \qquad (2\text{-}3)$$

式中，l_e 为简化模型通道的平均长度，m；L 为实际滤饼厚度，m；K_0 为 l_e 与 L 的比例系数，$l_e = K_0 L$。

式（2-3）中 $\dfrac{\varepsilon^3}{S_0^2(1-\varepsilon)^2 \times 2K_0}$ 反映了颗粒的特性，其值随物料而不同，当颗粒不可压缩时为常数。令

$$r = \frac{S_0^2(1-\varepsilon)^2 \times 2K_0}{\varepsilon^3}$$

上式代入式（2-3）可得：

$$u = \frac{dV}{Ad\theta} = \frac{\Delta p_1}{r\mu L} \qquad (2\text{-}3a)$$

式（2-3a）表明，当滤饼不可压缩时，过滤速度与过滤推动力 Δp_1 成正比，

与过滤阻力 $r\mu L$ 成反比。μ 反映滤液的影响，rL 反映滤饼的影响。

式中 r 为滤饼的比阻，是单位厚度滤饼的阻力。它在数值上等于黏度为 $1N \cdot s/m^2$ 的滤液以 $1m/s$ 的平均流速通过厚度为 $1m$ 的滤饼层所产生的压降。比阻反映了颗粒形状、尺寸及滤饼层空隙率对滤液流动的影响。滤饼层空隙率 ε 愈小及颗粒比表面 S_0 愈大，则滤饼层愈致密，对液体流动的阻滞作用也愈大，则 r 也愈大。

（三）过滤介质的阻力

过滤介质的阻力是影响过滤速度的又一因素，虽然在过滤过程中其一般都比较小，但有时却不能忽略，尤其在过滤初始阶段滤饼尚薄的期间。

同理，对过滤介质，

$$u = \frac{\mathrm{d}V}{A\mathrm{d}\theta} = \frac{\Delta p_2}{r_2\mu L_2} \tag{2-3b}$$

式中，L_2 为过滤介质的厚度，m；r_2 为过滤介质的比阻，$1/m^2$。

过滤介质的阻力通常视为常数，设想过滤介质的阻力相当于一层厚度为 L_e 的滤饼的阻力，即 $r_2 L_2 = r L_e$，则：

$$u = \frac{\mathrm{d}V}{A\mathrm{d}\theta} = \frac{\Delta p_2}{r_2\mu L_2} = \frac{\Delta p_2}{r\mu L_e} \tag{2-3c}$$

（四）过滤基本方程式

通常情况下，滤饼与过滤介质的过滤面积相同，过滤速度相等，即

$$u = \frac{\mathrm{d}V}{A\mathrm{d}\theta} = \frac{\Delta p_1}{r\mu L} = \frac{\Delta p_2}{r_2\mu L_2} = \frac{\Delta p_1 + \Delta p_2}{\mu(rL + r_2 L_2)} = \frac{\Delta p_1 + \Delta p_2}{\mu(rL + rL_e)} = \frac{\Delta p}{\mu r(L + L_e)} \tag{2-3d}$$

设每获得 $1m^3$ 滤液所形成的滤饼体积为 c（m^3 滤饼 $/m^3$ 滤液），则在任一瞬间的滤饼厚度 L 与当时已经获得的滤液体积 V 之间的关系应为：

$$cV = AL \quad 或 \quad L = cV/A \tag{2-4}$$

式中，c 为滤饼体积与相应的滤液体积之比，无量纲，或 m^3/m^3。

对于过滤介质而言，设滤出一层厚度为 L_e 的滤饼所得滤液的量为 V_e，则根据上式可得出二者的关系为：

$$cV_e = AL_e \quad 或 \quad L_e = cV_e/A \tag{2-5}$$

将式（2-4）、式（2-5）代入式（2-3d）得

$$\frac{\mathrm{d}V}{A\mathrm{d}\theta} = \frac{\Delta p}{\mu r(L + L_e)} = \frac{\Delta p}{\mu rc\left(\dfrac{V + V_e}{A}\right)}$$

即

$$\frac{\mathrm{d}V}{\mathrm{d}\theta} = \frac{A^2 \Delta p}{\mu rc(V + V_e)} \tag{2-6}$$

若过滤时有一侧的压力为大气压，则推动力 Δp 就是另一侧的表压或真空度 p，则上式为：

$$\frac{\mathrm{d}V}{\mathrm{d}\theta} = \frac{A^2 p}{\mu rc(V + V_e)} \tag{2-7}$$

对可压缩滤饼，在一定的压力差范围内，通常情况下滤饼比阻与压力差的关系可用下列经验公式表示：

$$r = r_0 \Delta p^s \tag{2-8}$$

式中，r_0 为单位压差下滤饼的比阻；s 为可压缩性指数，表示滤饼的可压缩性，s 为小于 1 的常数，不可压缩滤饼 $s=0$。

滤饼的压缩性越大，s 值也越大。表 2-1 列出几种典型物料的 s 略值。

表 2-1　典型物料的压缩性指数

物 料	s	物 料	s	物 料	s	物 料	s
硅藻土	0.01	钛白（絮凝）	0.27	滑石	0.51	硫化锌	0.69
碳酸钙	0.19	高岭土	0.33	黏土	0.56～0.6	氢氧化铝	0.9

将式（2-8）代入式（2-7），得

$$\frac{\mathrm{d}V}{\mathrm{d}\theta} = \frac{A^2 p^{1-s}}{\mu r_0 c(V + V_e)} \tag{2-9}$$

式（2-9）为过滤基本方程，对于不可压缩滤饼，式（2-9）简化为式（2-7），表示任一瞬间的过滤速率与其他因素的关系。

（五）恒压过滤和恒速过滤

按过滤压力或速度是否改变，可将过滤操作分为恒压过滤与恒速过滤两种。

过滤操作的特点是，随着过滤操作的进行，滤饼厚度逐渐增大，过滤的阻力就逐渐增大。如果在压力差 Δp 一定的条件下操作，过滤速率必逐渐减小。如果想保持一定的过滤速率，可以随着过滤操作的进行，逐渐增大压力差，以克服逐渐增大的过滤阻力。

1. 恒压过滤

在过滤操作中以恒压过滤最为常见。对于一定的悬浮液，μ、r_0、c 为常数。故可令：

$$k = \frac{1}{\mu r_0 c} \tag{2-10}$$

代入式（2-9）得

$$\frac{\mathrm{d}V}{\mathrm{d}\theta} = \frac{kA^2 p^{1-s}}{V + V_e} \tag{2-11}$$

上式积分形式为

$$\int_0^V (V + V_e)\mathrm{d}V = kA^2 p^{1-s} \int_0^\theta \mathrm{d}\theta$$

令 $K = 2k\Delta p^{1-s}$，积分得：

$$V^2 + 2V_e V = KA^2\theta \tag{2-12}$$

上式为恒压过滤方程式，它表明恒压过滤时累计滤液量与过滤时间的关系。当有些过滤操作，过滤介质阻力可以忽略时，$V_e = 0$，恒压过滤方程可简化为：

$$V^2 = KA^2\theta \tag{2-13}$$

令 $q = V/A$，$q_e = V_e/A$，则恒压过滤方程可变为：

$$q^2 + 2q_e q = K\theta \tag{2-12a}$$

同样，当过滤介质阻力可以忽略时，$q_e = 0$，上式可简化为：

$$q^2 = K\theta \tag{2-13a}$$

若恒压过滤是在已获得滤液量 V_1，即在过滤介质上已形成厚度 L_1 的滤饼的条件下开始进行，则根据式（2-11）积分：

$$\int_{V_1}^{V}(V+V_e)\mathrm{d}V = kA^2p^{1-s}\int_0^{\theta}\mathrm{d}\theta$$

得：

$$(V^2 - V_1^2) + 2V_e(V-V_1) = KA^2\theta \tag{2-14}$$

式中，θ 为恒压过滤的时间；V 为恒压过滤与其前段过滤得到的总滤液量。

2. 恒速过滤

恒速过滤时，过滤速度 $\dfrac{\mathrm{d}V}{A\mathrm{d}\theta} = \dfrac{V}{A\theta}$ 为常数，则根据过滤基本方程导出恒速过滤方程：

$$\frac{\mathrm{d}V}{\mathrm{d}\theta} = \frac{V}{\theta} = \frac{KA^2}{2(V+V_e)}$$

即

$$V^2 + V_eV = \frac{K}{2}A^2\theta \tag{2-15}$$

实际上很少一直采用恒速过滤，常常采用先恒速后恒压的过滤操作，开始以较低速度进行恒速过滤，以免颗粒穿透滤布、滤液浑浊或滤布堵塞。直到压力差达到一定数值后，采用恒压过滤，完成过滤。

若过滤是先恒速后恒压，先采用式（2-15）计算出恒速阶段获得的滤液量 V_1，再用式（2-14）计算恒压过滤的滤液量。

 过程检查 2.1

○ 影响过滤常数的因素有哪些？

（六）过滤常数的测定

由于不同的物料形成的悬浮液，其过滤常数相差很大，在对过滤机进行设计、选型或核算过滤机生产能力时，常要进行小型实验，以确定可供设计使用的过滤常数。

1. 过滤常数 K 和当量滤液体积 q_e

在恒压操作条件下，以 $\Delta\theta/\Delta q$ 对一定的料浆进行过滤试验，以测定过滤常数。

将恒压过滤方程式（2-12a）微分，得

$$2(q+q_e)\mathrm{d}q = K\mathrm{d}\theta$$

或

$$\frac{\mathrm{d}\theta}{\mathrm{d}q} = \frac{2}{K}q + \frac{2}{K}q_e$$

上式表明 $\dfrac{\mathrm{d}\theta}{\mathrm{d}q}$ 与 q 应成直线关系，如图 2-3 所示，直线的斜率为 $\dfrac{2}{K}$，截距为 $\dfrac{2}{K}q_e$。为便于根据测定的数据计算过滤常数，上式左端的 $\dfrac{\mathrm{d}\theta}{\mathrm{d}q}$ 可用增量比 $\dfrac{\Delta\theta}{\Delta q}$ 代替，即

$$\frac{\Delta\theta}{\Delta q} = \frac{2}{K}q + \frac{2}{K}q_e \tag{2-16}$$

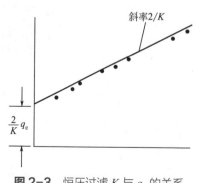

图 2-3　恒压过滤 K 与 q_e 的关系

式（2-16）表明，只要测定恒压下不同过滤时间 θ 所获得单位过滤面积滤液量 q，即可求得 K 和 q_e。

2. 压缩指数 s 和滤饼常数 k

由前述可知：$K=2kp^{1-s}$，此式两边取对数得：

$$\lg K=(1-s)\lg p+\lg 2k$$

在不同的压力差下对指定物料进行试验，求得相应过滤压力差下的 K 值，以 $\lg K$ 为纵坐标，$\lg p$ 为横坐标作图得一直线，由斜率（$1-s$）可求出 s，由截距 $\lg 2k$ 可求出 k。

三、过滤计算

由于各种类型过滤机在构造和操作方式上各有其特点，在计算其过滤面积、过滤时间、洗涤时间时，必须结合设备的特点分别考虑。

（一）间歇过滤机的计算

1. 生产能力

间歇过滤机的特点是在整个过滤机上依次进行过滤、洗涤、卸饼、清理、装合等步骤的循环操作。计算生产能力时，应以整个操作周期为基准，算出过滤时间 θ_F、洗涤时间 θ_W，并根据生产实际情况定出卸渣与重装等的时间 θ_R。一个操作周期的时间即为：

$$\theta_c=\theta_F+\theta_W+\theta_R \tag{2-17}$$

板框过滤过程

过滤机生产能力或尺寸的决定都是根据 θ_c 而不是根据 θ_F。则生产能力的计算式为：

$$Q=\frac{3600V}{\theta_c}=\frac{3600V}{\theta_F+\theta_W+\theta_R} \tag{2-18}$$

式中，V 为一个操作循环内所获得的滤液体积，m³；Q 为生产能力，m³/h。

2. 滤饼的洗涤

为了简化问题，假定洗涤在洗涤压力与过滤压力相同、洗水的黏度与滤液黏度相等的情况下进行。

板框过滤机多采用横穿洗法，洗水所穿过的滤饼厚度两倍于过滤终了时滤饼的厚度，而洗水的流通截面只有滤液的流通截面的一半，故洗涤速率只有最终过滤速率的1/4。对于叶滤机和转筒过滤机的洗涤，均采用置换洗法，洗水的路线与滤液的完全一样，穿过的滤饼厚度等于过滤终了时滤液所穿过的厚度，故洗涤速率等于最终的过滤速率。对于恒压过滤，由式（2-12）可得到最终过滤速度为：

$$\left(\frac{dV}{d\theta}\right)_F=\frac{KA^2}{2(V_F+V_e)}$$

洗涤速率为最终过滤速率的 δ 倍（置换洗法 $\delta=1$，横穿洗法 $\delta=1/4$），洗水量 V_W 与最终滤液量 V_F 成正比，比例系数为 J，则 $V_W=JV_F$，则洗涤时间为：

$$\theta_W = \frac{V_W}{\left(\dfrac{dV}{d\theta}\right)_W} = \frac{JV_F}{\delta\dfrac{KA^2}{2(V_F+V_e)}} = \frac{2JV_F(V_F+V_e)}{\delta KA^2} \qquad (2\text{-}19)$$

3. 最佳操作周期

　　恒压过滤的机械化操作使得滤饼卸除时间得以缩短，但对于一个固定的操作循环，滤饼卸除所占的时间是固定的，与产量无关。经研究发现，滤饼卸除时间在整个过滤操作中所占的时间的比例，对生产过程的总经济性有严重的影响。

　　对于一个过滤作循环，过滤时间与洗涤时间之和等于滤饼卸除、重整的时间时，为最佳过滤时间。采用最佳过滤时间，完成一定生产任务费时最少，过滤设备生产能力最大。

$$\theta_F + \theta_W = \theta_R \qquad (2\text{-}20)$$

　　【例2-1】 在板框过滤机中过滤钛白粉（TiO_2）的水悬浮液，过滤压力为300kPa，实验测得过滤常数 $K=4.5\times10^{-5}m^2/s$，$V_e=0.32m^3$，滤饼体积与滤液体积之比 $c=0.06m^3/m^3$。板框过滤机的框为正方形，边长为810mm，厚度为25mm，共有25个框，过滤面积为32m^2，框内总容量为0.40m^3。过滤推动力及所用过滤介质同实验。试求：

　　（1）过滤进行到框内全部充满滤饼所需过滤时间；

　　（2）过滤后用相当于滤液量1/10的清水进行横穿洗涤，求洗涤时间；

　　（3）若每次卸渣、清理、重装时间为20min，求滤机的生产能力，以每小时平均可得滤饼体积计。

　　解　核算滤机过滤面积与总框容积：

$$过滤面积 = 2\times边长^2\times框数 = 2\times0.81^2\times25 = 32.8（m^2）$$

$$总框容积 = 边长^2\times框厚\times框数 = 0.81^2\times0.025\times25 = 0.41（m^3）$$

　　由于板框上悬浮液通道与流水通道占有一定位置，所以实际过滤面积及总框容积略小于理论计算值。

　　（1）过滤时间　滤框完全充满时滤出的滤液量为：

$$V_F = 总框容积/c = 0.40/0.06 = 6.67（m^3）$$

　　已知 $K=4.5\times10^{-5}m^2/s$，$V_e=0.32m^3$，代入恒压过滤方程式（2-12）得：

$$V^2 + 2\times0.32V = 4.5\times10^{-5}\times32^2\times\theta$$

　　将 $V_F=6.67m^3$ 代入上式解得：$\theta_F = \dfrac{6.67^2 + 2\times0.32\times6.67}{4.5\times10^{-5}\times32^2} = 1052（s）$

　　（2）洗涤时间　已知：洗涤方法为横穿法则 $\delta=\dfrac{1}{4}$，$J=0.1$，$V_F=6.67m^3$，$V_e=0.32m^3$，$A=32m^2$，$K=4.5\times10^{-5}m^2/s$，代入式（2-19）可得洗涤时间为：

$$\theta_W = \frac{2JV_F(V_F+V_e)}{\delta KA^2} = \frac{2\times0.1\times6.67\times(6.67+0.32)}{\dfrac{1}{4}\times4.5\times10^{-5}\times32^2} = 809（s）$$

　　（3）生产能力　已知 $\theta_R=20min=1200s$

　　则生产能力为：$Q = \dfrac{3600V_Fc}{\theta_F+\theta_W+\theta_R} = \dfrac{3600\times0.40}{1052+809+1200} = 0.47（m^3\ 滤饼/h）$

（二）连续过滤机的计算

　　转筒真空过滤机是在恒定压力下操作的，其特点是过滤、洗涤、卸饼等操作在转筒表面的不同区域内同时进行，任何时刻总有一部分表面浸没在滤浆中进行过滤，任何一块表面在转筒回转一周过程中都只有部分时间进行过滤操作。

设转筒真空过滤机的转筒的转速为 n（Hz），转筒浸入面积占全部面积的分率为 Φ，以转筒转一周为一个操作周期，则每一操作周期的时间为：

$$\theta_c = 1/n \qquad (2\text{-}21)$$

而每转一周全部转筒面积的过滤时间为：

$$\theta_F = \Phi\theta_c = \Phi/n \qquad (2\text{-}22)$$

其中 Φ 等于转筒浸入角度与圆周 360° 的比值。这样就把转筒真空过滤机部分的转筒表面的连续过滤转换为全部转筒表面的间歇过滤，使前面推导的恒压过滤方程式仍适用。

忽略介质阻力，由恒压过滤方程式（2-13a）可得：

$$q = \sqrt{K\theta_F}$$

将式（2-22）代入上式得：

$$q = \sqrt{K\theta_F} = \sqrt{K\Phi\theta_c} = \sqrt{K\Phi/n} \qquad (2\text{-}23)$$

设转筒面积为 A，则转筒真空过滤机的生产能力为：

$$Q = 3600nqA = 3600nA\sqrt{K\Phi/n}$$

简化为

$$Q = 3600A\sqrt{K\Phi n} \quad (\text{m}^3 \text{ 滤液 /h}) \qquad (2\text{-}24)$$

【例 2-2】 密度为 1116kg/m^3 的某种悬浮液，于 400mmHg 的真空度下用小型转筒真空过滤机做试验，测得过滤常数 $K = 5.15 \times 10^{-6}\text{m}^2/\text{s}$，每送出 1m^3 滤液所得的泥饼中含有固相 594kg。固相密度为 1500kg/m^3，液相为水。现用一直径 1.75m、长 0.98m 的转筒真空过滤机进行生产操作，维持与试验时相同的真空度，转速为 1r/min，浸没角度为 125.5°，且知滤布阻力可以忽略，滤饼不可压缩。求：（1）过滤机的生产能力 Q；（2）转筒表面的滤饼厚度 L。

解 （1）生产能力 Q 转筒过滤面积为：

$$A = \pi \times \text{直径} \times \text{长度} = \pi \times 1.75 \times 0.98 = 5.39 \ (\text{m}^2)$$

转筒的浸没分数为：

$$\Phi = \frac{125.5}{360} = 0.349$$

每秒钟转数 $n = 1/60$，过滤常数 $K = 5.15 \times 10^{-6}\text{m}^2/\text{s}$

将各已知数值代入式（2-24），得：

$$Q = 3600 \times 5.39 \sqrt{5.15 \times 10^{-6} \times 0.349 \times 1/60} = 3.36 \ (\text{m}^3/\text{h})$$

（2）滤饼厚度 L 欲求滤饼厚度，应先通过物料衡算求得滤饼体积与滤液体积之比。以 1m^3 悬浮液为基准，设其中固相质量分数为 x，则：

$$\frac{1116x}{1500} + \frac{1116(1-x)}{1000} = 1$$

解得 $x = 0.312$，则

1m^3 悬浮液中的固相质量为：$1116 \times 0.312 = 348 \ (\text{kg})$

1m^3 悬浮液所得滤液体积为：$348/594 = 0.586 \ (\text{m}^3)$

1m^3 悬浮液所得滤饼体积为：$1 - 0.586 = 0.414 \ (\text{m}^3)$

则 $\qquad\qquad\qquad\qquad c = 0.414/0.586 = 0.706$

转筒每转一周所得滤液量为：

$$V = \frac{QT}{3600} = \frac{3.36}{3600} \times \frac{60}{1} = 5.6 \times 10^{-2} (\text{m}^3)$$

则相应的滤饼体积应为：

$$V_c = cV = 0.706 \times 5.58 \times 10^{-2} = 0.0394 (\text{m}^3)$$

故知滤饼厚度为：$L = \dfrac{V_c}{A} = \dfrac{0.0394}{5.39} = 0.0073\text{m} = 7.3\text{mm}$

第二节　沉　　降

一、重力沉降

当悬浮在静止流体中的颗粒的密度大于流体的密度时，在地球引力的作用下，颗粒就会沿重力方向运动，并从流体中分离出来。这种现象称为重力沉降。重力沉降适用于分离较大颗粒。

（一）沉降速度

单个颗粒在流体中沉降，或者当颗粒浓度很低时，各颗粒之间互不干扰的沉降过程，均称为自由沉降。下面讨论的主要为自由沉降。

设重力场内有一球形颗粒，在黏性流体中作自由沉降。其受到三个作用力：重力、浮力和阻力。对于给定的颗粒和流体，重力和浮力的大小都一定，阻力则随降落的速度增加而增加。沉降初始时，颗粒的降落速度和所受阻力皆为零，由于颗粒密度大于流体密度，即重力大于浮力，颗粒则沿重力方向作加速运动。随降落速度的增加，阻力也相应增大，当阻力增大到等于重力与浮力之差时，颗粒受到的合力为零，加速度为零。此后，颗粒即以等速下降，这一速度称为沉降速度。

由于沉降操作中颗粒的直径一般都很小，颗粒的加速运动阶段的时间很短，通常可以忽略，可以认为整个沉降过程都在沉降速度下进行。

如图 2-4 所示，直径为 d、密度为 ρ_s 的球形颗粒，在黏度为 μ、密度为 ρ 的流体中沉降时，受到三个作用力。

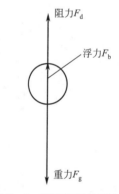

图 2-4 沉降颗粒的受力情况

1. 重力 F_g

$$F_g = \frac{1}{6} \pi d^3 \rho_s g \tag{2-25}$$

2. 浮力 F_b

$$F_b = \frac{1}{6} \pi d^3 \rho g \tag{2-26}$$

3. 阻力 F_d

阻力是流体介质阻碍颗粒运动的力，如图 2-5 所示，当流体以一定速度绕过静止的固体颗粒时，由于流体的黏性，会对颗粒有作用力。反之，当固体颗粒在静止的流体中流动时，流体同样会对颗粒有作用力。这两种情况的作用力性质相同，通常称为曳力或阻力。只要颗粒与流体之间有相对运动，就会产生阻力。颗粒在流体中以一定速度运动和流体以一定速度流过静止颗粒，都是流体与固体之间的相对运动，其阻力性质是相同的，所以，颗粒沉降时的阻力可采用第一章中流体流动相类似的公式表示。

即
$$F_d = \zeta A \frac{\rho u_0^2}{2} \qquad (2\text{-}27)$$

式中，ζ 为阻力系数；A 为颗粒在运动方向的投影面积，$A = \frac{\pi}{4} d^2$，m^2；u_0 为沉降速度，m/s。

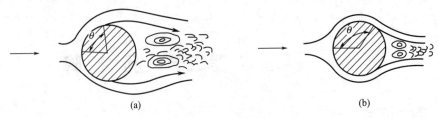

图 2-5　流体绕过颗粒的流动

在等速沉降阶段，三个作用力的合力为零：$F_g - F_b - F_d = 0$

即
$$\frac{1}{6} \pi d^3 \rho_s g - \frac{1}{6} \pi d^3 \rho g - \zeta \frac{\pi}{4} d^2 \frac{\rho u_0^2}{2} = 0$$

解得：
$$u_0 = \sqrt{\frac{4gd(\rho_s - \rho)}{3\rho\zeta}} \qquad (2\text{-}28)$$

上式为沉降速度的表达式。

（二）阻力系数

阻力系数 ζ 是雷诺数 Re_0 的函数：　$\zeta = f(Re_0)$ 　　　　（2-29）

而
$$Re_0 = du_0\rho/\mu \qquad (2\text{-}30)$$

图 2-6 绘出了根据实验结果作出的阻力系数与雷诺数的关系。其变化规律可用不同的公式表示。在这几个表达式中第一个表达式是准确的，其他几段的公式则是近似的。

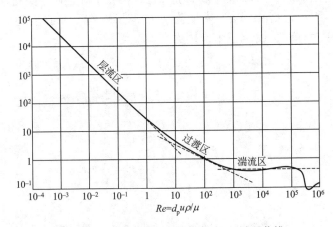

图 2-6　球形颗粒沉降的 ζ 与 Re_0 关系曲线

（1）层流区（$10^{-4} < Re_0 < 0.3$），此时流动符合斯托克斯（Stockes）阻力定律：

$$\zeta = 24/Re_0 \qquad (2\text{-}31)$$

此式可近似用到 $Re_0 = 2$。

（2）过渡区或阿仑区（Allen）（$Re_0 = 2 \sim 500$）：

$$\zeta = 18.5/Re_0^{0.6} \qquad (2\text{-}32)$$

（3）湍流区或牛顿区（$Re_0 = 500 \sim 200000$）：

$$\zeta \approx 0.44 \qquad (2\text{-}33)$$

（4）$Re_0 > 2 \times 10^5$ 后，在 $Re_0 = (3 \sim 10) \times 10^5$ 范围内可以近似取：

$$\zeta \approx 0.1 \qquad (2\text{-}34)$$

将式（2-31）～式（2-33）分别代入式（2-28），可得到颗粒在各区相应的沉降速度公式。当颗粒沉降速度在层流区时：

$$u_0 = \frac{d^2(\rho_s - \rho)g}{18\mu} \qquad (2\text{-}35)$$

此式也称为斯托克斯定律，由公式可以看出，沉降速度与颗粒直径的平方成正比，与流体的黏度成反比，所以加大颗粒直径以及降低流体黏度可以提高沉降速度。

应用上述公式求算颗粒的沉降速度时，必须先知道颗粒与流体相对运动的 Re_0 值，才可决定用哪一个公式；而求 Re_0 却又需先知道 u_0。因此要用试差法，先设 Re_0 在某一范围内，待求出 u_0 后再进行校核。由于工业上遇到的悬浮液或烟、雾中的颗粒一般较小，故可先假设其沉降运动的 Re_0 在层流区，用斯托克斯公式求 u_0，然后再校核 Re_0 是否小于 2。

【例2-3】　用沉降法除去炉气中硫铁矿尘粒，尘粒的直径为 8μm，密度为 4000kg/m³，炉气的黏度为 0.034cP，密度为 0.5kg/m³，求尘粒的沉降速度。

解　设沉降在层流区，用斯托克斯公式计算。

已知尘粒 $d = 8\mu m = 8 \times 10^{-6} m$，$\mu = 0.034cP = 0.034 \times 10^{-3} Pa \cdot s$

$$u_0 = \frac{d^2(\rho_s - \rho)g}{18\mu} = \frac{(8 \times 10^{-6})^2(4000 - 0.5) \times 9.81}{18 \times 0.034 \times 10^{-3}}$$

$$= 4.10 \times 10^{-3} \ (m/s)$$

校验

$$Re_0 = \frac{du_0\rho}{\mu} = \frac{8 \times 10^{-6} \times 4.10 \times 10^{-3} \times 0.5}{0.034 \times 10^{-3}}$$

$$= 4.82 \times 10^{-4} < 1$$

校验结果，$Re_0 < 1$，与原假设符合，计算结果可用。

（三）影响沉降速度的因素

1. 颗粒形状

颗粒与流体相对运动时所受的阻力与颗粒的形状有很大的关系。颗粒的形状偏离球形越大，其阻力系数就越大。实际上颗粒的形状很复杂，目前还没有确切的方法来表示颗粒的形状，所以在沉降问题中一般不深究颗粒的形状。这个问题采用前述的当量直径的方法来解决，即测定非球形颗粒的沉降速度，用沉降速度公式计算出粒径。这样求出来的非球形颗粒的直径，称为当量球径。即用球形颗粒直径来表示沉降速度与其相同的非球形颗粒的直径。这种处理方法对于沉降过程的设计就足够了。

2. 壁效应

当颗粒在靠近器壁的位置沉降时，由于器壁的影响，其沉降速度较自由沉降小，这种影响为壁效应。

3.干扰沉降

当非均相物系中的颗粒较多，颗粒之间相互距离较近时，颗粒沉降会受到其他颗粒的影响，这种沉降称为干扰沉降。

此外，两相的密度差、分散介质的黏度也是影响沉降的因素。在食品中对于黏度较大的悬浮液的沉降分离，可以采用加酶、加热等方法降低黏度，加速沉降。如在生产中，对于含有果胶黏度大的果汁，通常采用加酶分解果胶而降低黏度，改善果汁澄清效果。

（四）重力沉降室

1.降尘室

降尘室

降尘室是最简易的一种除尘装置，体积庞大，一般只能捕集 $100\mu m$ 以上的尘粒，除尘效率较低，但因其结构简单、操作方便，某些要求不太高的场合中仍广泛使用，也常常作为预分离器。如图 2-7 所示。其作用原理是：当含尘气体进入沉降室后，由于截面积突然扩大，气体流速迅速降低，尘粒利用自身的重力作用，使其自然沉降到沉降室底部，从而把尘粒从气体中分离出来。

沉降室内尘粒的沉降主要由尘粒本身的重力沉降速度和尘粒前进的速度所决定。重力沉降室的除尘效率与沉降室的结构、气体中尘粒的大小、尘粒的密度、气体流速等因素有关。如在沉降室内合理布置挡板、隔墙、喷雾等措施，对提高除尘效率有一定的作用。

2.降尘室的计算

在实际沉降室计算中，通常采用简易计算方法求得沉降室的主要结构尺寸，并假定气体为水平均匀气流，且尘粒具有和气体相同的流动速度。沉降室内的气体流速必须严格控制，应尽量使较大的尘粒能在离开沉降室以前降落到底部，而不被气流带走，从而达到除尘的目的。因此，要求尘粒从入口沉降到底部的时间应小于或等于烟气通过沉降室的时间。

用图 2-8 分析沉降室。

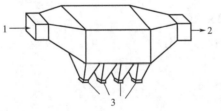

| 图 2-7　降尘室 | 图 2-8　颗粒在降尘室中的运动 |

1—气体入口；2—气体出口；3—集尘室

设：H 为室高度，m；　　　　　　　u 为气流速度，m/s；

　　L 为沿气流方向的室长度，m；　u_0 为颗粒沉降速度，m/s；

　　A_0 为降尘室的底面积，$A_0 = BL$，m^2；　V_s 为气流流率，m^3/s。

　　B 为室宽度，m；

设尘粒通过沉降室的时间为 θ_t，则

$$\theta_t = \frac{L}{u} = \frac{LBH}{V_s}$$

设尘粒沉降到沉降室底部的时间为 θ_0，则

$$\theta_0 = H/u_0$$

若要尘粒不被气体带走，必须满足：$\theta_t \geqslant \theta_0$

即

$$\frac{L}{u} \geqslant \frac{H}{u_0} \qquad (2\text{-}36)$$

当 $u = Lu_0/H$ 时，可求得含尘气体的最大处理量为：

$$V_s = HBu = BLu_0 = A_0u_0 \qquad (2\text{-}37)$$

由上式可知，含尘气体的处理量与沉降室的高度无关。沉降室过高会使顶部尘粒沉降到底部的时间过长，尘粒在未能降到底部时即被气体带走，所以流通截面积决定后，将沉降室做成扁平形的，可保证尘粒充分沉降。若在沉降室里合理设置挡板或水平隔板做成多层沉降室，可以降低沉降高度，提高气体处理量或除尘效率。

然而降尘室高度的降低会使气体流速增加，容易引起气流湍动而将下沉的颗粒卷起。通常降尘室内气体流速应不大于 3m/s，应根据沉降的尘粒大小确定具体数值。而对于淀粉等容易扬起的尘粒，气体流速应低于 1m/s。

当考虑可能沉降的最小颗粒时，可应用斯托克斯定律。设颗粒在沉降室中做自由沉降，于是处理量为 V_s 时能分离出的颗粒最小直径为：

$$u_0 = \frac{d_{\min}^2(\rho_s - \rho)g}{18\mu} = \frac{V_s}{A_0}$$

$$d_{\min} = \sqrt{\frac{18\mu}{g(\rho_s - \rho)} \times \frac{V_s}{A_0}} \qquad (2\text{-}38)$$

 过程检查 2.2

○ 为什么降尘室要做成扁平的？

【例 2-4】 质量流量为 0.77kg/s 的含尘炉气在操作温度下的黏度为 3.4×10^{-5}Pa·s，密度为 0.5kg/m³，矿尘密度为 4000kg/m³。现用一台总面积为 130m² 的多层沉降器进行除尘。试求可全部除去的最小颗粒直径。

解 假设颗粒在层流区沉降（忽略空气密度），采用斯托克斯定律计算：

$$u_0 = \frac{d_{\min}^2 \rho_s g}{18\mu} = \frac{V_s}{A_0}$$

由生产能力

$$V_s = nBLu_0 = A_0u_0$$

而

$$V_s = \frac{m_s}{\rho} = \frac{0.77}{0.5} = 1.54 \ (\text{m}^3/\text{s})$$

解得

$$u_0 = \frac{V_s}{A_0} = \frac{1.54}{130} = 0.0118 \ (\text{m/s})$$

则

$$d_{\min} = \sqrt{\frac{18\mu u_0}{\rho_s g}} = \sqrt{\frac{18 \times 3.4 \times 10^5 \times 0.0118}{4000 \times 9.81}}$$

$$= 13.6 \times 10^{-6}\text{m} = 13.6\mu\text{m}$$

复核流型：

$$Re_0 = \frac{d_{min}u_0\rho}{\mu} = \frac{13.6\times10^{-6}\times0.0118\times0.5}{3.4\times10^{-5}} = 2.36\times10^{-3} < 1$$

假设颗粒在层流区沉降正确，即 $d_{min} = 13.6\mu m$。

（五）悬浮液的重力沉降

分离悬浮液的重力沉降设备称为沉降槽，根据沉降的目的不同，可以分为澄清和增稠。例如果汁的澄清；通过增稠回收有价值的沉淀物质，如酵母和淀粉的生产。沉降槽里的沉降过程称为沉聚过程。

如图2-9为间歇沉降试验示意图。将颗粒比较均匀的悬浮液倒进玻璃圆桶里摇匀，随着颗粒开始沉降，筒内逐渐出现四个区域，如图示。其中，A区中已无颗粒；B区中的悬浮液浓度均匀而且与原来悬浮液浓度大致相同；C区中愈往下颗粒愈大，浓度也愈高；D区由沉降最快的大颗粒以及其后陆续沉降的颗粒构成，其颗粒浓度也最大。

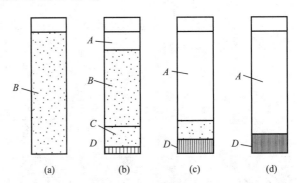

图2-9　间歇沉降过程中不同区域的变化
A—清液区；B—等浓度区；C—变浓度区；D—沉聚区

随沉聚过程的进行，A区与D区逐渐扩大，B区则逐渐缩小以至消失［图2-9（c）］。A、C间界面下降的速度逐渐变慢，最后A、C间界面也消失，全部颗粒集中于D区［图2-9（d）］，A区与D区间形成清晰的界面，此时达到了临界沉降点。自此以后，颗粒再沉降的结果是沉渣被压紧，挤出的液体升入清液区，所以，D区又称为压紧区。

若悬浮液中的颗粒大小很不均匀，沉聚过程中可能没有等浓度区出现，A、C间界面下降的速度一开始就逐渐变慢。

悬浮液沉聚过程中颗粒的沉降属于干扰沉降，且是低浓度的区域整个向高浓度的区域移动的沉降过程。沉聚过程中，随悬浮液浓度增大，沉降阻力将增大，向上的清液对沉降的阻碍也增大；相反向下沉降的大颗粒对小颗粒有拖拽作用，小颗粒沉降速度加大，大颗粒自身沉降速度减慢；颗粒相互聚团，使沉降加快。所以沉聚过程的沉降速度的影响因素比较多，不能像自由沉降那样进行理论计算，而只能由实验决定。

（六）沉降槽

沉降槽是利用间歇沉降试验原理制造的重力沉降设备，可分为间歇式操作和连续式操作。间歇式重力沉降在食品工业中的应用比较少，只在沉降速度极为缓慢或少量悬浮液的情况下使用，例如果汁和葡萄酒的澄清等。

连续沉降槽的进料、排清液、排沉渣都是连续进行的。图 2-10 所示的是一种连续沉降槽典型的构造。

连续沉降槽是一个带锥形底的圆槽，直径一般为 10～100m，大的可以大于 100m，高度一般为几米以内。耙的转速，小槽约为 1r/min，大槽只有 0.1r/min。排出的沉渣中液体含量仍达 50% 左右。要处理的悬浮液量很大而浓度又较低的，采用沉降槽增稠以后再送去过滤，可以大大地减轻设备的负荷，节省动力消耗。

料浆由位于中央的进料口送到液面下 0.2～1.0m 处，固体颗粒向下沉降，清液向上流动。清液达到槽顶的溢流堰以上便自行流出。沉渣由缓慢转动的耙汇集到底部的卸料锥处排出。

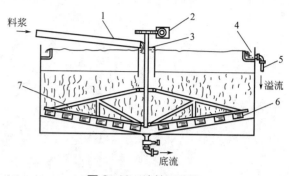

图 2-10 连续沉降槽
1—进料槽道；2—转动机构；3—料井；
4—溢流槽；5—溢流管；6—叶片；7—转耙

连续沉降槽内也有不同的区域存在。但操作达到稳定以后，单位时间所通入的料浆量等于排出的清液量与沉渣量之和，则各区域的高度便维持恒定，而前述间歇沉降槽内各区域的高度随时而变。

强化沉降槽操作的一种方法是提高颗粒的沉降速度。悬浮液中加入少量的电解质或表面活性剂，使胶体颗粒发生"凝聚"或"絮凝"；利用改变物理条件（如加热、震动或冷冻等）改变颗粒的粒度或相界面积，均有助于提高沉降速度。例如，河水净化时常加入明矾，明矾水解时产生带正电的 $Al(OH)_3$ 胶状物质，与水中微粒聚集成大颗粒，使水中细小污物沉淀。将悬浮液加热以降低其黏度，亦可提高颗粒的沉降速度。

二、离心沉降

令静止流体及其中的颗粒旋转，颗粒因离心力作用而甩向四周，并与流体分离的过程称为离心沉降。离心沉降适用于分离较小的颗粒。

（一）离心沉降速度

颗粒在离心力场中沉降时，在径向所受的作用力有离心力、流体对其产生的浮力、流体阻力，其中离心力与浮力之差称为作用力 F_b，大小为：

$$F_b = \frac{\pi d^3}{6}(\rho_s - \rho)\frac{u_t^2}{r}$$

式中，d 为颗粒直径；ρ_s 与 ρ 分别为颗粒与流体的密度。
阻力 F_d 为：

$$F_d = \zeta A \frac{\rho u_r^2}{2} = \zeta \frac{\pi d^2}{4} \times \frac{\rho u_r^2}{2}$$

u_t 为切线速度，u_r 为径向速度。阻力的方向与作用力相反，指向旋转中心。
则离心沉降速度 u_r 为：

$$u_r = \sqrt{\frac{4d(\rho_s - \rho)u_t^2}{3\zeta\rho r}} \tag{2-39}$$

颗粒与流体相对运动属于层流时上式可化简为：

$$u_r = \frac{d^2(\rho_s - \rho)}{18\mu}\left(\frac{u_t^2}{r}\right) \tag{2-40}$$

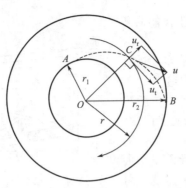

图 2-11 颗粒在旋转流体中的运动

其中 u_r 是颗粒绝对速度 u 在径向上的分量，颗粒实际运行轨道是如图 2-11 所示的沿半径逐渐扩大的螺旋形轨道。

（二）旋风分离器

1. 旋风分离器的工作原理与构造

旋风分离器也称作离心除尘器，它是利用含尘气流作旋转运动时产生的离心力，把尘粒从气体中分离出来的装置。如图 2-12 所示，含尘气从旋风分离器筒体上部的进气管切向进入，由上向下螺旋形旋转运动，这股向下的气流形成外涡旋，外涡旋逐渐到达底部，气流中的尘粒在离心力的作用下被甩向筒壁，由于重力和气流的带动作用，尘粒沿壁面落入底部灰斗，经排灰口将尘粒排出，向下的气流到达锥体底部后，沿除尘器的轴心部位转而向上，形成上升的内涡旋气芯，最后由上部出口排出净化后的气体，向下的外涡旋和上升的内涡旋二者旋转方向相同。

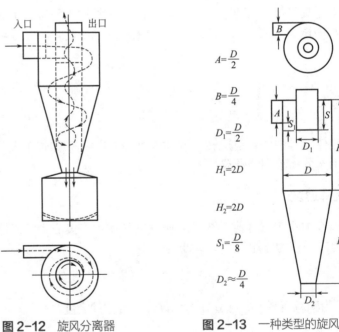

图 2-12 旋风分离器　　　　**图 2-13** 一种类型的旋风分离器

旋风分离器内的压力，在器壁附近最高往中心逐渐降低，到达气芯处常降到负压，低压气芯一直延伸到器底的出灰口。因此，出灰口必须密封完善，以免漏入空气而使锥底的灰尘重新卷起。

常用的旋风分离器的结构如图 2-13 所示，它通常由以下几部分组成：筒体和锥体，含尘气进口，净化气出口，排灰口。旋风分离器各部分的尺寸有一定比例，只要规定出其中一个主要尺寸（直径 D 或进气口宽度 B），则其他各部分的尺寸亦可确定。由于气体通过进气口的速度变动不大，对于一定尺寸的旋风分离器，其气体处理量基本确定，可变动范围很小。

2. 分离性能的估计

旋风分离器能够分离的最小颗粒直径称为临界分离直径 d_c。临界分离直径是反映旋风分离器性能的一项重要指标，临界分离直径愈小，说明旋风分离器的除尘效率愈高，性能愈佳。临界分离直径的计算式可根据如下假设推导：

（1）颗粒与气体在旋风分离器内为等速螺旋运动，其切线速度 u_t 恒定，等于在进口处的速度 u_i；

（2）颗粒的最大沉降距离为进气口宽度 B；

（3）颗粒的沉降运动服从斯托克斯定律。

根据假设（3），沉降速度用式（2-40）表示，其中进气口速度 u_i 等于切线速度 u_t，旋转半径取平均值 r_m，则沉降速度为：

$$u_r = \frac{d^2(\rho_s - \rho)u_i^2}{18\mu r_m}$$

沉降时间为：

$$\theta_r = \frac{B}{u_r} = \frac{18\mu r_m B}{d^2(\rho_s - \rho)u_i^2}$$

设气体在筒内旋转 N 圈后进入排气管，其运行距离为 $2\pi r_m N$，则停留时间为：

$$\theta_t = \frac{2\pi r_m N}{u_i}$$

颗粒到达器壁所需的时间只要不大于停留时间，就可分离出来。其中的最小颗粒的沉降时间则正好等于停留时间，即对临界直径大小的颗粒有：

$$\frac{18\mu r_m B}{d^2(\rho_s - \rho)u_i^2} = \frac{2\pi r_m N}{u_i}$$

解得：

$$d_c = \sqrt{\frac{9\mu B}{\pi N u_i(\rho_s - \rho)}} \tag{2-41}$$

其中的 N 对于图 2-13 所示的旋风分离器类型，一般取 $N=5$。

【例2-5】　速溶咖啡粉的密度为 1050kg/m³，被 250℃的热空气带入旋风分离器中，黏度为 0.0274cP，流量为 56000m³/h。采用图 2-13 所示的旋风分离器，$D=750$mm，其他尺寸按图上所列的比例决定，试估计临界直径 d_c。

解　已知：　　$\mu = 0.0274 \times 10^{-3}\text{N} \cdot \text{s/m}^2$　$B = D/4 = 0.75/4 = 0.1875$（m）

则

$$u_i = \frac{V_s}{A_i} = \frac{V_s}{AB} = \frac{V_s}{(D/2)(D/4)} = \frac{8V_s}{D^2} = \frac{8 \times 56000/3600}{0.75^2} = 221.23 \text{（m/s）}$$

代入式（2-41）

$$d_c = \sqrt{\frac{9\mu B}{\pi N u_i \rho_s}} = \sqrt{\frac{9 \times (0.0274 \times 10^{-3}) \times (0.1875)}{3.14 \times 5 \times 221.23 \times 1050}}$$

$$= 3.56 \times 10^{-6}\text{m} = 3.56\mu\text{m}$$

3. 分离效率

分离效率又称为除尘效率，可直接反映旋风分离器的除尘能力。分离效率有两种表示方法：一是总效率，以 η_0 表示；另一是粒级效率，以 η_i 表示。总效率是指进入旋风分离器的全部颗粒中被分离下来的质量分数，即

$$\eta_0 = \frac{c_1 - c_2}{c_1} \tag{2-42}$$

式中，c_1 与 c_2 分别为旋风分离器进口和出口气体的颗粒浓度，g/m^3。

总效率并不能准确地代表旋风分离器的分离性能。因气体中颗粒大小不等，各种颗粒被分离的比例也不相同。颗粒越小，所受离心力越小，而曳力相对越大，所以被分离的比例也越小。因此总效率相同的两台旋风分离器，由于各自的被分离颗粒具有不同粒度分布，其分离性能却可能相差很大。若已知气体含尘的粒度分布情况，且已知粒级效率曲线，也可按下式计算总效率，即

$$\eta_0 = \sum_1^n \eta_i x_i \tag{2-43}$$

式中，x_i 表示给定粒径大小的颗粒的质量分数；n 为全部粒径被划分的段数。

为准确表示旋风分离器的分离性能，可根据总效率定义，对给定粒径大小的颗粒定义其粒级效率：

$$\eta_i = \frac{c_{i1} - c_{i2}}{c_{i1}} \tag{2-44}$$

式中，c_{i1} 与 c_{i2} 分别为旋风分离器进口、出口气体中给定粒径大小的颗粒浓度，g/m^3。

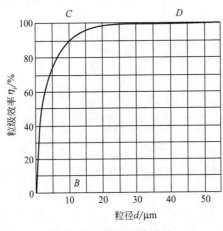

图 2-14　粒级效率曲线

粒级效率 η_i 与颗粒直径 d_i 的对应关系可通过实测旋风分离器进、出气流中所含尘粒的浓度及粒度分布而获得的粒级效率曲线来表示。这种曲线图 2-14 为某旋风分离器的实例粒级效率曲线。根据计算，其临界粒径 d_c 约为 10μm。理论上凡直径大于 10μm 的颗粒，其粒级效率都应为 100%，而小于 10μm 的颗粒，粒级效率都应为零，即应以 d_c 为界作清晰的分离，如图中折线 OBCD 所示。但由于直径小于 d_c 的颗粒中，有些在旋风分离器进口处已很靠近壁面，因而只需较小的沉降时间；或者在器内聚结成了大的颗粒，因而具有较大的沉降速度。直径大于 d_c 的颗粒中，有些受气体涡流的影响未及到达壁面，或者沉降后又被气流重新卷起而带走，使得直径小于 d_c 的颗粒，也有可观的分离效果，而直径大于 d_c 的颗粒，还有部分未被分离下。图中曲线为实测的粒级效率曲线。

为了便于估计旋风分离器的效率，常把旋风分离器的粒级效率标绘成粒径比 d/d_{50} 的函数曲线。d_{50} 是粒级效率恰为 50% 的颗粒直径，称为分割粒径。如图 2-13 所示的旋风分离器，其 d_{50} 可用下式估算：

$$d_{50} = 0.27 \sqrt{\mu D / u_t (\rho_s - \rho)} \tag{2-45}$$

这种旋风分离器的 η_i-d/d_{50} 曲线见图 2-15。对于同一形式且尺寸比例相同的旋风分离器，无论大小，皆可通用同一条 η_i-d/d_{50} 曲线，这就给旋风分离器效率的估计带来了很大方便。

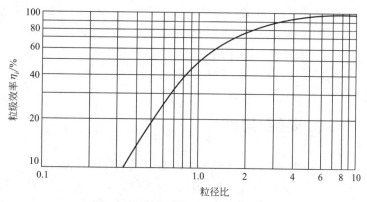

图 2-15　旋风分离器的 η_i-d/d_{50} 曲线

4. 旋风分离器的压降

压降是指气体通过旋风分离器的压力损失，是评价旋风分离器性能的重要标志，要求压降尽可能小。旋风分离器的压力损失主要包括下列几个方面：

（1）进口管的摩擦损失；

（2）气体进入旋风分离器内，因膨胀或压缩而造成的能量损失；

（3）气体在旋风分离器中与气壁的摩擦所引起的能量损失；

（4）旋风分离器内气体因旋转而产生的能量耗损；

（5）排气管内摩擦损失且同时旋转运动较直线运动需要消耗更多的能量；

（6）排气管内气体旋转时的动能转化为静压能的损失。

压降一般用进口气体的动压倍数来表示：

$$\Delta p = \zeta \rho u_i^2 / 2 \tag{2-46}$$

式中，ζ 为阻力系数，与旋风分离器的形式有关，对于同一结构形式的旋风分离器，ζ 为常数，对不同形式的设备的阻力系数，要通过试验测定。图 2-13 所示的类型，阻力系数的经验公式为：

$$\zeta = 16AB / D_1^2 \tag{2-47}$$

从式（2-46）可看出，若 u_i 增大，则 Δp 急剧增加。但当 $u_i < 10\text{m/s}$ 时，分离效率大幅度下降；而 $u_i > 20\text{m/s}$ 时，分离效率随 u_i 增加而提高很少，所以进口气速一般选用 $15 \sim 20\text{m/s}$。旋风分离器的压降一般在 $300 \sim 2000\text{Pa}$ 范围内。

5. 选型与计算

旋风分离器的分离效果不仅与含尘系统的物理性质、含尘浓度、粒度分布以及操作条件有关，还与设备本身的结构尺寸密切相关。只有各部结构尺寸适当，才能获得较高的效率和较低的压强降。

减小旋风分离器的器体直径可以增大惯性离心力，增加器身长度可以延长气体停留时间，所以，细而长的器身形状有利于颗粒沉降而使效率提高，而且锥形部分的高度 H_2 比筒体部分的高度 H_1 重要。但 H_2 超过 $2D$ 后效果便不明显，反而增大压强降，而且当底部锥角过小时对排灰也不利，容易堵塞。所以，一般推荐采用 $H_2 = 2D$。

选择旋风分离器形式及决定其主要尺寸的根据是：生产能力（气体流量）、可容许的压力降、粉尘性质、要求的分离效率。

通常并联的分离效率比串联好，且设备小、投资省。采用多台旋风分离器并联使用时，虽可以在保证气体处理量的前提下兼顾分离效率与气体压强降的要求，但须特别注意解决气流的均匀分配及排除出灰口的窜漏问题，否则难以收到理想的效果。

一般的旋风分离器对 5μm 以下的颗粒的分离效率都比较低。要求较高时，可以将旋风分离器排气口与袋式滤器或湿式除尘装置连接。在食品工业中，旋风分离器已广泛应用于奶粉、蛋粉等干制品加工过程的后期分离，还用于气流输送物料和气流干燥的分离。

三、离心分离

利用离心力来达到固 - 液、液 - 液以及液 - 液 - 固分离的方法通称为离心分离。实现离心分离操作的机械称为离心机。离心机和其他分离机械相比，不仅能得到含湿量低的固相和高纯度的液相，而且具有节省劳力、减轻劳动强度、改善劳动条件，并具有连续运转、自动遥控、操作安全可靠和占地面积小等优点。离心机基本上属于后处理设备，主要用于脱水、浓缩、分离、澄清、净化及固体颗粒分级等工艺过程。

假设具有质量为 m 的质点，沿以 o 点为圆心、以 r 为半径的圆周作等速圆周运动时，角速度 ω 与转速 n 的关系式为：

$$\omega = 2\pi n (\text{rad/s})$$

在任何一个等速圆周运动中，都会产生向心加速度 a_n 以及与其等值而反向的离心加速度 a_r，则：

$$a_r = a_n = r\omega^2 = r(2\pi n)^2 \ (\text{m/s}^2)$$

作用在质点上的向心力 F_0 和离心惯性力（以下简称离心力）F_c，数值相等方向相反，计算公式如下：

$$F_c = F_0 = ma_r = m\omega^2 r = 4\pi^2 mn^2 r \qquad (2\text{-}48)$$

由式（2-48）可知，离心机转鼓的直径或转速大时，离心力也大，对分离有利。这与旋风分离器直径小则分离性能好的特点正好相反，是因为离心力产生的方式不同。转数对离心力的影响比直径大，在进入旋风分离器的颗粒与介质的切线速度一定时，设备直径愈小，转数就愈大，故旋风分离器的直径小则对分离有利。但是，离心机转鼓直径愈大，所受应力亦愈大，保证其坚固性亦愈困难，故从机械强度方面考虑，离心机的直径亦不宜大，提高分离性能的合理途径为增加转速。

被分离的物料在离心力场中所受的离心力和它所受的重力的比值为分离因数 K_c，分离因数亦即离心加速度与重力加速度的比值：

$$K_c = r\omega^2/g \qquad (2\text{-}49)$$

分离因数是表示离心力大小的指标。由于 g 值固定，增大 ω 或 r 均可增大分离因数，故离心分离因数可以很大。因此利用离心力作用的分离设备的效率比利用重力作用的分离设备的效率大很多，不仅可以分离较小的颗粒，且设备体积可缩小。

根据分离因数的大小，离心机可分为常速离心机 $K_c < 3000$，常用于分离颗粒不大的悬浮液和物料的脱水；高速离心机 $3000 < K_c < 50000$，可用于分离乳浊液和细粒悬浮液；超速离心机 $K_c > 50000$，可用于分离极不易分离的超微细粒悬浮液和高分子胶体悬浮液。

第三节　机械分离原理在食品工业中的应用

一、概述

机械分离设备在食品工业上得到广泛的应用。国内外的机械分离设备都在向大型化方向发展，种类繁多，并逐步呈现新材料、高参数、多功能、专业机、系列化及自动化等特点，在食品加工生产中发挥着重要的作用。

1. 过滤在食品工业上的应用

过滤机早已用于各类酒的过滤，以去除酒中的悬浮物，提高酒的澄明度。如啤酒过滤广泛使用的新型硅藻土预涂层过滤机，葡萄酒过滤使用的陶质管滤机等。

果汁等饮料生产通过过滤把所有沉淀出来的浑浊物从果汁中分离出来，使果汁澄清。陶质管滤机和流线式过滤机已广泛应用于澄清液体食品，如果汁、清凉饮料等，以除去其中极细微粒或者呈胶状或泥状的固体。

食品工业中，许多调味品的生产都要经过过滤除杂，例如酱油生产过程中，配料经发酵并榨出酱油汁后，需要过滤去除汁中的固体杂质，以保证酱油的外观和口感。传统方法采用间歇过滤和板框过滤机进行过滤，现在采用硅藻土过滤技术和叶滤机进行过滤。

在油脂的脱色工艺中，油脂的脱色和毛油过滤常使用立式叶片、振动排渣和加压叶片过滤机。在食用油的浸取和精炼上，使用板框压滤机、加压叶滤机、箱式压滤机等设备去除种子碎片和组织细胞。

过滤机在食品加工中是一种常见的设备。管滤机常用于果汁、葡萄酒、啤酒和酵母浸出液的过滤以降低微生物的数目，因此，可用于代替或补充以降低微生物数目为目的的热处理操作。

在食品工业中，制糖过程的滤液精制，营养粉、牛奶、饮用水等生产均有不同的生产步骤中使用压滤机、膜过滤器、滤芯或过滤器等过滤过程。

2. 沉降在食品工业中的应用

沉降在食品工业中的应用主要有：澄清，如果汁、酒类等制品的生产，通过沉降以除去悬浮液的浑浊杂质；增稠，如淀粉的制造，利用沉降达到悬浮液的沉淀增浓；分级或分离，依据同一物质的粒径或不同物质颗粒的密度差别而分离物质。

3. 离心分离技术在食品工业中的应用

离心分离技术在食品工业上应用较多，如啤酒、饮料、果汁的澄清，味精、橘油、酵母分离，牛奶分离，淀粉脱水、脱水蔬菜制造的预脱水过程，制糖工业的砂糖糖蜜分离，制盐工业的晶盐脱卤，淀粉工业的淀粉与蛋白分离，油脂工业的石油精制，回收植物蛋白，糖类结晶，食品的精制等。

此外，肉类、速冻蔬菜、大豆蛋白、维生素、调味料等多种食品的加工生产也广泛应用离心分离技术。

二、常用的食品工业机械分离设备

（一）过滤设备

食品工业上使用的过滤设备有各种形式，按操作方式分为间歇式（板框过滤机和叶滤机等）和连续式（转筒真空过滤机）两类。

1. 板框压滤机

板框压滤机历史悠久，至今仍广泛应用。它是由许多块滤板和滤框交替排列组装的。图 2-16 为一个板框压滤机的过滤流程。

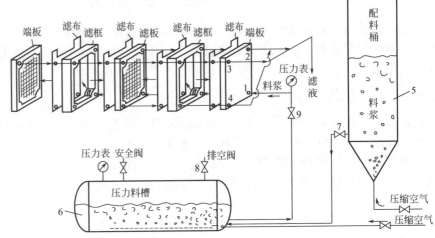

图 2-16 板框压滤机的过滤流程

板框压滤机滤框呈方形（或圆形），其右上角的圆孔是滤浆通道，此通道与框内相通，使滤浆流进框内。滤框左上角的圆孔，是洗水通道。滤板两侧表面做成纵横交错的沟槽，而形成凹凸不平的表面，凸部用来支撑滤布，凹槽是滤液的流道。滤板右上角的圆孔，是滤浆通道，左上角的圆孔，是洗水通道，下方的一角有一小阀门。滤板有两种，一种是左上角的洗水通道与两侧表面的凹槽相通，使洗水流进沟槽，这种滤板称为洗涤板，而另一种，洗水通道与两侧表面的沟槽不相通，称为非洗涤板。

板框压滤为间歇操作，每个操作循环由组装、过滤、洗涤、卸料、整理等五个程序组成。

过滤时，用泵（或压缩空气）把滤浆送进右上角的滤浆通道，由通道流进每个滤框里。滤液穿过滤布沿滤板的沟槽流至滤板下角的阀门排出。固体颗粒积存在滤框内形成滤饼，直到框内充满滤饼为止。

洗涤时，如果洗水沿滤浆的通道进入滤框，为置换式洗涤法。由于框中已积满了滤饼，洗水往往只通过上部滤饼而流至滤板的凹槽中，造成洗水的短路，不能把全部滤饼洗净。因此，洗涤多采用图 2-17（b）横穿法洗涤，就是将洗水送入洗水通道，经洗涤板左上角的洗水进口，进入板的两侧表面的凹槽中。然后，洗水横穿滤布和滤饼，最后由非洗涤板下角的滤液出口排出。在此阶段中，洗涤板下角的滤液出口阀门关闭。

洗涤阶段结束后，打开板框，进行卸饼，接着是整理阶段，包括洗涤滤布及板框，然后重新组装，进行下一个操作循环。

板框压滤机的结构简单，价格低廉，占地面积小，过滤面积大，并可根据需要增减滤板的数量，调节过滤能力。操作压力较高（最高可达 1.5MPa，一般为 0.3～0.5MPa），对于过滤各种复杂物料的适应能力较强，尤其是颗粒细小、黏度较大、可压缩性的物料。但由于间歇操作，生产能力低，卸饼清洗和组装阶段需用人力操作，劳动强度大，所以只适用于小规模生产。

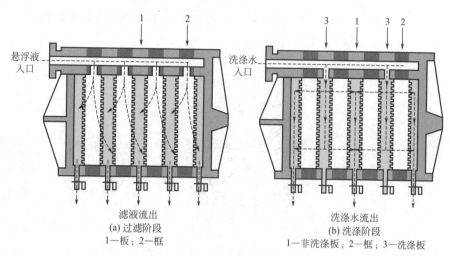

图 2-17 压滤机的过滤与洗涤

板框压滤机在食品工业中使用广泛，在啤酒、饴糖、麻油等生产中都有应用。主要应用在以下分离工艺中：液体的澄清，胶体悬浮液、低密度悬浮液、液相黏度大或接近饱和状态的悬浮液等。

硅藻土过滤机是在滤浆中加入适量硅藻土，以增大滤饼空隙度，是现代啤酒厂广泛采用的过滤设备。它还应用于糖液、葡萄酒、清酒、白酒、酱油、醋及其他含有低密度细小蛋白质类胶体粒子（0.1 ～ 1μm）悬浮液的分离。

2. 叶滤机

叶滤机（图 2-18）的主要构件是滤叶。滤叶为内有金属网的扁平框架，外包滤布，将滤叶装在密闭的机壳内；滤浆用泵送入机壳内；滤浆中的液体在压力作用下穿过滤布进入滤叶内部，汇集到总管内流出机壳外。过滤完毕，机壳内改充清水，使水沿着与滤液相同的路径通过滤饼，进行洗涤，叶滤机的洗涤方法为置换洗法，滤饼的厚度一般为 5 ～ 35mm。滤饼可用振动器使之脱落，或用压缩空气吹离。

叶滤机亦是间歇操作设备，设备紧凑，密闭操作，过滤压力大，过滤面积大，滤饼洗涤效果好。其生产能力比压滤机大，且机械化程度高，劳动力较省，操作环境也较好。但是构造比较复杂，造价高，更换滤布比较麻烦。

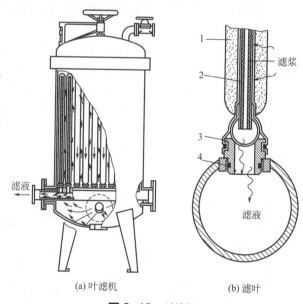

(a) 叶滤机　　　　　　　　(b) 滤叶

图 2-18 叶滤机

1—滤饼；2—滤布；3—拔出装置；4—橡胶圈

3. 转筒真空过滤机

转筒真空过滤机是工业上应用较广的连续操作的过滤机。其操作示意图如图 2-19 所示。其主要部件为转筒，其长度与直径比为 1/2 ～ 2。转筒表面有一层金属网，网上覆盖着滤布。下部浸入滤浆槽中的面积约占筒面积的 30% ～ 40%。沿转筒的周边用隔板分成若干个小过滤室（图中所示为 12 个室），每个室分别与转筒端面圆盘上的一个孔用细管连通。此圆盘随着转筒旋转，故称为转动盘［图 2-19（a）］。转动盘与安装在支架上的固定盘之间的接触面用弹簧力紧密配合，保持密封。转动盘与固定盘合在一起，称为分配头。在固定盘表面上，有三个长短不等的圆弧凹槽［图 2-19（b）］，分别与滤液排出管（真空管）、洗水排出管（真空管）及压缩空气吹进管相通。因此在任一时刻转动盘上的小孔，都有几个与固定盘上

的连接滤液管的凹槽相通，有几个与连接洗水管的凹槽相通，另几个与连接压缩空气吹进管的凹槽相连。

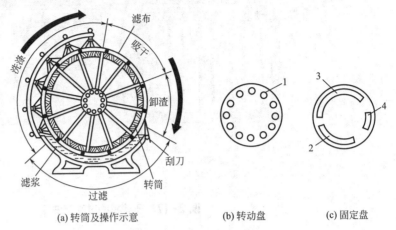

(a) 转筒及操作示意　　　　(b) 转动盘　　　(c) 固定盘

图 2-19　转筒真空过滤机

1—与筒壁各段相通的孔；2,3—与真空管相通的凹槽；4—与吹气管相通的凹槽

　　由于转动盘与固定盘的配合，使过滤机转筒的小过滤室在任一时刻都被分成为几个相应的功能区。即当转筒旋转时，通过分配头的作用，能使转筒上的小过滤室依次分别与滤液排出管、洗液排出管及空气吹进管相通，使得转筒旋转一周的过程中，每个小过滤室可依次进行过滤、洗涤、吸干、吹松和卸饼等项操作。而整个转筒圆周在任何瞬间都可划分为过滤区、洗涤区、吸干及吹松卸渣区几个区域。

　　固定盘上的三个圆弧凹槽之间有一段与外界不相通部分，当转动盘上的小孔转向固定盘这部分位置时，转鼓表面与之相对应的段操作停止，这样一个操作区过渡到另一个操作区时，不致使两个区域互相串通。图 2-20 为转筒真空过滤机的操作流程图。

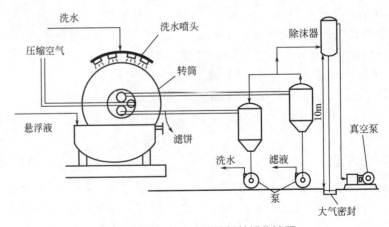

图 2-20　转筒真空过滤机的操作流程

（二）离心分离设备

　　离心机的分类方法很多，可按分离原理、操作目的、操作方法、结构形

式、分离因数、卸料方式等分类。按分离原理分为：

（1）过滤离心机　转鼓壁上有孔，借离心力实现过滤分离，分离因数不大，适用于易过滤的晶体悬浮液和较大颗粒悬浮液的分离及物料的脱水。

（2）沉降离心机　鼓壁上无孔，借离心力实现沉降分离，适用于含有中等及大量固体颗粒的悬浮液的工艺分离过程。

（3）分离离心机　鼓壁上无孔，分离因数在3000以上，主要用于两种密度不同，而又互不相溶的液体所形成的乳浊液的分离。

这样的分类只是为了区别设备的不同而人为分的，实际上三种离心机分离过程的运动学和动力学规律是一样的。下面介绍几种典型产品的构造及规格。

1. 三足式离心机

三足式离心机有过滤式和沉降式两种，以过滤式为常见，如图2-21所示。这类离心机结构上的重要特征是：由一个底部封闭鼓壁上有小孔的圆筒形转鼓、垂直的主轴及驱动装置等所组成。转鼓悬挂支承在机座的三根支柱上。操作时料液从机器顶部加入，经布料器在转鼓内均布。滤液受离心力作用穿过过滤介质，从鼓壁外收集。而固体颗粒则积留在滤布上，逐渐形成一定厚度的滤饼层。卸料时需停机，靠人工除去滤饼及更换滤布。机器运转及分离过程多为间歇式。近年来，随着各种新技术的相继应用，国内外出现自动操作的三足式离心机。

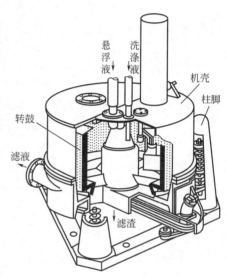

图2-21　三足式离心机

2. 卧式螺旋卸料沉降离心机

卧式螺旋卸料沉降离心机主要由锥形转鼓、螺旋推料器、差速器、机壳和主轴承等零部件组成（图2-22）。转鼓通过主轴承水平安装在机座上，并通过连接盘与差速器机壳相连。螺旋推料器通过轴承同心安装在转鼓内，并通过外花键与差速器输出轴内花键相连。

在电机拖动下，转鼓带动差速器外壳旋转，由于差速器的变速作用，螺旋推料器以一定的差速（超前或滞后）与转鼓同向旋转。待分离的悬浮液从加料管进入螺旋推料器的料仓内，经初步加速后经料仓出口进入转鼓。由于离心力的作用，转鼓内的悬浮液很快分成两相：较重的固相沉积在转鼓外层。在螺旋推料器的作用下，沉渣和分离液向相反的方向运动，沉渣被推送到锥段进一步脱水后经出渣口排出，分离液从大端溢流孔排出。

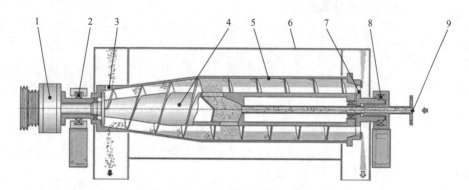

图2-22　卧式螺旋卸料沉降离心机

1—差速器；2—主轴承；3—排渣口；4—螺旋推料器；5—转鼓；6—机壳；
7—清液出口；8—主轴承；9—进料口

卧式螺旋卸料沉降离心机广泛应用于食品、果汁、饮料、粮油等行业，在食品物料的固液分离中得到了使用。如淀粉与蛋白分离、淀粉分级、淀粉水溶液脱水等，油脂分离，蔗糖分离，鱼粉加工，酒糟后处理及食品工业中污泥脱水等；在果汁、饮料、大豆蛋白等液相澄清和柠檬酸的生产等方面也有广泛应用。

三、食品工业机械分离新技术

1. 食品机械分离技术的发展趋势

随着科学技术水平的不断提高，食品等行业的迅速崛起，对机械分离的要求不断提高，促进了机械分离技术的不断发展。

机械分离技术与设备在传统的基础上，逐步向高参数、多功能、专业机及自动化等方面发展，并广泛应用于食品等领域。

（1）高参数　随着工艺要求的提高，高速率、高精度是对机械分离提出的要求，机械分离设备逐步呈现高参数、大型化等特点。

例如碟式离心机，现在可以达到的最大生产能力为 450m³/h，当量沉降面积已达 250000m²；卧螺离心机，转鼓最大直径已达 $\phi2.1m$，长径比 $L/d=6$，处理能力大于 200m³/h。

（2）多功能　多种功能集于一体，如沉降、过滤一体化的沉降设备；集反应、过滤、干燥功能为一体的设备，如多功能加压过滤机等。

（3）专业机　针对相关工业和特殊物料生产了专业机械设备。卧式滤片硅藻土过滤机是目前欧洲最好的啤酒过滤机，过滤后啤酒的清洁度符合欧洲协会啤酒浊度标准，可达到最佳啤酒质量。日本开发出一种能完全除去日本清酒中沉淀物和菌类的高性能过滤装置。

（4）自动化　为了提高生产率和适应特殊场合，电脑控制、机器人操作等使得机械分离设备自动化程度普遍提高。

如水平带式真空过滤机，采用微型计算机及适当的传感器元件，实现了其滤布自动纠偏、自动排液、自动驱动滤布、自动刷洗滤布的过程控制，所有的工作状态均在控制箱面板上显示，并实现故障自动报警等。

2. 机械分离新技术

传统的机械分离技术和机型在进行不断完善的同时，一些新的过滤技术和手段也很快地投入到工业应用之中。

（1）动态过滤　传统的过滤方法中，待处理的液体流向与过滤介质成垂直方向，在过滤面形成不断增厚的固体滤饼层，过滤阻力增加，直到进出口压差超出工作范围，过滤停止。

动态过滤，也称为错流过滤，待处理的液体流向与过滤介质成平行方向，所以又称为切线过滤。这样过滤介质上只积存少量或不积存固体颗粒，过滤阻力大大降低。

动态过滤是一种全新的过滤技术，适于那些采用传统滤饼层过滤难以处理的物料；浓缩效率高，出口物料浓度的大小可以通过调节出口阀门开启的大小来实现，且不同滤腔物料实现逐级浓缩，其过滤速率是传统的几倍或几十倍。

动态过滤机已应用于葡萄酒和啤酒工业，对于酒的色度、澄清度、口感等方面均有提高。

（2）蒸汽加压过滤技术　蒸汽加压过滤机是把机械和热力过程结合到一台过滤设备上，蒸汽在滤饼表面冷凝，并使外层滤饼加热，蒸汽冷凝形成冷层，将滤饼内液体均匀排出。当蒸汽穿透滤饼，内层滤饼被加热，蒸汽在滤饼内冷凝，蒸汽压降促使滤饼内剩余水分和蒸汽同方向流出。

蒸汽加压过滤机具有连续式压滤机的优点，并且利用气相过压蒸汽使滤饼均一脱水，能量损失少，滤饼水分低，还可以同时有浸取、洗涤和消毒的作用。

随着蒸汽加压过滤技术研究的不断深入与拓展，其在淀粉过滤、糖浆过滤等食品领域具有广阔的应用前景。

（3）综合过滤技术　在一种过滤推动力不能很好地满足过滤速率、过滤精度要求的情况下，需要采用综合过滤手段以及复合过滤技术，即将两种或更多的过滤推动力结合在一起，从而进行分阶段或综合强化过滤。

例如在筒式压滤机中，在其筒底部及活塞上分别接上自流电场的两级，使待分离的悬浮液在过滤压力和电场力的共同作用下实现分离，从而提高过滤速率和精度。复合式过滤机则采用外筒是厚壁滤芯筒、内筒是膜过滤的分级组合结构，既可以去除一定粒径的颗粒，又可以延长膜过滤机的寿命，特别适用于食品饮料行业。

 拓展阅读

人民首创精神

在古代人类就已经认识到水处理净化的重要性，并始终在探索水处理的技术和方法。从简单的过滤沉淀到有机物的去除，从蒸馏净水到海水淡化，人类希望通过不断改进的技术方法让有限的水更净、更纯，更多地被人类所利用。新疆坎儿井，作为我国古代三大工程之一，与长城、京杭大运河齐名，是古代劳动人民智慧的结晶。坎儿井的暗渠位于地下，当地下水通过含水层中的砂石土壤时，这些自然介质起到了初步的过滤作用。地下水在流动过程中，较大的颗粒物和悬浮物会被土壤层拦截，从而使得水质得到净化。这一过程类似于自然过滤，无需额外的过滤设备，就能够有效地去除水中的杂质。其次，坎儿井的建设者们巧妙地利用了地形的自然坡度，使得地下水能够顺着坡度自流，减少了对外部能源的依赖。这种自流的特性也有助于减少水中悬浮物的沉积，因为水流的连续运动可以带走可能沉积的颗粒，保持水质的清洁。最终，它通过地下渠道的自然过滤、地形坡度的利用等实现了对地下水的有效过滤和利用。这一系统不仅解决了吐鲁番地区干旱少雨的自然环境下的生产生活用水问题，更是古代工程技术与自然环境和谐共生的典范，它展现了古代劳动人民不畏艰难、勇于创新的精神。

知识归纳

过滤

○ 过滤是一种不稳定的流动过程，过滤速度是随过滤时间而变化的，所以要用瞬时过滤速度表达。

○ 过滤基本方程的推导，是为量化过滤过程中滤液量与过滤时间的关系，用数学方程式对过滤流动加以描述。由于实际滤饼层颗粒之间不规则的空隙和流通管道，难以对流体流动规律进行理论分析，因此将真实流动简化为毛细管模型，通过简化模型近似描述流体在滤饼中的流动。

○ 瞬时过滤速度的大小由两个相互抗衡的因素决定，与过滤推动力 Δp_1 成正比，与过滤阻力 $r\mu L$ 成反比。Δp_1 为通过滤饼的压力降，取决于滤饼的性质和厚度；$r\mu L$ 由滤液黏度 μ、滤饼的特性 r 及其厚度 L 决定。

○ 按过滤压力或速度是否改变，可将过滤操作分为：恒压过滤与恒速过滤两种。在工业应用中主要以恒压过滤为主。恒压过滤方程为：$V^2 + 2V_eV = KA^2\theta$，式中，θ 为恒压过滤的时间，V 为从过滤开始（$\theta = 0$）到过滤结束（θ 时刻）这段时间过滤得到的总滤液量，V_e 为厚度为 L_e 的滤饼所得滤液的量。

○ 间歇式过滤机以板框过滤机为例，其操作周期（θ_C）包括过滤时间（θ_F）、洗涤时间（θ_w）、卸渣与重装时间（θ_R）。过滤机生产能力或尺寸都是由 θ_C 而不是根据 θ_F 决定的，当 $\theta_F = \theta_w + \theta_R$ 为最佳操作周期，此时生产能力最大。

○ 连续式过滤机以转筒真空过滤机为例，转筒侧面积为 A，操作周期为 $1/n$，浸没分数为 ϕ。其可以按照浸入浆液部分面积进行计算，即过滤面积为 ϕA，过滤时间为 $1/n$；也可以转换成转筒的全部面积进行过滤但只在部分时间内进行过滤来计算，即过滤面积为 A，过滤时间为 ϕ/n。

沉降

○ 降尘室的最大处理量与其高度无关，只与底面积大小有关，因此常做成扁平形或多层。设计降尘室高度还需考虑除尘等操作的便捷性。

 工程训练——操作方式对过滤机生产能力的影响

　　某现有从发酵工序出来的啤酒悬浮液，含有约 0.3%（质量分数）的悬浮物。利用 BAS16/450-25 型压滤机进行过滤。过滤面积为 16m²，滤框长与宽均为 450mm，厚度为 25mm，共有 40 个框。原操作方式采用恒压过滤，滤饼体积与滤液体积之比 $c = 0.03\text{m}^3/\text{m}^3$，滤饼不可压缩，过滤介质当量滤液量 $q_e = 0.01\text{m}^3/\text{m}^2$，过滤常数 $K = 1.968 \times 10^{-5}$。考虑到生产需要，要求在保证啤酒澄清度等产品质量的基础上，试通过改变操作方式，改善现有设备的生产效率（过滤时间短），提出几种不同的解决方案，并比较选择最优方案。

✏️ **习题**

2-1　用 BMS20/830-20 板框压滤机恒压过滤某悬浮液。已知在操作条件下过滤常数 $K = 2 \times 10^{-5}\text{m}^2/\text{s}$，过滤 10min 后，得滤液 0.1m³/m²。再过滤 5min，又可得多少滤液（m³/m²）？

2-2　用过滤机过滤某种悬浮液，过滤机过滤面积为 10m²，过滤介质阻力可以忽略。为了防止开始阶段滤布被颗粒堵塞，采用先恒速后恒压的操作方法。恒速过滤进行 10min，得滤液 3m³。然后保持当时的压差再过滤 30min，求整个过滤阶段所得滤液量。

2-3　用某板框压滤机过滤果汁，在恒压过滤 1h 后，可得 3m³ 清汁，停止过滤后用 1m³ 清水（其黏度与滤液相同）于同样压力下对滤饼进行洗涤。求洗涤时间，设滤布阻力可以忽略。

2-4　用转筒真空过滤机在恒定真空度下过滤某种悬浮液，此过滤机转鼓的过滤面积为 5m²，浸没角度为 120°，转速为 1r/min。已知过滤常数 $K=5.15\times10^{-6}$ m²/s，滤渣体积与滤液体积之比 $c=0.56$m³/m³，过滤介质阻力相当于 2mm 厚滤渣层的阻力，求：（1）过滤机的生产能力；（2）所得滤渣层的厚度。

2-5　鲜乳中脂肪球的平均直径约为 4μm，20℃时，脂肪球的密度为 1010kg/m³，脱脂乳的密度为 1030kg/m³，黏度为 2.12×10^{-3}Pa·s，求脂肪球在脱脂乳中的沉降速度。

2-6　用降尘室净化常压空气，空气温度 20℃，流量为 2500m³/h，空气中灰尘的密度为 1800kg/m³，要求净化后的空气不含有直径大于 10μm 的尘粒，求：（1）所需沉降面积；（2）若降尘室的宽为 3m、长为 5m，计算室内需要多少隔板。

2-7　乳粉气体从喷雾干燥塔中引出的温度为 100℃，压力为 101kPa，用图 2-17 所示型号旋风分离器分离出乳粉，其直径为 0.75m，气体入口速度为 18m/s，乳粉的密度为 1560kg/m³，求：（1）临界直径；（2）压降（100℃，空气密度 $\rho=1.029$kg/m³，黏度 $\mu=2.06\times10^{-5}$Pa·s）。

第三章 粉碎与混合

○○ —— ○○ ○ ○○

　　传统的豆浆生产工艺包括大豆泡发、去皮、磨浆、过滤和煮浆等几个主要步骤。在去皮和过滤过程中，大量膳食纤维等物质流失，不仅流失了营养，而且降低了产量。传统的豆浆生产工艺之所以采用去皮和过滤两个步骤是因为磨浆等普通粉碎技术无法充分粉碎大豆纤维。如果保留这些纤维，不仅豆浆的口感会变得粗糙，还容易产生大量沉淀。采用高能流体磨则能将大豆纤维粉碎至微米级，使细胞壁充分破碎，可在不添加任何稳定剂的情况下长时间防止沉淀，实现全豆利用。在本章中，我们将学习几种常见的粉碎与混合技术，并将探讨最新的粉碎技术在食品中的应用。

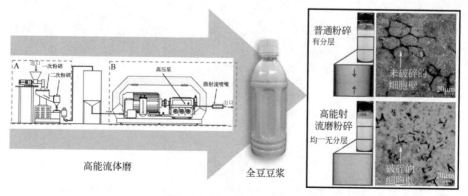

通过高能流体磨制备全豆豆浆

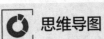

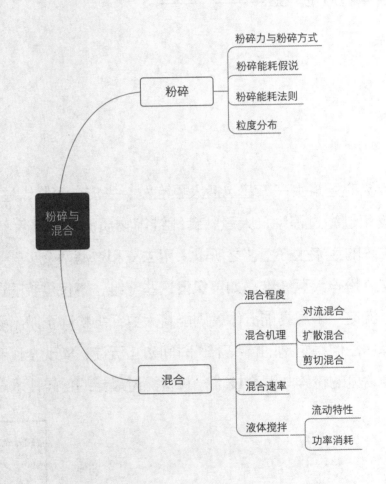

◉ **学习目标**

1. 指出并描述粉碎的 5 种基本形式。
2. 以粒度频率分布和累积分布曲线描述粉碎过程的颗粒变化。
3. 简要描述筛分原理，简要描述影响筛分的因素。
4. 简要描述乳化原理，简要描述影响乳化的因素。
5. 简要描述分离尺度和分离强度，简要描述分离尺度和分离强度大小判断混合是否合格的原则。
6. 指出常用的食品粉碎设备，并能描述设备的特点以及适用粉碎物料。

第一节　粉碎与筛分

在食品工业中，常常需要将物料粉碎至一定大小的颗粒，以便完成食品的后续加工。粉碎（size reduction）是利用机械力克服物料内聚力，使固体物料破碎或剪切成一定尺寸的小块或颗粒的单元操作。

在食品加工中，我们还可以将切割也看成粉碎操作中的一种。切割通常是将大块的食品原料切分成大小合适的小块以便于后续加工。如脱水牛肉和脱水萝卜丁等，先将物料分成小块，获得合适的形状并使得物料尺寸减小，表面积增大，从而提高物料干燥速率。

根据食品物料粉碎后的尺寸，还可将粉碎细分为破碎和粉磨。破碎是将大块物料处理成小块物料的过程；粉磨则是将小块物料的加工成为细粉的过程。

通过粉碎可以达到以下目的：

（1）有利于不同组分物料的均匀混合。混合物料所用的各种原料的粒度越小、越接近，则混合的均匀度越高，效果越好。配制汤料粉时，通常将蔬菜脱水后磨成粉以便于混合，速溶咖啡、混合香料等的生产也通过将原料粉磨增加混合程度。

（2）增大比表面积，以提高干燥、浸出等的加工速度。脱水牛肉、蔬菜等的生产，通常先切割再进行干燥。

（3）破坏细胞壁结构，便于胞内产物排出。提取玉米淀粉和大豆蛋白时，由于这些物质都存储于细胞内，因此需要通过粉碎破壁，提高提取率。

（4）粉碎后的食物与消化液的接触面积增加，从而提高食物的消化吸收率。

粉碎后物料颗粒的颗粒形状一般不规则，但具有一定的粒度分布，其几何特性及粒度分布都是衡量物料粉碎的效果的重要评价指标。实际生产中，直接粉碎后的物料常常难以达到要求，因此需要结合筛分过程，并通过设计合适的机械控制粉碎产品的最大尺寸，从而尽量降低过度粉碎现象。

食品工业中筛分常用于物料的分级和筛选，此外还可用于原料清理，粉状物料常通过筛分来保证蓬松均匀的状态。

一、粉碎能耗

（一）粉碎力与粉碎方式

物料粉碎时所受到的作用力可以归纳为挤压力、冲击力和剪切力。不同粉碎设备对物料的施力作用是相当复杂的，通常是几种作用力的综合。根据施力种类的不同，物料粉碎可以分为压碎、劈碎、切断、

磨碎和冲击破碎等基本形式。表3-1为几种物料粉碎的基本形式的作用过程。对于纤维物料，则利用刀刃产生的劈裂力切割碎解，此法可使破碎表面比较规则且易于控制粒度的大小，如一般果蔬、肉类的分切。力的大小与作用时间共同影响着粉碎的效果，在持续作用下，物料颗粒将会被较小的作用力粉碎。

表3-1 物料粉碎的基本形式

作用方式	示意图	作用过程
压碎		物料置于两个粉碎面之间，施加压力后物料因压应力达到其抗压强度极限而被粉碎。对于大块的脆性物料，第一步粉碎常采用此法处理。若被处理的物料是具有韧性和塑性的，经过挤压则会得到片状产品，如轧制麦片、米片等
劈碎		用一个平面和一个带尖棱的工作表面挤压物料时，由于劈裂平面上的拉应力达到或超过物料拉伸强度极限，物料沿压力作用线的方向被劈碎
折断		折断被粉碎物料相当于承受集中载荷的两支点或多支点梁。当物料内的弯曲应力达到物料的弯曲强度极限时就被折断。此法多用于硬、脆性大的块状或条状物料的粉碎，如豆饼、玉米穗等的粉碎
磨碎		物料与运动的表面之间受一定的压力和剪切力作用，当剪应力达到物料的剪切强度时，物料就被粉碎。此法主要用于小块物料或韧性物料的粉磨
冲击破碎		破碎物料在瞬间受到外来的冲击力而粉碎。它对粉碎脆性物料最有利。可以应用于多种食品物料，从较大块形原料的破碎到细微粉碎均可使用此法

（二）粉碎能耗假说

1. 粉碎能耗机理

粉碎能耗就是物料粉碎时外力做的功，粉碎的过程需要消耗大量的能量，主要包括以下三方面：

（1）机械传动损耗，如粉碎设备将动力传递给粉碎物料时的能耗，研磨介质之间的摩擦、振动及其他能量损耗等；

（2）物料粉碎过程中的能量损耗，如裂解发生之前产生形变消耗的变形能，颗粒间摩擦所消耗的能量；

（3）物料粉碎后发生变化消耗的能量，如形成新的表面、增加表面积消耗的表面能、产生表面活性点、表面形成无定形层等结构变化消耗的能量，以及晶体结构变化消耗的能量等。

一般认为，物料内部总不可避免地存在一些疵点和裂纹，当物料受到粉碎力的作用，首先产生应变，并将能量以各种形式的变形内能存储于物料内部，当局部蓄积的内能超过临界值时，能量将沿着其内部的疵点或裂纹释放，一部分用于形成新的表面能，大部分将以热能的形式逸散。从这一角度分析，粉碎需要消耗两方面的能量，裂解前消耗的变形能和裂解后出现新表面所需的表面能。物料最终未发生裂解，其消耗的变形能也将转化为热耗散，且这部分能量与颗粒的体积有关，颗粒体积越大，其内部存在疵点和裂纹的可能性越大，发生裂解时消耗变形能相对更少。因此，一般来说，粒度越大的物体越容易被粉碎。

从受力的角度分析，当物料受到力的作用，先发生弹性形变，当该应力超过弹性应力极限，物料产生永久形变，并在内部形成裂纹，直至应力超过屈服应力，物料开始流动，经过塑变区域后，应力超过破坏应力，物料开始破裂。

由于粉碎过程比较复杂，影响因素较多，这些因素在不同条件下又有变化，但一般认为粉碎的能耗与颗粒的粒度有一定的关系。

2. 粉碎能耗法则

物料粉碎过程中的能量消耗是巨大的，然而要精确地计算物料粉碎所需的最小能量并不容易，目前常用的能耗假说都基于这样一个假设：固体颗粒的粒度 d 发生微小变化 $-\mathrm{d}(d)$ 时所需的能量 $\mathrm{d}E$ 是粒度的函数。这个假说的能耗计算通式为：

$$\mathrm{d}E = -C\frac{\mathrm{d}(d)}{d^n} \tag{3-1}$$

式中，$\mathrm{d}E$ 为物料粉碎所需的能量，kJ；$\mathrm{d}(d)$ 为物料粉碎的粒度变化，m；C 为常数，通常需要根据实际情况计算，与具体粉碎过程有关。

在此基础上，研究者根据不同的理论假说提出了不同的计算法则，其中均以 d_1 表示物料粉碎前的粒度，d_2 表示物料粉碎后的粒度。

（1）里廷格（Rittinger）法则　里廷格法则，以表面积假说为基础。表面积假说认为粉碎前后物料总体积不变，粉碎所需的能量与粉碎新增的表面积成比例，与其一维尺寸的变化无关，而表面积又与粒度的平方成正比，n 取值为 2，代入式（3-1）积分得：

$$E = C_{\mathrm{R}}\left(\frac{1}{d_2} - \frac{1}{d_1}\right) \tag{3-2}$$

式中，C_{R} 为里廷格常数。

（2）基克（Kick）法则　基克法则，以体积假说为基础。体积假说认为能耗与颗粒体积的改变成正比。即能耗与物料尺寸的变化率 $\mathrm{d}(d)/d$ 成正比，n 取值为 1，代入式（3-1）积分得：

$$E = C_{\mathrm{K}}\ln\frac{d_1}{d_2} \tag{3-3}$$

式中，C_{K} 为基克常数。

由基克法则，可以计算得到将物料的粒度从 5mm 变到 2.5mm 消耗的能量与从 10cm 变到 5cm 消耗的能量是一样的。而根据里廷格法则，从 10cm 粉碎至 5cm 所需的能量大约相当于物料从 5mm 粉碎至 4.7mm 所需的能量，由此看出表面积假说与体积假说有很大的出入。

通过实验，我们可以发现物料的粗碎过程中，粉碎的产品粒度较大（一般粒度大于 10mm），表面积增加不显著，因而表面能和颗粒内部结构变化等消耗的能量相对较小，局部破碎作用也是次要的，而消耗于物料的变形和粉碎机械传动结构的摩擦等能耗都与颗粒的体积成正比，此时用体积假说来计算破碎能耗较为合适。而对于那些粒度在 0.01～1mm 的细碎物料，在粉碎过程中产生了大量的新表面积，采用里廷格法则进行计算的结果与实测数据较吻合。

（3）朋特（Bond）法则

对于中细碎（粉碎产品的粒度在 1 ~ 10mm 之间），以上两种假说计算误差较大，朋特从实验出发提出了裂缝假说，认为粉碎发生之前，外力对颗粒所做的变形功聚集在颗粒内部的裂纹附近，产生应力集中，使裂纹扩展形成裂缝，而当裂缝发展到一定程度时颗粒破碎。因此，粉碎能耗与裂缝长度成正比。n 的取值介于上述两个法则之间，n 取值 1.5 代入式（3-1）积分得：

$$E = C_B \left(\frac{1}{\sqrt{d_2}} - \frac{1}{\sqrt{d_1}} \right)$$

（3-4）

式中，C_B 为朋特常数。

上述三种法则的选用除了与物料粉碎的粒度有关，还与物料的性质有关。脆性物料、坚硬物料的粉碎过程中，体积变化较小，表面积变化大，适用于里廷格法则。虽然粉碎产品新生表面积的表面能仅占全部粉碎能耗的很小比例，但是物料粉碎时消耗的能量总和，包括表面能、变形能，以及摩擦损失能量、颗粒表面结构和内部结构变化所消耗的能量以及噪声、热能等，与粉碎后表面积的增加成正比关系。而塑性物料、软性物料粉碎时体积变化较大，则通常按照基克法则来计算。

粉碎过程比较复杂，影响因素较多，计算粉碎能耗时要综合考虑粉碎粒度变化、物料的性质及其在粉碎过程中的变化等因素。因此，将式（3-1）直接积分后得：

$$E = \frac{C}{n-1} \left(\frac{1}{d_2^{n-1}} - \frac{1}{d_1^{n-1}} \right)$$

（3-5）

式中，C 为常数；$n > 1$，根据不同物料不同粉碎情况通过实验求取。

在实际应用中，为了得到较为准确的能耗计算结果，一般通过实验确定式（3-5）中的常数 C 和 n 值的大小，这样可以充分考虑到物料的性质及粉碎设备和粉碎过程产生的影响。

【例3-1】 晶体砂糖从其粒度为 0.5mm 被粉碎至粒度为 0.075mm，达到某一产量所需的功率为 3.75kW。今欲改变要求，被粉碎后的粒度为 0.1mm，但产量提高 20%。假定此操作符合朋特式。试求功率消耗。

解 先以原产量为基准，求出朋特常数：

将 $E = 3.75$kW，$d_1 = 0.5$mm，$d_2 = 0.075$mm 代入式（3-4）

$$3.75 = C_B \left(\frac{1}{\sqrt{0.075}} - \frac{1}{\sqrt{0.5}} \right)$$

得　$C_B = 1.68$

则粉碎粒度改变后所需能耗为：$E' = 1.2 \times 1.67 \left(\frac{1}{\sqrt{0.1}} - \frac{1}{\sqrt{0.5}} \right) = 3.50$（kW）

$$E/E' = 3.75/3.50 = 1.07$$

由计算结果可以看出，砂糖从 0.5mm 粉碎至 0.075mm 消耗的能量是物料从 0.5mm 粉碎至 0.1mm 的 1.07 倍左右。随着物料粒度的减小，粉碎消耗的能量急剧增加，因此在生产过程中需要合理确定粉碎粒度，在保证产品品质的前提下尽量减小能耗。

二、粉碎过程的颗粒变化

在单次粉碎过程中，出现的颗粒粒度大小是不可预料的。即使将颗粒大小完全一致的物料拿来粉碎，经过一次粉碎作用后，颗粒的尺寸也会出现极大的不同，有的被磨成粉末，有的仍是大块。然而在多次粉碎后，物料粒度则会趋近于某种分布。同种机型的粉碎粒度也趋近于固定分布。

1. 粒度分布

固体颗粒的大小称作粒度（particle size），是固体粉碎程度的代表性尺寸。球形颗粒的粒度可直接以其直径 d 来表示，非球形颗粒的大小则可用当量直径 d_p 来表示。按照所需目的的不同，选择基准不同，颗粒粒度有不同的表示方法。

以表面积为基准，若颗粒的表面积与球形颗粒的表面积相等，那么该球形颗粒的直径即为颗粒的表面积当量直径 d_S

$$d_S = \sqrt{\frac{A_p}{\pi}} \tag{3-6}$$

式中，A_p 为颗粒的表面积，m^2。

以体积为基准，若颗粒的体积与球形颗粒的体积相等，那么该球形颗粒的直径即为颗粒的体积当量直径 d_V

$$d_V = \sqrt[3]{\frac{6V_p}{\pi}} \tag{3-7}$$

式中，V_p 为颗粒体积，m^3。

粉碎后的固体颗粒不仅形状不一致，其大小也不一致。我们采用粒度分布来描述某一粒度范围颗粒的质量分数随粒度的变化关系，在粉碎物料中，某一颗粒粒度在某一范围内随机地取值，是随机变量，但某一粒度或某一粒度范围内的颗粒所占比例是固定的，以概率密度函数和概率分布函数来表示粒度分布，即为频率分布和累积分布。如图 3-1 所示，频率分布曲线 $f_N(d)$ 为某一粒度范围的颗粒在整个粉碎物料中占的比例与其平均直径的关系，累积分布曲线 $A_N(d)$ 为等于及小于某一直径的颗粒所占的比例。

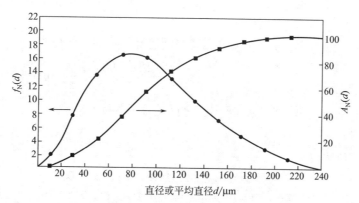

图 3-1　颗粒粒度的频率分布和累积分布曲线

2. 粉碎物料的表面积变化

经过细粉后的颗粒表面积很大，此时表面积是颗粒的重要特性。大多数反应都和表面积的大小有关，因此比表面积对材料的性质有巨大的影响。单位体积颗粒的表面积称为比表面积。

若要计算一定质量的物料的比表面积，通常需要知道该物料的粒度分布以及颗粒的形状。对于当量直径为 d_p 的非球形颗粒，表面积 $A_p = \pi d_p^2$，体积 $V_p = (\pi/6) d_p^3$，则比表面积为：

$$a_p = \frac{A_p}{V_p} = \frac{6}{d_p} \qquad (3\text{-}8)$$

对于非球形颗粒，其形状可以用球形度 φ_s 来表示颗粒形状接近球形的程度，即

$$\varphi_s = \frac{与颗粒同体积的球体表面积}{颗粒实际表面积} \quad (0 < \varphi_s < 1) \qquad (3\text{-}9)$$

根据 d_s 和 d_v 的定义可得：

$$\varphi_s = \frac{d_v^2}{d_s^2} = \frac{6V_p}{A_p d_v} \qquad (3\text{-}10)$$

即

$$\varphi_s d_v = \frac{6V_p}{A_p} = 6a_p \qquad (3\text{-}11)$$

式（3-11）表明，球形度与颗粒的比表面积 a_p 有关，当 d_v 一定时，φ_s 值越小，即颗粒的形状与球形相差越大，比表面积越大。一般粉碎后物料的球形度为 0.6～0.7，球形颗粒的球形度为 $\varphi_s = 1$，正立方体颗粒的球形度为 $\varphi_s = \sqrt[3]{\pi/6} = 0.806$。

对于一定质量的物料有总表面积：

$$A_t = \frac{m}{\rho V_p} \times \frac{6V_p}{\varphi_s d_v} = \frac{6m}{\rho \varphi_s d_v} \qquad (3\text{-}12)$$

式中，A_t 为所有物料的总表面积，m^2；m 为物料总质量，kg；ρ 为物料的密度，kg/m^3。

【例 3-2】 用泰勒筛对粗盐进行筛分，38% 的物料能通过 7 号筛但是被 9 号筛截留，5% 的物料能通过 80 号筛而被 115 号筛截留。如果样品总质量为 5kg，计算这两部分物料的比表面积。食盐的密度为 1050 kg/m³，球形度为 0.608。（已知泰勒筛制中，7、9、80、115 号筛孔尺寸分别为 2.83mm、2.00mm、0.177mm、0.151mm，两筛之间筛留物的平均直径可按两筛孔尺寸的均值计算）

解 7 号筛与 9 号筛之间的筛留物的平均直径

$$\bar{d}_{v1} = \frac{2.83 + 2.00}{2} = 2.41 \text{（mm）}$$

80 号筛与 115 号筛之间的筛留物的平均直径

$$\bar{d}_{v2} = \frac{0.177 + 0.125}{2} = 0.151 \text{（mm）}$$

7 号筛与 9 号筛之间的筛留物的总表面积

$$A_{t1} = \frac{6m}{\rho \varphi_s d_v} = \frac{6 \times 5 \times 0.38}{1050 \times 0.608 \times 2.41 \times 10^{-3}} = 7.41 \text{（m}^2\text{）}$$

80 号筛与 115 号筛之间的筛留物的总表面积

$$A_{t2} = \frac{6m}{\rho \varphi_s d_v} = \frac{6 \times 5 \times 0.05}{1050 \times 0.608 \times 0.151 \times 10^{-3}} = 15.56 \text{（m}^2\text{）}$$

由计算结果可以看出，粉碎粒度要求越小，粉碎后物料的总表面积越大，所需粉碎能量也越大。

三、筛分

1. 筛分原理

固体物料经过粉碎处理后，通常需要筛分处理予以分级。筛分（screening）是将颗粒物料或粉状物料通过一层或数层带孔的筛面，将物料分成若干颗粒级别的单元操作。筛分后，每一部分物料粒度分布都较原来均匀。常把实际通过筛孔的物料称为筛过物，没有通过筛孔的物料称为筛留物。

筛子的筛面可以是平面，也可以是圆筒面。在食品工业中，筛分广泛地用于不同粒度的粒状或粉状物料的分离，如原料清理、物料分级等。

理论上，凡粒度小于筛孔的颗粒都能通过筛孔，事实上并非所有粒度小于筛孔的颗粒都能通过筛网，总有一部分滞留在筛面上。只有那些接触到筛面而且在运动过程中颗粒的投影小于等于筛孔的，或者是颗粒的重心已进入筛孔的才有可能通过。

筛过物的质量与给料中可筛过物的质量之比为筛分效率（sieving efficiency），是从数量上评定筛分过程的指标。筛面上物料中可筛过物的质量分数随时间的变化率称为筛分速率（sieving rate），是反映筛分器生产能力大小的一种度量。

筛分还可用于分析物料的粒度组成。例如在小麦的粉碎加工中，我们通常设置一个 250μm 的筛子和一个 125μm 的筛子，大于 250μm 的颗粒将留在机器内继续被粉碎，而介于 250μm 和 125μm 之间的物料，被 125μm 筛截留，这样可得到粒度在 125 ～ 250μm 的面粉。

利用一套筛孔大小不同的筛子进行筛分，将物料分成若干粒级，然后分别称量各粒级重量。将筛析结果用图表示就能直观地获得物料的粒度分布、累积粒度分布，这样一套网眼大小一定的筛子称为标准筛，网眼一般为正方形，其大小按不同筛制而不同。

筛分时，将几个筛子按照筛孔从大到下依次由上而下叠放进行筛分，底部放置无孔的托盘，样品加在顶上的筛子上，摇动筛子进行筛分。筛分后从上至下在各个筛子上可以得到由细至粗不同粒度的物料。此过程称为筛析，筛析的过程通常在标准筛上进行，标准筛是由网眼大小一定的一系列筛网构成，网眼一般为正方形。各国有不同的标准筛系列，以泰勒（Tyler）筛制较为通用。泰勒标准筛的筛网每英寸（25.4mm）长度上所占有的筛孔数目作为各个筛子号码的名称。以 200 目的筛子为基筛，筛孔尺寸 0.074mm，相邻两级筛孔尺寸相差 $\sqrt{2}$。

2. 影响筛分的因素

筛分效果通常与被筛分物料的物理性质以及筛分过程中所用的设备有很大的关系。物料的粒度组成、堆积密度、含水量等都对筛分效果有着重要的影响。其中物料的粒度分布是影响筛分的关键因素，可极大地影响筛分的处理能力。物料中含有的粒度大于筛孔尺寸的 3/4 而小于筛孔尺寸的颗粒称作难筛物，粒度大于筛孔尺寸而小于 1.5 倍筛孔尺寸的颗粒称为阻碍粒。易筛粒多有利于筛分，难筛粒和阻碍粒多时会降低筛分效率。通常筛分物料的粒度不能大于筛孔直径的 2.5 ～ 4 倍。粗粒太多的物料可以采用预先筛分或分段筛分，提高筛分效率和筛网使用寿命。

此外，当物料的堆积密度达到 500kg/m³ 以上时，筛分处理能力与颗粒密度成正比例关系；当物料的堆积密度比较小时，一些轻质的物料和微粒会产生飘扬，则上述的正比例关系不成立。

含水量对物料的筛分效率影响也很大。一般来说，当物料的湿度较大时，筛分效率都会降低。但筛孔尺寸愈大，水分影响愈小，所以对于含水分较大的湿物料，为了改善筛分过程，一般可以采用加大筛孔的办法或者采用湿式筛分。当物料中的水分含量达到一定程度时，颗粒间的相互黏附易结成团块或堵塞筛孔，会使筛分能力急剧下降。在这种情况下若能改成湿式筛分，反而可以提高处理能力。

筛面的空隙率、筛孔大小、筛孔形状都会影响筛分的效果。筛面开孔率越小，筛分处理能力越小，但可以延长筛面的使用寿命。筛孔尺寸越大，则单位筛面的生产率越大，筛分效率越高。当筛孔过分小

时，则筛分处理能力就会随着筛孔尺寸急剧降低。通常正方形筛孔的处理能力小于长方形筛孔，长方形筛孔的产品粒度不均匀，因此要根据不同需求选择不同的筛孔形状。

为了使筛面上的物料不断运动，通常通过振动筛面，防止筛孔堵塞，同时还能使大小颗粒构成一合适的料层，因此在一定的范围内，增加振动幅度可以提高筛分指标。通常情况下，粒度小的适宜小振幅和高频率的振动。"音波筛"就是一种采用音频波来提高细粉的筛分效率的筛子。

此外，给料均匀性对筛分过程意义很大，单位时间的加料量应该保持相等，入筛料沿筛面宽度分布应该均匀。对于细筛，加料的均匀性影响更大。当筛面倾角较大时，加快料速可增加处理能力，但会降低筛分效率。而料层薄，虽会降低处理能力，但可提高筛分效率。

第二节　混　　合

混合（mixing）是指两种或两种以上不同的物质互相混杂以达到一定均匀度的物质分配过程。在食品加工中，混合操作主要用于混匀各种成分，特别是降低不同部分物料的差异性，如浓度、颜色、质地或者口感等等。不同食品对混合的均匀程度要求不同，然而营养均衡、口感均一是必须达到的要求。在食品工业中混合的物料状态是多种多样的，有固体与固体、固体与液体、液体与液体、液体与气体的混合，还有固体、液体、气体三者的混合。我们日常食用的食品都是各种原料、辅料的混合物。在混合操作上属于固 - 固混合的有速溶咖啡、汤粉、添加营养强化剂的婴儿米粉等，属于固 - 液系统的有巧克力、果粒饮料等，属于液 - 液混合系统的有蛋黄酱、黄油和人造奶油等，属于液 - 气混合系统有碳酸饮料等，属于固 - 液 - 气混合系统的有充气果汁软糖等。通常除固体干物料间的混合外，较低黏度液体的混合被称作搅拌，高黏度浆体和塑性物料的混合则被称为捏合。

通过混合还可改善物料间的接触，促进物理、化学反应的进行。此外，混合也可作为一种辅助操作。在食品加工的过滤、水力输送等操作中，混合常常是必要的防止悬浮物沉淀的辅助操作。在加热或冷却过程中混合还作为加速传热的辅助操作。

一、混合的基本理论

（一）混合程度

混合均匀度是指一种或几种组分的浓度或温度等物理性质的均匀性。以某组分的质量分数为指标，完全混合就是在搅拌容器中任意位置的取样分析，该组分与物料总体的质量分数相等。实际搅拌的均匀程度常常不会如此理想，各处取样多少会有一些偏差，可通过计算各处取样的平均值和方差来判断混合效果。

然而，取样量的大小对取样的结果有很大的影响，如图3-2混合样品取样，

A（无色）、B（黑色）两种物料混合，图示为四个等体积方块，若按大方块取样则 A 的含量为 50%，若缩小取样范围，按圆圈 1 取样则 A 的含量为 100%，按圆圈 2 取样则 A 的含量为 0%。为了全面评价混合物的混合程度，我们引入分离尺度和分离强度的概念（如图 3-3 所示）。

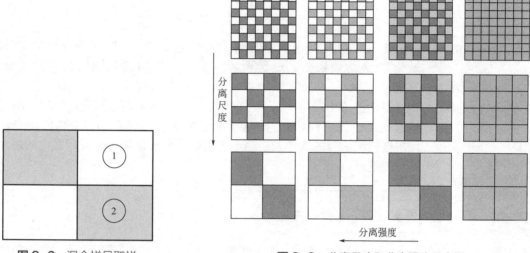

图 3-2　混合样品取样　　　　　　　　**图 3-3**　分离尺度和分离强度示意图

在理想状态下，混合开始时各组分在容器中仍保持分离的状态，随着混合过程的进行，整个物料被分成大量的局部小区域，每个小区域表示浓度或热量这类可分散的参数的未分散部分，这些小区域的体积大小的平均值称为分离尺度（separation size）。混合物各个局部小区域的浓度或温度与整个混合物的平均浓度或温度的偏差的平均值称为分离强度（separation intensity），用来表示两相邻小区域间浓度、温度等参数的差异性。如分离尺度从下到上逐渐减小，分离强度从左到右逐渐减小。物料的分离尺度越小分散性越好，分离强度越小物料混合越充分。当分离强度为 0 时，物料达到完全混合，此时分离尺度达到分子间距离的数量级。

混合样品中局部区域的大小及浓度偏差都是具有一定分布的随机变量，一般采用抽样统计法来确定。规定取样大小（即检验尺度），并要求试样浓度平均偏差小于规定的最大值（即容许偏差），如符合下列条件之一，则可认为是混合合格的制品：

（1）分离尺度小于检验尺度，同时分离强度小于容许偏差；

（2）分离尺度大于检验尺度，但分离强度充分小于容许偏差，可以弥补前者不足；

（3）分离强度大于容许偏差，但分离尺度充分小于检验尺度，可以弥补前者不足。

一般的，若所取样品中均含有不止一种组分，则可认为分离尺度小于检验尺度。一定尺度的试样的浓度偏差平均值就可以作为混合物质量的鉴定标准。

已知一混合物，按照检验尺度规定取样，测量各样品中组分 A 的质量分数为 $\omega_i (i=1, 2, \cdots, n)$，若该混合物中 A 的质量分数为 ω_m，则混合物的分离强度可用均方差的大小来表示：

$$\sigma^2 = \frac{1}{n} \sum (\omega_i - \omega_m)^2 \tag{3-13}$$

式中，σ^2 为均方差；n 为所取样品数量；ω_i 为各样品中组分 A 的质量分数；ω_m 为混合物组分 A 的质量分数的真实值。

然而在实际生产时，ω_m 不易获得，通常以样品的平均质量分数 $\bar{\omega}$ 来表示，则混合物的分离强度还可表示为：

$$S^2 = \frac{1}{n-1} \sum (\omega_i - \bar{\omega})^2 \tag{3-14}$$

式中，S^2 为均方差；$\bar{\omega}$ 为混合物组分 A 的平均质量分数。

特别的，对于仅含两种组分的物料，其分离强度可表示为：

$$\sigma_0^2 = \frac{1}{n}[\omega n(1-\omega)^2+(1-\omega)n(0-\omega)^2]=\omega(1-\omega) \tag{3-15}$$

$$\sigma_\infty^2 = \frac{1}{n}\omega(1-\omega)=\frac{\sigma_0^2}{n} \tag{3-16}$$

式中，σ_0 为混合开始时组分 A 的均方差；ω 为整个物料中组分 A 的质量分数；n 为取样数；σ_∞ 为两者完全混合均匀达到随机分布时组分 A 的均方差。

混合物的均方差 σ^2、S^2 和标准差 σ、S 都是偏差的度量，都可用以表示分离强度，σ^2 为物料均方差的真实值，S^2 为根据样本抽样分析所得方差。通常可根据检测组分的含量及食品加工的需求来规定均方差或标准差的最大值，即容许偏差。

过程检查 3.1

○ 评价混合均匀度，如何根据分离尺度和分离强度的大小来判断混合是否合格？

【例 3-3】 在制作一种面包时，通常先将面团和好分成 95kg 每份，再向其中添加 5kg 酵母，为了保证产品质量，酵母应该尽量均匀地分布在面团中。因此我们在混合过程中进行到第 5 分钟和第 10 分钟时，取样进行检测。每 100g 样品中酵母含量如下表：

混合时间	每100g样品中酵母含量/%								
5min	0.0	16.5	3.2	2.2	12.6	9.6	0.2	4.6	0.5	8.5
10min	3.4	8.3	7.2	6.0	4.3	5.2	6.7	2.6	4.3	2.0

试求混合物的均方差和标准差。

解 （1）计算样品中酵母的浓度 $\omega_m = \dfrac{5}{5+96}=0.05$

（2）计算均方差

5min 时样品的均方差为

$$\sigma_1^2 = \frac{1}{n}\sum(\omega_i-\omega_m)^2 = \frac{1}{10}[(0.0-0.05)^2+(16.5-0.05)^2+\cdots]=29.67$$

10min 时样品的均方差为

$$\sigma_2^2 = \frac{1}{n}\sum(\omega_i-\omega_m)^2 = \frac{1}{10}[(3.4-0.05)^2+(8.3-0.05)^2+\cdots]=0.72$$

（3）计算标准差

5min 时样品的标准差为　$\sigma_1 = \sqrt{29.67}=5.44$

10min 时样品的标准差为　$\sigma_2 = \sqrt{0.72}=0.85$

随着混合时间的增加，组分 A 的质量分数的均方差减小，分离强度逐渐减小，物料混合逐渐均匀。

（二）混合的机理

混合是两种或两种以上不同的物质在混合机内，在外力作用下进行混合，从开始时的不均匀状态到局部混合再逐渐达到整体的均匀混合状态，最后被混合物料达到动态平衡的过程。混合的形式主要有对流混合、分子扩散混合及剪切混合。

（1）对流混合（convection mixing）　对于互不相溶组分的混合，由于混合器运动部件表面对物料的相对运动，促使所有粒子大幅度位移，从而形成循环流动，并同时进行混合。包括主体对流和涡流扩散两种形式。

主体对流是由搅拌器将动能传递给周围的液体，引起部分液体流动，流动液体又推动其周围的液体，逐渐使容器内的全部液体流动起来，形成大范围的循环流动，由此产生的液体之间的对流称为主体对流。

当机械搅拌引起的液体流动速度很高时，在高速液流与周围低速液流之间的界面上产生强烈的剪切作用，从而产生大量的局部性旋涡。这些旋涡迅速向四周扩散，一方面把更多的液体带入主体对流，另一方面把液体带入旋涡，形成局部范围内物料快速而紊乱的对流，即涡流对流。搅拌器桨叶对流体的直接剪切作用也会造成强烈的涡流流动。

（2）扩散混合（diffusion mixing）　分子扩散是分子间相对运动的结果。对于互溶物料，固-液、气-液、液-液等，在混合过程中，以分子扩散形式作无规则运动，从而增加了两组分间的接触面积，达到均匀分布状态。对于互不相溶的固体粒子，在混合过程中以单个粒子为单元向四周移动，类似气体和液体分子的扩散，使各组分的粒子在局部扩散，从而达到均匀分布。

（3）剪切混合（shear mixing）　剪切混合是由于群体中的粒子间有速度差异，而使各粒子产生相互滑动或碰撞引起的混合。通过强烈的剪切作用将团状或厚层液体、浆体和塑性固体拉成薄层，使得被一种组分独占区域的尺寸减小，组分之间的接触面积越来越大，从而实现混合的。剪切混合现象对于高黏度物料作用较大，如面团的搅和、蜂蜜的调配等。挤压膨化加工时，其原、辅料在挤压机中的混合机理就属于剪切混合。

一般在混合过程中，前期以剪切混合为主导，中期则主要依靠对流混合，后期依靠分子扩散达到理想的混合状态。在实际混合操作中，由于物料黏度、溶解性等性质的不同，以及混合设备的不同，起主导作用的混合机理也不同。

（三）混合速率

混合速率是指混合过程中物料均匀性随时间变化的速率。混合速率可用分离强度 σ^2 随时间的变化率 $\dfrac{\mathrm{d}\sigma^2}{\mathrm{d}t}$ 来表示，物料完全混合时分离强度为 σ_∞^2，则混合过程的推动力为：$\sigma^2-\sigma_\infty^2$，混合速率正比于混合推动力，即有：

$$\frac{\mathrm{d}\sigma^2}{\mathrm{d}t}=-k(\sigma^2-\sigma_\infty^2) \tag{3-17}$$

式中，k 为混合速率系数，其值与物料的性质和混合器的性能有关。

将式（3-17）从混合开始（$t=0$）时的 σ_0^2 值到混合至 t 时刻的 σ^2 值积分可得：

$$\sigma^2-\sigma_\infty^2=(\sigma_0^2-\sigma_\infty^2)\mathrm{e}^{-kt} \tag{3-18}$$

若以混合度 D_{m} 来表示混合的质量：

$$D_{\mathrm{m}}=\frac{\sigma_0^2-\sigma^2}{\sigma_0^2-\sigma_\infty^2} \tag{3-19}$$

将式（3-18）代入上式中，则有：

$$D_m=1-\mathrm{e}^{-kt} \tag{3-20}$$

此式用于粉体的混合，与实验结果非常一致。

【例3-4】 用混合器混合淀粉和粉末状的脱水蔬菜制备汤料粉。脱水蔬菜和淀粉的起始质量比为 40：60。测得混合 300s 后，样品中淀粉含量均方差为 0.0823，取 24 份样品进行分析，问达到均方差为 0.02 还需要混合多长时间？

解 物料中淀粉的质量分数 $\omega = 0.4$，$\sigma^2 = 0.0823$

$$\sigma_0^2 = \omega(1-\omega) = 0.4 \times (1-0.4) = 0.24$$

$$\sigma_\infty^2 = \frac{\sigma_0^2}{n} = \frac{0.24}{24} = 0.01$$

$$D_m = \frac{\sigma_0^2 - \sigma^2}{\sigma_0^2 - \sigma_\infty^2} = \frac{0.24 - 0.0823}{0.24 - 0.01} = 0.685$$

代入速率公式 $D_m = 1 - e^{-kt}$，则有

$$0.685 = 1 - e^{-300k}$$

$$e^{-300k} = 0.315$$

$$k = 3.85 \times 10^{-3}$$

$$\sigma^2 = 0.02 \text{ 时}$$

$$0.02 - 0.01 = (0.24 - 0.01)e^{-kt}$$

$$t = 817s$$

因此还需要 817s–300s=517s。

（四）混合的能耗

物料混合的基本问题是要保证物料在流动状态下进行，一般靠机械装置来实现，因此要消耗能量。混合操作的能耗，除与机械装置和容器的设计有关外，主要取决于物料的物理性质。食品加工中物料状态变化范围很广，可以从低黏度的液体到高黏度的浆体，直至塑性固体和粉体。对于液体物料随着其黏度的增加，混合所需的能耗也增加，塑性固体混合时所需的能量则是巨大的。

经过混合后的混合物可以是均相的，也可以是非均相的。均相混合物的制取有时不需要搅拌而仅依靠分子扩散或分子扩散与自然对流相结合的方法即可，此时能量的消耗不是必需的。制取非均相混合物必须搅拌才能达到混合的效果，因此必须消耗能量。而粉体和颗粒体混合时，必须保持被混合的物料处于运动状态才能达到混合的目的，这也必须要消耗能量。

通常，估计混合器效率时必须了解混合器内运动的流型以及这种流型对促进混合物局部交换所能达到的程度。例如，稳定的循环流中，若不同浓度的相邻区域边界处于循环流线上，形成稳定的循环流，此时虽然消耗了能量，却不能达到良好混合的目的。因此，能量的消耗与混合的过程没有必然的联系。设计合理的混合设备消耗的能量与混合的过程是相关的，混合器的能量消耗只能由实验决定，对于大规模生产，要从小型试验取得数据。然后，根据量纲分析法的放大法则加以推广。通常大规模生产不完全与小型生产相似，要根据常识确定什么无量纲群是最主要的。

不同的物料混合其能耗的计算是不同的，下文将分别进行介绍。

二、液体介质的搅拌混合

在食品生产中，搅拌操作使用非常广泛，搅拌的作用大致可分为下列六类：

（1）使液体物料混合均匀；

（2）使气体在液体中很好地分散；

（3）使固体粒子（如催化剂）在液相中均匀地悬浮；

（4）使不相溶的液体均匀悬浮或充分乳化；

（5）强化相间的传质（如吸收等）；

（6）强化传热。

按混合物的状态可分为液体与液体的混合、可溶性固体与液体的混合、不可溶固体的悬浮液的混合、气体与液体的混合等。按混合液体的黏度可以分为低、中黏度液体和高黏度液体以及塑性固体。低黏度液体的混合以对流作用为主，高黏度液体的混合以剪切作用为主。

（一）低黏度液体的搅拌混合

果汁、糖水溶液、低浓度牛乳、油及其他透明稀溶液的黏度较低，这类低、中黏度液体，包括互溶或不互溶液体及固体悬浮液等，其混合机理主要是对流混合和分子扩散混合。

混合时通过人工强制的方法对物料进行机械搅拌，使物料产生流动。首先形成主体对流，容器内的物料产生速度梯度被分成不同"团块"，"团块"界面间产生涡流对流，使得物料的混合程度迅速提高。因此混合强度主要取决于流型，湍动越剧烈，混合作用越强。

对于互溶物料，其混合过程中还存在分子扩散现象。在实际混合过程中，主体对流扩散只能把不同物料搅成较大"团块"混合起来，而通过这些"团块"界面之间的涡流扩散，把不均匀程度迅速降低到旋涡本身的大小。可是最小的旋涡也比分子大得多，因此对流扩散不能达到分子水平上的完全均匀的混合。这种均匀混合状态只有通过分子扩散来达到。

对流扩散虽只是"宏观混合"，但它大大增加了分子扩散的表面积，并减小了扩散距离。因此它提高了分子扩散，即"微观混合"的速度。

碳酸饮料的碳酸化是食品加工中最常见的气液混合操作，压力、温度、气液接触面积、接触时间以及混入空气量等都影响 CO_2 在水中的溶解度，普通的搅拌设备不能达到此种要求。因此气液混合常有专门的设备，如喷雾式碳酸化器等。

此外，一些伴有加速溶解、强化热交换等单元操作也需要进行搅拌，如淀粉液的溶解、糖水的配制等。

（二）高黏度液体的搅拌

食品中还存在大量高黏度液体，如熔化巧克力、蜂蜜、果酱、蛋黄酱、肉糜等。对于高黏性物料，其密度和黏度都很大，在混合过程中湍动和涡流几乎不存在，因此，扩散对混合的作用很小。高黏度物料的混合机理主要是剪切混合。而剪切速率取决于固体表面的相对运动速度及表面间的距离，因此此类搅拌器叶轮直径较大。

在搅拌过程中，物料黏度有时会发生变化。伴随搅拌过程中的溶解、乳化以及各类生化反应，食品物料由低黏度向高黏度变化，如番茄汁、淀粉液、菜汤等。

食品物料中的大部分非牛顿流体为假塑性流体，其表观黏度随剪切速率的增加而减小。随着搅拌混合的进行，这类物料表现出剪切稀化现象，如果酱等。

（三）液体搅拌时的流动特性及功率消耗

搅拌叶轮可以看作做是去掉外壳的离心泵的叶轮，忽略热效应的影响，则可以用研究流体流动的一

般方法来研究搅拌槽内液体的流动状况。

1. 流动形态

搅拌槽内的液体按照一定的方式运动，搅拌速度及液体剪切作用都取决于液体的流动状态。我们根据雷诺数 Re 来判断液体的流动形态，以叶端速度 u_0 作为特性流速，以叶轮直径 d 作为特性尺寸，则：

$$Re = \frac{du_0\rho}{\mu} \qquad (3-21)$$

式中，d 为叶轮直径，m；u_0 为叶端速度，m/s；ρ 为搅拌液体的密度，kg/m³；μ 为搅拌液体的黏度，Pa·s。

搅拌槽中，叶轮转动的叶端速度定义为叶轮或叶片边缘的转动线速度，可以根据其转速和叶轮直径来计算。

$$u_0 = \pi n d \qquad (3-22)$$

式中，n 为搅拌器转速，r/s。

叶端速度是衡量搅拌容器内液体动力学状态的一个重要指标，也是叶轮的重要操作参数之一，该速度决定了叶轮区的最大剪切速率。剪切作用是对混合有重要影响的工艺过程，搅拌效果是叶端速度的函数，这和叶轮的几何特性以及功率输出都没有关系。

将叶端速度代入式（3-21），略去常数 π，则有：

$$Re = \frac{nd^2\rho}{\mu} \qquad (3-23)$$

当 $Re < 10$ 时，搅拌槽内液体的流动形态为层流，此时传质和传热都很慢。当装有轴向流式叶轮时 $Re > 10^5$，装有径向叶轮时 $Re > 10^4$，这些流动都为湍流，湍流程度越高越有助于混合过程。

2. 功率曲线

混合器的形式、搅拌器的转速、物料的性质等都能影响搅拌器输入到混合系统中的功率，即叶轮功率，这是选择电机功率的重要依据，同时也可作为混合程度和运动状态的度量。搅拌功率 N 与叶轮直径 d，转速 n，液体的密度 ρ、黏度 μ，重力加速度 g 等主要因素有关。即

$$N = f(d, \ n, \ \rho, \ \mu, \ g)$$

由量纲分析法可以得出：

$$\frac{N}{\rho n^3 d^5} = K\left(\frac{d^2 n\rho}{\mu}\right)^a \left(\frac{n^2 d}{g}\right)^b \qquad (3-24)$$

或者写成：

$$Eu = KRe^a Fr^b \qquad (3-25)$$

式中，$Eu = \dfrac{N}{\rho n^3 d^5}$ 为搅拌的欧拉数，也称功率数；$Re = \dfrac{d^2 n\rho}{\mu}$ 为搅拌的雷诺数；$Fr = \dfrac{n^2 d}{g}$ 为弗鲁德常数；K 为常数，代表系统几何形状的总形状系数；a，b 为常数。

弗鲁德常数（Froude number） 表示搅拌力与重力之比，一般在许多大型

混合器内，存在着搅拌力与重力之间的相互制约，因此设备设计时常常要考虑弗鲁德常数：

$$Fr = \frac{n^2 d}{g} \qquad (3\text{-}26)$$

式中，g 为重力加速度，m/s²。

若要计算功率因素，则式（3-25）可以写成：

$$\phi = \frac{Eu}{Fr^b} = KRe^a \qquad (3\text{-}27)$$

式中，ϕ 为功率因数。

搅拌时由于重力作用常常产生中央旋涡，如果用挡板或其他措施消除了旋涡，则可以忽略重力的影响，弗鲁德常数的指数 $b=0$，式（3-27）就可以简化为：

$$Eu = KRe^a \qquad (3\text{-}28)$$

K 和 a 可通过实验求得，该值取决于搅拌器的形式和各部分的尺寸比例，容器直径、液层深度对搅拌器尺寸的比例以及搅拌液体的流型。

$\phi\text{-}Re$ 关系曲线可由实验方法确定，图 3-4 为装有涡轮式叶轮的标准搅拌系统的功率曲线。由图可知，在层流区，黏性力较大，重力影响可忽略。$\phi\text{-}Re$ 在双对数坐标中为一直线。大量实验数据表明，此直线的斜率为 −1。此时：

$$\phi = Eu = KRe^{-1} \qquad (3\text{-}29)$$

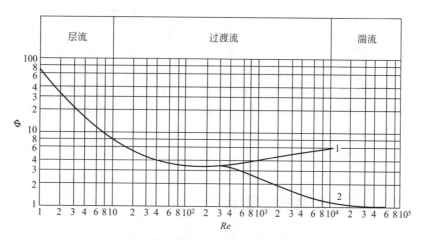

图 3-4 装有涡轮式叶轮的标准搅拌系统的功率曲线

1—有挡板；2—无挡板

在过渡区，$Re \leqslant 300$ 时，功率只和 Re 有关。$Re > 300$ 时将会出现打旋现象，通过挡板作用使旋涡消失后，ϕ 仅与 Re 有关。已知 Re，可通过上图查出 ϕ 值。若无挡板，由于重力影响，Fr 将存在，在 $Re > 300$ 的情况下，先由图根据 Re 查出 ϕ，再由公式 $Eu = \phi Fr^a$ 求出 Eu 值，其中 a 取值与不同搅拌器有关，可以通过查有关手册获得。

实际使用的搅拌器形式多样，通常没有相应功率曲线可查，我们可以根据类似构型的搅拌器的功率曲线估算，再对几何形状的影响进行校正。叶轮的直径对槽径之比、叶轮宽度、叶片数、液层深度、叶轮与槽底的距离等均有影响。

若混合器内装有其他附加装置，所需功率将会大大增加。例如对桨式设备，装有温度计插套时，功耗增加约 10%，装有挡板时，功耗可增加 2 ~ 3 倍。搅拌器的传动机械效率可粗略地估计为 0.8 ~ 0.85 左右。

三、高黏度浆体和塑性固体的混合

在粉状物料中加入少量液体，制备成均匀的塑性物料或膏状物料，如面团等；在高黏度物料中加入粉体或液体制备成均匀混合物，如巧克力浆、蜂蜜等。两者都可称作捏合操作，此时混合物料的黏度大，流动性极小。局部物料的运动很难波及整个容器，完全需要依靠捏合设备的机械帮助来降低分离尺度。捏合机先对物料进行局部混合搅拌，进而达到整体混合，使物料形成整体团块，然后由搅拌器移动产生剪切力，使物料被拉延撕裂。一部分物料受到推挤而压向邻近物料，另一部分物料被抛出，打向容器内壁。如此反复进行，达到均匀调和的目的。

捏合机的搅拌器与容器内壁之间的间隙以及搅拌器的形状对混合操作有重要的影响。要使物料分散，则间隙要小，才能产生很强的剪切力。叶轮外形要适合被处理物料的性质，通过控制物料在捏合机内的运动路径和范围，把物料带到捏合有效区域，形成高效捏合操作。一般来说，混合物越黏稠，所需桨叶的直径越大，搅拌速度会越慢。物料的进料状态对捏合操作也有极大的影响。通常需要对物料进行预处理，如加入固体是微量的，且溶于某一组分，就可以先将此固体溶解后，再与其他组分混合。

捏合可以用于面团的调制、糕饼原料的混合、火腿肠等的馅料混合等。面团的调制常常在定温下进行，通常先将面粉润湿，利用机械搅拌的挤压、剪切、揉打作用混合成柔韧、可拉伸的面团，既要充分搅拌以保证酵母等均匀分散，同时防止过度搅拌影响面团的含气性。糕饼等的面团则要求具有柔软的塑性，混合时除保证充分乳化外，还需要混入适量的空气。固体粉粒加水混合后先呈现散粒状态，继续加水达到可塑界限以后转变为塑性泥土的状态，经过"液化"界限后转变为泥浆状态。物料达到塑性泥土状态之前，捏合的功率消耗基本无多大变化。在泥土状态，功耗急剧上升 10 倍左右，达到可塑界限的最大值后又急剧下降，至泥浆状态时，所需的能耗仅为泥土状态的几分之一。

四、固体粒子的混合

混合固体粒子的主要目的通常是获得组分浓度均匀的混合物，如在食品工业中谷物的混合、面粉的混合、面粉中添加辅料和添加剂、干制食品中加添加剂等。颗粒状或粉状固体的混合主要靠流动性，而固体颗粒的流动性与颗粒的大小、形状、密度和附着力有关。由于重力作用，大小均匀的颗粒混合时，重的颗粒易趋向器底，密度相同的颗粒混合时，圆和小的颗粒趋向器底。黏附性大的颗粒，容易聚集在一起，不易均匀分散。固体混合的机理也是对流、剪切、扩散同时发生的过程。

不同固体颗粒混合静置后发生的分离现象叫离析现象。固体颗粒混合时，颗粒尺寸及密度存在差异，颗粒小的物料会在颗粒大的物料间下滑，混合好的物料会趋向分层，从而降低混合物的均匀程度，影响混合效果。离析现象的产生除了重力作用的影响外，也可能是由于混合器内存在的速度梯度使得粒子群的移动而产生分离。对于干燥的颗粒，长时间混合由于摩擦带电也容易发生分离。

颗粒的形状对混合效果产生较大的影响。常见的颗粒有圆柱形、球形、粒状等。经研究发现，颗粒形状不同容易导致混合程度不同。在其他条件相同时，圆柱形颗粒的混合效果最好，球形最差。

因此，通过改进配料方法，减小物性相差，或者在干物料中加入适量液体，如用水润湿物料，适当降低其流动性等都有利于混合。此外，改进加料方法、离子层的重叠方式，对易团聚的物料添加破碎装置或增加径向混合措施，降低混合机内的真空度或破碎程度等也能有效防止离析产生。

此外，混合设备的设备尺寸和形状，搅拌器尺寸、构型和间隙，结构材料和表面加工状况等，对混合速率均有显著的影响。

每批物料的加料量以及物料在容器中的填充率，原料添加的方法和速率，搅拌器或容器的转速等对混合速率和效果也有影响。

第三节　乳　　化

乳化（emulsify）是将两种原本不互溶的液体进行混合，使一种液体以微小球滴或固形微粒（分散相）的形式均匀分散在另一种液体（连续相）中的一种特殊的混合操作。通常需要加入乳化剂，来保证悬浮稳定性。乳化剂是一类分子中同时具有亲水性基团和亲油性基团的表面活性剂，它能改善乳化体系中各组分的表面张力，形成均匀分散的乳化体或分散体。

在食品制造业中，大多数乳化液是水相和油相的混合。水相中可以含有水溶性的盐、糖或其他蛋白质有机物和胶体等；油相中也可包含油溶性的烃类、蜡、树脂和其他物质。水相与油相混合的乳化液包括以油相为分散相的，称为水包油（O/W）型，如图 3-5 所示，如牛奶；以水相为分散相的，称为油包水（W/O）型，如图 3-6 所示，如巧克力、蛋黄酱等。

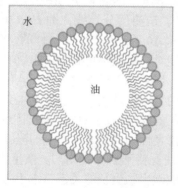

图 3-5　水包油型

图 3-6　油包水型

添加乳化剂能促使分散相分散并使乳化液稳定，从而改进食品组织结构、口感、外观，提高食品质量和保存性。乳化剂不提供营养，但在天然食品原料生产或食品加工中有着重要的作用。

乳化剂除了具有典型的表面活性作用外，还能与食品中的碳水化合物、蛋白质类发生特殊的相互作用而起到多种功效，如分散、发泡、消泡、润湿等作用，但对食品的风味不会产生不良影响，添加乳化剂还可以帮助食品在人体内的消化吸收。因此，乳化剂已成为现代食品工业中必不可少的食品添加剂。

食品乳化剂主要是脂肪酸多元醇酯及其衍生物和天然大豆磷脂，它们在人体消化过程中可被分解成脂肪酸和多元醇，从而被人体吸收或排出体外，对人体的代谢无不良作用，也不在人体内累积而影响健康。世界上允许使用的乳化剂有 60 多种，其中美国允许使用 58 种，日本允许使用 20 种，使用最多的是甘油脂肪酸酯。我国允许使用的只有 10 个品种，其中甘油酯使用较为广泛。

在食品加工行业里，乳化技术广泛应用于面包、糕点、饼干、人造奶油、冰淇淋、蛋黄酱、乳制品、

仿乳制品、巧克力、糖果、肉制品、饮料、豆制品、罐头等食品中，在食品涂膜保鲜和制糖工业中也有相关报道。随着对乳化剂应用研究的不断深入，在提高食品质量，延长食品的贮藏期，改善食品的感官性状，尤其是随着加工食品需要量的增加，以及新型食品的研究开发，乳化技术在食品加工技术领域中起着不可替代的重要地位。

未添加乳化剂的乳化液是不稳定的，油相与水相混合搅拌时，由于剪切等作用力，相界面不断分裂，界面面积急剧增大，具有极高的界面能，这是一种热力学不稳定的状态，由于降低界面能的需求，两者会自然凝聚、分层，使相界面最小。通过加入具有表面活性的乳化剂，作用于油 - 水界面，降低两相界面能及界面张力，使得相界面增加，促进乳化液的微粒化，并以分子膜的形式包裹分散相，防止碰撞的液滴合并，此外还在两相界面上形成表面双电层，提高分散液体的电荷，加强其相互排斥，防止液体接近时发生凝聚。

乳化剂极性的亲水基和非极性的亲油基分别处于分子的两端，形成不对称结构，因此能分别吸附在油和水这两种互相排斥的相面上，形成薄分子层，降低两相的界面张力，从而使原来互不相溶的物质得以均匀混合。

常见的乳化剂包括磷脂、固醇以及人工合成的各种乳化剂，如脂肪酸类、单甘酯硬脂酸酯、聚氧乙烯山梨醇硬脂酸酯、山梨醇硬脂酸酯、蔗糖脂肪酸酯等。

乳化剂的结构和种类是影响乳化液性能（稳定性及粒径）最主要的因素，选择具有合适亲水亲油平衡值（HLB）的乳化剂是制取稳定乳化液的重要因素。

$$HLB = \frac{亲水基质量}{亲水基质量 + 亲油基质量} \times 20 \tag{3-30}$$

一般 HLB 值为 $1 \sim 20$，完全疏水的石蜡 $HLB = 0$，完全亲水的聚乙二醇 $HLB = 20$。HLB 值以 10 为亲水、亲油的分界线，即 $HLB > 10$ 的乳化剂为亲水性的，多用于 O/W 型；$HLB < 10$ 的乳化剂为亲油性的，多用于 W/O 型。

此外，乳化的方法以及温度对乳化效果也有一定的影响。在实际生产过程中，有时虽然采用同样的配方，但是由于操作时温度、乳化时间、加料方法和搅拌条件等不同，制得的产品的稳定度及其他物理性能也会不同，有时相差悬殊。因此根据不同的配方和不同的要求，采用合适的配制方法，才能得到较高质量的产品。例如，香精等易挥发性物质，需在适宜的温度下加入，温度过高香精易挥发损失，温度过低则使香精不易分布均匀。微生物的生存离不开水，在水相中防腐剂的浓度才是影响微生物生长的关键，常用防腐剂常常是油溶性的，因此加入防腐剂的最好时机是待油水相混合乳化完毕后（O/W）加入，这时可获得水中最大的防腐剂浓度。配方中如有盐类、固体物质或其他成分，最好在乳化体形成及冷却后加入，否则可能造成产品质地不均匀。

第四节　粉碎与混合原理在食品工业中的应用

一、粉碎设备

各种粉碎设备所产生的粉碎力一般不是某一种作用力，而是几种粉碎力的组合，特定设备可以某种作用力为主。选择粉碎的方法必须根据物料的性质、大小及粉碎度而定。对硬而脆的物料，挤压和冲击很有效；对韧性物料，剪切力的作用效果较好；对方向性的物料，则以劈碎力为宜。

（一）物料的性质

1. 颗粒大小对粉碎效果的影响

粉碎操作通常随着粒度减小变得越来越困难，这通常是由于颗粒大的颗粒存在脆弱的断裂线或疵点的可能性大，到达即将裂解的临界状态所需的临界应力及消耗的变形能都相对小颗粒为小。

2. 物料的力学性质对粉碎效果的影响

在颗粒粒度相同的情况下，由于物料的力学性质不同，所需的临界变形能也不同。当物料受到应力作用时，在弹性极限应力以下，物料经受了弹性变形。当作用的应力在弹性极限以上，物料产生永久变形，直至应力达到屈服应力。在屈服应力以上，物料开始流动，经历塑变区域，直至达到破坏应力而断裂。

根据物料应变与应力的关系，以及极限应力的不同，通常将物料的力学性质分成三种：

硬度，根据物料的弹性模数大小划分的性质，即硬和软之分；

强度，根据物料的弹性极限应力的大小来划分的性质，即强和弱之分；

脆性，根据物料塑变区域的长短来划分的性质，即脆性和可塑性之分。

对于一种具体的物料来说，就有比较复杂的性质，如硬而脆、软而脆等。这些性质对粉碎时所需的变形能均有影响，总的来说，强度大、硬度小、脆性小的物料所需的变形能多。

硬度通常是确定粉碎作业程序、选择设备类型和尺寸的主要依据。硬度和脆性是选择粉碎方法的主要依据，对于某些硬度小、强度大且塑形好的物料，通常表现出一定的韧性，即抵抗物料裂缝扩展的能力，使得裂缝末端的应力集中容易解除。有些物料会对粉碎工具（齿板、冲击锤、钢球、衬板等）产生不同程度的磨损，称为磨蚀性，这是物料本身的一种性质。粉碎工具的磨损程度称为刚耗，在食品加工中要特别注意这个问题，预防由此产生的食品污染。

（二）粉碎设备

通常，我们按照被粉碎物料的大小及其产品粒度将粉碎设备进行分类。粗碎设备包括颚式压碎机、回转压碎机等重型设备，在食品生产中较少用到；中、细碎设备以及研磨设备适用于需要粉碎成粒状的、干燥的或者水分含量低的脆性物料，如糖类、香料、辛辣料、果仁、谷物和干制食品等；此外切割碎解设备也属于粉碎设备，可用于肉类、果蔬以及含有纤维结构且含水量较高的食物的切分。

1. 中、细碎设备

中、细碎设备通常以冲击力或挤压力为最主要的粉碎力，有辊筒式粉碎机、锤式粉碎机、盘击式粉碎机等。辊筒式粉碎机是利用一只或一只以上辊筒的旋转进行碾压操作的设备，通常为双辊筒，如图3-7所示。粉碎时，两个辊筒往相反方向旋转，物料从上部落入两个辊筒之间，通过摩擦力被带到辊筒下方，同时受到挤压力，从而被粉碎落下。

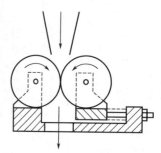

图3-7　辊筒式粉碎机

锤式粉碎机常应用于中间粉碎，适用于中等硬度和脆性物料，纤维物料和较软较韧的物料也可使用。该设备主要依靠冲击力，以及一定的摩擦力进行粉碎。粉碎后的物料，从机壳上的栅格网孔中卸出，根据不同的物料及粉碎要求可以选择不同的栅格以限定一定的粉碎比，如图3-8所示。锤式粉碎机在食品工业中使用广泛，多用于处理结晶固体、纤维质物料、植物性物质、胶黏性的物料等，如胡椒、香料、奶粉、糖粉等。

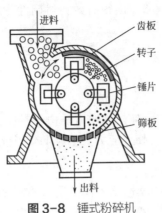

图 3-8 锤式粉碎机

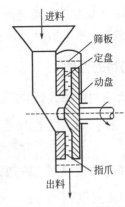

图 3-9 卧式盘击粉碎机

此外，盘击式粉碎机的使用也非常广泛。它是利用两个相互靠近的圆盘，及其上按同心圆排列的齿状、针状或棒状的指爪之间的相对运动，对物料进行粉碎。这种粉碎除了指爪对物料的冲击粉碎力外，还有分割和拉碎的作用，因此常用于纤维物料的粉碎。盘式粉碎机周边通常有筛网，并且内层和外层指爪的形状有所不同，这样物料在离心力的作用下往外周移动，逐级粉碎，并通过筛网筛分，如图 3-9 所示。

2. 研磨设备

若要使物料粉碎成较细颗粒，就必须利用摩擦力或剪切力作为主要的粉碎力。常用设备有盘式磨碎机、盘磨、球磨机、碾磨机等。与家里常用的磨盘一样，盘式磨碎机和盘磨也是依靠物料在两盘之间受到摩擦力和挤压力的作用，从而粉碎成极细粉粒的粉碎机。这两种力的关系取决于两盘面间的压力与速度差。盘式磨碎机适用于软性到极软物料的极细粉碎，原则上也适合于韧性和纤维质物料的干磨和湿磨。盘磨在食品工业中也多有使用，由磨盘与两个碾轮所组成。当碾轮转动时，物料就在碾轮与磨盘间由挤压力和摩擦力被碾碎。

球磨机和棒磨机是历史悠久沿用广泛的粉碎设备，主要以摩擦力和冲击力为粉碎力。其中研磨介质为球形的为球磨机，如图 3-10 所示，棒状的为棒磨机。其主要部件是装有研磨介质的辊筒。当圆筒转动时，研磨介质因筒内壁的摩擦作用被带起。上升至一定高度后，呈抛物线落下或泻落下滑。这与圆筒的

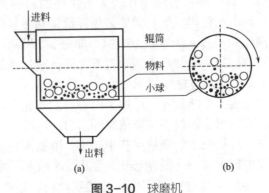

(a)   (b)

图 3-10 球磨机

（a）结构；（b）物料与磨介的运动

转速有关。如果圆筒的转速超过临界转速，研磨介质就处于离心状态。我们可根据经验公式计算临界转速

$$n_c = 0.705/\sqrt{D} \tag{3-31}$$

式中，n_c 为临界转速，1/s；D 为转筒直径，m。

若要筒内的全体球磨达到最大抛射功，则实际工作转速的理论最佳值为 $0.88D$，实际生产时，常取 $0.65D \sim 0.85D$，筒径较大需要微粉碎或超微粉碎时取下限，筒径较小需要粗粉时取上限。棒磨机的取值通常更低一些。棒磨机与物料接触为线接触，不是点接触，因此大块物料更容易被粉碎，这样粉碎更均匀，并且可以减少过度粉碎。此外，棍棒质量通常大于小球，粉碎黏结性物料时，不易被物料包裹，粘成一团而失去粉碎作用，因此棒磨机更适合处理潮湿黏结的物料。

3. 切割碎解设备

为了方便传输，促进热加工、脱水等加工过程，有时需要将水果、肉类等制品切成一定大小和形状的均匀颗粒。对于一些柔性较大的食物，挤压力很难使其有效碎解，因此要用到一些切割碎解设备，如切片机、切丁机、撕碎机、打浆机等。

对于纤维物料的碎解，常用刀刃切割所产生的局部冲击力和剪应力。水果类切片操作如切菜机、香蕉木薯切片机等，常常使用旋转切割刀，对振动传送带上的物料进行切割，得到一定厚度的平行薄片。此外还可将水果强制通过管子，管子内有沿管长径向排列的刀片，就可得到去心的带楔形断面的水果片，如菠萝的切片。

需要切成小方块的物料，通常先经切片，然后固定在有许多钉子的输送带，随着传送带的移动，先由旋转切割刀切成条状，再通过与条状方向垂直的刀片，得到小方块，如脱水牛肉的切片。此外，食品物料还有的需要进行撕裂、打浆操作，如果浆的制造，果蔬打浆实质上是打浆和过筛的结合。

（三）食品粉碎机的选用

选择粉碎设备时，通常要综合考虑食品物料的粉碎性能及其硬度、强度、脆性、韧性、水分含量、吸湿性等，按照被粉碎物料的物理性质，选择最适粉碎力，才能得到合适类型的粉碎设备。表 3-2 为一些粉碎机的特点和主要用途。

表 3-2 食品粉碎机的选择

粉碎力	粉碎机	特点	用途
冲击剪切	锤式粉碎机	适于中硬或纤维质物料的中、细碎，有粉碎热	玉米、大豆、谷物、地瓜、地瓜干、油料榨饼、砂糖、干蔬菜、香辛料、可可、干酵母
	盘击式粉碎机	适于中硬或软质物料的中、细碎，以及纤维质的碎解	
	胶体磨（湿法）	软质物料的超微粉碎	乳制品、奶油、巧克力、油脂制品
挤压剪切	辊磨机	按齿形不同适用于各种不同途径	小麦、玉米、大豆、油饼、咖啡豆、花生、水果
	盘磨	可以在粉碎的同时进行混合，产品粒度分布宽	食盐、调味料、含脂食品
	盘式粉碎机	干法、湿法都可	谷类、豆类
剪切	辊筒轧碎机	适用于软质的中碎	马铃薯、葡萄干、干酪
	斩肉机、切割机	软质粉碎	肉类、水果
冲击剪切	捣磨机	小规模用	大米

对于热敏食品的粉碎，还应考虑发热升温的问题。粉碎所用的能量，有 95% 以上以热能的形式逸散，容易造成热敏性食品的变质、熔解、黏着，使粉碎能力降低。湿法粉碎，在粉碎前或粉碎时进行冷却，可以较好地预防粉碎热。缩短物料在粉碎机内的停留时间，以剪切粉碎代替冲击粉碎也可降低粉碎时产

生的热量。特别的，对于某些水果，如果可以隔绝空气，即使采取加热粉碎，维生素C仍不分解，因此水果也不会变色，且加热过程中，果胶质沉淀，果汁黏性会更好。

食品物料由于常常含水分较多，虽然容易粉碎，但粉碎后会具有黏结性，会使粉碎后的物料重新聚集，因此功耗也较大，而且容易使粉碎机发生堵塞，或者由于粉粒凝集而降低生产能力。我们可以通过吹入热风使粉料干燥来防止这种情况的发生。

粉碎操作通常伴随筛分过称，按照筛分过程的位置可将粉碎操作分为多种工艺类型，如图3-11所示。选择合适的工艺流程与设备需要了解各粉碎工艺和设备的性能，综合考虑要完成的粉碎任务，包括产品用途、质量标准、生产规模以及投资等因素，从而判断粉碎过程是选择开路还是闭路，是否需要采用预先分级或最终分级。

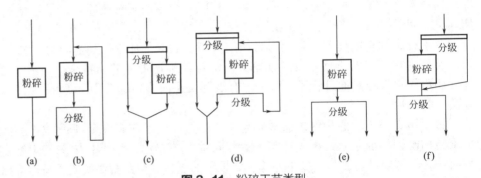

图3-11 粉碎工艺类型

（a）开路粉碎；（b）闭路粉碎；（c）带有预先分级的开路粉碎；（d）带有预先分级的闭路粉碎；
（e）带有最终分级的开路粉碎；（f）带有预先分级和最终分级的开路粉碎

开路粉碎工艺简单，但不能及时分出合格的产品，因此粉碎效率较低。闭路粉碎则可以及时分出合格物料，从而减轻物料团聚，提高粉碎效率。当物料中含有较多合格产品时通常采用预先分级，从而减轻粉碎机负担，避免过度粉碎，节约能耗，提高粉碎效率。而带有最终分级的粉碎设备可以在粉碎完成的同时将物料按粒度分组。

（四）食品粉碎新技术

随着食品工业的迅速发展，传统的粉碎手段已经不能满足食品生产的需要。为了保证食物固有的香味，增加其分散性和溶解性，超微粉碎、冷冻粉碎和低温粉碎等技术也逐渐应用到食品的粉碎加工中。

1.超微粉碎

与传统工艺相比，通过超微粉碎将食品粉碎成较小的颗粒，具有以下优点：

有利于我们对食物资源的充分利用，一些食物的不可食用部分，如小麦麸皮、燕麦皮、玉米皮、米糠、甜菜渣等，都含有丰富的纤维素、维生素以及各种微量元素，具有良好的营养价值。这些通过超微粉碎后，可以纤维微粒化，从而改善口感和吸收性。此外，骨、壳（蛋壳）、虾皮等也可通过超微粉碎作为可吸收利用的钙源添加到食品中。

此外还有利于改善食品的品质。如研发速溶饮料的冲剂，通过超微粉碎可以增加其溶解性；牛奶中的脂肪颗粒经过超微粉碎细化后，可使牛奶的口感更加顺滑，品质稳定；经过超微粉碎的调味品孔隙率大，其聚合孔腔可吸收香气并且经久不散，使香味和滋味更加浓郁、突出。

常用的超微粉碎设备有气流磨机、振动磨机、冲击粉碎机、超声波粉碎机、均质乳化机等。

2. 超低温粉碎

物料在处于低温状态时通常表现出一定的"脆性"，一般而言，随着温度降低，物料的脆性和硬度增加，塑性和韧性下降。因此可以通过降低温度的方法来改善物料的粉碎特性。

超低温粉碎相比于常规粉碎具有三个明显优势：

（1）常温下有许多油性较大，具有较强韧性、黏性、弹性的物料，如牛骨、核桃仁、尼龙、蜡等都难以粉碎，低温粉碎则可以使这些物料脆性增加，变得易于粉碎；

（2）低温粉碎可以将物料粉碎成比常规粉粒体流动性更好、粒度分布更理想的产品；

（3）在低温下进行粉碎可以避免由粉碎过程中产生的热量造成的产品的氧化变质、热敏物质被破坏、香味物质逸散、粉尘爆炸以及噪声等问题。

这些优势使超低温粉碎技术近几年得到了快速发展，在食品加工领域的应用日益增多。

二、混合设备

在食品工业中，根据被混合的物料状态及其黏度性质，混合设备可分为混合机、搅拌机、捏合机。混合机主要用于混合干燥的固体物料，搅拌机主要用于较低黏度的液体混合，捏合机则用于高黏度浆料以及塑性固体等的混合。

1. 搅拌机

搅拌器的功能是通过自身的旋转把机械能提供给液体，推动液体按照一定的途径在搅拌槽内循环流动。这种循环途径即为液体的搅拌流型。各种桨叶按其产生的流型又可分为两类：使液体在与搅拌轴平行的方向上流动的，为轴向流桨叶；使液体在桨叶半径和切线方向流动的，为径向流桨叶。

由于液体具有流动性和不可压缩性，在搅拌器的旋转作用下，把机械能传给液体，在叶轮附近区域的液流中造成涡动，同时产生一股高速射流推动液体沿着一定途径在容器内作循环流动。这种流动称为液体的"流型"，它可分为轴向流型、径向流型以及因在容器侧壁加设挡板等阻挡物引起液流方向变化而形成的各种混合流型。径向和轴向速度是混合的主要作用，而切向速度会使液体绕轴转动，形成速度不等的液层并产生下凹的旋涡，这对搅拌是不利的。液流的流型取决于叶片的几何形状和结构以及在容器内有无阻挡物等，而叶片的几何形状对流型的影响最大。按液体的流向可将桨叶分为轴流式和径流式两大类。按桨叶形状可将搅拌器分为桨式、涡轮式、旋桨式、螺带式等。

（1）桨式搅拌器结构简单，易于制造和更换，常用于有腐蚀性或对接触材料有特殊要求的料液。但转速较慢，混合效率差，局部剪切力有限，不适合乳化。可通过加装挡板强化轴向混合，并减小因切向速度所产生的表面旋涡。对于黏度较大的液体，可在平桨上加装垂直桨叶，即框式桨。如果需要从容器壁上除去结晶或沉淀，防止壁上料液黏附，可使桨叶外缘与容器内壁形状一致，并保持较小间隙，这种形状的搅拌器即为锚式搅拌器，如图 3-12（a）所示。

（2）涡轮式搅拌器适宜处理多种物料，尤其是中等黏度的物料，转速较高，混合效果好，容易清洗，有些涡轮式具有较高的局部剪应力，有一定乳化均质作用。平直叶片产生强烈的径向和切向流动，通常加挡板以减小重要旋涡，同时增加因拆流而引起的轴向流动，此外，还可将叶片装成倾斜式以增加轴向流动，图 3-12（b）为涡轮式搅拌器的几种形式。

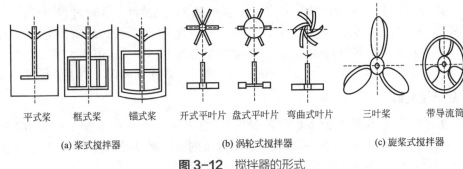

平式桨   框式桨   锚式桨   开式平叶片 盘式平叶片 弯曲式叶片   三叶桨   带导流筒

(a) 桨式搅拌器   (b) 涡轮式搅拌器   (c) 旋桨式搅拌器

图 3-12 搅拌器的形式

（3）旋桨式搅拌器如图 3-12（c）所示，由两三片螺旋桨构成，结构简单，仅限于黏度不大的液体混合，生产能力高，但不能有效混合不互溶液体，生产细液滴乳化液时也有局限。旋桨高速旋转，使液体螺旋状强烈流动，常偏心或者倾斜安装，并选择带蝶形或半球形器底的圆柱形容器以适应旋桨产生的流动。若搅拌溶液多，可以在旋桨外加装一个导流筒，以加强轴向流动。

桨叶的形状及其放置位置都对混合效果有很大影响。如果混合器消耗的能量可以完全转化为混合的能量是非常理想的，然而，事实上这两者并没有直接的联系，混合器通常消耗大量的能量。

对于黏度较高的液体，则主要依靠剪切力混合，而剪切速率取决于固体表面的相对运动速度及表面间的距离，因此通常选用叶轮直径较大的搅拌器。常用的有锚栅式叶轮、螺旋轴搅拌器（如图 3-13 所示）、螺旋带搅拌器（如图 3-14 所示）、静力混合器等。

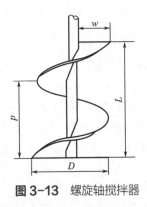

图 3-13 螺旋轴搅拌器

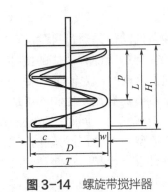

图 3-14 螺旋带搅拌器

2. 捏合机

相对其他混合操作，捏合操作困难，所需时间长，功率消耗大。捏合设备通常属于重型设备，包括双臂式捏合机及混合锅等，如图 3-15、图 3-16 所示。

常用的捏合设备有打蛋机和调粉机。一般打蛋机的转速较高，在 $70 \sim 270 \mathrm{r/min}$ 范围内，用于搅打黏稠性浆体物料。食品工业中常常用来搅打蛋白液、奶油，在蛋糕生产中调制面浆，在软糖生产中搅打糖浆等。由于打蛋机的转速高于调粉机的转速，因此打蛋机也称为高速调和机。调粉机也称和面机、捏合机，转速较低，多为 $25 \sim 35 \mathrm{r/min}$。一般用来调制黏度极高的浆体或塑性固体。常用来捏合各种不同性质的面团，如酥性面团、韧性面团、水面团等。

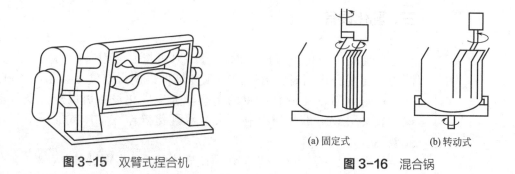

图 3-15　双臂式捏合机　　　　图 3-16　混合锅　　(a) 固定式　(b) 转动式

3. 混合机

处理干粉和干颗粒物料常用比较轻型的设备,如螺带式混合槽、螺带式混合器(如图 3-17 所示)、旋转鼓式混合器(如图 3-18 所示)。主要依靠搅拌器旋转混合,或者依靠容器本身的旋转,将物料从器底移送到上部来,附近物料由于重力作用填补空缺,从而引起垂直方向的运动。对于颗粒容易黏结、不能自由混合的场合,如桃酥制备是核桃粉与面粉的混合,混合时必须提供局部剪切力或采用结合筛分的方法以达到有效混合。

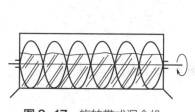
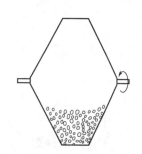

图 3-17　旋转带式混合机　　　　图 3-18　双锥型转鼓式混合机

混合时,若物料含量相差较大,则需进行分步混合,使得每一步混合时物料的含量相差不会过大。一般,设计混合程序时,需对每一阶段的混合都取样分析,一旦程序确定,则只需要对最终混合物进行分析。

4. 混合设备的选择

混合机的选择很大程度上依赖于经验或小型试验结果,通过对以下两项因素的考虑确定混合机的形式。

(1)确定混合操作目的和要求,包括:混合产品的性质,要求的混合度,生产能力,操作为间歇式还是连续式等。

(2)根据物料的物理性质,如粒子形状、大小及其分布、密度、流动性、物料的附着性或凝聚性、润湿性等,以及各组分物料的差异程度等。

初步确定混合机形式后,结合物料的性质及混合机形式,确定混合规模以及操作条件和混合速度的关系,包括混合机的旋转速度、装填率、原料组分比、各组分加入方法、顺序和加入速率、混合时间等,从而确定所需功率,并核验操作的可靠性和经济性。

根据不同的混合目的、不同的物料,选择合适的混合设备。对于液体混合,通常选用搅拌器,对于高黏度浆体或塑性固体则通常选用捏合机。对于固体混合,由于固体粒子的自动分级作用,还需考虑物料的离析。

三、乳化设备

在食品工业中，按操作的环境压力可将乳化设备分为真空型和普通型两种。使用乳化剂时，由于液面张力降低，使得空气更容易混入乳化液中，空气的混入对乳化液有严重的影响。真空乳化设备可以避免空气混入，对保持食品乳化液的品质有利。大多数乳化操作在常压或加压下工作，即普通型。

乳化操作中，主要依靠剪切力使液体破碎，根据机械力效果、液体分散和合并的速度等，可将乳化设备分为搅拌乳化器、胶体磨和均质机、超声波乳化器等。图 3-19 为高速分散乳化器示意图。

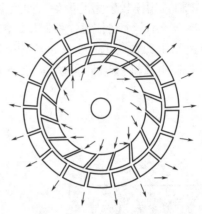

图 3-19　高速分散乳化器

1. 胶体磨

胶体磨对以乳浊液为基础的组成物进行精细研磨、粉碎、均质、乳化和混合。它由一个固定的表面和一个高速旋转的表面组成，两表面间有可调节的微小间隙，物料在此间隙通过时，由于转动表面高速旋转，造成与固体表面上间的速度梯度，从而使物料受到强烈的剪切力和湍动，产生乳化分散作用。图 3-20 为胶体磨示意图。胶体磨有卧式和立式，后者可适用于黏度较高的物料。

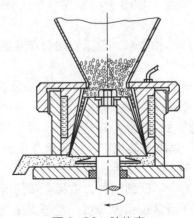

图 3-20　胶体磨

2. 均质机

　　均质也称匀浆，是乳化中最常用的单元操作，是悬浮液或乳化液体系中的分散物质如粗大脂肪球或者较大的颗粒微粒化、均匀化的处理过程。这种处理具有减小颗粒尺寸，降低分散物尺度，提高食品的均细度，改善物料的均匀性和稳定性，防止或延缓物料分层，使其成为液体均相、稳定的混合物，提高制品的吸收性能，改变黏度，减少添加剂用量等作用。均质后的食品在口感、外观及消化吸收率等方面均有提高。

　　均质机主要是通过剪切力、冲击力和空穴作用，三种作用力协同达到均质目的。

　　（1）在液体物料高速流动时，若突然遇到狭窄的缝隙，如图3-21所示，造成极大的速度梯度，从而产生很大的剪切力，使物料粉碎。

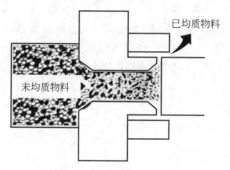

图 3-21 均质阀工作原理

　　（2）在均质机内，液体物料与均质阀产生高速撞击作用，从而将脂肪球等撞击成细小的微粒。

　　（3）液体在高速流经均质阀缝隙处时，产生巨大的压力降。当压力降低到液体的饱和蒸气压时，液体开始沸腾并汽化，产生大量气泡。液体离开均质阀时，压力又会增加，使气泡突然破灭，瞬间产生大量空穴。空穴会释放大量的能量，生产高频振动，使颗粒破碎。

　　均质温度对均质效果影响很大，物料均质温度高，液体的饱和蒸气压也高，均质时容易形成空穴，所以在均质前可将物料加热。但是对于蛋白质物料，加热可能影响其稳定性，因此要选择合适的温度。

　　均质机按其结构及工作原理大致可分为高压均质机、离心均质机、超声波均质机等。

　　（1）高压均质机　高压均质机主要由高压泵、均质阀、调节装置及传动系统组成，是食品尤其是乳品、饮料等行业中应用最广泛的一种均质设备。对于牛奶、豆乳等乳品液料，在高压下进行均质，可使乳品液中的脂肪球显著细化，制品更易消化吸收，从而提高其食用价值。对于冰淇淋等制品的生产，高压均质可提高其料液的细度和疏松度，使其内在质地明显提高。此外，高压均质还可以用于乳剂、胶剂、果汁、浆液等生产中，起到防止或减少料液的分层、改善料液外观的作用，使其色泽更加鲜艳，香味更浓郁，口感更醇。

　　（2）离心均质机　离心均质机常用于乳品生产，它不仅能进行均质，还可以去除牛乳中的杂质并分离细奶油，又称为净化均质机。

　　离心均质机有一个高速离心的转鼓，物料流至转鼓后受到强烈的离心作用，不同密度的组分便会被分离。如牛乳在离心均质机中会分成三相，密度最大的杂质被甩到转鼓四周，应定期排渣；密度适中的脱脂乳从上部的均质出口排出；密度最小的稀奶油被导入稀奶油室，室内有一个带尖齿的圆盘恒速旋转，与稀奶油发生激烈的相对运动并产生空穴作用，将脂肪球打碎，均质后的稀奶油可同脱脂乳一起流出。

　　（3）超声波均质机　超声波均质是利用超声波遇到物体时会迅速交替压缩和膨胀的原理设计的。如果将超声波导入料液，当处于膨胀的半个周期时，料液受到拉力，其中的气泡便膨胀，而在压缩的半个

周期内，气泡被压缩。当压力振幅变化很大时，就会产生空穴作用和强烈的机械搅拌作用，使大的脂肪球颗粒破碎，从而达到粉碎的目的。

 拓展阅读

批判性思维与创造性思维

经验和半经验公式分析总结过程中的批判性思维与创造性思维：在食品工程原理中有大量经验和半经验公式，这是由于工程问题的复杂性和多样性决定的。这些公式的分析总结过程充分说明了对未知事物探索过程中批判性思维和创造性思维的重要性。批判性思维首先善于对通常被接受的结论提出疑问和挑战，而不是无条件地接受专家和权威的结论；批判性思维又是用分析性和建设性的论理方式对疑问和挑战提出解释并做出判断，而不是同样接受不同解释和判断。

 知识归纳

○ 物料粉碎时所受到的作用力可以归纳为挤压力、冲击力和剪切力。物料粉碎可以分为压碎、劈碎、切断、磨碎和冲击破碎等方式。由于食品原料质构、组成复杂，需根据原料的特性选择合适的粉碎方式。如蔬菜、肉类的粉碎常采用切断等方式，谷物等粉碎常采用磨碎和冲击破碎等方式。

○ 粉碎能耗法则的选用：物料的粗碎过程中用体积假说来计算粉碎能耗较为合适。而对于细碎物料，采用里廷格法则进行计算的结果与实测数据较吻合。脆性物料、坚硬物料的粉碎过程中，体积变化较小，表面积变化大，适用于里廷格法则。而塑性物料、软性物料粉碎时体积变化较大，则通常按照基克法则来计算。

○ 能量的消耗与混合的过程没有必然的联系。设计合理的混合设备消耗的能量与混合的过程是相关的，混合器的能量消耗只能由实验决定，对于大规模生产，要从小型试验取得数据，然后，根据因次分析法的放大法则加以推广。

 工程训练

有一吨面粉，需向其中添加质量分数为 0.001% 的维生素，以达到营养强化的目的。质量分数差距太大的两个组分无法直接达到混合均匀的目的。现有两个双锥混合机，大混合机的处理量为 100～500kg，小混合机处理量为 1～10kg。若混合时较少组分含量不低于 10%，则两个混合器都可在 10min 内完成混合。

请设计一个方案使得维生素与面粉能够混合均匀。

✎ 习题

3-1 有一柱形颗粒，底面是边长为 a 的正方形，柱高为 h，试计算其表面积当量直径 d_s、体积当量直径 d_V 和球形度 φ_s。

3-2 研究发现，增加谷物的粉碎程度可以增加消化率，若用锤片式粉碎机将玉米粒分别粉碎至粒度 1000μm、600μm、400μm，已知每吨玉米粒粉碎至 1000μm 时需要消耗 2.7kW·h 能量，玉米粉碎至 600μm 时需要消耗 3.8kW·h 能量，请计算将玉米粒粉碎至 400μm 时需要消耗的能量。已知计算符合表面积假说经验式 $E = C_R \left(\dfrac{1}{d_2} - \dfrac{1}{d_1} \right)$。

实际生产中若要将玉米粉碎至 400μm，每吨需要消耗 8.1kW·h，计算结果是否一致？为什么？

第四章 传热

○○ —— ○○ ○ ○○ ——————

热水瓶可以长时间保持水温，它是如何做到的呢？

第一，选用热导率比较小材料，比如软木作为瓶盖。第二，装水时通常不会装满，而是在瓶盖与水之间留有一层空隙，由于空气的热导率很低，因此空隙层有一定保温效果。通过上述方式可以有效降低瓶口处的导热损失。第三，保温瓶的瓶胆为玻璃夹层结构，夹层接近真空，由于导热和对流传热需要介质，因此可以显著降低瓶身的导热和对流传热损失。第四，瓶胆夹层两表面均镀有银、铝等低黑度涂层，增加了辐射传热热阻，从而显著降低了瓶身的辐射传热损失。通过上述设计，热水瓶可全面降低导热、对流传热和辐射传热三种热损失，从而可以长时间保持水温。

热水瓶

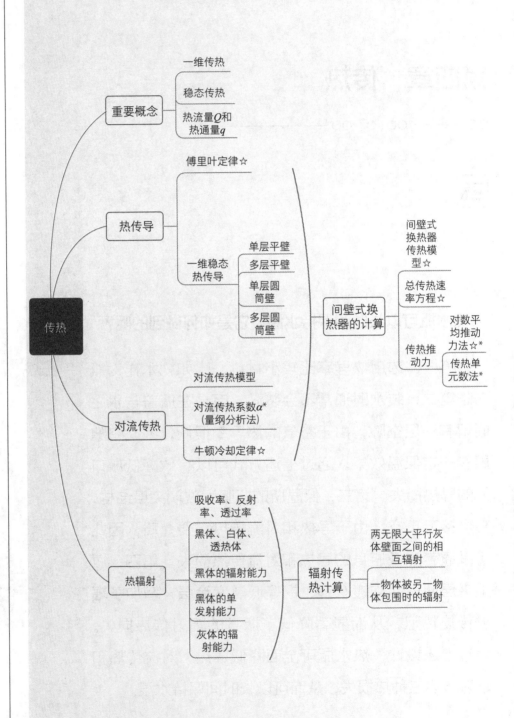

第四章

学习目标

1. 指出 3 种传热方式并区分其概念。
2. 定义热流量、热通量和传热速率。
3. 描述傅里叶定律并列举其在 4 种一维稳态热传导中的应用。
4. 绘出对流传热模型并用牛顿冷却定律描述模型。
5. 列出对流传热系数 α 的 7 类影响因素，对各种 α 经验式进行分类并分辨其应用条件。
6. 绘出间壁式换热器的传热模型，并用傅里叶定律和牛顿冷却定律描述模型。
7. 简要说明热阻的概念及总热阻的构成。
8. 基于稳态传热和热量衡算，推导总传热速率方程和总传热系数。
9. 推导对数平均温差法计算传热推动力的过程。
10. 比较对数平均温差法和传热单元数法的特点及适用情形。
11. 绘制列管式换热器并列举 3 种强化传热过程的途径。
12. 计算黑体和灰体的辐射能力。
13. 了解两无限大平行灰体壁面之间的辐射传热速率方程及其应用。

第一节　概　　论

在食品工业中，为满足生产工艺的需要，常常将流体加热、冷却、冷凝或蒸发，需用各种换热器来实现热量的导入和移出。例如，牛奶高温杀菌，是使原料奶在短时间内从常温加热至140℃以上。食用酒精的蒸馏操作，则需将原料液加热到沸腾才送入精馏塔内，从塔顶馏出的 95% 的酒精成品必须冷却后才能进行灌装。由于食品工业中传热过程的普遍性，故换热器在设备投资中占有较高比例，因此，认识传热过程原理，掌握换热器的操作和设计方法具有十分重要的意义。

在生产中遇到的传热过程有两类：①要求热量传递情况良好，也就是传热速率高，以缩短生产时间或减少设备费用；②要求尽量削弱传热，如高温杀菌锅外壁的绝热层敷设、蒸汽管路的保温，以及原料奶冷藏等，就属于这种情况。学习本章内容主要是分析传热速率及其影响因素，了解和控制传热快慢的一般规律，依据生产工艺需要，强化或削弱热量传递，为改造旧设备和设计新设备提供理论依据。

热量传递是本门课后续章节如干燥、蒸馏、蒸发、结晶、冷冻等的理论基础，对学习后续的"食品工厂装备""食品工艺学"等专业课程，同样是不能缺少的基础训练。

食品工业中大多数为两种流体间的换热。由于目的与操作工艺的差异，换热设备的种类很多，按工作原理可分成三类，即直接接触式、间壁接触式与蓄热式（如图4-1所示）。以下将对各种换热器的基本原理、设备结构及计算方法进行一一讨论。

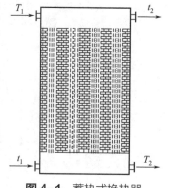

图4-1　蓄热式换热器

第二节　热　传　导

热传导发生在固体中，也发生在薄层液体或气体中。液体及气体的导热是由于物质内部分子及原子

的碰撞而引起的能量传递。固体导热是因物质内部分子及原子振动造成的。金属中的热传导则是电子的快速运动引起的。以下讨论热传导的基本理论和计算。

一、热传导速率方程式

一块质地均匀的固体平壁如图 4-2 所示，其面积为 A（m^2），壁厚 b（m），平壁两面温度为 t_1 和 t_2。如果 $t_1 > t_2$，热量将以热传导方式从温度 t_1 的平面传递到 t_2 平面。物理学总结出这样一条基本规律，即单位时间内由高温面以热传导方式传递给低温面的热量 Q，正比于面积 A，也正比于传热温度差（t_1-t_2），反比于壁厚 b，比例关系可表示为：

$$Q \propto \frac{A}{b} \times (t_1-t_2) \tag{4-1}$$

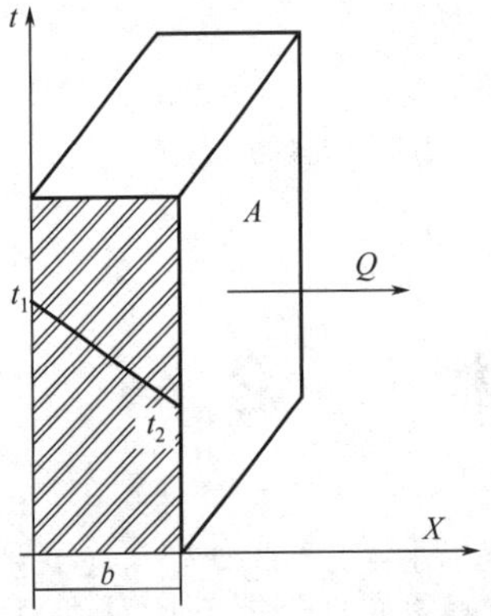

引入比例常数 λ，将上式改写成等式得：

$$Q = \lambda \frac{A}{b} \times (t_1-t_2) \tag{4-2}$$

式（4-2）为热传导速率方程，即傅里叶定律。

式中，Q 为传热速率，单位是 J/s 或 W；λ 为热导率，单位为 W/(m·K)，是物质的一种物理性质，它表示平壁面积为 $1m^2$、厚度 1m、两面温度差为 1℃时，每秒以热传导方式垂直通过平壁的热量。λ 的数值代表物质导热能力的大小，数值愈大，导热能力愈强，反之则导热能力愈小。可以将式（4-2）改写成类似于欧姆定律的形式

$$Q = \frac{t_1-t_2}{\dfrac{b}{\lambda A}} \tag{4-3}$$

令

$$R = \frac{b}{\lambda A} \tag{4-4}$$

图 4-2 单层平壁热传导

式中，R 称为热阻，其数值大小说明了平壁材料导热能力的强弱，面积愈大，热导率愈大，热传导阻力就愈小，而平壁厚度愈大，热传导的阻力就相应愈大。

二、热导率

如前所述，热导率是物质的一种物理性质，其数值可从有关手册中查取。一般来说，金属的热导率最大，这是由于金属中的自由电子起到了载热体的作用。固体非金属的热导率次之，液体较小，而气体最小。各种物质热导率的大致范围如下：

金属 2.3～420W/(m·K)；建筑材料 0.25～3W/(m·K)；绝缘材料 0.025～0.25W/(m·K)；液体 0.09～0.6W/(m·K)；气体 0.006～0.4W/(m·K)。由此可对各种金属与非金属材料的热导率有一个数量级的概念。

物质的热导率一般都随温度变化。金属材料热导率随温度升高而降低，非金属材料热导率随温度升高而增大。除甘油和水外，大多数液体的热导率随温度升高而降低。气体热导率随温度升高而升高，如图4-3所示。在热传导进行过程中，物体各部分温度不同，各点热导率不一致。经验表明，绝大多数材料的热导率与温度具有近似直线关系。即

$$\lambda = \lambda_0(1+bT) \tag{4-5}$$

式中，T 为温度值，℃；λ_0 为0℃时的热导率；b 代表实验测定的常数。

在实际计算中，热导率值常按传热过程中温度上、下限的平均值处理。

压力对固体和液体的热导率影响很小，可忽略不计。而气体的热导率只有在压力超过200MPa或低于20mmH$_2$O时与压力有关。

三、多层平壁稳定热传导计算

在多层平壁中，热传导计算公式可按与单层平壁同样的方法推导，如图4-4所示的三层平壁，厚度各为 b_1、b_2、b_3，材料热导率分别为 λ_1、λ_2、λ_3，而壁面温度依次为 t_1、t_2、t_3、t_4。在稳定传热条件下，各层热流密度都相等，故：

$$q = \frac{t_1-t_2}{b_1/\lambda_1} = \frac{t_2-t_3}{b_2/\lambda_2} = \frac{t_3-t_4}{b_3/\lambda_3} \tag{4-6}$$

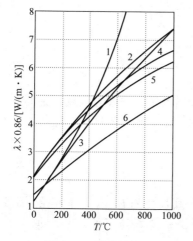

图4-3 气体的热导率

1—水蒸气；2—氧；3—二氧化碳；
4—空气；5—氮；6—氩气

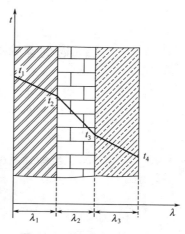

图4-4 多层平壁稳定热传导

应用数学上的加比定律得出多层平壁稳定热传导计算公式如下：

$$q = \frac{\Delta t_1 + \Delta t_2 + \Delta t_3}{\dfrac{b_1}{\lambda_1} + \dfrac{b_2}{\lambda_2} + \dfrac{b_3}{\lambda_3}} = \frac{\Delta t_1 + \Delta t_2 + \Delta t_3}{R_1 + R_2 + R_3} = \frac{t_1 - t_4}{\sum\limits_{i=1}^{3} R_i} \tag{4-7}$$

依此类推，n 层平壁热传导公式为：

$$q = \frac{t_1 - t_{n+1}}{\sum\limits_{i=1}^{n} \dfrac{b_i}{\lambda_i}} \tag{4-8}$$

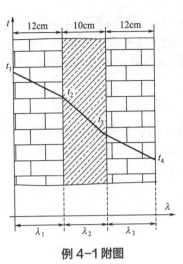

例 4-1 附图

由此式知，多层平壁的总热阻为各层热阻之和。各层温度差的分配与该层热阻成正比，某层热阻愈大，该层温度降也就愈大。这与串联电路中电阻与电压降的关系相似。

【例 4-1】 某冷库墙壁内外层砖厚度各为 12cm，中间夹层的绝热材料厚度为 10cm，砖墙的热导率为 0.70W/(m·K)，绝热材料的热导率为 0.04W/(m·K)。砖墙外壁温度为 10℃，内壁面温度为 –5℃，如附图所示。试计算进入冷库的热流密度及绝热材料与砖的两接触面处的温度。

解 （1）热流密度计算，依据式（4-8）得：

$$q = \frac{t_1 - t_4}{\dfrac{b_1}{\lambda_1} + \dfrac{b_2}{\lambda_2} + \dfrac{b_3}{\lambda_3}} = \frac{10 - (-5)}{\dfrac{0.12}{0.7} + \dfrac{0.1}{0.04} + \dfrac{0.12}{0.7}} = 5.27(\text{W/m}^2)$$

（2）中间夹层的绝热材料两表面的温度：

$$t_2 = t_1 - q\frac{b_1}{\lambda_1} = 10 - 5.27\frac{0.12}{0.7} = 9.1（℃）$$

$$t_3 = q\frac{b_3}{\lambda_3} + t_4 = 5.27\frac{0.12}{0.7} + (-5) = -4.1（℃）$$

四、圆筒壁的稳定热传导

各种高温管道、蒸发器、精馏塔及杀菌锅外壳都属于圆筒形。圆筒壁的热传导与平壁的不同之处在于其换热面积和热流密度不为定值，而是沿半径方向不断变动。

（一）单层圆筒壁的热传导

单层圆筒壁如图 4-5 所示，设其长度为 l，内、外半径分别为 r_1 和 r_2，圆筒材料的热导率为 λ，内、外壁温 t_1 及 t_2 为定值，则圆筒壁稳定热传导公式为：

$$Q = \frac{2\pi l\lambda}{\ln\dfrac{r_2}{r_1}}(t_1 - t_2) \tag{4-9}$$

式（4-9）为单层圆筒壁的热传导方程式。由式可知，单位时间内通过圆筒壁的热量与内外壁温度差、热导率及筒体长度成正比，与外径、内径比值的自然对数成反比。当 $t_1 > t_2$ 时表示热量由内向外传导。对于任意半径 r 处有：

$$Q = \frac{2\pi l\lambda}{\ln\dfrac{r}{r_1}}(t_1 - t) \tag{4-10}$$

该处温度计算公式为：

$$t = t_1 - \frac{\ln r / r_1}{\ln r_2 / r_1}(t_1 - t_2) \tag{4-11}$$

式（4-11）表明了筒壁热传导的壁温分布不是线性关系，而是按自然对数规律分布的。

设 r_m 为圆筒的对数平均半径，即

$$r_m = \frac{r_2 - r_1}{\ln \dfrac{r_2}{r_1}} = \frac{b}{\ln \dfrac{r_2}{r_1}} \tag{4-12}$$

将上式代入式（4-9）得：

$$Q = \frac{2\pi l r_m}{b/\lambda}(t_1 - t_2) = A_m \frac{t_1 - t_2}{b/\lambda} \tag{4-13}$$

或

$$q_m = \frac{Q}{A_m} = \frac{t_1 - t_2}{b/\lambda} \tag{4-13a}$$

$$A_m = 2\pi l r_m$$

式中，A_m 为对数平均面积，m^2；q_m 为以对数平均面积计算的热流密度，W/m^2。

（二）多层圆筒壁的热传导

工业上多数圆筒壁热传导都属于多层圆筒壁的传热，如蒸汽管道的保温、高温杀菌锅外表面敷设绝热层等。多层圆筒壁的稳定热传导如图 4-6 所示，由于通过各层的传热速率相等，故有：

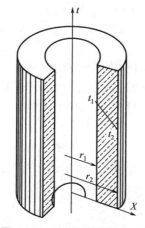

图 4-5 单层圆筒壁热传导

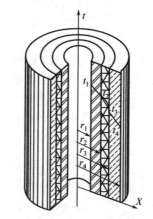

图 4-6 多层圆筒壁的热传导

$$Q = 2\pi l \lambda_1 \frac{t_1 - t_2}{\ln \dfrac{r_2}{r_1}} = 2\pi l \lambda_2 \frac{t_2 - t_3}{\ln \dfrac{r_3}{r_2}} = 2\pi l \lambda_3 \frac{t_3 - t_4}{\ln \dfrac{r_4}{r_3}}$$

依此类推，得 n 层圆筒壁热传导公式为：

$$Q = 2\pi l \frac{t_1 - t_{n+1}}{\displaystyle\sum_{i=1}^{n} \frac{1}{\lambda_i} \ln \frac{r_{i+1}}{r_i}} \tag{4-14}$$

各层界面温度计算公式如下：

$$t_n = t_{n-1} - \frac{Q}{2\pi l \lambda_{n-1}} \ln \frac{r_n}{r_{n-1}} \tag{4-14a}$$

过程检查 4.1

○ 天冷加衣，将保暖性高的衣服穿在里面还是穿在外面较好？

第三节　对流传热

对流传热是流体与固体壁面之间的热量传递。依据传热过程有无相变化发生，可分为有相变化和无相变化两类对流传热，前者如液体沸腾及蒸汽冷凝，后者如流体的自然对流传热及强制对流传热。

一、对流传热分析

（一）基本概念

对流传热是靠温度不同的质点运动与混合来实现的，故传热速率与流体的性质和流动状况密切相关。当流体沿固体壁面流动时，由于黏性阻力的影响，在流体中存在湍流主体、过渡层和层流内层等三种流体层。各层的传热机理是不同的。

自然对流是由于流体内部温度不同所发生的密度差异而引起的流动。其运动强度取决于受热情况、流体性质及空间大小等。而强制对流则是由于外力作用引起的流体运动，传热强度与流体种类及流动速度密切相关，流体运动状况对传热具有决定性影响。在层流内层中，垂直于壁面方向的传热主要依靠热传导，由于流体热导率小，故传热速率较慢。湍流时，由于流体质点的剧烈运动，在湍流核心区内热阻很小，故传热热阻集中在层流内层中。图4-7 中的曲线表示各层流体温度的变化规律，表明了流体内部各层热阻的相对大小。

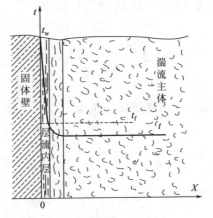

图4-7　流体在各层的温度分布

流体的物理性质对传热过程同样有很大影响，如热导率、比热容、密度、黏度等，这些物理量通常又是温度的函数，有些参数还与压力有关。而表面形状、位置和大小都将影响传热，例如，传热面是板状、管状或其他形状，是横放、竖放或斜放，流体在管内或在管外流动，流体相对于传热面平行流或错流等等。

（二）牛顿（Newton）冷却定律

实验表明，对流传热速率与传热面积成正比，与壁面温度和流体各点平均温度之差成正比。即

$$Q=\alpha A(t_w-t_f) \tag{4-15}$$

式（4-15）称为牛顿冷却定律。式中，t_w 为壁面平均温度，t_f 为流体平均温度，比例常数 α 称为对流传热系数或传热膜系数，单位是 $W/(m^2 \cdot K)$。其物理意义是：在单位时间内，壁面和流体温度差为 1℃时，每单位面积的壁面向流体传递的热量。

用牛顿定律处理复杂的对流传热，实质上是把影响传热的许多因素集中于研究对流传热系数 α 上。

二、对流传热特征数方程式

由于影响对流传热的因素很多，用实验方法求解工作量很大，很难用一个普遍公式计算对流传热系数。量纲分析法是将影响 α 的各种因素归纳成几个特征数（无量纲数群），以减少变量数，再通过实验方法，确定各特征数在不同情况下的经验式，用以计算这些情况下的 α 数值。

量纲分析法首先将影响对流传热的主要因素整理成函数式。在流体对流传热时，影响传热的因素有几何尺寸 l、流动速度 u、热导率 λ、流体黏度 μ、流体比热容 c_p、流体密度 ρ、单位体积流体在重力场中的升浮力 $\rho g\beta\Delta t$。这些参数与 α 的一般函数关系为：

$$\alpha=f(u,\ l,\ \lambda,\ \mu,\ \rho,\ c_p,\ g\beta\Delta t) \tag{4-16}$$

将一般函数关系式写成幂函数形式：

$$\alpha = Au^a l^b \lambda^c \mu^d \rho^e c_p^f (\beta\Delta t)^h g^i \tag{4-17}$$

以上 7 个变量分别由四个基本量纲 L、Θ、M、T 组合如下：

$$[\alpha]=M\Theta^{-3}T^{-1};\ [l]=L\ ;\ [u]=L\Theta^{-1}\ ;\ [\mu]=M\,T^{-1}\,\Theta^{-1};$$

$$[\lambda]=ML\Theta^{-3}T^{-1}\ ;\ [c_p]=L^2\Theta^{-2}T^{-1}\ ;\ [\rho]=ML^{-3}\ ;\ [\beta\Delta t]=0\ ;\ [g]=L\Theta^{-2}$$

幂函数式（4-17）中各变量的量纲方程为：

$$M\Theta^{-3}T^{-1}=(L\Theta^{-1})^a(L)^b(M L^{-3}LT^{-1})^c(L^{-1}M\Theta^{-1})^d(ML^{-3})^e(L^2\Theta^{-2}T^{-1})^f(T^0)^h(L\Theta^{-2})^i$$

整理得：
$$M\Theta^{-3}T^{-1}=L^{a+b+c-d-3e+2f+i}\ M^{c+d+e}\Theta^{-a-3c-d-2f-2i}T^{-c-f} \tag{4-18}$$

式（4-18）为流体强制对流传热的量纲方程，方程两端量纲的幂次应该相等，对每一个量纲，有：

L	$a+b+c-d-3e+2f+i=0$	①
M	$c+d+e=1$	②
Θ	$-a-3c-d-2f-2i=-3$	③
T	$c+f=1$	④

将上式联立解，得：$c=1-f$ $d=-a+f-2i$ $e=a+2i$ $b=a-1+3i$

将 c、d、e、b 值代入指数方程（4-17），并经整理得：

$$\frac{\alpha l}{\lambda} = A\left(\frac{lu\rho}{\mu}\right)^{a}\left(\frac{c_{p}\mu}{\lambda}\right)^{f}\left(\frac{g\beta\Delta tl^{3}\rho^{2}}{\mu^{2}}\right)^{h}\left(\frac{l^{3}g\rho^{2}}{\mu^{2}}\right)^{i-h} \quad\quad (4\text{-}19)$$

式（4-19）为对流传热特征数方程式。此式将包括九个变量的指数方程简化为仅包含五个无量纲数群之间的较简单关系式，从而大大减少了实验工作量。式中各特征数的物理意义如表4-1所示。

表4-1　各特征数的名称、符号和意义

特征数名称	符号	特征数式	物理意义
努塞尔特（Nusselt）数	Nu	$\dfrac{\alpha l}{\lambda}$	包括待定对流传热系数的特征数
雷诺（Reynolds）数	Re	$\dfrac{lu\rho}{\mu}$	反映流动形态对传热的影响
普兰特（Prandtl）数	Pr	$\dfrac{c_{p}\mu}{\lambda}$	反映流体物性对对流传热的影响
格拉斯霍夫（Grashof）数	Gr	$\dfrac{\beta g\Delta tl^{3}\rho^{2}}{\mu^{2}}$	反映自然对流的影响

由于各特征数之间的具体数学关系是经实验得出的，进行计算时必须注意以下几点。

（1）定性尺寸为 Re、Pr、Gr 等特征数计算中的特征尺寸。例如：在竖壁（平板或管壁）与流体自然对流传热时，定性尺寸选取竖壁高度；在管内强制对流传热时，定性尺寸表示管内径；对于非圆管内的对流传热，定性尺寸取管子当量直径 d_{e}。

（2）定性温度为用来确定各个物性参数的温度。在对流传热过程中温度是沿流程变化的，各物性参数 λ、ρ、μ、c_{p} 等与温度有关，在查表时所依据的温度，用流体进、出口温度的算数平均值。

（3）关联式的应用范围是在给定实验条件下测定并整理出来的，故必须注意关联式的应用范围。

总之，对流传热是湍流主体中的对流和层流内层中热传导的复合传热过程，任何影响流体流动的因素（流动原因、流动形态和有无相变化等）和流体物理性质都对对流传热有影响。以下分四种情况讨论对流传热关联式：①流体强制对流时的对流传热系数；②自然对流时的对流传热系数；③蒸汽冷凝时的对流传热系数；④液体沸腾时的对流传热系数。前两项属于无相变化的对流传热，后两项为有相变化的对流传热。

三、流体强制对流时的对流传热系数

（一）流体在管内强制流动

1. 流体在圆形直管中强制湍流时的对流传热系数

流体在圆形直管中强制湍流传热，在生产中比较普遍。流体在套管换热器内或列管式换热器的管层中流动，就属于这种情况。计算式适用于气体及低黏度液体，所谓低黏度液体，一般指黏度不大于水黏度两倍的流体。传热计算式为：

$$Nu = 0.023Re^{0.8}Pr^n \qquad (4\text{-}20)$$

或

$$\alpha = 0.023\frac{\lambda}{d}\left(\frac{du\rho}{\mu}\right)^{0.8}\left(\frac{c_p\mu}{\lambda}\right)^n \qquad (4\text{-}20a)$$

定性尺寸：取圆管内径 d。

定性温度：取流体进入和流出换热器温度的算术平均值。

应用范围：$Re > 10000$；$0.7 < Pr < 120$；管长/管径> 50。

式（4-20a）中普兰特数 Pr 的指数 n 有两个数值：当液体被加热时，$n=0.4$；当液体被冷却时，$n=0.3$。产生这种差别的原因是由于液体受热时，靠近管壁的液体膜（层流内层）温度比液体平均温度高，其黏度比流体平均温度下的黏度小，层流内层厚度减薄，使热阻下降，故能得到较大的 α 值。液体被冷却时，情况正好和加热时相反，液膜温度低于流体平均温度，膜的黏度比平均温度下的黏度要大，故膜厚增加，使热阻增大，从而减小了对流传热系数 α 的数值。对于气体，温度上升使黏度和热导率都增大，且增大程度基本相同，故 Pr 的数值变化较小，所以气体加热或冷却时，层流内层热阻没有明显变化，指数 n 取 0.4。而气体的 Pr 值一般在 0.7～1 范围内。

【例 4-2】 某套管换热器，管内径为 25mm，管内走高温空气，空气在 1atm 下进口温度为 180℃，出口温度 220℃，进出口平均流速为 15m/s（见附图）。试求空气与管内壁之间的对流传热系数。

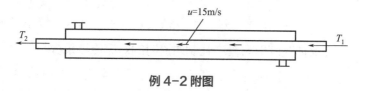

例 4-2 附图

解 在 $\dfrac{180+220}{2}=200$℃及 1atm 下，空气物性参数由附录一查得：

$$c_p=1.026\text{kJ/(kg}\cdot\text{K)}; \lambda=0.03928\text{W/(m}\cdot\text{K)}; \mu=2.6\times10^{-5}\text{N}\cdot\text{s/m}^2; \rho=0.746\text{kg/m}^3$$

$$Pr=\frac{c_p\mu}{\lambda}=\frac{1.026\times10^3\times2.6\times10^{-5}}{0.03928}=0.679$$

$$Re=\frac{du\rho}{\mu}=\frac{0.025\times15\times0.746}{2.6\times10^{-5}}=10760>10000$$

流动属湍流，应用式（4-20）计算：

$$Nu=0.023Re^{0.8}Pr^{0.4}=0.023\times(10760)^{0.8}\times(0.679)^{0.4}=33.1$$

$$\alpha=\frac{\lambda}{d}Nu=\frac{0.03928}{0.025}\times33.1=52[\text{W/(m}^2\cdot\text{K)}]$$

2. 流体在圆形直管中强制层流时的对流传热系数

流体作层流运动进行对流传热时，因各层流体温度差别很大，故流体被加热或是冷却对传热的影响明显，自然对流的影响往往会显现出来。所以，强制层流的传热过程比较复杂，α 计算结果与实际情况差别较大，其数值用下式计算：

$$Nu=1.86Re^{1/3}Pr^{1/3}\left(\frac{d}{l}\right)^{1/3}\left(\frac{\mu}{\mu_w}\right)^{0.14} \qquad (4\text{-}21)$$

定性温度：取流体进、出口温度的算数平均值，仅 μ_w 按壁温确定。

定性尺寸：以管内径 d 计。

应用范围：$Re < 2300$，$Re \cdot Pr \dfrac{d}{l} > 10$，$6700 > Pr > 0.6$。

当 $Gr = \dfrac{gl^3 \rho^2 \beta \Delta t}{\mu^2} > 25000$ 时，忽略自然对流传热的影响，往往会造成很大误差，此时式（4-21）应乘以校正因子 f：

$$f = 0.8(1 + 0.015 Gr^{1/3}) \tag{4-22}$$

式中，除 μ_w 是按壁温取值外，其他物理参数均按流体进、出口算数平均温度查取。定性尺寸取管子内径。

在换热器设计和操作中，应尽量避免在强制层流状态下进行热交换，因此时 α 值很小，使传热速率下降。

3. 流体在圆形直管中强制过渡流时的对流传热系数

在传热计算中，Re 在 2300 ～ 10000 范围内算作过渡流，一般只有高黏度液体（如牛奶、浓缩果汁、糖浆）才会出现这种流动状况。过渡流时的对流传热系数计算，通常用强制湍流计算公式乘以下列校正系数：

$$\Phi = 1 - \dfrac{6 \times 10^5}{Re^{1.8}} \tag{4-23}$$

式中，Φ 称为过渡流 α 值校正因素，其数值恒小于 1。

4. 流体在圆形弯管中强制对流时的对流传热系数

流体在蛇管换热器或 U 形列管式换热器内流动时，因受离心力作用而产生附加环流，从而增大了湍流程度，对流传热系数比同样条件下在直管内流动时提高。α 值可按直管计算，再乘以校正系数：

$$\varepsilon = 1 + 1.77 \dfrac{d}{R} \tag{4-24}$$

式中，d 为弯管内径，m；R 为弯管曲率半径（如图 4-8 所示），m。

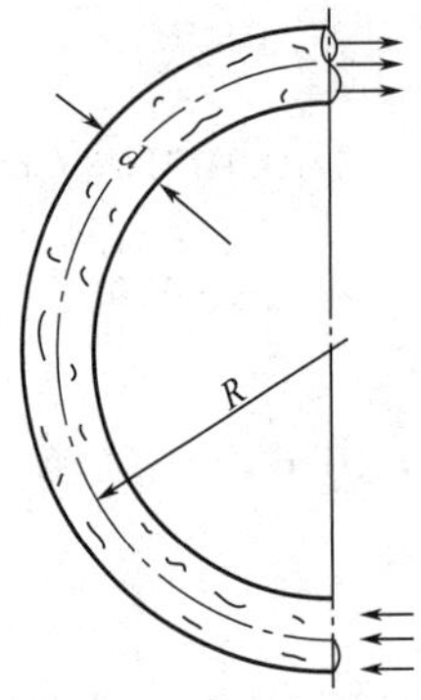

图 4-8　弯管内流体流动

5. 流体在非圆形管内流动时的对流传热系数

当流体在非圆形管中强制对流时，对流传热系数仍可用上述计算方法，只是 Nu 及 Re 中的定性尺寸需改用当量直径 d_e：

$$d_e = \dfrac{4F}{U} \tag{4-25}$$

式中，F 为流体流动截面积；U 为润湿周边。

（二）流体在管外强制流动

在工业换热器中，流体在管外的传热大多数为垂直流过圆管束的对流传热，如图 4-9 所示，管束有直列和错列两类，对流传热系数用式（4-26）计算：

$$Nu = C \varepsilon Re^n Pr^{0.4} \tag{4-26}$$

式中，C、ε、n 等常数均由实验确定。其经验数值见表 4-2。ε 和 n 随管子排列方式不同而异。当流体垂直流过管束时，在第一列后形成旋涡。对直列式管束，从第二列起，由于前一列管子的屏障，管子被旋涡冲击的程度较缓和。

而在错列管束中，各列涡流及湍流运动都很强烈，故对流传热系数逐渐增至第三列才稳定下来。当其他条件相同时，错列管束对流传热系数比直列管束高。

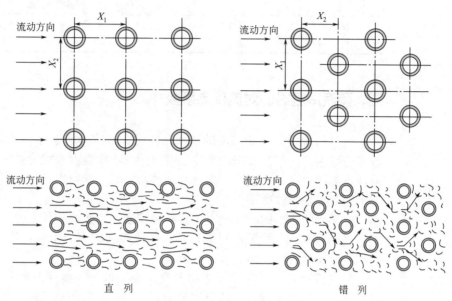

图4-9 管束的排列形式

表4-2 流体垂直流过管束时的 C、ε、n 值

序列	直列		错列		C
	n	ε	n	ε	
1	0.6	0.171	0.6	0.171	$x_1/d=1.2 \sim 1.3$时，
2	0.65	0.151	0.6	0.228	$C=1+0.1x_1/d$；
3	0.65	0.151	0.6	0.29	$x_1/d>3$时，
4	0.65	0.151	0.6	0.29	$C=1.3$

式（4-26）的应用范围为：$Re=5000 \sim 70000$，$x_1/d=1.2 \sim 5$，$x_2/d=1.2 \sim 5$。定性尺寸取管外径，定性温度取流体进、出口温度的算数平均值，流速 u 取管束最窄处的数值。由于各列管子对流传热系数不同，α 值应取算数平均值，即

$$\alpha_m = \frac{\alpha_1 A_1 + \alpha_2 A_2 + \cdots\cdots + \alpha_n A_n}{A_1 + A_2 + \cdots\cdots + A_n} = \frac{\sum \alpha_i A_i}{\sum A_i} \tag{4-27}$$

式中，α_i 为各列对流传热系数，W/（$m^2 \cdot K$）；A_i 为各列换热管的外表面积，m^2。

（三）流体在搅拌槽内的对流传热

典型的搅拌槽由圆筒形容器和搅拌装置组成，容器内液体的加热（或冷却）是通过装设在器壁上的夹套或蛇形盘管中的高温（或冷却）介质来进行的。显然，搅拌速率愈高，加热或冷却效果愈好。容器内液体对器壁的对流传热系数关联式如下：

$$\alpha = C\left(\frac{\lambda}{D}\right)\left(\frac{dn\rho}{\mu}\right)^m \left(\frac{c_p \mu}{\lambda}\right)^{0.33} \left(\frac{\mu}{\mu_w}\right)^{0.14} \tag{4-28}$$

式中，D 为搅拌槽直径，m；d 为搅拌器直径，m；n 为搅拌器转速，r/s；常数 C、m 值与传热面形式及搅拌器种类有关，如表4-3所示。此式应用条件是：$Re=200 \sim 10^6$，$d/D=0.25 \sim 0.6$。定性温度取为流体平均温度。

表 4-3　式（4-28）中的常数 C、m 值

传热壁面	m	C		
		涡轮式搅拌器	平桨式搅拌器	推进式搅拌器
夹套内壁	0.667	0.62	0.36	0.54
蛇管外壁	0.62	1.01	0.87	0.83

四、蒸汽冷凝时的对流传热系数

蒸汽与低于其饱和温度的壁面相接触，即冷凝成液体，并附着于壁面上，放出冷凝潜热。蒸汽在壁面上冷凝可分为滴状冷凝和膜状冷凝两种状况。当冷凝液不能润湿冷却面或冷却面上有油类物质时，就发生滴状冷凝。而在清洁表面上一般都呈膜状冷凝。

由于滴状冷凝的冷凝液不能布满冷却面，液滴略为长大即从表面下落，并重新露出冷却面，故滴状冷凝传热系数比膜状冷凝大得多，从几倍到几十倍。但在工业换热器中，绝大多数为膜状冷凝。

蒸汽冷凝时，传热推动力是蒸汽饱和温度 t_s 与壁面温度 t_w 之差，对于膜状冷凝，热阻主要存在于冷凝液膜中，故局部对流传热系数与液膜厚度和液体热导率有关，如图 4-10 所示。在冷凝传热计算中，有关特征数除 Nu、Pr、Ga 外，还有一个称为 Kd（Kutateladze number）的冷凝特征数：

$$Kd = \frac{\mu^2}{\rho^2 g \lambda^3} \tag{4-29}$$

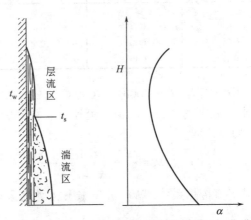

图 4-10　液膜厚度和局部冷凝传热系数

蒸汽冷凝传热的特征数方程为：

$$Nu = A(Gr \cdot Pr \cdot Kd)^n \tag{4-30}$$

通过实验，整理出以下特征数关系式。

（一）蒸汽在水平管外冷凝

$$\alpha = 0.725 \left(\frac{r \rho^2 g \lambda^3}{n \mu d_0 \Delta t} \right)^{1/4} \tag{4-31}$$

式中，r 为蒸汽饱和温度下的冷凝潜热，kJ/kg；定性温度取蒸汽饱和温度与壁温的算数平均值；ρ 为凝液密度，kg/m³；λ 为凝液热导率，W/(m·K)；μ 为凝液黏度，Pa·s；$\Delta t = t_s - t_w$；d_0 为管外径，m；n 为垂直面上管子数。

（二）蒸汽在垂直管或板上冷凝

当冷凝液膜为层流（$Re < 1800$）时：

$$\alpha = 1.13 \left(\frac{r\rho^2 g \lambda^3}{\mu H \Delta t} \right)^{1/4} \tag{4-32}$$

当冷凝液膜为湍流（$Re > 1800$）时：

$$\alpha = 0.0077 \left(\frac{g\rho^2 \lambda^3}{\mu^2} \right)^{1/3} Re^{0.4} \tag{4-33}$$

式中，r 为蒸汽饱和温度下的冷凝潜热，kJ/kg；定性温度取蒸汽饱和温度与壁温的算数平均值；ρ 为凝液密度，kg/m³；λ 为凝液热导率，W/(m·K)；μ 为凝液黏度，Pa·s；$\Delta t = t_s - t_w$，K；H 为垂直面高度，m。

$$Re = \frac{d_e u \rho}{\mu} = \frac{(4S/b)(m_s/S)}{\mu} = \frac{4m_s/b}{\mu} = \frac{4M}{\mu}$$

式中，d_e 为当量直径，m；S 为冷凝液流通面积，m²；b 为冷凝液润湿周边，m；m_s 为冷凝液质量流量，kg/s；M 为单位长度上的冷凝液质量流量，kg/(m·s)。

将式（4-31）除以式（4-32），得水平放置与垂直放置的 α 值之比

$$\alpha_H / \alpha_V = (0.725/1.13)(H/nd_0)^{1/4} = 1.61$$

式中，α_H 为蒸汽在单根水平圆管外的冷凝传热系数；α_V 为蒸汽在单根垂直圆管外的冷凝传热系数。

五、液体沸腾的对流传热系数

在锅炉、蒸发器、蒸煮锅及精馏塔再沸器中的传热，都是将液体加热到沸腾，并产生蒸汽的换热过程。换热设备中存在液体在大容积中的饱和沸腾和在管内的沸腾两种情况，本节主要讨论液体在大容积中的饱和沸腾现象及有关计算。

（一）大容积饱和沸腾传热

1. 液体沸腾的特征

液体沸腾的主要特征是气泡形成及运动。气泡是在过热最大的加热表面上产生的，形成微小气泡的点称汽化核，随着液体不断受热，微小气泡逐渐长大。当所受浮力增大到一定程度后，气泡就脱离加热面上升，周围液体立即填补，从而引起贴壁液层的剧烈湍动，直至加热面形成连续的蒸汽膜。

2. 液体沸腾过程

液体沸腾传热过程的推动力是加热面温度与液体饱和温度之差，即 $\Delta t = t_w - t_s$。液体在大空间内沸腾时，随着 Δt 的不同，沸腾传热系数 α 和热流密度 q 都发生相应变化，如图4-11所示。随传热温差的变化，液体沸腾传热分为四个阶段。

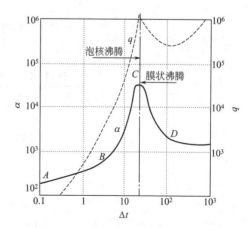

图 4-11　水沸腾传热的 α 和 q 值

（1）自然对流阶段　如图中 AB 所示，此阶段温度差很小，没有明显的沸腾现象，但有液体自然对流。α 和 q 值随温度差增大变化缓慢。

（2）泡核沸腾阶段　如图中 BC 所示的阶段，由于大量气泡产生的涡流与搅拌作用，使 α 和 q 值随温度差增大而迅速升高，Δt 愈大，汽化核心愈多，沸腾愈加强烈，α 值迅速上升。

（3）膜状沸腾阶段　如图中 CD 所示的阶段。此时，由于汽化核心过多，并联结成不稳定汽膜，壁面与流体间的传热以蒸汽层的热传导为主，因蒸汽热导率低，从而导致 α 和 q 值随温度差增大而迅速下降。

（4）稳定膜状沸腾　如图中 D 点以后所示的状况。此时，汽膜已较稳定，导热和热辐射占有支配作用，故 α 和 q 值随温度差的增大而重新升高。

图中点 C 称为临界点，此点前为泡核沸腾，后为膜状沸腾，对应的 α 和 q 为临界值 α_c 和 q_c。水在常压下的临界值为：$\Delta t_c = 22 \sim 23℃$；$\alpha_c = 51 \text{kW/(m}^2 \cdot \text{K)}$；$q_c = 1100 \text{kW/m}^2$。

工业设备应保持在泡核沸腾区操作，超过临界点后，随着 α 和 q 值下降，将造成壁温急剧升高，可能出现传热面被毁坏的后果。特别是在高压锅炉及高温蒸煮锅的操作，是涉及安全操作的重大问题。

（二）沸腾传热系数计算

对于大容积饱和核状沸腾，气泡形成、运动规律、加热面状况及液体性质对传热的影响十分复杂，至今还难以从理论上求解。通过量纲分析法，由大量实验总结出以下特征数方程式：

$$\frac{c_p \Delta t}{r \Pr S} = C_{we} \left\{ \frac{q}{r\mu} \sqrt{\frac{\sigma}{(\rho_s - \rho_v)g}} \right\}^{0.33} \tag{4-34}$$

式中，C_{we} 为经验常数，其值见表 4-4；c_p 为饱和液体定压比热容，J/(kg·K)；Δt 为传热温差或过热度，℃，$\Delta t = t_w - t_s$；Pr 为饱和液体的普兰特数；q 为热量通量，W/m²；$q = \alpha \Delta t$；μ 为饱和液体黏度，N·s/m²；ρ_s、ρ_v 为饱和液体、蒸汽的密度，kg/m³；σ 为液体、蒸汽界面的表面张力，N/m；S 为系数，对水 $S = 1.0$，对其他液体 $S = 1.7$；g 为重力加速度，9.81m/s²；r 为汽化潜热，kJ/kg。

上式适用于单一组分液体在清洁表面上的核状沸腾。对于沾污表面，$S = 0.8 \sim 2.0$。

表4-4　各种表面-液体组合的 C_{we} 值

表面-液体的组合情况	C_{we}值	表面-液体的组合情况	C_{we}值
水-铜	0.013	乙醇-铬	0.027
水-铂	0.013	水-精钢砂磨光铜	0.0128
水-黄铜	0.006	正戊烷-精钢砂磨光铜	0.0154
正丁醇-铜	0.00305	四氯化碳-精钢砂磨光铜	0.007
异丙醇-铜	0.00225	水-磨光不锈钢	0.008
正戊烷-铬	0.015	水-化学腐蚀的不锈钢	0.0133
苯-铬	0.01	水-机械磨光不锈钢	0.0132

第四节 辐射传热

一、热辐射基本概念

（一）热辐射的实质和特点

从物理学可知，物质通过电磁波传递能量的过程称为辐射，所传递的能量称为辐射能，由电磁波传递能量不需要任何载体，因此，辐射可以在空气或真空中进行。

电磁波的波长从零至无穷大，按波长范围可分为宇宙射线、γ射线、X射线、紫外线、可见光、红外线、电视以及无线电波等，如图4-12所示的电磁波谱。

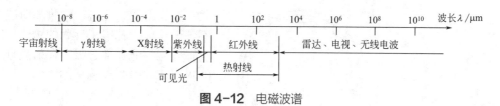

图4-12 电磁波谱

各种波长的电磁波射到物体表面时，产生的效应是不一样的，其中波长为$0.4 \sim 1000\mu m$范围内的电磁波投射到物体上，能被吸收，并转变成热能，这些电磁波称为热射线。它们包括红外线、可见光及部分紫外线。热射线的传播过程就是热辐射。热辐射的实质是高温物体内部电子的振动，由振动产生的热射线会向外发射辐射能。

温度是物体内部电子振动的基本原因，故热辐射的强弱取决于物质的温度。热辐射过程具有以下特点：

（1）热辐射是任何物体固有的属性。只要温度高于热力学零度，物体就会发射辐射能。温度越高，发出的辐射能强度相应越大。两个物体之间的相互辐射，必然是高温物体发射出的能量大于低温物体发射的能量，故总效果是高温物体向低温物体传递能量。两个温度相同的物体，也会相互发射辐射能，只是其净效果为零。

（2）热辐射不需要任何介质，可以在真空中以光速传播而热传导和对流则需要接触介质才能传播热量。

（3）热辐射过程中伴随能量形式的转化。当物体发射辐射能时，不断地将自身的热能转变为辐射能对外发射热射线，热射线投射到另一物体表面，立即被吸收而重新转变为热能，使物体温度上升。热传导和对流传热则不存在能量形式的转化。

（二）辐射能的吸收、反射和穿透

辐射能投射到物体表面时，该物体对辐射能有吸收、反射和穿透的现象，如图4-13所示。设投射到物体上的辐射能为Q，其中一部分Q_A被吸收，另一部分Q_R被反射，其余部分Q_D则透过。依据能量守恒定律，有：

$$Q = Q_A + Q_R + Q_D$$

或

$$\frac{Q_A}{Q} + \frac{Q_R}{Q} + \frac{Q_D}{Q} = 1 \qquad (4-35)$$

即

$$A + R + D = 1$$

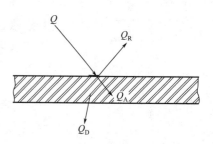

图4-13 辐射能的吸收、反射和透过

式中，$A=\dfrac{Q_A}{Q}$，称为吸收率；$R=\dfrac{Q_R}{Q}$，称为反射率；$D=\dfrac{Q_D}{Q}$，称为透过率。

物体对辐射能的吸收率、反射率和透过率取决于物体的性质、温度和表面状况。如大部分固体及液体的透过率为零，磨光表面比粗糙表面反射率大等。能全部吸收辐射能的，即 $A=1$ 的物体称为黑体，自然界中并不存在绝对黑体，但有些材料接近于黑体，如没有光泽的黑漆、铂黑表面等，其吸收率 $A=0.96\sim0.98$。能全部反射辐射能的，即 $R=1$ 的物体称为绝对白体或镜体。如表面磨光的铜，其反射率 R 可达 0.97。能全部透过辐射能的，即 $D=1$ 的物体称为透热体。如单原子气体和某些双原子气体就属于透热体。

对于一般固体和液体而言，都是不透热体，$D=0$，故：

$$A+R=1$$

辐射能

图 4-14　黑体模型

上式说明，凡善于吸收辐射能的物体，就不善于反射，凡善于反射的物体，就不善于吸收辐射能。能够部分吸收辐射能且对各种波长的辐射能的吸收率相等的物体，称为灰体。一般工业上常见的固体和建筑材料都可视为灰体。图 4-14 为一黑体模型，辐射能沿切线方向进入球形腔后，经过多次吸收和反射，出口辐射能已接近于零。

二、热辐射的基本定律

（一）热辐射四次方定律

前已叙述，物体温度是产生热辐射的根本原因。实验表明：黑体的发射能力（或辐射力）E_0 与其热力学温度的四次方成正比，数学表达式为：

$$E_0=C_0\left(\frac{T}{100}\right)^4 \tag{4-36}$$

此式称为斯蒂芬-波尔茨曼定律。式中，E_0 表示黑体的发射能力，W/m^2；C_0 为黑体的发射系数，其数值为 $C_0=5.669W/(m^2\cdot K^4)$；$T$ 为热力学温度，K。对于灰体，其发射能力自然比同温度黑体的发射能力小，其表达式为：

$$E=C\left(\frac{T}{100}\right)^4 \tag{4-37}$$

式中，E 表示灰体发射能力；C 为灰体的发射系数，其数值取决于物体性质、表面状况和温度，且总是小于 C_0。在相同温度下，灰体发射能力与黑体发射能力之比称为该物体的发射率，即

$$\varepsilon=\frac{E}{E_0}=\frac{C}{C_0} \tag{4-38}$$

ε 称为物体的黑度，其数值由实验确定。由式（4-38）可计算物体在给定温度下的发射能力，即

$$E=\varepsilon E_0=\varepsilon C_0\left(\frac{T}{100}\right)^4 \tag{4-39}$$

（二）克希霍夫（Kirchoff）定律

克希霍夫定律确定了任意物体的发射能力与其吸收率之间的数学关系。如图 4-15 所示。设有 I、II 两个无限大，且温度相同的平壁 I 和 II，平壁 I 为灰体，平壁 II 为黑体。当两壁十分接近时，两壁间的辐射换热将达到平衡，即平壁 I 发射和吸收的辐射能相等，即

$$E_1 = A_1 E_0 \ \text{或} \ \frac{E_1}{A_1} = E_0$$

对于与平壁 I 温度相同的其他任何接近黑体 II 的平壁，有：

$$\frac{E_1}{A_1} = \frac{E_2}{A_2} = \frac{E_3}{A_3} = \cdots = \frac{E}{A} = E_0 \quad (4\text{-}40)$$

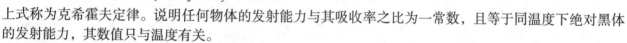

图 4-15 克希霍夫定律推导

上式称为克希霍夫定律。说明任何物体的发射能力与其吸收率之比为一常数，且等于同温度下绝对黑体的发射能力，其数值只与温度有关。

比较式（4-38）和式（4-40），可得：

$$A = \varepsilon = \frac{E}{E_0} \quad (4\text{-}41)$$

式（4-41）表明，在同一温度下，物体的吸收率和黑度在数值上相等，但两者的物理意义是不同的。ε 表示灰体发射能力占黑体发射能力的分数，A 为外界投射来的辐射能可被物体吸收的分数，只有温度相同时，两者才相等。

三、物体间的辐射传热

任何物体只要温度在热力学零度以上，都连续向外发射辐射能，同时也从外界吸收辐射能。辐射传热就是指不同物体之间相互发射与吸收能量的总效果。当两个物体间发生热辐射时，若两物体温度不等，则高温物体对外辐射多于吸收，而低温物体则辐射少于吸收，两物体之间辐射传热的结果，是高温物体将热量传给低温物体。对于温度相同的两个物体，辐射与吸收照样进行，只是总效果为零。两物体之间的辐射传热不仅与两物体的黑度、表面状况等物理因素有关，而且与形状大小、相对位置及间距等几何因素有关。以下讨论几种典型的辐射传热情况。

（一）无限大的平行灰体壁面的辐射传热

设有两个平行壁面 1 和 2，如图 4-16 所示，两者温度、发射能力、吸收率和黑度分别为 T_1、E_1、A_1、ε_1 和 T_2、E_2、A_2、ε_2，且 $T_1 > T_2$。从壁 1 发射出的辐射能全部到达壁 2 后，被吸收了 $A_2 E_1$，反射部分为 $R_2 E_1$。这部分辐射能又被壁 1 吸收和发射，经多次往返，直到完全吸收为止。从壁 2 发射出的辐射能也经历同样的发射与吸收过程。依据能量守恒定律，可得两壁间单位时间、单位面积上的净辐射传热量为两壁辐射总能量之差，即

$$q_{1\text{-}2} = E_1 A_2 (1 + R_1 R_2 + R_1^2 R_2^2 + \cdots) - E_2 A_1 (1 + R_1 R_2 + R_1^2 R_2^2 + \cdots)$$

式中的 $(1 + R_1 R_2 + R_1^2 R_2^2 + \cdots)$ 为一无穷级数，其值为 $1/(1-R_1 R_2)$。

故

$$q_{1\text{-}2} = \frac{E_1 A_2 - E_2 A_1}{1 - R_1 R_2} = \frac{E_1 A_2 - E_2 A_1}{1 - (1-A_1)(1-A_2)} = \frac{E_1 A_2 - E_2 A_1}{A_1 + A_2 - A_1 A_2}$$

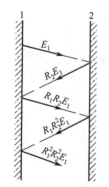

图 4-16 平行灰体平面的相互辐射

再以 $E_1 = \varepsilon_1 C_0 \left(\frac{T_1}{100}\right)^4$、$E_2 = \varepsilon_2 C_0 \left(\frac{T_2}{100}\right)^4$ 和 $A_1 = \varepsilon_1$ 及 $A_2 = \varepsilon_2$ 代入上式，得：

$$q_{1-2} = \frac{C_0}{\dfrac{1}{\varepsilon_1} + \dfrac{1}{\varepsilon_2} - 1}\left[\left(\frac{T_1}{100}\right)^4 - \left(\frac{T_2}{100}\right)^4\right\} \tag{4-42}$$

或整理成

$$q_{1-2} = C_{1-2}\left[\left(\frac{T_1}{100}\right)^4 - \left(\frac{T_2}{100}\right)^4\right\} \tag{4-43}$$

式中，C_{1-2} 称为总发射系数。

$$C_{1-2} = \frac{C_0}{\dfrac{1}{\varepsilon_1} + \dfrac{1}{\varepsilon_2} - 1} = \frac{1}{\dfrac{1}{C_1} + \dfrac{1}{C_2} - \dfrac{1}{C_0}}$$

于是，在两面积均为 A，又十分接近的平行壁面之间的辐射传热速率为：

$$Q_{1-2} = C_{1-2}A\left[\left(\frac{T_1}{100}\right)^4 - \left(\frac{T_2}{100}\right)^4\right] \tag{4-44}$$

式中，Q_{1-2} 的 SI 单位为 W 或 J/s；q_{1-2} 的单位为 W/m²。

当两平行壁面间的距离与表面积之比不是很小时，从一个平面发射的辐射能只有一部分投射到另一平面上，则式（4-44）应改为以下普遍形式：

$$Q_{1-2} = C_{1-2}\varphi A\left[\left(\frac{T_1}{100}\right)^4 - \left(\frac{T_2}{100}\right)^4\right] \tag{4-45}$$

式中，φ 称为几何因子或角系数，它用来表示从一个表面发射的总能量被另一表面所拦截的分数，其数值与两表面的形状、大小、距离及相互位置有关，如图 4-17 所示。

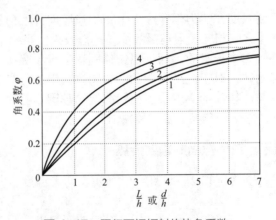

图 4-17 平行面间辐射传热角系数

图中 L 代表边长（长方形以短边计），d 为圆形物直径，h 为平行面间的距离。四条曲线适用于不同形状的辐射面，其中：1 为圆盘形；2 为正方形；3 为长方形（其边长比为 2∶1）；4 为狭长形。

【例 4-3】 相距很近的两平行平板，第一平板 $T_1 = 727\,℃$，$\varepsilon_1 = 0.8$，另一平板 $T_2 = 227\,℃$，$\varepsilon_2 = 0.6$。试求每平方米面积的辐射传热量。

解 依据式（4-43）：

$$q_{1-2} = C_{1-2}\left[\left(\frac{T_1}{100}\right)^4 - \left(\frac{T_2}{100}\right)^4\right]$$

$$= \frac{C_0}{\frac{1}{\varepsilon_1} + \frac{1}{\varepsilon_2} - 1}\left[\left(\frac{T_1}{100}\right)^4 - \left(\frac{T_2}{100}\right)^4\right]$$

$$= \frac{5.67 \times \left[\left(\frac{727+273}{100}\right)^4 - \left(\frac{227+273}{100}\right)^4\right]}{\frac{1}{0.8} + \frac{1}{0.6} - 1} = 27734 \text{（W/m}^2\text{）}$$

（二）一物体被另一物体包围时的辐射（图4-18）

这是工业生产中常遇到的情况，例如房间内的散热器、烘烤炉中的物料、高温炼钢炉等。辐射传热速率计算方程如下：

$$Q_{1-2} = C_{1-2}\varphi A_1\left[\left(\frac{T_1}{100}\right)^4 - \left(\frac{T_2}{100}\right)^4\right] \tag{4-46}$$

式中，C_{1-2}为总发射系数，计算式为：

$$C_{1-2} = \frac{C_0}{\frac{1}{\varepsilon_1} + \frac{A_1}{A_2}\left(\frac{1}{\varepsilon_2} - 1\right)} = \frac{1}{\frac{1}{C_1} + \frac{A_1}{A_2}\left(\frac{1}{C_2} - \frac{1}{C_0}\right)}$$

式中，ε_1为被包围物体黑度；ε_2为外围物体黑度；A_1为被包围物体面积；A_2为外围物体面积；C_1为被包围物体发射系数；C_2为外围物体发射系数；φ为角系数，其数值为1。

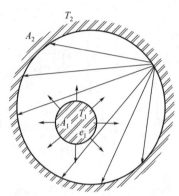

图4-18　一物体被另一物体包围的辐射

第五节　传热过程的计算

间壁两侧的
传热过程

一、间壁换热器的传热方程

工业换热过程中，冷、热流体一般不允许直接接触，需要采用间壁式换热器。间壁式换热器的传热通常属于对流和传导的组合过程，如图4-19所示。以T'、T、T_b、T_w表示热流体最高温度、平均温度、层流底层与湍流主体界面温度、壁温。t_w、t_b、t、t'代表冷流体侧壁温、层流底层与湍流主体界面温度、

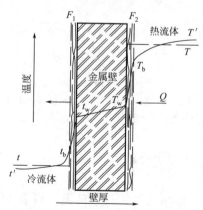

图4-19　间壁两侧的传热过程

冷流体侧平均温度、冷流体最低温度。两流体传热包括以下过程：高温流体以对流传热形式将热量传给壁面；热量以传导形式从高温一侧传向低温一侧壁面；热量以对流传热形式从低温一侧壁面传给低温流体。

由牛顿冷却定律得知，高温流体以对流传热形式，将热量传给壁面的传热速率为：

$$Q_1 = \alpha_1 A_1(T - T_w)$$

热量以传导形式从高温一侧传至低温一侧的传热速率为：

$$Q_2 = \frac{\lambda A_m}{b}(T_w - t_w)$$

热量以对流形式从低温一侧壁面传至低温流体的传热速率为：

$$Q_3 = \alpha_2 A_2 (t_w - t)$$

式中，α_1、α_2 为高温流体和低温流体的对流传热系数，W/(m² · K)；A_1、A_2 为高温流体和低温流体侧的传热面积，m²；A_m 为固体壁面两侧的对数平均面积，m²；λ 为固体热导率，W/(m · K)。对于稳定传热，下式成立，即

$$Q_1 = Q_2 = Q_3$$

将上式进行联立解，得：

$$Q = \alpha_1 A_1 (T - T_w) = \frac{\lambda A_m}{b}(T_w - t_w) = \alpha_2 A_2 (t_w - t)$$

或

$$Q = \frac{T - T_w}{\dfrac{1}{\alpha_1 A_1}} = \frac{T_w - t_w}{\dfrac{b}{\lambda A_m}} = \frac{t_w - t}{\dfrac{1}{\alpha_2 A_2}} \qquad (4\text{-}47)$$

依据加比定律，消去壁温项

$$Q = \frac{T - t}{\dfrac{1}{\alpha_1 A_1} + \dfrac{b}{\lambda A_m} + \dfrac{1}{\alpha_2 A_2}} \qquad (4\text{-}48)$$

将式（4-48）写成传热基本方程式

$$Q = KA\Delta t \text{ 或 } q = \frac{Q}{A} = K\Delta t \qquad (4\text{-}49)$$

式中：

$$\frac{1}{KA} = \frac{1}{\alpha_1 A_1} + \frac{b}{\lambda A_m} + \frac{1}{\alpha_2 A_2} \qquad (4\text{-}50)$$

式（4-50）表明，间壁传热的总热阻等于热流体侧对流传热热阻、壁的热传导热阻及冷流体侧对流传热热阻之和。K 称为总传热系数，K 值大小反映了流体在换热器内传热速率的高低。当传热面为平面时，$A_1 = A_2 = A_m = A$，式（4-50）简化为：

$$\frac{1}{K} = \frac{1}{\alpha_1} + \frac{b}{\lambda} + \frac{1}{\alpha_2} \qquad (4\text{-}50a)$$

或

$$K = \frac{1}{\dfrac{1}{\alpha_1} + \dfrac{b}{\lambda} + \dfrac{1}{\alpha_2}} \qquad (4\text{-}50b)$$

当传热面为圆管，且 $d_{外}/d_{内} < 2$ 时，取 $A_1 = A_2 = A_m = A$，即薄壁圆筒可视为平壁计算。当 $d_{外}/d_{内} > 2$ 时，总传热系数与面积有关，工程计算中取管外表面为计算基准，而管壁热阻较小，故一般不以 A_m 为计算基准。

二、污垢热阻计算

换热器运行一段时间后，传热速率会明显下降，这常常是由于换热表面有污垢积存的缘故，在计算 K 值时，污垢热阻一般不能忽略，工程计算中以下式确定总热阻：

$$\frac{1}{K} = \frac{1}{\alpha_1} + R_{s1} + \frac{b}{\lambda} \times \frac{d_1}{d_m} + R_{s2}\frac{d_1}{d_2} + \frac{1}{\alpha_2} \times \frac{d_1}{d_2} \qquad (4\text{-}51)$$

式中，R_{s1} 和 R_{s2} 分别为管外壁和管内壁的污垢热阻，其数值范围可参考表 4-5。

表4-5 污垢热阻的大致数值范围

流体种类	$R/(m^2 \cdot K/W)$	流体种类	$R/(m^2 \cdot K/W)$
水（$u<1$m/s，$t<50$℃）		蒸气	
海水	0.0001	有机蒸气	0.0002
河水	0.0006	水蒸气（无油）	0.0001
井水	0.00058	水蒸气废气（含油）	0.0002
蒸馏水	0.0001	制冷剂蒸气（含油）	0.0004
锅炉给水	0.00026	气体	
未处理凉水塔用水	0.00058	空气	0.0003
经处理凉水塔用水	0.00026	天然气	0.002
多泥沙水	0.0006	压缩气体	0.0004
盐水	0.0004	焦炉气	0.0002

【例4-4】 在套管式换热器中，用水冷却某种气体，从180℃冷却到60℃，气体走外管，对流传热系数为40W/(m²·K)，冷却水走内管，对流传热系数为3000W/(m²·K)，内管由ϕ25mm×2.5mm的碳素钢管组成，气体侧污垢热阻为0.0004m²·K/W，冷却水侧污垢热阻为0.00058m²·K/W。试求换热器的总传热系数K。

解 已知$d_{外}=25$mm，$d_{内}=20$mm，$d_{外}/d_{内}=1.25<2$，故可作平壁计算。查附录得碳素钢热导率为45W/(m·K)。

气体对流传热热阻 $\quad \dfrac{1}{\alpha_1}=\dfrac{1}{40}=0.025$（m²·K/W）

冷却水对流传热热阻 $\quad \dfrac{1}{\alpha_2}=\dfrac{1}{3000}=0.00033$（m²·K/W）

管壁导热热阻 $\quad \dfrac{b}{\lambda}=\dfrac{0.025}{45}=0.00056$（m²·K/W）

总传热系数

$$K=\dfrac{1}{\dfrac{1}{\alpha_1}+R_{s1}+\dfrac{b}{\lambda}+R_{s2}+\dfrac{1}{\alpha_2}}=\dfrac{1}{0.025+0.0004+0.00056+0.00058+0.00033}$$

$$=37.22[W/(m^2 \cdot K)]$$

在换热器操作中，随着污垢厚度的增加，它对传热的影响会越来越大，因此，经常清洗和维修换热器是十分重要的。工业换热器中传热系数的大致范围见表4-6。

表4-6 列管换热器传热系数的大致范围

换热流体	传热系数$K/[W/(m^2 \cdot K)]$	换热流体	传热系数$K/[W/(m^2 \cdot K)]$
由气体到气体	12~35	由水到冷冻剂	400~800
由气体到水	12~60	由冷凝蒸汽到水	290~4700
由煤油到水	350左右	由冷凝蒸汽到沸腾油	60~350
由水到水	800~1200	由有机溶剂到轻油	120~400

三、换热器传热量计算

一台换热器单位时间的传热量又称为热负荷，其数值大小由生产任务确定。如果换热器外壳保温良好，热损失可忽略不计，从热量衡算可知，单位时间内热流体放出的热量一定等于冷流体获得的热量，即

$$Q'=m_{s1}c_{p1}(T_1-T_2)=m_{s2}c_{p2}(t_2-t_1) \tag{4-52}$$

式中，Q' 为单位时间内热流体放出的热量或冷流体获得的热量，kJ/s=kW；c_{p1}、c_{p2} 为热、冷流体的定压比热容，kJ/（kg·K）；m_{s1}、m_{s2} 为热、冷流体质量流率，kg/s；T_1、T_2 为热流体进、出口温度，K；t_1、t_2 为冷流体进、出口温度，K。

若传热过程中，热流体有相变化发生，如饱和蒸汽冷凝，而冷流体无相变化，则热量衡算式为：

$$Q'=m_{s1}[r+c_{p1}(T_s-T_2)]=m_{s2}c_{p2}(t_2-t_1) \tag{4-52a}$$

式中，m_{s1} 为饱和蒸汽冷凝速率，kg/s；r 为饱和蒸汽冷凝潜热，kJ/kg；T_s 为饱和蒸汽温度，K。

在间壁换热器中，蒸汽一经冷凝就会立即排出，故 $T_s=T_2$，于是，式（4-52a）简化成：

$$Q'=m_{s1}r=m_{s2}c_{p2}(t_2-t_1) \tag{4-52b}$$

一台换热器单位时间的传热量（热负荷）Q' 与传热速率 Q 的数值必须相等，即

$$Q'=m_{s2}c_{p2}(t_2-t_1)=Q=KA\Delta t_m \tag{4-52c}$$

如果出现 $Q < Q'$ 的情况，则表明换热器设计不合理，使传热面积太小，或操作中污垢层太厚，导致传热系数大幅度下降。另一方面，如果出现 $Q > Q'$ 的情况，则同样表明换热器设计不合理，使传热面积太大。生产操作时将出现物料加热过度，造成出口温度过高的结果。任何稳定传热过程，必有 $Q=Q'$。

四、换热器平均温度差 Δt_m 的计算

换热器的传热温差是指冷、热流体沿传热面各点温度差的平均值，可分为恒温差传热和变温差传热两类。

（一）恒温差传热

若间壁两侧流体在传热过程中温度保持不变，就称为恒温差传热。用饱和水蒸气加热溶液，并使之沸腾汽化的蒸发操作，就属于这类情况。整个传热面上的温差变化如图 4-20（a）所示，传热速率方程表示如下：

$$Q=KA(T-t) \tag{4-53}$$

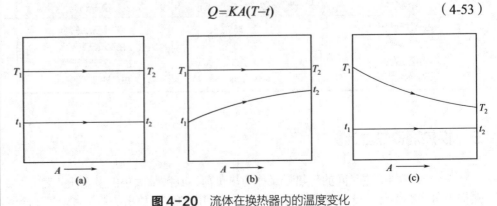

图 4-20　流体在换热器内的温度变化

（二）变温差传热

　　若间壁两边流体温度差沿壁面变动，称为变温差传热，如图 4-20（b）及（c）。现以套管换热器为例，进行传热温度差的分析。图 4-21（a）属于冷、热流体逆流流程。套管环隙走热流体，温度由 T_1 降至 T_2，内管走冷流体，两种流体流向相反，温度由 t_1 升到 t_2。图中（b）则属于冷、热流体并流流程。

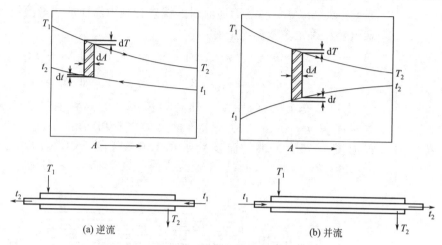

图 4-21　换热器两侧流体沿传热面的温差变化

　　由于沿传热面的局部温差（$T-t$）是变化的，在计算传热量时须用积分方法求出整个传热面的平均温度差。依据图 4-21，可列出微元传热面 $\mathrm{d}A$ 的传热速率方程：

$$\mathrm{d}Q = K(T-t)\mathrm{d}A = K\Delta t\,\mathrm{d}A \tag{4-54}$$

令冷、热流体的质量流量和比热容为 m_{s2}、m_{s1}、c_{p2}、c_{p1}。依据热量衡算，微元面上的热流量为：

$$\mathrm{d}Q = -m_{s1}c_{p1}\mathrm{d}T = -m_{s2}c_{p2}\mathrm{d}t \tag{4-55}$$

将式（4-54）及式（4-55）联立解得：

$$K(T-t)\mathrm{d}A = -m_{s1}c_{p1}\mathrm{d}T = -m_{s2}c_{p2}\mathrm{d}t$$

$$= -\frac{\mathrm{d}T}{1/(m_{s1}c_{p1})} = -\frac{\mathrm{d}t}{1/(m_{s2}c_{p2})} = -\frac{\mathrm{d}T - \mathrm{d}t}{1/(m_{s1}c_{p1}) - 1/(m_{s2}c_{p2})}$$

令

$$m = 1/(m_{s1}c_{p1}) - 1/(m_{s2}c_{p2}) \tag{4-56}$$

得微元传热面的传热速率方程：　　　$K(T-t)\mathrm{d}A = -\mathrm{d}(T-t)/m$ 　　　　（4-57）

　　式（4-57）经分离变数后，对整个传热面从 0 到 A 进行积分，得：

$$mK\int_0^A \mathrm{d}A = -\int_{\Delta t_1}^{\Delta t_2}\frac{\mathrm{d}(T-t)}{T-t} = -\int_{\Delta t_1}^{\Delta t_2}\frac{\mathrm{d}\Delta t}{\Delta t}$$

将式（4-56）中的 m 值代入上式，经整理得：

$$Q = KA\frac{\Delta t_1 - \Delta t_2}{\ln(\Delta t_1/\Delta t_2)} = KA\Delta t_m \tag{4-58}$$

式中：

$$\Delta t_m = \frac{\Delta t_1 - \Delta t_2}{\ln(\Delta t_1/\Delta t_2)} \tag{4-59}$$

　　Δt_m 称为对数平均温度差，表示换热器进口和出口传热温度差的对数平均值，$\Delta t_1/\Delta t_2 < 2$ 时，对数平均值可用算数平均值代替，即

$$\Delta t_{\mathrm{m}} = \frac{\Delta t_1 + \Delta t_2}{2} \tag{4-60}$$

式（4-59）适用于换热器的并流与逆流流程，对于错流及折流流程，则另行讨论。

当换热器中流体进、出口温度已经固定，则并流时的进口温差恒大于出口温差，即 $\Delta t_1/\Delta t_2 > 1$。而逆流时的温差，须由流体的质量流量与定压比热容的乘积 $m_{\mathrm{s}}c_p$ 确定。依据热量衡算有：

$$m_{\mathrm{s1}}c_{p1} > m_{\mathrm{s2}}c_{p2} \text{ 时，} \Delta t_1/\Delta t_2 < 1 \text{，即 } \Delta t_1 < \Delta t_2$$

$$m_{\mathrm{s1}}c_{p1} < m_{\mathrm{s2}}c_{p2} \text{ 时，} \Delta t_1/\Delta t_2 > 1 \text{，即 } \Delta t_1 > \Delta t_2$$

【例4-5】 一台用水冷却高温精炼油的列管换热器（见附图）。已知传热面积 $A=100\mathrm{m}^2$，冷却水质量流量为 550kg/min，进口温度为 35℃，出口温度为 75℃，油的温度要求由 150℃降到 65℃，油水之间的传热系数 $K=250\mathrm{W/(m^2 \cdot K)}$，问若选用逆流流程，此换热器是否合用？

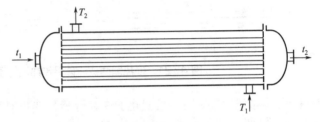

例 4-5 附图

解 此过程要求的传热量由热量衡算式求得

$$Q' = m_{\mathrm{s2}}c_{p2}(t_2-t_1) = \frac{550}{60} \times 4.186 \times (75-35) = 1535（\mathrm{kW}）$$

由传热速率方程，得：

$$Q = KA\Delta t_{\mathrm{m}} = 250 \times 100 \frac{(150-75)-(65-35)}{\ln\frac{150-75}{65-35}} = 1228（\mathrm{kW}）$$

计算结果表明，$Q' > Q$，说明换热器的传热面积不够，不能达到规定的传热量，正确的传热面积计算方法为：

$$A = \frac{m_{\mathrm{s2}}c_{p2}(t_2-t_1)}{K\Delta t_{\mathrm{m}}} = \frac{1535000}{250 \times 49.1} = 125（\mathrm{m}^2）$$

即传热面积必须增大到 125m² 才能完成本题的换热任务。

另一方面，如果计算结果为 $Q' < Q$，表明设计不合理，导致传热面积 A 过大，必须重新设计。

（三）折流与错流传热

折流与
错流传热

为了提高列管换热器的传热系数，设计时增设纵向或横向挡板，变单程为多程流动，是强化传热的有效方法。图 4-22 中的（a）为折流流程，（b）为垂直错流流程。由于同一换热器内存在并流和逆流两种流程，计算平均温差 Δt_{m} 用理论推导比较复杂，采用查图法则比较简单。假定两种流体在换热器内呈逆流流动，再乘以温度校正系数 ψ，而得实际平均温度差 Δt_{m}，即

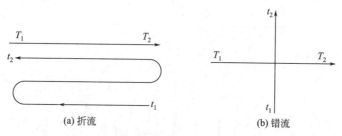

(a) 折流   (b) 错流

图 4-22 折流与错流

$$\Delta t_{\mathrm{m}} = \psi \Delta t_{\mathrm{m}}' \tag{4-61}$$

式中的 $\Delta t_{\mathrm{m}}'$ 以逆流温差计算。ψ 为温度校正系数，$\psi = \int (P, R)$，其数值由图 4-23 查得。

图 4-23 中，参数 P、R 由下式计算：

$$P = \frac{t_2 - t_1}{T_1 - t_1} = \frac{\text{冷流体温升}}{\text{两流体最初温差}} \qquad R = \frac{T_1 - T_2}{t_2 - t_1} = \frac{\text{热流体温降}}{\text{冷流体温升}}$$

【例 4-6】 一台两管程、单壳程列管式换热器（见附图）用水冷却山梨醇溶液，冷却水走管程，温度由 20℃ 升至 40℃，山梨醇溶液 65℃ 冷至 50℃，试求平均温度差。

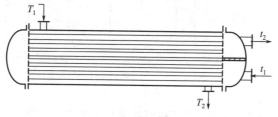

例 4-6 附图

解 已知

$$T_1 = 65℃, \quad T_2 = 50℃, \quad t_1 = 20℃, \quad t_2 = 40℃$$

$$\Delta t_{\mathrm{m}}' = \frac{(50 - 20) - (65 - 40)}{\ln \dfrac{50 - 20}{65 - 40}} = 27.4 \ (℃)$$

$$R = \frac{T_1 - T_2}{t_2 - t_1} = \frac{65 - 50}{40 - 20} = 0.75$$

$$P = \frac{t_2 - t_1}{T_1 - t_1} = \frac{40 - 20}{65 - 20} = 0.44 \qquad 查图 4-23（a），得 \psi = 0.93$$

$$\Delta t_{\mathrm{m}} = \psi \Delta t_{\mathrm{m}}' = 0.93 \times 27.4 = 25.5 \ (℃)$$

【例 4-7】 一垂直错流间壁换热器，已知：$T_1 = 120℃$；$T_2 = 80℃$；$t_1 = 20℃$；$t_2 = 60℃$。试用查图法求解平均温度差。

解 依题意，先计算温度校正系数中的参数 P 和 R：

$$P = \frac{t_2 - t_1}{T_1 - t_1} = \frac{60 - 20}{120 - 20} = 0.40 \qquad R = \frac{T_1 - T_2}{t_2 - t_1} = \frac{120 - 80}{60 - 20} = 1.0$$

查图 4-23（d），$\psi = 0.93$。故：

$$\Delta t_{\mathrm{m}} = \psi \Delta t_{\mathrm{m}}' = 0.93 \ln \frac{(120 - 60) - (80 - 20)}{\ln \dfrac{100}{20}} = 43.2 \ (℃)$$

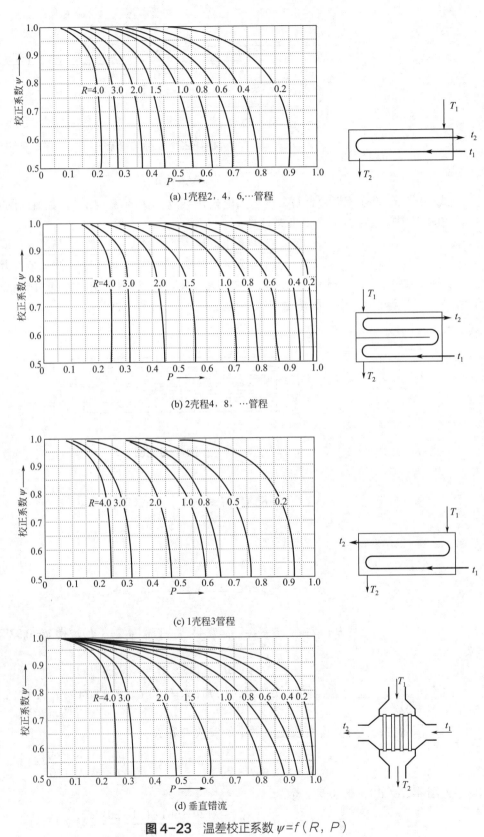

(a) 1壳程2，4，6，…管程

(b) 2壳程4，8，…管程

(c) 1壳程3管程

(d) 垂直错流

图4-23　温差校正系数 $\psi=f(R,P)$

传热过程计算中，依据的基本方程为传热速率方程和热量衡算式，即

$$Q=KA\Delta t_{\mathrm{m}}, \quad Q'=c_{p1}m_{\mathrm{s}1}(T_1-T_2)=c_{p2}m_{\mathrm{s}2}(t_2-t_1)$$

在换热器计算中，Q 和 Q' 相等，即

$$Q=KA\Delta t_{\mathrm{m}}=c_{p1}m_{\mathrm{s}1}(T_1-T_2)=c_{p2}m_{\mathrm{s}2}(t_2-t_1) \tag{4-62}$$

计算时，可由一些变量求解另一些变量。工程设计中，计算传热温差，除前已述及的对数平均温度差（LMTD）外，以下叙述热效率 - 传热单元数法，简称 ε-NTU 法。

过程检查 4.2

○ 为什么对数平均温差法适合解答设计型问题，而不适合解答操作型问题？

1. 传热效率 ε

换热器传热效率 ε 可定义为实际传热速率与最大传热速率之比，即

$$\varepsilon=\frac{Q}{Q_{\max}} \tag{4-63}$$

依据热力学第二定律，热量只能从高温流体流向低温流体，无论并流或逆流换热器，热流体至多能从进口温度 T_1 冷却到冷流体进口温度 t_1。即两流体的最大温差为 (T_1-t_1)，因而最大传热量为：

$$Q_{\max}=(c_p m_{\mathrm{s}})_{\min}(T_1-t_1) \tag{4-64}$$

式中 $(c_p m_{\mathrm{s}})_{\min}$ 代表换热器的冷热流体中，较小的一个热容 $c_p m_{\mathrm{s}}$ 值。若热流体 $c_p m_{\mathrm{s}}$ 值小，则：

$$c_{p1}m_{\mathrm{s}1}=(c_p m_{\mathrm{s}})_{\min}$$

此时

$$c_{p2}m_{\mathrm{s}2}=(c_p m_{\mathrm{s}})_{\max}$$

于是

$$\varepsilon=\frac{Q}{Q_{\max}}=\frac{c_{p1}m_{\mathrm{s}1}(T_1-T_2)}{c_{p1}m_{\mathrm{s}1}(T_1-t_1)}=\frac{T_1-T_2}{T_1-t_1}$$

若冷流体 $c_p m_{\mathrm{s}}$ 值小，则：$c_{p2}m_{\mathrm{s}2}=(c_p m_{\mathrm{s}})_{\min}$

此时

$$c_{p1}m_{\mathrm{s}1}=(c_p m_{\mathrm{s}})_{\max}$$

于是

$$\varepsilon=\frac{Q}{Q_{\max}}=\frac{c_{p2}m_{\mathrm{s}2}(t_2-t_1)}{c_{p2}m_{\mathrm{s}2}(T_1-t_1)}=\frac{t_2-t_1}{T_1-t_1} \tag{4-65}$$

计算 $Q_{\max}$ 必须选择热容流量 $c_p m_{\mathrm{s}}$ 中较小一个的理由是：在传热过程中，热流体放出的热量 Q_1 等于冷流体获得的热量 Q_2。对逆流换热器，当传热面积无限大时，$T_1 \approx t_2$，$T_2 \approx t_1$，则有 $Q_{\max}=Q_1=Q_2$。如果计算 $Q_{\max}$ 选择热容流量 $c_p m_{\mathrm{s}}$ 中较大的一个，当传热面积无限大时，则 $Q_1 \neq Q_2$。这一计算式显然不符合热量衡算。若在传热计算中已知热效率，则由式 $Q=\varepsilon Q_{\max}=\varepsilon(c_p m_{\mathrm{s}})_{\min}(T_1-t_1)$ 可直接计算 Q。以下先引入传热单元数的概念。

2. 传热单元数

在换热器计算中，如图 4-24 所示，对微元传热面积的热量衡算和传热速率方程为：

$$\mathrm{d}Q=-c_{p1}m_{\mathrm{s}1}\mathrm{d}T=c_{p2}m_{\mathrm{s}2}\mathrm{d}t=K(T-t)\mathrm{d}A$$

对于热流体，上式可改写成：

$$-\frac{\mathrm{d}T}{T-t}=\frac{K\mathrm{d}A}{c_{p1}m_{\mathrm{s}1}}$$

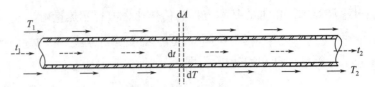

图 4-24　微元传热面示意图

将上式积分，所得积分式用 NTU_1 表示，即

$$NTU_1 = -\int_{T_1}^{T_2} \frac{\mathrm{d}T}{T-t} = \int_0^A \frac{K\mathrm{d}A}{c_{p1}m_{s1}}$$

式中，K 为常数，若传热推动力（$T-t$）以平均推动力 Δt_m 表示，则上式可改写为：

$$NTU_1 = \frac{T_1-T_2}{\Delta t_m} = \frac{KA}{c_{p1}m_{s1}} \tag{4-66}$$

式中，NTU_1 的意义为换热器中热流体进、出口温度差为平均温差的倍数，也可以表示为热流体的单位热容流量，在平均温差为 1℃时的传热量。

同样，对于冷流体有：$NTU_2 = \int_{t_1}^{t_2} \frac{\mathrm{d}t}{T-t} = \int \frac{K\mathrm{d}A}{c_{p2}m_{s2}} = \frac{t_2-t_1}{\Delta t_m} = \frac{KA}{c_{p2}m_{s2}}$

式中 NTU_2 的意义是：在换热器内，冷流体出口和进口温度差为平均温度差的倍数。

3. 传热效率与传热单元数的关系

传热效率与传热单元数的关系，可由热量衡算和传热速率方程式导出，现将式（4-57）积分后，改写为：

$$\ln \frac{T_1-t_2}{T_2-t_1} = KA\left(\frac{1}{c_{p1}m_{s1}} - \frac{1}{c_{p2}m_{s2}}\right)$$

设热流体热容流量较小，即 $c_{p1}m_{s1}=(c_pm_s)_{min}$，令 $c_{p1}m_{s1}/c_{p2}m_{s2}=C_{R1}$，将上式改写为：

$$\ln \frac{T_1-t_2}{T_2-t_1} = NTU_1(1-C_{R1})$$

经变换后得：

$$\varepsilon = \frac{1-\exp[NTU_1(1-C_{R1})]}{C_{R1}-\exp[NTU_1(1-C_{R1})]} \tag{4-67}$$

若冷流体热容流量较小，则上式变为：

$$\varepsilon = \frac{1-\exp[NTU_2(1-C_{R2})]}{C_{R2}-\exp[NTU_2(1-C_{R2})]} \tag{4-67a}$$

以上两式结构相同，可省略数字下标，得：

$$\varepsilon = \frac{1-\exp[NTU(1-C_R)]}{C_R-\exp[NTU(1-C_R)]} \tag{4-67b}$$

式中 $C_R=(c_pm_s)_{min}/(c_pm_s)_{max}$，称为热容流量比。将各种情况的 ε、NTU 及 C_R 作图，如图 4-25 所示。

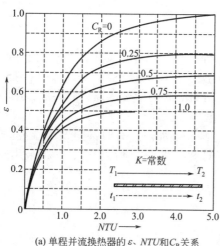

(a) 单程并流换热器的 ε、NTU 和 C_R 关系

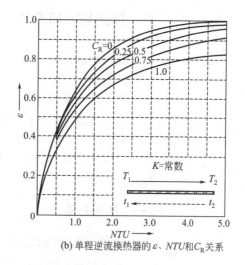

(b) 单程逆流换热器的 ε、NTU 和 C_R 关系

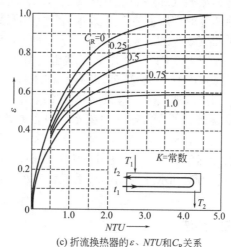

(c) 折流换热器的 ε、NTU 和 C_R 关系

图 4-25 各种情况的 ε、NTU 和 C_R 关系

【例 4-8】 某一套管式并流空气冷却器，管内走空气，空气质量流量为 4.0kg/s，进口温度为 100℃，管外走冷却水，其质量流量为 5.0kg/s，进口温度为 15℃，已知传热面积为 20m²，传热总系数 $K=$80W/(m²·K)。若空气定压比热容为 1kJ/(kg·K)，水的比热容为 4.187kJ/(kg·K)。试用图解法求冷却水出口温度和空气出口温度。

解 水的热容流量 $c_{p2}m_{s2}=5.0 \times 4.187=20.9$ kW/K，空气的热容流量 $c_{p1}m_{s1}=4.0$ kW/K，故取最小热容流量，即 $(c_p m_s)_{min}=c_{p1}m_{s1}=4.0$ kW/K。

$$NTU=\frac{KA}{c_{p1}m_{s1}}=\frac{80 \times 20}{4.0 \times 1000}=0.40 \qquad C_R=\frac{c_{p1}m_{s1}}{c_{p2}m_{s2}}=\frac{4.0}{20.9}=0.191$$

依据 C_R 和 NTU 数值，查图 4-25（a），得 $\varepsilon=0.67$。从热效率定义：

$$\varepsilon=\frac{T_1-T_2}{T_1-t_1}=\frac{100-T_2}{100-15}=0.67$$

故空气出口温度 $T_2=43$℃。

由热量衡算式求解冷却水的出口温度，即

$$Q=5.0 \times 4.187(t_2-15)=4.0 \times (100-43)，故\ t_2=25.9℃。$$

五、加热与冷却方法

流体的加热和冷却是两种相反的操作，如果生产中有一种流体需要加热，另一种流体要冷却，只要其温度范围能够达到，就应在这两种流体间进行换热，以节约能源。例如，用精馏塔底的冷凝水预热原料液，用蒸发蔗糖溶液时产生的二次蒸汽去加热其他液体或气体。

生产上常需要对大量物料进行加热，有时甚至要求温度高达 200℃以上，这时，仅靠所处理的流体间的热量就无法满足要求，必须采用专门的加热或冷却方法。

（一）加热方法

1. 饱和水蒸气及热水加热法

用饱和水蒸气加热的优点是温度与压力间具有对应关系，通过调节压力就能方便地调节或控制温度。而且水蒸气传热系数高，有利于提高传热效果，缩短加热时间或减小加热设备尺寸。但水蒸气加热也存在缺点，即加热温度不能太高，一般在 180℃以下，因为温度超过 180℃后，压力将高于 1MPa，给传热设备的机械强度及安全操作带来不利影响。

用饱和蒸汽加热时，应及时排除冷凝水，或在水出口处装设疏水器，以自动排除冷凝水。若不常排除冷凝水，设备的传热效果将逐渐变差。另一方面，还应即时放出不凝性气体，以保证较高的传热系数。

热水加热法在生产中应用不十分普遍，因热水传热系数不高，温度也较低。一般利用饱和水蒸气的冷凝水或废热水。这种加热可用于需要缓慢加热的场合。

2. 导热油加热法

凡需要将物料加热到 200℃以上时，常采用矿物油加热。这种加热方法的缺点是油的黏度会逐渐上升，需要经常更换，此外，油的对流传热系数低，操作中温度调节也较困难。

3. 烟道气或炉灶加热法

这种加热方法的温度可达 800～1000℃，但温度控制和调节困难，传热效率也很低，常需要附加除尘装置。在处理易燃易爆物料时应尽量避免选用此方法，以避免危险。

工业生产中，凡加热温度在 180℃以下的，一般用饱和水蒸气加热，温度在 500℃以上，一般选用烟道气加热。

（二）冷却方法

生产上常用的冷却方法有水冷、冷冻盐水冷却及空气冷却等几种，生产中尤以水冷法应用最广泛。但冷却水温要随季节变动，在夏季，将物料冷至15～20℃是困难的，必须采用冷冻盐水冷却。深井水温度常年在 20℃以下，且稳定不变，但大量开采会引起地面下沉。大规模生产中，以空气作冷却剂是经济合理的，但其传热系数很低，设备费用较高，需从经济核算角度权衡利弊。

六、传热过程的强化

传热过程的强化是指提高热量从热流体穿过壁面，再传向冷流体的传递速率。从传热速率方程

$$Q = KA\Delta t_m$$

可知，提高换热器传热速率的措施有三方面。

1. 降低总热阻

从前述串联热阻计算式得：

$$\frac{1}{K} = \frac{1}{\alpha_1} + R_{s1} + \frac{b}{\lambda} + R_{s2} + \frac{1}{\alpha_2}$$

此式表明，降低总热阻有三种方法：①提高冷流体及热流体对流传热系数 α_1、α_2；②降低垢层热阻 R_{s1}、R_{s2}；③减小壁厚和增大材料热导率。

对于经常清洗或新安装的换热器，污垢热阻可以忽略，上式可简化为：

$$\frac{1}{K} = \frac{1}{\alpha_1} + \frac{b}{\lambda} + \frac{1}{\alpha_2}$$

一般换热器的管壁导热热阻从数量级分析，比对流热阻小得多，在估算总热阻时可以忽略。而在对流传热热阻中，如果 $\alpha_1 \gg \alpha_2$，则 $\frac{1}{K} \approx \frac{1}{\alpha_2}$，即 $K \approx \alpha_2$，传热过程总传热系数决定于 α_2 的数值大小及变动情况。提高对流传热系数 α 的方法是增大流体的湍流程度，使层流内层厚度减薄，操作中，加大流速是减薄层流内层的主要方法。此外，不断改变流动方向也有利于增大湍流程度，如搅拌器的正反向转动。但过大的流速必然使流体阻力上升，从而增加动力消耗。

2. 增加传热面积

增加传热面积的方法有几种，如在相同外壳内用较小管子取代大管子（我国生产的换热钢管只有 $\phi 25mm \times 2.5mm$ 和 $\phi 20mm \times 2mm$ 两种），用面积相对较大的螺旋管、波纹管、翅片管等代替光滑管。在实际生产或工程设计中，必须从经济核算出发选择合理方案。

3. 增大传热温差

增大传热温差的方法有几种：

（1）当冷、热流体温度恒定时，将并流改为逆流流程。

（2）用蒸汽加热液体的传热操作，可提高蒸汽压力，使热流体进口温度升高，但不能超过换热器的使用压力。

（3）降低冷却水进口温度。生产中采用冷冻水是可行的，但需要多消耗能量。在夏季，降低冷却水温的有效方法是增设水喷淋式空气冷却器，以降低循环冷却水温度。

（4）提高冷却水流速。提高冷却水流速可降低水的出口温度，从而增大平均温度差。

七、流体间的间歇换热

食品工业应用最普遍的间歇换热设备（见图 4-26）是夹套式浓缩锅。夹套内通水蒸气或热水。为增大传热系数，并加速溶液混合，常装有搅拌器。通常锅内液体温度均匀，但随时间变化。设热流体温度 T 恒定，釜内

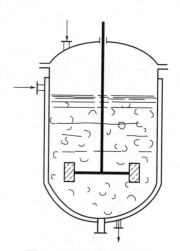

图 4-26　夹套式换热器

液体质量为 m，定压比热容为 c_p，釜的有效传热面积为 A，液体初、终温度为 t_1 和 t_2，则物料加热时间可用积分方法求得：$dQ=mc_p dt=KA(T-t)d\tau$

故：

$$d\tau = \frac{mc_p dt}{KA(T-t)}$$

上式积分后，得加热时间计算式：

$$\tau = \int_{t_1}^{t_2} \frac{mc_p dt}{KA(T-t)}$$

在加热过程中，随着物料物理性质的逐步改变，其质量、比热容和传热系数都会相应变化，如果各参数数值变化不大，可取为初、终状态的平均值。加热时间由以下积分式计算：

$$\tau = \frac{mc_p}{KA} \ln \frac{T-t_1}{T-t_2} \qquad (4\text{-}68)$$

【例 4-9】 一夹套式蒸煮锅的有效传热面积为 $4m^2$，平均总传热系数 $K=100W/(m^2 \cdot K)$，料液平均定压比热容 $c_p=2kJ/(kg \cdot K)$，溶液初温 20℃，如图 4-26 所示。试计算用 120℃ 饱和水蒸气将 500kg 溶液加热到 80℃ 所需时间。

解 已知数据代入式（4-68）得：

$$\tau = \frac{mc_p}{KA} \ln \frac{T-t_1}{T-t_2} = \frac{500 \times 2 \times 1000}{100 \times 4} \ln \frac{120-20}{120-80} = 2290.7（s）$$

第六节 传热设备

传热设备是指一种流体与另一种之间进行热量交换的设备。以下讨论换热器的分类、设备结构以及它们在食品工业中的应用范围。

食品工业中的换热器，可分为间壁式与混合式两大类（蓄热式从略）。按换热器的使用目的可分为预热器、蒸发器、冷却器、冷凝器及再沸器等，按设备结构可分为蛇管式、套管式、列管式、喷淋式、板式、翅片管式、夹套式等。

一、间壁式换热器

工业换热设备中，大多数为间壁式换热器，其主要特点是冷、热流体不直接接触或混合。依据换热器的结构，可分为几种，现分别叙述如下。

（一）蛇形换热器

蛇形换热器是一种构造最简单的传热设备，其形状有蛇形、圆盘形、螺旋形等（如图 4-27 所示）。管排一般浸沉在充满液体的容器内。这类设备的主要优点是投资少，便于防腐和清洗，能耐高压。缺点是传热面积小，此外，因管外流通截面大，液体流速很低，故总传热系数较小。若能增设搅拌器，可大幅提高传热效率。

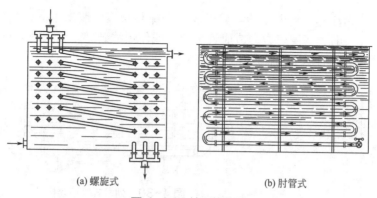

(a) 螺旋式　　　　　　　　　(b) 肘管式

图 4-27　蛇形换热器

（二）套管式换热器

　　这类换热器由内管和同心套管，经圆弧形肘管连接而成，如图 4-28 所示。多数为上下排列，定于管架上。进行热交换时，一种流体走管内，另一种流体走环隙。选用蒸汽加热液体时，蒸汽从环隙顶部导入，冷凝水从底部排除，液体由内管底部流入，上部流出。套管式换热器构造比较简单，加工方便，其排数和程数可以依据工艺需要增加或减少。流体在内管和环隙流动的速率都较高，故传热系数很大。而且冷热流体呈严格的逆流流动，因而传热平均温差最大。此类换热器的缺点有：占地面积大；管接头多，容易泄漏；单位传热面的金属耗用量多，故设备费用较高。

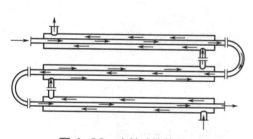

图 4-28　套管式换热器

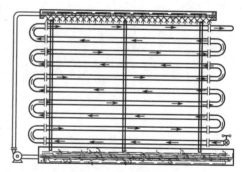

图 4-29　喷淋式换热器

（三）喷淋式换热器

　　喷淋式换热器是将蛇管多排并联起来，固定于钢架上，如图 4-29 所示，被冷却流体走管内，管排上部用冷却水喷淋，沿横管排逐管下降，落入水池中，再泵送至上部分布水槽内。这类换热器的优点是造价低，能利用空气的汽化潜热，故水耗用量小，其传热系数比浸沉式蛇管换热器高，而且能耐高压。缺点是水喷淋不易均匀，冷却效果不稳定，且占地面积大，故必须安装在室外，而且要经常清洗管外积垢。

（四）列管式换热器

　　列管式换热器是目前各行业应用最广泛的标准化换热设备。与前几类换热器相比，其换热面积可大得多，而且结构紧凑、坚固，传热效果也较好，适用于高温、高压及大型化装置中，如化肥、石油、酒精等生产。

　　列管换热器的主要部件有壳体、管束、管板、封头、折流板等，如图 4-30 所示。管子一般焊接于管板上，封头与壳体两端的法兰用螺栓相连。操作时，一种流体走管程，另一种流体走壳程。由于冷、热

流体平均温度的差异，导致壳体与管束膨胀率不同，当两流体温差超过50℃时，温度应力会造成管子变形或使焊缝破裂。为了削弱热应力的影响，换热器具有以下几种构型。

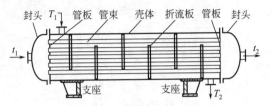

图4-30　列管式换热器构造

（1）固定管板式换热器　固定管板式换热器两端管板和壳体是焊接为一体的。这种结构的换热器制造成本低，适用于壳体与管束间温差较小，物料不易结垢的场合。为了提高管程流体的对流传热系数，在封头与管板间装设挡板，变单程为两程（图4-31），可以提高流速一倍。图4-32为三管程固定管板式换热器。我国生产的列管式换热器多数为两程至四程。程数过多，将增大流体阻力和减小传热温差。

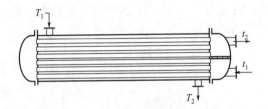

图4-31　双管程固定管板式换热器

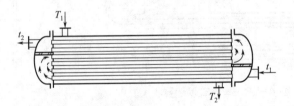

图4-32　三管程固定管板式换热器

为了增大换热器壳程流速，并强化湍流运动，在壳程装置折流挡板十分必要，如图4-33所示。折流挡板分圆缺形和盘环形两类，见图4-34。其中，圆缺形应用比较普遍，缺口布置方向有水平布置和垂直布置两种。缺口垂直布置挡板用于卧式冷凝器及再沸器内，以便排除悬浮固体或沉积物。水平布置挡板则适用于任何气体及液体，但不能含有沉积物，以免在两折流板间沉积。

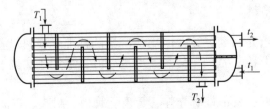

图4-33　有折流板的双管程换热器

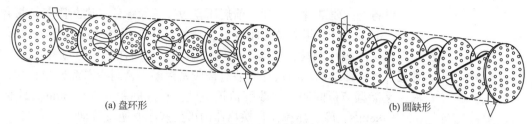

(a) 盘环形　　　　　　　　　　　　　(b) 圆缺形

图 4-34　折流挡板

　　盘环形挡板由圆盘和圆环交替排列构成，这种挡板对于单相流体的传热与圆缺形挡板一样有效，但必须处理清洁流体，否则沉淀物沉积在圆环底部，将大幅度增加热阻。

　　（2）浮头式换热器　在壳体与管束温差超过 50℃，而管束空间又须经常清洗的场合，就可以选用此类换热器。其结构如图 4-35 所示。管板一端与壳体和封头法兰以螺栓连接，另一端可沿管长方向自由伸缩。浮头用于改变管程流体流向。此类换热器的优点是便于维修和清洗，在工业生产中应用很广泛，但缺点是结构比较复杂，金属耗用量大，造价高。

　　（3）U 形管式换热器　这类换热器结构如图 4-36 所示，为便于伸缩，每根管子都弯成 U 形，两端焊接于同一管板上，通过螺栓与壳体及封头相连。在管板与封头间装设隔板，以阻止管内流体短路。这种设备的优点是可以承受较大的温差变化，维修、清洗容易，缺点是管内清洗十分困难。

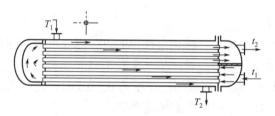

图 4-35　浮头式列管换热器

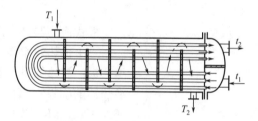

图 4-36　U 形列管式换热器

（五）翅片管换热器

　　在食品工业及制冷行业中，经常遇到一侧流体为饱和蒸汽，另一侧为气体或高黏性液体之间的换热。气体和高黏性液体的对流传热系数很小，这一侧采用翅片管来增大传热面积和湍流程度，对提高传热效率十分有利。图 4-37 为两类常见的翅片管。翅片与管子通过焊接或机械轧制连接而成。

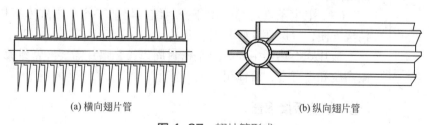

(a) 横向翅片管　　　　　　　　　　　(b) 纵向翅片管

图 4-37　翅片管形式

（六）板片式换热器

　　板片式换热器是一种以不锈钢波纹片为传热面的新型换热设备，早在 20 世纪 30 年代就已在食品工业中应用。由于其独特的优越性，在乳品生产、果汁加工、啤酒酿造中用于高温短时杀菌，也用于液体食品的快速冷却及真空浓缩。

设备的主要部件有板片、前后压紧板、压紧螺栓、密封圈等，板片厚度为0.5～3mm。由于薄金属片刚度差，特将其压制成各种波纹或半球形，这样，不仅增强了板片刚性，还能产生剧烈湍动，从而强化传热过程。图4-38为两种板片的详细结构。两板片间装有橡胶密封圈，密封圈既起密封作用，防止漏液，又能调节板间距，以改变流道宽度。板片间距为3～6mm，流体速率为0.3～0.8m/s。冷、热流体在换热器内可呈并流或逆流流动。

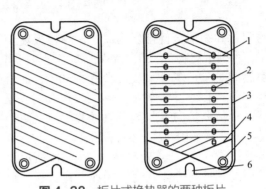

图4-38　板片式换热器的两种板片
1—波纹板；2—定距触点；3—密封槽；4—导流槽；5—角孔；6—定位缺口

板式换热器具有以下特点。

（1）传热效率高　由于板间间隙小，冷热流体都能以较高速度流过相邻流道，板上波纹促进了流体的湍流运动，故对流传热系数很高。实验表明，这类换热器的临界雷诺数 $Re=180～200$。当板间线速度为0.5m/s时，传热系数达5000W/(m²·K)以上，因而适合流体的快速加热或冷却。

（2）结构紧凑　设备的单位体积传热面积为250～1500m²/m³，而列管式换热器为40～150m²/m³，表明其生产强度比一般换热器大得多。

（3）操作灵活　由于板片可以依工艺需要进行增减，而且可以并流、逆流以及并、逆流分段操作，还可以同时用于两种流体的换热，故操作灵活，且适应性强。

（4）适合加工热敏性物料　当热敏食品快速通过薄层流道时，不易发生过热现象。

（5）卫生条件可靠　由于密封结构保证了冷、热流体不相混合，且装拆、清洗方便，可保证良好的卫生条件。

板片式换热器主要缺点是密封周边长，垫片需要经常维修或更换，而且不耐高压和高真空，流体阻力大等。

（七）螺旋板换热器

螺旋板换热器是用两张薄钢板在特制卷板机上卷制而成的，如图4-39所示。螺旋通道内焊有许多定距支撑点，以保持通道间距。冷、热流体在相邻通道内流动。螺旋板换热器的主要优点是：

（1）结构紧凑　一台传热面积100m²的螺旋板换热器，直径仅为1.4m，高1.4～1.5m。而一台100m²的列管式换热器高为1.1～1.2m，长达6m以上。故螺旋板换热器体积小，重量轻，金属消耗量少。

（2）传热效率高　流体在通道中流动时，有离心力的扰动作用，可以于低雷诺数下形成湍流，使传热系数得以大幅提高。

（3）流体通道不易堵塞　液体物料在通道内流速可达 2m/s，又由于是单一流道，故不易堵塞，有"自洁"作用，适于处理悬浮液和纤维状液体。

螺旋板换热器的主要缺点有：

（1）不易检修　由于相邻通道间是靠焊接密封的，要拆开维修是十分困难的；

（2）可承受压力不高；

（3）流体阻力大，故动力消耗大。

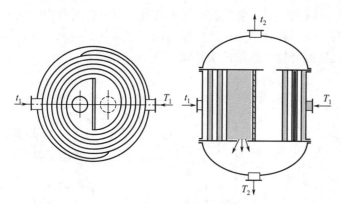
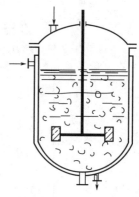

图 4-39　螺旋板换热器　　　　图 4-40　夹套式换热器

（八）夹套式换热器

夹套式换热器如图 4-40 所示，换热夹套用钢板卷制或以半圆管焊接于容器外壁，容器与夹套形成的空间为载热体通道。由于受设备结构限制，传热面积不大（＜10m²）。若用于加热，夹套内加热蒸汽压力最高不超过 1MPa，一般为 0.5MPa（表压）；若用于冷却，为提高对流传热系数，可在夹套内加设挡板，或将夹套制作成半圆管缠绕形式。这种换热器广泛用于制药及食品工业中。

在化工生产中，为防止腐蚀，常在容器内表面搪以耐酸瓷层或喷涂聚四氟乙烯涂料。

间壁换热器经济、技术指标比较见表 4-7。

表 4-7　间壁换热器经济、技术指标比较

形式	传热系数范围/[W/(m²·K)]	单位体积内的传热面积/(m²/m³)	单位面积的金属耗用量/(kg/m²)
蛇管式	水-水600～1020（铜管） 水-水加搅拌510～2040（铜管）	15	100
喷淋式	液体冷却290～930 蒸汽冷凝350～1200	16	60
套管式	液-液350～1400	20	150
列管式	水-水600～1020 蒸汽-水1200～40000	45～50	30
板片式	水-水7000	250～1000	16
螺旋板式	蒸汽-水3500 液-液700～2300	100	50
板翅式	空气强制对流53～50	250～4370	

二、混合式换热器

混合式换热器是使冷、热流体进行直接接触的换热设备。混合式换热器在进行热量交换的同时，还存在质量传递。这类设备与间壁式换热器相比，具有不设传热壁面、结构简单、传热效率高和造价低的特性，常用于蒸汽冷凝及不溶气体的冷却，也用在气体增湿和除尘等单元操作中。混合式换热器形式很多，以下叙述几种典型设备。

1. 喷射式冷凝器

如图 4-41（a）所示，器内装有数只收缩喷嘴，当较高压力（0.2～0.6MPa）的水通过喷嘴时，立即在球形腔内产生很高的真空，从而吸入气体或蒸汽，经过热量交换的气液混合物从锥形扩压管底部排除。

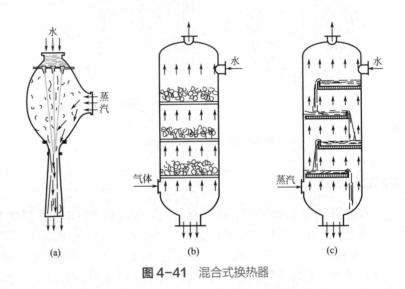

图 4-41　混合式换热器

喷射式冷凝器除热交换外，还具有抽真空的功能，在食品工业中应用十分广泛，如真空蒸发、真空脱臭、真空干燥等。

2. 鼓泡式换热器

如图 4-41（b）所示，设备由筒体及多孔板构成。冷却水由上部送入，逐板淋降，气体或蒸汽从下部引入，气、液两相在多孔板上呈逆流鼓泡接触，每个气泡都是传热面，经换热的气体从器顶排除，受热后的水则由器底部流出。

3. 孔板式冷凝器

如图 4-41（c）所示，设备由筒体及弓形多孔板组成，冷却水由上部进入，一部分逐板淋降，另一部分由弓形边缘溢流而下。气体或蒸汽从下部引入。气、液两相中，一部分在多孔板上呈逆流鼓泡接触，另一部分以穿越瀑布区方式流动，所有气泡都是传热面。不凝性气体或经换热后的气体从筒体顶部排除，受热后的水由筒底流出。

拓展阅读

　　陶文铨是中国科学院院士、国际数值传热学专家，也是我国计算传热学学科分支的奠基人之一。1980 年，41 岁的陶文铨到美国明尼苏达大学进修。陶文铨曾在采访中说"当时我就像一块干海绵被放进了海洋里，拼命地汲取知识的水分"。回国时，他用自己大部分积蓄购置了大量的书籍资料和学术磁带，这些宝贵的学术资源，他毫无保留地与国内同行分享，极大地促进了国内学术界的发展和交流。陶文铨回国后，便全身心投入到传热强化与流动传热问题的数值计算研究中，不断开拓国内这一领域的研究新境界，创造了多个"第一"。在他的带领下，研究团队荣获国家自然科学奖二等奖及国家发明奖二等奖，成就斐然。陶文铨院士具有前瞻性的洞察力，他根据国际数值模拟研究的最新趋势，及时提出了流动与传热的多尺度模拟这一创新课题，引领我国在该领域的研究走向国际前沿。他的研究成果不仅在航天、能源和化工等多个关键领域得到了广泛应用，而且他开发的强化传热技术已成功转化为工业实际应用，极大地推动了我国气体换热器产品向世界先进水平的追赶。据不完全统计，陶文铨院士及其团队研发的新型换热器技术，已为企业创造了超过 20 亿元的新增产值。陶文铨院士曾表示："我们致力于通过我们的专业研究，使我们的国家在这一领域能够在世界上占有一席之地，拥有话语权，并处于领先地位。"

知识归纳

　　一维稳态自发传热
○ 稳态传热是指系统中各点的温度仅随位置变化而不随时间变化，即各点的传热速率为常数；反之，若系统中某点的温度既随位置又随时间而变，则属于非稳态传热。
○ 自发传热是指在温差推动力下，热量总是自发从高温物体传递到低温物体；只有在消耗机械能的条件下，才有可能由低温物体传递到高温物体，此时为非自发传热。
○ 传热通常是三维的，但是在某些情况下可近似认为是一维的，从而简化传热计算。比如厚度与长宽相比可忽略的单层或多层大平壁，厚度与直径相比可以忽略的单层或多层圆筒壁。
○ 本章只讨论了一维、稳态、自发的传热。
　　热传导
○ 导热的微观机理尚不明确，但其宏观规律可用傅里叶定律描述。傅里叶定律与牛顿黏性定律类似，通过理论推导而来。
○ 热导率 λ 越大表明物质导热性能越好，λ 属于物性参数，通过实验或查表获取。
○ 热导率 λ 与压强关系不大，但是随温度略有变化。在传热系统中，由于各个位置的温度不同，因此 λ 实际上是个变量。但是取平均温度下的 λ 值，把 λ 作为常数处理，不会引起太大误差。
　　对流传热
○ 传热的基本方式有热传导、热对流和热辐射三种，实际传热过程往往是多种传热方式的结合，常见的是热传导和热对流结合的对流传热。
○ 在对流传热过程中，除热量传递外，还涉及流体的流动。温度场和速度场相互作用，导致对流传热过程比较复杂。针对复杂的对流传热问题，牛顿冷却定律给出了传热速率的计算方法。这种处理方法看似简单，但实质上是将难点集中到求解对流传热系数 α 上了。

○ 在对流传热模型中，传热阻力或者传热推动力损失主要发生在层流层，因此对流传热系数 α 取决于热流边界层的厚度。

○ 对流传热系数 α 反映的是对流传热的快慢，它不仅与流体的物性有关，还受其他多重因素影响，因此 α 是一个实验系数，而不是物性参数。

○ 对流传热时，不同位置处的温度不同，而流体的物性随温度变化，故 α 实际上是沿着传热壁面而变化的变量，即 α 具有局部性。但是一般情况下流体的物性随温度变化不是很大，因此，α 取整个传热面的平均值是可行的。

○ 在工业中，圆形直管内、外的强制湍流情形很常见，其 α 经验式要重点掌握。

间壁式换热器的计算

○ 间壁式换热器的传热过程，由热流体对流传热、壁面导热和冷流体对流传热三个串联的传热过程组成，联立牛顿冷却定律、傅里叶定律和热量衡算可推导总传热速率方程。

○ 总传热速率方程中推动力或传热温差 Δt 是沿着传热面而变化的量，求 Δt 是解答总传热速率方程的关键。

○ 求 Δt 有对数平均温差法和传热单元数法，前者更适合设计型问题，后者更适合操作型问题。

○ 在冷、热流体进出口温度相同的条件下，逆流时的对数平均温差恒大于并流，故从传热推动力 Δt_m 的角度看，逆流总是优于并流。

辐射传热

○ 辐射传热不需要介质，任何物体都在不停地发出和吸收辐射能，温度越高，物体辐射越强。

○ 黑体、白体和灰体都是理想物体，大多数物体可视为灰体，而将黑体和白体作为实际物体的参照标准，从而简化辐射传热计算。

❀ 工程训练

　　在油脂生产中，一台列管式预热器每小时能将 5t 大豆油从 20℃ 加热到 100℃，现要求增加豆油处理量 20%，应采取哪些合理化措施。

✎ 习题

4-1　某燃烧炉由三层绝热材料构成。内层是耐火砖，厚度 150mm，热导率 $\lambda=1.05\text{W/(m·K)}$；中间层为绝热砖，厚度 290mm，$\lambda=0.15\text{W/(m·K)}$；最外层为普通砖，厚度为 190mm，$\lambda=0.81\text{W/(m·K)}$。已知炉内壁温度为 1016℃，外壁温度为 30℃。试求：

（1）单位面积上的传热速率 q；

（2）耐火砖与绝热砖界面温度；

（3）普通砖与绝热砖界面温度。

4-2　外径 100mm 的蒸汽管，管外包第一层绝热材料厚 50mm，热导率 $\lambda_1=0.7$W/(m·K)，外层绝热材料为厚 25mm，热导率 $\lambda_2=0.075$W/(m·K)。若蒸汽管外壁温度为 170℃，最外层表面温度为 38℃，试计算每米管长的热损失和两层绝热材料的界面温度。

4-3　冷库由两层材料构成，外层是红砖，厚度 250mm，热导率 $\lambda=0.8$W/(m·K)；内层绝热材料为软木，厚度 200mm，$\lambda=0.07$W/(m·K)；冷库内壁温度为 -5℃，红砖外表面温度为 25℃。试计算此冷库损失的热流量 q 和两层材料的界面温度。

4-4　冷冻盐水在列管换热器的管程流过，已知管长为 3m，内径 21mm。盐水物性参数为：密度 $\rho=1230$kg/m³；比热容 $c_p=2.85$kJ/(kg·K)；黏度 $\mu=9\times10^{-3}$Pa·s；热导率 $\lambda=0.57$W/(m·K)；壁温下的黏度 $\mu_w=8\times10^{-3}$Pa·s。若盐水在管内流速为 0.3m/s，试求管壁与流体间的对流传热系数。

4-5　常压空气在平均 27℃下流过内径 25mm 的水平管，其平均流速为 0.3m/s，管壁温为 140℃，管长 0.4m。27℃空气物性：$\mu=1.84\times10^{-5}$Pa·s，$\beta=3.33\times10^{-3}$K^{-1}，$\lambda=0.0265$W/(m·K)，$\rho=1.18$kg/m³。试计算对流传热系数 α。

4-6　一套管换热器，用饱和水蒸气加热空气。今要求将空气流量增大一倍，而进出口温度仍保持不变，试问换热器长度应增加百分之几？

4-7　在一换热器中，用 90℃水将生物柴油从 25℃预热至 52℃。若水出口温度为 35℃，试求换热器的效率 ε。

4-8　一传热面积为 10m² 的逆流换热器，用流量为 0.9kg/s 的油将 0.6kg/s 的水加热，已知油的比热容为 2.1kJ/(kg·K)，水和油的进口温度分别为 35℃及 175℃，换热器传热系数为 425W/(m²·K)，试求换热器的热效率。

4-9　两块相互平行的黑体长方形平板，其尺寸为 1m×2m，板间距为 1m。若平板表面温度分别为 727℃和 227℃，试计算两平板间的辐射传热量。

4-10　试求直径 70mm、长度 3m 的钢管（表面温度 227℃）的辐射热损失。设钢管处于：

（1）壁温为 27℃的砖屋内；

（2）截面为 0.3m×0.3m 的槽中，槽壁温度为 27℃，两端热损失忽略不计。

4-11　在果汁预热器中，进口热水温度为 98℃，出口温度降至 75℃，而果汁进口温度为 5℃，出口温度升至 65℃。试求两种流体在换热器内呈并流和逆流的平均温度差。

第五章　制冷、冷冻与保鲜

○○ —— ○○ ○ ○○ ——————

　　新鲜百合鳞茎色白肉嫩、味道鲜美、营养丰富且兼具一定药用效果，有着"蔬菜人参"的美誉，深受消费者欢迎。但新鲜百合采购贮藏过程中品质容易干缩劣变，表面色泽也容易发生明显的紫红色色变，严重制约了新鲜百合的商品价值。采用适当的保鲜手段，抑制百合的采后品质劣变，延长百合的货架期是很有意义的。图（a）为气调保鲜 12 天的新鲜百合，图（b）为未采用保鲜技术保鲜的新鲜百合。对比之下，采用气调保鲜的百合能保持食品的原汁、原味、原色，而未采用保鲜技术保鲜的百合则明显脱水、干瘪、变色。随着科技的发展，我们拥有越来越多的先进保鲜技术手段，不仅能满足我们日常生活所需，还能满足大规模生产加工的需要。

(a) 气调保鲜百合（12天）

(b) 未采用保鲜技术保鲜的百合（12天）

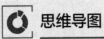

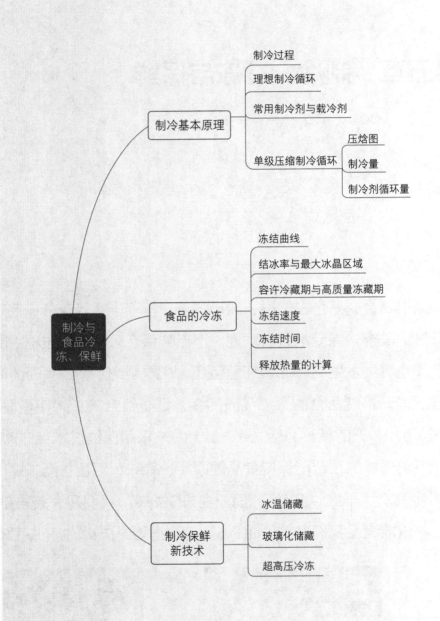

◉ **学习目标**

---

1. 简要描述制冷基本原理。
2. 指出常用制冷剂和载冷剂，并能根据使用场景选择合适的制冷剂和载冷剂。
3. 指出食品工业中常用的制冷方法。
4. 简要描述食品冷冻过程水的冻结曲线、食品的冻结曲线、结冰率与最大冰晶区域。
5. 简要描述冻结对食品热物理性质与品质的影响。
6. 简要描述食品冻藏中的变化，简要描述食品冻藏期的影响。
7. 能计算食品冻结的速度与时间。
8. 简要描述食品气调保鲜原理。
9. 指出常用的气调保鲜分类和常用的气调保鲜方法。
10. 指出常用制冷与气调保鲜装置设备及其适用范围。

　　食品的腐败变质主要是由于微生物和食品中酶作用造成的。因为动物性食品没有生命，在储藏时构成它们的生物体与细胞都死亡了，故不能控制酶的活性和微生物的生长繁殖。微生物促使食品营养成分分解，酶的催化作用促成食品变质加速，使食品质量下降，发生变质和腐败。采用冷藏或冷冻的保藏方法，使食品处于低温环境中，微生物会停止繁殖，甚至死亡，酶的催化能力也会减弱或丧失，从而使食品可以较长时间保持其原有的色、香、味等特性，达到保鲜食品的目的。

　　制冷技术在食品业中的应用主要可分为三部分，在食品加工中的应用、食品冷藏保鲜的应用与食品冷藏运输的应用，具体包括粮食及饲料加工业、屠宰及肉类蛋类加工业、水果冷藏保鲜和运输等等。

第一节　冷冻原理

一、制冷的基本原理

　　制冷是指从低于环境温度的空间或物体中吸取热量，并将其转移给环境介质的过程。实现制冷所必需的机器称为制冷机。利用制冷技术产生的低温源使产品从常温冷却降温，进而冻结的操作过程称为冷冻，它包括制冷和食品冷冻两个部分。

1. 制冷过程

　　制冷过程是利用某些低沸点的物质（制冷剂）在低温下吸热汽化，吸收低温物体的热量，再通过制冷设备施加外加功将这部分汽化的低温低压气体吸收的热量转移出去的过程。这是实现低温物体的热量转移到高温物体中去的过程，必须消耗外功，热量才能反自然地倒流，从而使被冷却物体的温度下降到比环境介质温度更低。

　　如图 5-1 所示为单级蒸气压缩式制冷系统，由压缩机、冷凝器、膨胀阀和蒸发器组成。其制冷过程为：液态制冷剂 4 在低温低压状态下，吸收被冷却物体热量后汽化为低温低压气体

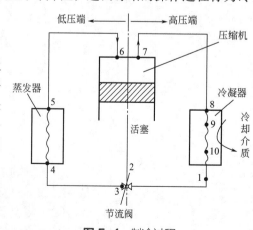

图 5-1　制冷过程

5；该气体被送到压缩机压缩6，压缩机做功将低温低压气体6压缩成为高温高压气体7；高温高压气体7送到冷凝器中冷凝8，8在冷凝器中被冷凝成高压常温液体1；高压常温液体经膨胀阀节流膨胀，又变成低温低压液体4。如此循环，达到制冷的目的。图中9、10为吸收制冷剂热量前后不同温度的冷却介质。

这种制冷方法是蒸气压缩制冷，是利用液态制冷剂在低温下蒸发吸热，达到制冷目的，吸收的是潜热。蒸气压缩式制冷是目前应用最广泛的一种制冷方法。这类制冷设备比较紧凑，能达到的制冷温度范围宽广，在普通制冷温度范围内有较高的制冷效率。

2. 理想制冷循环

在热力学中，能量的传递和转化循环，可分为正向循环和逆向循环两种。正向循环是热量转变为功的循环，所有的发动机都是按照正向循环工作的；逆向循环则是消耗功转变为热的循环，制冷循环就是按照逆向循环进行的。

逆向循环又可分为可逆循环和不可逆循环两种。如果不考虑制冷剂在流动和状态变化过程中因摩擦、扰动及温度差异等原因引起的内部损失，以及冷凝器、蒸发器等的传热损失等外部损失，循环就是可逆的，反之则就是不可逆的，因此可逆循环是一种理想状态。

卡诺循环是由两个绝热过程和两个等温过程构成的循环过程，是理想的正向循环，是热机研究的理论依据。逆卡诺循环也同样由两个绝热过程和两个等温过程构成，只是其循环的方向与卡诺循环的方向正好相反，逆卡诺循环是理想的制冷循环。

制冷技术的一个很重要的问题是，在一定热源温度下需要怎样组织制冷机的工作循环，才能使获得单位冷量所消耗的能量为最小。所以要研究逆卡诺循环，研究它的目的是寻找热力学上最完善的制冷循环，作为评价实际循环效率高低的标准。

图5-2所示为逆卡诺循环过程的压容图和温熵图，从图中可以看出制冷剂（或称为工质）的循环变化为：

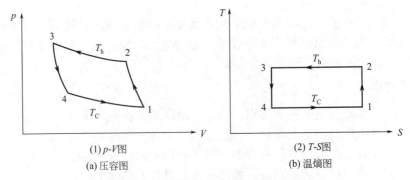

(1) p-V图   (2) T-S图
(a) 压容图   (b) 温熵图

图5-2　逆卡诺循环的压容图和温熵图

（1）等熵压缩过程　制冷剂首先沿等熵线1—2作绝热压缩，压缩过程中消耗了功，而使制冷剂的温度从 T_C 增加到 T_h；

（2）等温放热过程　制冷剂沿等温线2—3等温压缩，向周围介质等温放热，其熵值减少，压力从 p_2 升至 p_3；

（3）等熵膨胀过程　制冷剂沿等熵线 3—4 作绝热膨胀，压力从 p_3 降至 p_4，此过程中产生膨胀功，温度从 T_h 降回到 T_C，这是膨胀终了状态；

（4）等温吸热过程　制冷剂沿等温线 4—1 作等温膨胀，其熵值增加，此过程中制冷剂从被冷却物质中等温吸热，制取冷量后，压力从 p_4 降至 p_1，制冷剂又回复到开始状态。

根据热力系统，可逆变化过程中，熵的变量等于零这一热力学原理，逆卡诺循环所消耗的机械功就等于压缩时所消耗的功减去膨胀时所做的功。

这样一直循环下去，制冷剂就不断从冷源吸取热量，并和外功一起以热能的形式放给热源，进而达到制冷的目的。逆卡诺循环是可逆的理想制冷循环，在工业生产中是不能实现的，但可作为实际制冷循环的完善程度的比较标准。

二、常用制冷剂和载冷剂

（一）制冷剂的要求和选用原则

制冷剂是在制冷装置中，通过相态变化，不断循环产生冷效应的物质，是制冷机的工作介质。制冷剂在制冷机系统中循环流动，在蒸发器中汽化时吸热，在冷凝器中凝结时放热，通过自身热力状态的变化与外界发生能量交换，达到制冷的目的。习惯上又称制冷剂为工质。

制冷剂的性质直接关系到制冷装置的制冷效果、经济性、安全性及运行管理，因而对制冷剂性质的了解以及对合适的制冷剂的选择非常重要。制冷剂的选用原则：

（1）临界温度要高，即物质由气态变为液态的最高温度要高，这是对制冷剂性质的基本要求。降温加压是使气体液化的条件，物质只有在临界温度下才能够通过加压方式使物质由气态转化为液态。临界温度高，便于用一般的冷却水或空气对压缩机出来的高温高压的制冷剂气体进行冷凝。

（2）沸点要适当，这是低温制冷的一个必要条件。若沸点太高，压缩机吸入压力太低，将降低制冷剂工作效率；沸点太低，吸入的压力过高，容易产生泄漏。

（3）蒸发压力要适中，蒸发压力最好与大气压相近并稍高于大气压力，一般为 0.1 ~ 0.14MPa，以防空气渗入制冷系统中，降低制冷能力。

（4）冷凝压力不宜过高，过高对设备的要求相应提高，而且还会导致压缩机功耗增加。

（5）比容大，即单位容积制冷量要大。这样在制冷量一定时，可以减少制冷剂的循环量，缩小压缩机的尺寸。

（6）热导率高，可以提高换热器的传热系数。

（7）黏度和密度小，可以降低其在系统中的流动阻力损失。

（8）凝固点低，使其适用范围更大。

（9）安全适用，具有化学稳定性即不燃烧、不爆炸、高温不分解、对金属不腐蚀、与润滑油不起化学反应、对人身健康无损害。

（10）价格便宜，易于购得，具有一定的吸水性，以免当制冷系统中渗进极少量的水分时，产生"冰塞"而影响正常运行。

（二）常用制冷剂

制冷剂种类繁多，当前能作为制冷剂的物质有 80 多种，食品工业常用的制冷剂有氟里昂、氨、二氧化碳、水、液态二氧化碳、液氮等，随着食品冷冻温度的不断降低，快速冻结，食品玻璃化保存的发展，要求制冷剂的温度进一步降低，就要用到干冰、液氮等可以与食品直接接触的制冷剂，下面分别对它们进行简要的介绍。

1.氟里昂

氟里昂是一类透明、无味、化学稳定性好、基本无毒又不易燃烧的制冷剂。其种类繁多，不同化学组成和结构的氟里昂制冷剂热力性质差异很大，可适用于高温、中温和低温制冷机。

氟里昂的优点是：无毒、不燃烧、对金属不腐蚀，绝热指数小，排气温度低，具有较大的相对分子质量，适用于离心式制冷压缩机。其缺点是：部分制冷剂的单位容积制冷量较小，因而制冷剂的循环量大；密度大，流动阻力较大；吸水性能差，要求系统必须保持干燥；极易渗漏又不易被发现，要求制冷系统有足够的密封性。

由于氟里昂中的卤代烃类的氯原子会破坏大气臭氧层，国际规定到 2010 年将完全停止使用氯氟烃类（CFCs）氟里昂。

2.氨

氨是目前使用最为广泛的一种低凝固点的中压中温制冷剂，有很好的吸水性，即使在低温下水也不会从氨液中析出而冻结，故系统内不会发生"冰塞"现象。氨对钢铁不起腐蚀作用，但氨液中含有水分后，对铜及铜合金有腐蚀作用，且使蒸发温度稍许提高。因此，氨制冷装置中不能使用铜及铜合金材料。

氨的优点是：密度和黏度小，价格便宜，易于获得，热导率高，压缩机对其做功所需压力适中，单位制冷量大，几乎不溶解于油，流动阻力小，泄漏时易发现，具有较理想的制冷性质。其缺点是：有刺激性臭味、有毒、可以燃烧和爆炸，对铜及铜合金有腐蚀作用。

3.二氧化碳

二氧化碳是一种天然制冷剂。CO_2 的特点是使用温度范围内压力特别高，常温下冷凝压力高达 80MPa，使得机器极为笨重，但 CO_2 无毒，安全，所以曾在船用冷藏装置中使用，曾经被氟里昂取代。近年来，由于氟里昂被逐步限制使用，CO_2 因对大气臭氧层无破坏作用，同时具有良好的传热性能，而重新得到广泛的研究，并在一定场合得到应用。

（三）常用载冷剂

在间接冷却系统中，冷冻加工的规模往往较大，如果被冷却对象离蒸发器比较远，或者在冷冻场所不便于安装蒸发器，这时就需要用媒介载体来传递冷量，将制冷装置产生的冷量传递给耗冷场所，这种工作物质称为载冷剂又称冷媒。载冷剂先在蒸发器中与制冷剂发生热交换获得冷量，然后用泵将被冷却了的载冷剂输送到各个用冷场所，用载冷剂去对被冷却介质进行降温。

载冷剂的特点在于可使制冷系统集中在较小的场所，因而可以减少制冷系统的容积和制冷剂的充灌量；同时载冷剂的热容量大，被冷却对象的温度易于保持稳定，特别是在有间歇性冷却要求时，可利用载冷剂进行蓄冷，以满足间歇性或者集中大负荷制冷要求。

常用载冷剂有水、氯化钠水溶液、氯化钙水溶液和有机载冷剂，食品工业中使用最广泛的是氯化钠水溶液。表 5-1 为常用载冷剂的冰点温度。

表5-1　常用载冷剂溶液的冰点温度

载冷剂	水溶液质量分数/%	冰点温度/℃	载冷剂	水溶液质量分数/%	冰点温度/℃
氯化钠溶液	22.4	−21.2	乙二醇	60.0	−46.0
氯化钙溶液	29.9	−55	丙二醇	60.0	−60.0
氯化镁溶液	20.6	−33.6	甘油	66.7	−44.4
甲醇	78.26	−139.6	蔗糖	62.4	−13.9
乙二醇	93.5	−118.3	转化糖	58.0	−16.6

三、食品工业中常用的制冷方法

制冷的方法很多，常见的有：蒸气压缩制冷、气体绝热膨胀制冷、涡流管制冷和电热制冷四种。食品工业常用的制冷方法为蒸气压缩制冷与气体绝热膨胀制冷。蒸气压缩制冷一般用于普通制冷温度范围的制冷，气体绝热膨胀制冷主要用于低温制冷。

（一）单级压缩制冷循环的基本组成

蒸气压缩式制冷循环是食品工业中最常见的制冷方法，它分为单级压缩式制冷与多级压缩式制冷。蒸气压缩式制冷机设备比较灵活，可以制成大、中、小型，以适应不同的需要。

单级压缩制冷机是指将制冷剂经过一级压缩从蒸发压力压缩到冷凝压力的制冷机，一般可用来制 −40℃以上的低温。其应用广泛，如空调器和电冰箱以及中央空调用的冷水机等。

多级压缩制冷循环，是指制冷剂气体从蒸发压力提高到冷凝压力的过程分为两个以上阶段的循环，即先经压缩机压缩到中间压力，中间压力下的气体经过中间冷却后，再到高压级进一步压缩到冷凝压力的制冷循环。两个单级压缩制冷循环串联用于获取 −60 ～ −80℃的低温，三个单级压缩制冷循环串联用于获取 −80 ～ −120℃的低温。本章中主要介绍单级蒸气压缩制冷。

单级压缩制冷机是由压缩机、冷凝器、膨胀阀和蒸发器四大部件组成的。实际上，单级压缩制冷循环的组成，除上述四大部件外，一般还有分油器、贮液器、气液分离器及各种控制阀等部件，如图5-3所示。

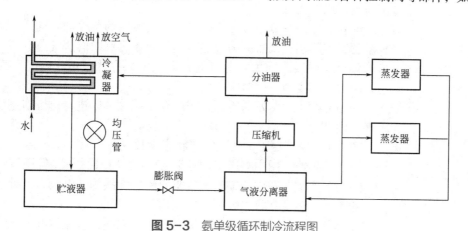

图 5-3　氨单级循环制冷流程图

（二）单级压缩制冷机的工作过程

来自蒸发器内的低温低压蒸气，经气液分离器后，被压缩机吸入汽缸内压缩成高压高温的过热蒸气。然后，经分油器使其中所携带的润滑油分离出来，再进入冷凝器与冷却水进行热交换后凝结成高压中温的

液态制冷剂并流入贮液器。该高压液体通过调节站，经膨胀阀节流降压降温后，再次进入气液分离器。从气液分离器出来的低压低温液体，进入蒸发器吸热蒸发产生冷效应，使冷冻室内的空气及物料的温度下降，从而完成一个制冷循环。

（三）理想单级压缩制冷循环的计算

1. 理想单级压缩制冷循环假设

理想单级压缩制冷循环实际上就是逆卡诺循环，采用这种循环的热机效率最大。理想单级制冷循环是建立在以下的假设基础上的：

（1）压缩过程为等熵过程，且制冷剂在流经各个设备时没有不可逆损失。压缩过程中不存在任何不可逆损失，压力做功全部转变为热能。

（2）蒸发器与冷凝器中的制冷剂与管外介质没有热交换。

（3）制冷剂在冷凝器和蒸发器中与外界热源之间没有传热温差，即制冷剂的冷凝温度等于冷却介质的温度，蒸发温度等于被冷却介质的温度。

（4）膨胀机输出的功为压缩机所完全利用。

（5）制冷剂通过膨胀阀节流时前后的焓值不变，在各设备的连接管道中，制冷剂不发生状态变化。

2. 单级压缩制冷循环压焓图

在对制冷循环进行计算时，目前工程中应用最广泛的是压焓图。每种制冷剂都有对应的压焓图，计算时，制冷循环上的各点状态由制冷机的制冷量 Q_0、蒸发温度、冷凝温度、过冷温度确定后，便可以在相应的图上查得焓差，计算得到等压过程中的放热量和吸热量以及绝热压缩过程中的压缩功，非常方便。

图 5-4 为制冷剂压焓图，其横坐标为焓值，纵坐标为循环过程中的绝对压力取对数，取对数是为了缩小图面，图上读取的仍然是压力值。

图中饱和液体线上任意一点的状态，是相应压力的饱和液体；饱和蒸气线上任意一点的状态均为饱和蒸气状态，或称干蒸气。临界点 K 为饱和液体线与饱和蒸气线的交点。

饱和液体线左侧为过冷液体区，该区域内的制冷剂温度低于同压力下的饱和温度；饱和蒸气线右侧为过热蒸气区，该区域内的蒸气温度高于同压力下的饱和温度；两线之间为湿蒸气区，即气液共存区，该区内制冷剂处于饱和状态，压力和温度为一一对应关系。

在制冷机中，蒸发与冷凝过程主要在湿蒸气区进行，压缩过程则是在过热蒸气区内进行。

图 5-4 绘制了制冷剂的六组等状态参数线。

（1）等压线　图中与横坐标轴平行的细实水平线均是等压线。

（2）等焓线　图中与横坐标轴垂直的细实线为等焓线，凡处在同一条等焓线上的工质，不论其状态如何，焓值均相同。

（3）等温线　图中用点画线表示的为等温线。等温线在不同的区域变化形状不同，在过冷区等温线几乎与横坐标轴垂直，在湿蒸气区是与横坐标轴平行的水平线，在过热蒸气区为向右下方急剧弯曲的倾斜线。

（4）等熵线　图中自左向右上方弯曲的细实线为等熵线。制冷剂的压缩过程沿等熵线进行，因此过热蒸气区的等熵线用得较多，在 lg$p$-h 图上等熵线以饱和蒸气线作为起点。

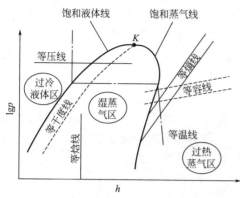

图 5-4　制冷剂压焓图

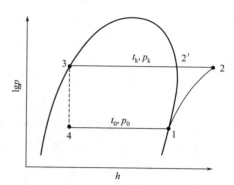

图 5-5　单级压缩制冷循环在压焓图上的表示方法

（5）等容线　图中自左向右稍向上弯曲的虚线为等比容线。与等熵线比较，等比容线要平坦些。制冷机中常用等比容线查取制冷压缩机吸气点的比容值。

（6）等干度线　从临界点 K 出发，把湿蒸气区各相同的干度点连接而成的线为等干度线。它只存在于湿蒸气区。

上述六个状态参数中，只要知道其中任意两个状态参数值，就可确定制冷剂的热力状态。在 $\lg p\text{-}h$ 图上确定其状态点，可查取该点的其余四个状态参数。

单级蒸气压缩制冷理论循环工作过程在压焓图的表示，如图 5-5 所示。

点 1 表示制冷剂进入压缩机的状态，它是蒸发温度为 t_0、压力为 p_0 的饱和蒸气。它位于 $p_0=f(t_0)$ 的等压线与饱和蒸气线的交点上。

点 2 表示制冷剂在出压缩机时的状态，也就是进入冷凝器的状态，为通过点 1 的等熵线与冷凝压力 p_k 的等压线的交点。

点 3 表示制冷剂出冷凝器时的状态，它是在冷凝压力 p_k、冷凝温度 t_k 时的饱和液体。通过压力 p_k 的等压力线和饱和液体线的交点即为点 3 的状态。

点 4 由点 3 做等焓线与 p_0 等压线的交点即为点 4。

3. 理想单级压缩制冷循环的计算

（1）制冷量　单位时间制冷剂吸收的热量称为制冷量也叫制冷能力，以 Q_0 表示，单位为 kW 或 kJ/h。

（2）单位制冷量　单位质量或单位体积制冷剂在蒸发器中所吸收的热量，为单位制冷量。通过查各点的焓值来计算单位质量制冷量：

$$q_0=h_1-h_4=h_1-h_3 \tag{5-1}$$

按压缩机吸入状态计算单位体积制冷量：

$$q_v=\frac{q_0}{v_0}=\frac{h_1-h_4}{v_0}=\frac{h_1-h_3}{v_0} \tag{5-2}$$

式中，q_0 为单位质量制冷剂在蒸发器中所吸收的热量，kJ/kg；q_v 为单位体积制冷剂在蒸发器中所吸收的热量，kJ/m³；h_1、h_3、h_4 分别为点 1、3、4 的焓值，kJ/kg；v_0 为制冷剂在吸入压力下的比容，m³/kJ。

（3）理论比功　理想单级压缩制冷循环中制冷压缩机输送单位质量制冷剂消耗的功，为理论比功。由于制冷剂在节流过程中不做外功，因此，压缩机消耗的理论比功等于循环的理论比功。

$$w_0=h_2-h_1 \tag{5-3}$$

式中，w_0 为理论比功，kJ/kg；h_2 为点 2 的焓值，kJ/kg。

（4）冷凝器中的单位质量制冷剂放热量

$$q_k=h_2-h_3 \tag{5-4}$$

式中，q_k 为冷凝器中的单位质量制冷剂放热量，kJ/kg。

（5）制冷系数　制冷系数即消耗单位外功所能获得的制冷量，对于理想单级压缩蒸气制冷机，可用单位制冷量 q_0 与该循环的理论比功 w_0 之比表示，即

$$\varepsilon = \frac{q_0}{w_0} = \frac{h_1 - h_4}{h_2 - h_1} \qquad (5\text{-}5)$$

制冷系数是评价某具体制冷循环经济性的一项指标，在冷凝温度和蒸发温度给定的情况下，制冷系数越大，表示循环的经济性越好。

逆卡诺循环的制冷系数为理想制冷系数，为：

$$\varepsilon_0 = \frac{T_c}{T_h - T_c} \qquad (5\text{-}6)$$

式中，ε 为制冷系数，无量纲量；ε_0 为理想制冷系数，无量纲量；T_c 为冷源温度，℃；T_h 为热源温度，℃。

对于理想循环的制冷系数，仅取决于冷热源的温度差，而与制冷剂的性质无关，且与冷热源的温差成反比，即如果冷源温度一定时，热源温度越低，则制冷系数越大。这一结论在制冷技术上有着十分重要的指导意义，根据这一结论，在实际制冷过程中，要适当地控制制冷剂的工作温度，尽可能地采用较低温度的冷却剂来降低放热侧的温度，同时在吸热侧也要控制制冷剂不必要的过低温度。

（6）热力完善度　实际制冷循环均为不可逆循环，因此实际制冷循环的制冷系数总小于同热源温度下的逆卡诺循环制冷系数。同热源温度下的两种循环制冷系数之比，可用来表示实际循环的热力完善度

$$\eta = \frac{\varepsilon}{\varepsilon_0} = \frac{h_1 - h_4}{h_2 - h_1} \times \frac{T_h - T_c}{T_c} \qquad (5\text{-}7)$$

式中，η 为热力完善度，%。

制冷循环的热力完善度越大，说明该循环接近可逆循环的程度越大。制冷系数和热力完善程度都是用来评价循环经济指标的，但它们意义不同。制冷系数是随循环的工作温度变化的，只能用来评价相同温度下循环的经济性，对于不同温度下的工作制冷循环，可以用热力完善程度接近 1 的程度，来评价循环的经济性。

（7）制冷剂循环量　单位时间在制冷机中循环的制冷剂流量，可以按质量循环量和体积循环量表示。

质量循环量：

$$G = \frac{Q_0}{q_0} = \frac{Q_0}{h_1 - h_4} \qquad (5\text{-}8)$$

体积循环量：

$$G = Gv_0 = \frac{Q_0 v_0}{q_0} = \frac{Q_0}{q_v} \qquad (5\text{-}9)$$

式中，G 为单位时间内在制冷机中的制冷剂质量流量，kg/s；v 为单位时间内在制冷机中的制冷剂体积流量，m³/s；Q_0 为制冷量，kJ/s。

（8）压缩机所需理论功率　对于单位制冷剂蒸气，压缩机的理论比功等于点 1、点 2 的焓差，对于循环量为 G 的制冷循环，压缩机所消耗的理论功率为：

$$N_0 = Gw_0 = G(h_2 - h_1) \tag{5-10}$$

式中，N_0 为压缩机理论功率，kW。

（四）实际单级压缩制冷循环的计算

1. 压缩机额定功率

制冷系统在实际运行中，由于各阶段实际发生的损耗，实际循环和理想循环有许多不同之处，主要有：①过程存在阻力，有压力损失，电动机存在总效率问题；②制冷剂在管道及阀门间流动时，不可避免地同环境介质有热交换，特别是在节流阀以后，制冷剂温度低，热更容易从环境介质传给制冷剂，导致冷量损失；③热交换器中会存在温差，将对系统性能有一定的影响。

考虑各种损失和影响，单级压缩制冷循环实际工作中压缩机的额定功率为

$$N = B\frac{G(h_2 - h_1)}{\eta_{ai}\eta_m\eta_D} \tag{5-11}$$

式中，N 为实际工作中压缩机的额定功率，kW；η_{ai} 为压缩机指示效率，%，与循环过程中蒸气与缸壁、活塞和气阀的热交换影响和压缩机型号大小有关；η_m 为压缩机的机械效率，%，视其设计制造精度而定，一般为 0.8～0.95；η_D 为传动效率，%，表示传动机构的完善程度，其值一般为：三角皮带 0.97～0.98，平皮带 0.96，齿轮箱 0.96～0.99，电动机直接连接 1.0；B 为安全系数，一般取值范围为 1.1～1.15。

2. 实际制冷系数

实际的制冷系数为制冷剂的制冷量与压缩机实际消耗的功率之比，其值为：

$$\varepsilon = \frac{Q_0}{P} \tag{5-12}$$

工程设计中，如果按实际循环，很难用手算法进行热力计算，常常对实际循环简化处理，即直接按焓压图进行循环的性能指标的计算，由此产生的误差也不会很大。

第二节 食品的冷冻

根据是否将食品温度降低至食品中水分形成冰晶，可以将食品冷冻分为食品冷却与食品冻结两种类型。将食品的温度降到冻结点以上的某一温度，达到使大多数食品能短期储藏的目的，叫做食品冷藏。将食品的温度降到冻结点以下的某一预定温度，使食品中绝大多数水分形成冰结晶，叫做食品的冻结，冻结可以使食品长期储藏。

一、食品的冷冻过程

（一）水的冻结曲线

水冻结成冰的过程往往不是一到 0℃就开始结冰，一般是先降温到低于冰点之下的过冷温度才能开始冻结。如图 5-6 表示的是降温槽内水的降温曲线，图中虚线表示降温槽降温曲线，实线表示水的温度变化曲线。b 点温度为 0℃，a 到 c 表示水温降到 0℃以下的过程，从 c 点开始结冰后温度逐渐升高到 0℃，待水完全结成冰即到达点 e 时，温度开始快速降至与降温槽降温曲线 af 重合，图中已用虚线标出。图中 c 点的温度叫过冷温度，即过冷临界温度，指降温过程中水中开始形成稳定晶核时的温度或温度开始回升的最低温度。过冷温度与水的纯度及冻结条件等有关。

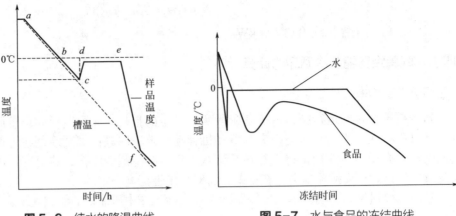

图 5-6 纯水的降温曲线   **图 5-7** 水与食品的冻结曲线

（二）食品的冻结曲线

食品的冻结曲线一般指食品冻结过程中食品热中心温度随时间变化的曲线。食品降温开始析出冰结晶，对应的温度为食品的冰点，食品的冻结就是使食品的温度降至食品冰点以下的一个规定温度，使食品中的水绝大部分变成冰的过程。

图 5-7 为水与食品的冻结曲线，从食品的冻结曲线可以看出，食品的冻结分为冷却阶段、相变阶段、终温阶段三个阶段。其中，食品从初温冷却到冰点的阶段为冷却阶段，这个阶段，食品冷却速度快，曲线比较陡；第二个阶段，绝大部分水分从液态变为固态称相变阶段，这一阶段食品结冰放出大量潜热，食品降温很慢，曲线比较平缓；冻结后食品进一步降低温度，同时伴有少量水转化为冰的阶段称终温阶段，理论上食品的冻结终温可以等于冷却介质的温度，但这需要很长时间。

食品的冻结曲线是一条随温度与时间不断变化的曲线，其冻结的三个阶段不像水的冻结曲线中的有明显的分界点。这是由于食品的水分中溶有无机盐、糖分、有机酸等物质，是作为溶液中的溶剂存在的，随着冰晶体从溶液中不断析出，溶液的浓度逐渐增加，导致了残留溶液冰点的不断下降。研究表明，即使在温度远低于冰点的情况下，食品中的自由水仍有一部分未冻结，只有冰点继续降低到共熔点时，才会凝结成固体。

各类食品都有一个类似于水的冰点的初始的冻结温度，根据溶液冰点降低原理，食品的初始冻结点总是低于水的冰点，一般而言，同一种食品的冰点的高低与食品的总含水量无关，只取决于食品中水溶液的浓度。表 5-2 是一些食品的冰点。

表 5-2 一些水果、蔬菜和果汁的冰点

食品名称	含水量（质量分数）/%	初始冻结温度/℃	食品名称	含水量（质量分数）/%	初始冻结温度/℃
苹果汁	87.2	−1.44	草莓	89.3	−0.89
浓缩苹果汁	49.8	−11.33	草莓汁	91.7	−0.89
胡萝卜	87.5	−1.11	甜樱桃	77.0	−2.61
橘汁	89.0	−1.17	苹果酱	92.9	−0.72
菠菜	90.2	−0.56			

（三）结冰率与最大冰晶区域

冻结过程中，食品中已结成冰的水分量与食品中全部水分的比值，称食品的结冰率。食品的结冰率与温度有关，忽略冻结方法与冻结时间，以及食品组织液成分及其在食品中的分布情况对冻结率的影响，可用拉乌尔 - 奇若夫公式近似计算结冰率：

$$\varphi = 1 - \frac{t_r}{t} \tag{5-13}$$

式中，t_r 为食品的冰点，℃；t 为食品的实际温度，℃。

大部分食品，当其温度降到 –5℃时，结冰率可以达到80%，食品基本被冻结，具有较高的硬度。因此，食品冻结时绝大部分冰是在 –5 ～ –1℃这一温度带中形成的，习惯上称之为最大冰晶生成带。

图 5-8 为青豌豆的冻结过程中结冰率与温度的关系图，当青豌豆温度下降到冰点 –1℃时开始冻结，温度降到 –5℃时，约80%的水已结冰，只剩下少量水分。因此，在这段时间内青豆的温度变化不大。

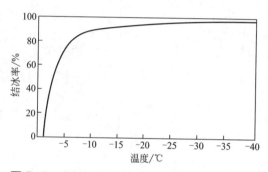

图 5-8　青豌豆冻结过程中结冰率与温度的关系

在最大冰晶生成带时，单位时间内的结冰量最多，热负荷最大，因此在选择食品冷冻装置时要考虑最大冰晶生成带的热负荷。

此外，食品冻结时通过最大冰结晶生成带的时间的长短，直接影响冻结食品的质量。研究表明：通过最大冰晶生成带的时间越短，形成的冰晶越细小，食品的质量就越好。而且有些低温微生物在这一生成带会繁殖产生毒素。所以，为保证冻结食品的品质，常采取速冻的方式。

速冻食品是目前国际公认的最佳的食品贮藏技术，一般指 –30℃以下的低温环境中使被冻结的食品30min 之内通过最大冰结晶带，在短时间内中心温度达到 –18℃，并在 –18℃下低温储藏和流通的方便食品。

二、冻结对食品热物理性质与品质的影响

由于食品种类繁多，其物理状态、化学组成与质构各不相同，冷冻加工对食品的影响也就各不相同。研究冷冻加工对不同食品物理化学性质的影响，全面理解冷冻对食品各个质量因素的影响，可以为食品冷冻加工行业采取最优的加工措施，提高冷冻食品的内在质量提供可靠的理论依据。一般情况下水和冰在食品中的比例很大，因此首先要分析水和冰的热物理性质。

1. 密度

食品冻结时体积膨胀，因而密度减小。

2. 比热容

水的比热容随温度的升高而降低，而冰的则随温度的降低而降低。一些食品材料的冻前比热容与含水量的实测数据分布如图5-9 所示。食品的比热容与含水量成正相关，由于冰的比热容是水的一半，因此冻结食品的比热容随温度的变化而变化，如图 5-10所示。可近似估算为：

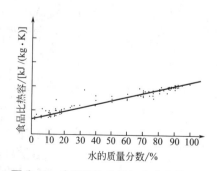

食品冻结前　$c = 1.470 + 2.720w$ 　　（5-14）

食品冻结后　$c_i = 0.837 + 1.256w$ 　　（5-15）

图 5-9　食品的比热容与含水量的关系

　　式中，c 为冻结前食品的比热容，kJ/kg；c_i 为冻结后食品的比热容，kJ/kg；w 为食品中水分的质量分数，%。

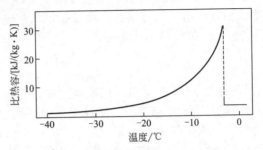

图 5-10　食品冻结前后的比热容

3. 热导率

　　水的热导率随温度的升高而略有增加，而冰的则随温度的降低而增加。冰的热导率为水的 4 倍，因此冻结后食品的热导率增大。同样在食品冻结过程中，热导率也不是一个定值，总趋势为随着冻结的进行，热导率不断增大，如图 5-11 所示。

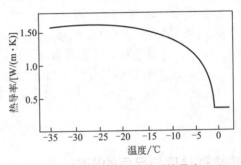

图 5-11　食品冻结前后热导率

三、食品冻藏中的其他变化

（一）质构的变化

　　这是因为当食品温度降低时，那些细胞间隙的水分，首先会形成冰晶体。随着细胞外的水分结冰析出，细胞外残留组织液浓度增大，水蒸气压减小。而细胞内水分尚未冻结，水蒸气压大于细胞外的水蒸气压，于是细胞内的水分通过细胞膜向细胞外渗透。渗透出来的水分附着在已经形成的冰晶上，使冰晶逐渐长大。如果冻结速度缓慢，细胞内的水分有足够的时间向细胞外渗透，产生大量的汁液流失，会破坏食品组织，降低冷冻食品复原的质量。

　　如果采用快速冻结，细胞外形成冰结晶后不久，细胞内的温度很快也降低到细胞汁液的冰点，细胞内也开始结冰。这样，细胞内的水分不会大量渗透到细胞外，可以避免细胞外冰结晶长得过大。因而采用瞬间快速冻结的方法，产生数量众多分布均匀的小冰晶，这样的冷冻食品，解冻时能最大程度地保持未冻食品的组织状态，对保持食品质量是非常有利的。

（二）干耗

食品在冻结过程中，因食品中的水分从表面蒸发造成食品质量减少或品质下降，俗称"干耗"。干耗的主要原因是食品表面的水蒸气分压常接近饱和蒸气压，与冻结室内被冷凝的空气中的水蒸气压形成蒸气压差，导致食品表面的水分向空气中扩散形成。

根据传质速率方程可以计算水分蒸发速率即干耗速率

$$W=k_GA(p_f-p_a)$$ （5-16）

式中，W 为单位时间内食品的干耗速率，kg/s；A 为食品表面积，m²；p_f 为食品表面的水蒸气分压，Pa；p_a 为空气的水蒸气分压，Pa；k_G 为压差为推动力的给质系数，kg/(s·m²·Pa)。

（三）冻结膨胀

0℃的时候，水变成冰体积增加大约9%。0℃时冰体积膨胀系数 β 比水的要大，但随着温度的下降，冰的体积将收缩，β 值呈下降趋势，但其收缩值远低于水在冻结时产生的体积膨胀，因此水在形成冰晶的过程中体积膨胀仍是主要倾向。因此，食品冻结时，体积总是增大的。在食品体积增大的过程中，若食品的体积增大受到限制，食品内部会产生一定的冻结膨胀压力。食品越厚，含水量越高，冻结时膨胀压力就越大。食品冻结是首先在表层形成一层冰层，随着冻结向食品深层发展，外层的冰层会限制食品内部的冻结膨胀，因而形成很大的膨胀压力，当膨胀压力增大到一定程度时，食品表面会发生龟裂现象。

 过程检查 5.1

○ 食品冻藏过程中主要会发生哪些变化？

（四）食品冻藏期的影响

1. 冻结食品的 TTT 理论

冻结食品的 TTT 理论是指冷冻食品保藏的时间-温度-品质耐性（Time-Temperature-Tolerance）的关系，即冷冻食品在一定条件下的容许冻藏期与冻藏时间、冻藏温度的关系。TTT 理论的含义：

（1）冻结食品在冻藏温度下，食品质量的下降与所需时间存在确定的关系。

（2）在整个贮运过程中，冻藏和运输过程所引起的质量下降是积累性的，而且是不可逆的。

（3）温度是冻结食品质量下降的主要因素，冻藏温度越低，质量下降越慢，容许的冻藏期限将越长，冻藏质量也越稳定。

2. 容许冻藏期与高质量冻藏期

冻藏期一般可分为容许冻藏期和高质量冻藏期。容许冻藏期指在某一温度下拥有商品价值的最长时间。高质量冻藏期是指以初始高质量食品，在 –40℃ 温度下的冻藏质量作为参照标准，其他在某一温度下冻藏的食品，通过有经验的食品感官评价者定期进行感官评价，当70%的评价认为该食品质量与冻藏在 –40℃ 温度下食品质量出现差异，此时间间隔即为高质量冻藏期。在同一温度下高质量冻藏期后的食品还能具有商品价值，因此高品质冻藏期比容许冻藏期时间短。

一定温度下，食品的容许冻藏期与高质量冻藏期，可以通过试验测定出。如图 5-12 所示，为几种冻结食品的冻藏温度与容许冻藏期的 TTT 曲线。这些曲线是在 –40 ～ 0℃ 温度范围内，通过对冻藏食品的感官质量评价以及相应的理化指标分析实验数据，画出的相应的 TTT 曲线。

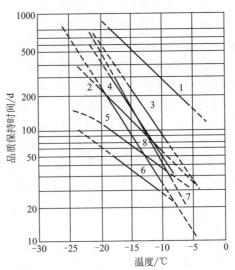

图 5-12　冻结食品的冻藏温度与容许冻藏期 TTT 曲线
1—鸡肉（包装良好）；2—鸡肉（包装不良）；3—牛肉；4—猪肉；
5—鱼肉（少脂肪）；6—鱼肉（多脂肪）；7—青豆；8—菠菜

　　食品 TTT 理论对多数冻结食品的冻藏都有很好的应用指导意义，根据 TTT 曲线可以计算出冻结食品在贮运等不同环节中质量累积下降的程度和剩余的可冻藏性。由于食品腐败变质的影响因素比较多，这些因素的影响没有全部包括在上述计算方法中，因此，实际冻藏中质量下降要大于 TTT 法的计算值。

　　冻结食品从生产出来一直到消费者手上，经历了冻藏、运输、销售店的冷藏及冷藏陈列柜等环节。冻结食品的品质保持与保藏温度有直接关系，保藏温度越低，品质降低的速度就越慢。因此冻结食品从生产出来后，为了使其优秀品质尽量不降低，必须使从生产者到消费者之间所有环节都维持低温的保藏条件，用低温链把各个环节连接起来。也就是说，不仅生产地、消费地要冻结冷藏，而且运输过程也必须保持低温，这种从生产到消费之间连续低温的处理叫冷藏链。

　　【例 5-1】　豌豆经过合理冻结后，在 -20℃低温储藏库冻藏 100d，随后运至销售地，运输过程中温度为 -15℃，时间为 15d，在销售地又冻藏了 240d，温度为 -24℃。此时冻结豌豆的可冻藏性为多少？已知豌豆在 -20℃下经过 780d 或 -15℃下经过 510d 或 -24℃下经过 900d 其可冻藏性完全丧失变为零。

　　解　根据质量下降的累积性，得质量下降率为：

$$(100/780+15/510+240/900) \times 100\% =$$

$$(0.1282+0.0294+0.2667) \times 100\% = 42.43\%$$

剩余的可冻藏性为：100%-42.43%=57.57%

　　这说明如果仍在 -24℃下冻藏，最多还能冻藏 518d；若在 -20℃下，再冻藏 448d 即失去了商品价值。

四、食品冻结的速度与时间

（一）食品冻结速度

　　食品的冻结速度可用其热中心温度下降的速率表示。热中心温度是冻结时温度下降得最慢的点，此点可以与食品的几何中心重合也可以不重合，这与冻结操作形式及食品本身的形状有关。

食品的冻结速度是食品表面到食品热中心的距离与使热中心温度降至某一程度低温时所需的时间之比，用下式表示：

$$V_t = \frac{l}{\tau} \tag{5-17}$$

式中，l 为食品表面与热中心的最短距离，cm；τ 为食品表面从 0℃开始，到食品热中心温度降至其初始冻结点以下 5～10℃所需时间，h。

按照不同的冻结速度将食品生产中使用的装置的冻结速率分以下几种类型。

（1）慢速冻结　$V_t=0.2$cm/h，在通风房内，对散放的大体积物料进行冻结。

（2）快冻或深冻　$V_t=0.5\sim3$cm/h，在鼓风式或板式冻结装置中冻结零售包装食品。

（3）速冻或单体快速冻结　$V_t=5\sim10$cm/h，在流化床上对单体小食品快冻。

（4）超速冻结　$V_t=10\sim100$cm/h，采用低温液体喷淋或浸没冻结。

对于畜肉类食品，冻结速度达到 2～5cm/h，可以较好地保证食品的质量。生禽肉，则冻结速度要大于 1.0cm/h，才能保证有较亮的颜色。

（二）食品冻结时间

食品从初始温度冻结到规定温度所需的时间为冻结时间，冻结时间与冻结速度密切相关，是设计食品冻结装置的重要依据。食品冻结时由于其热物理性质等众多影响因素的变化，食品冻结过程很难用解析式定量地求解。我们采用的计算方法是，先在一定假设条件下建立基本表达式，再经过实验修正得到结果。目前国际制冷协会推荐使用的冻结时间计算公式为普朗克估算公式。普朗克公式是在以下五个假设的基础上提出的：

（1）冻前温度均匀，且等于其初始冻结温度；

（2）冻结过程中初始冻结温度不变；

（3）热导率冻结前后不变；

（4）只计算水的相变潜热量，忽略冻结前后放出的显热量；

（5）冷却介质与食品表面的对流传热系数不变。

如图 5-13 所示，厚度为 l 的平板状物品预冷到 0℃，置于介质温度为 T_1 的环境中，物品的温度降低到冰点 T_2 时开始冻结。经过一段时间 t 以后冻结层向中心推进的距离为 x，即在 dt 内推进 dx，物料表面积为 A。物品冻结放出热量为：

$$dQ_1 = r_i\rho A dx$$

式中，ρ 为物品的密度，kg/m³；r_i 为单位质量物品的冻结潜热，kJ/kg。

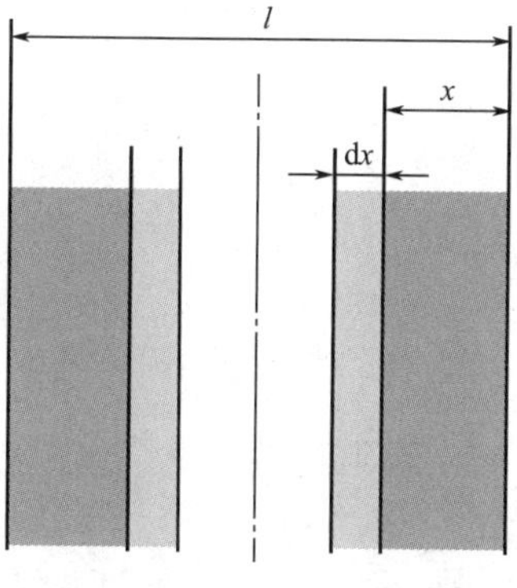

热量 dQ 在 T_1 到 T_2 的温差作用下，先通过 x 厚的冻结层，在 dt 内传给冷却介质，其传热速率：

图 5-13　平板状食品冻结

$$dQ_2 = KA(T_1-T_2)dt$$

由于

$$r_i\rho A dx = KA(T_1-T_2)dt$$

可得

$$dt = \frac{r_i\rho}{(T_1-T_2)K} dx$$

其中 $\frac{1}{K} = \frac{1}{\alpha} + \frac{x}{\lambda}$，代入上式得：

$$\mathrm{d}t = \frac{r_i\rho}{(T_1-T_2)}\left(\frac{1}{\alpha}+\frac{x}{\lambda}\right)\mathrm{d}x$$

确定边界条件 $0\sim t$、$0\sim l/2$ 后积分，可得平板状食品的冻结时间计算式：

$$t = \frac{r_i\rho}{2(T_1-T_2)}\left(\frac{l}{\alpha}+\frac{l^2}{4\lambda}\right) \qquad (5\text{-}18)$$

同样的方法可以推导出圆柱状及球状食品的冻结时间计算式。引入几何形状系数，可以用一个通式表达不同形状物品的冻结时间计算式：

$$t = \frac{r_i\rho}{(T_1-T_2)}\left(\frac{Px}{\alpha}+\frac{Rx^2}{\lambda}\right) \qquad (5\text{-}19)$$

式中，P、R 为形状系数，与被冻食品的几何形状有关。大平板状食品，如猪、牛、羊等的半胴体：$P=1/2$，$R=1/8$；长圆柱状食品，如圆柱形罐头、甜玉米棒等：$P=1/4$，$R=1/16$；球状食品，如汤圆、苹果等：$P=1/6$，$R=1/24$。

对方形或长方形食品，设 $a>b>c$，其中 a 是块状食品的最长边长，c 是块状食品的最短边长，b 的长度介于二者之间。定义 $\beta_1=b/c$，$\beta_2=a/c$。根据 β_1、β_2 值由图 5-14 查得 P、R。

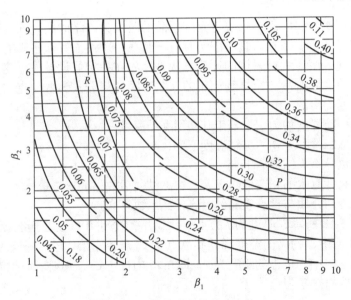

图 5-14 块状食品的 P、R 值

用普朗克公式计算出来的时间与实际需要冻结时间基本吻合，在计算食品冻结时间这个问题上具有重要意义。但该式有其局限性。因为在实际冻结操作中都是把食品预冻结到冻结温度后再冻结的；食品在冻结前后放出的显热会对传热造成一定的影响；食品的热导率随温度的降低是变化的，而并非定值；而且实际冻结中两侧温差是变化的。虽然此式存在一定的局限性，但其计算简单且能满足实用估算的要求。

为改进普朗克公式的精度，公式中的 r_i 用食品初终温时的焓差 ΔH 取代，令 $T_1-T_2=\Delta T$，冻结时间计算式可修正为：

$$t = \frac{\Delta H\rho}{\Delta T}\left(\frac{Px}{\alpha}+\frac{Rx^2}{\lambda}\right) \qquad (5\text{-}20)$$

【**例5-2**】 将20只鸭子码放在尺寸为 $0.6m \times 0.4m \times 0.13m$ 的托盘中，放在 $-20℃$ 的对流冻结装置中冻结，每只鸭子按 1kg 计，鸭肉的含水率为 69%，初始冻结温度为 $-2.8℃$，冻结后的密度为 $1080kg/m^3$，鸭肉的热导率为 $0.6616W/(m \cdot ℃)$，对流表面传热系数为 $30W/(m \cdot ℃)$，试用普朗克公式计算所需冻结时间。

解　鸭肉的冻结潜热查表得：纯水冻结时释放的潜热值 $L_f = 335kJ/kg$

$$\Delta H = wL_f = 0.69 \times 335 = 231 \text{（kJ/kg）}$$

形状系数为 $\beta_1 = 0.6/0.13 = 4.615$　　$\beta_2 = 4/0.13 = 3.077$

利用图 5-14 找出 P 和 R 值得：$P = 0.32$，$R = 0.09$

将 P、R 值代入普朗克公式

$$t = \frac{\Delta H \rho}{(\Delta T)}\left(\frac{PL}{\alpha} + \frac{RL^2}{\lambda}\right)$$

$$= \frac{231 \times 1000 \times 1080}{-2.8 - (-20)} \times \left(\frac{0.32 \times 0.13}{30} + \frac{0.09 \times 0.13^2}{0.6616}\right)$$

$$= 53461$$

$$= 14.85$$

（三）食品冻结时放出热量的计算

食品冻结时单位时间所放出的热量是确定制冷设备大小的主要依据。食品冻结时所放出的热量包括冷却放热量、冻结放热量、冻结后温度下降放热量，其各阶段计算方法如下。

（1）冷却放热量，即单位质量的食品由初温降至结冰温度过程放出的热量：

$$q_1 = c(T_0 - T_i) \tag{5-21}$$

式中，T_0、T_i 为食品的初温与冻结点温度，K 或 ℃。

（2）冻结放热量，即单位质量的食品由水凝结成冰时的潜热量：

$$q_2 = fwr \tag{5-22}$$

式中，f 为冻结率，%；w 为食品中水分含量，kg/kg；r 为水形成冰的潜热，335kJ/kg。

（3）冻结后温度下降放热量，即单位质量的食品从冰点到冻结温度时放出的显热：

$$q_3 = c_i(T_i - T_f) \tag{5-23}$$

式中，T_f 为食品冻结终温，K 或 ℃。

（4）食品全部冻结放出的总热量：

$$q = q_1 + q_2 + q_3$$

质量为 m 的食品全部冻结时所放出的总热量：

$$Q = mq = m\left[c(T_0 - T_i) + fwr + c_i(T_i + T_f)\right] \tag{5-24}$$

采用焓差法计算：

$$Q = m(h_0 - h_f) \tag{5-25}$$

式中，h_0 为食品的初始焓值，kJ/kg；h_f 为食品冻结终了的焓值，kJ/kg。

一般冷库工艺设计时，计算耗冷量都用焓差计算总热量，这样比较简便。

【**例5-3**】 已知鸭肉的比热容为 $3kJ/(kg \cdot ℃)$，假设冻结率（水分冻结量）为90%，求例 5-2 中的一只鸭子在冷藏室中的耗冷量（假设鸭子的温度刚降到预冻结点，包装容器的耗冷量忽略不计）。

解　鸭子温度刚降到冻结点时开始，鸭子的耗冷量由鸭肉中单位质量的食品由水凝结成冰时的潜热量与冻结后温度下降的耗冷量两部分组成：

由例 5-2 知，一只鸭子的质量为 $m=1kg$

$$Q_2 = mq_2 = mfwr = 1 \times 0.9 \times 0.69 \times 335 = 208.035(kW)$$

$$Q_3 = mq_3 = c_i(T_i - T_f) = 1 \times 3 \times (-2.8 + 20) = 52.6(kW)$$

$$Q_1 = Q_2 + Q_3 = 260.635(kW)$$

第三节　食品气调保鲜

气调保鲜是利用控制气体比例的方式来达到储藏保鲜的目的，它是采用适宜低温下保持低氧和较高的二氧化碳含量的空气环境，使果实呼吸作用降低，营养物质消耗减少，后熟衰老过程减缓，延长果实寿命，保持较好品质的一种方法。与其他储藏方法相比，它对食品贮藏的环境、条件以及食品的种类等要求更为严格，更适合于对有生命的活体食品进行储藏保鲜，特别是适合水果、蔬菜的保鲜，是一种高投入高产出的新技术。

食品气调保鲜包装国外称 MAP 包装（Modified Atmosphere Packaging），亦有称气体置换包装，广泛用于新鲜食品（鱼、肉、果蔬）、熟食品和烧烤食品的保鲜包装。食品气调保鲜包装与冷冻包装食品相比较，气调包装产品保鲜质量高，能保持食品的原汁、原味、原色，符合厨房工程即食或即烹饪的要求。

一、气调保鲜原理

新鲜果蔬采摘后，仍进行着旺盛的呼吸作用与蒸发作用，从空气中吸取氧气，分解消耗自身的营养物质，产生二氧化碳、水和热量。由于呼吸要消耗果蔬自身的营养物质，所以延长果蔬贮藏期的关键是降低呼吸速率。贮藏环境中气体成分的变化对果蔬采摘后的生理有着显著的影响；低氧含量能有效地抑制呼吸作用，在一定程度上减少蒸发作用和微生物生长；高二氧化碳含量，对呼吸跃变型果蔬有推迟呼吸跃变启动的效应，从而延缓呼吸作用；而乙烯是一种果蔬催熟剂，控制或减少乙烯浓度对推迟果蔬后熟十分有利；温度则可以降低果蔬呼吸速率，抑制蒸发作用和微生物的生长。

正常大气中的氧含量为 20.9%，CO_2 含量为 0.03%，气调贮藏是在一定的封闭体系内，低温贮藏的基础上，改变贮藏环境的气体成分，调节 O_2 与 CO_2 的含量，达到保鲜的目的。一般降低氧含量至 2%～5%，提高二氧化碳含量至 1%～5%，二氧化碳与氧浓度相等或稍高比较合适。这样的贮藏环境能抑制所贮果蔬的呼吸，使呼吸活动降至仅能维持正常生命活动的最低程度，体内物质消耗减少到最小，从而延缓衰老，达到延长果蔬储藏保鲜的目的。另外，气调贮藏除受温度、湿度、气体成分和比例等环境因素的影响外，还与采前因素及采后处理等因素有关，在储藏中必须综合考虑这些因素才能取得满意效果。

二、气调保藏的分类

气调的方法较多，但总原则都是降低含氧量，提高 CO_2 或 N_2 的浓度，并根据贮藏物的不同要求，使气体成分保持在所希望的状况。根据气体成分控制精确度的不同，气调贮藏可分为人工气调储藏（CA）与自发气调储藏（MA）。

CA储藏指的是根据产品的需要通过人工方法，调节储藏环境中各气体成分的浓度并保持稳定的一种气调储藏方法，即常说的气调贮藏。MA储藏指的是利用储藏对象——水果、蔬菜自身的呼吸作用降低储藏环境中的氧气浓度，同时提高二氧化碳浓度的一种气调储藏方法。

人工气调储藏的方法主要有：利用燃烧液化丙烷等消除空气中的O_2和提高CO_2浓度，再经冷却后通入库内；利用空气直接置换的办法，即部分或全部置换成氮气或CO_2。该法可在短时间内达到库内低氧或绝氧的状态，结合食品包装，根据不同食品进行适当的空气置换，以实现简单的气调贮藏。主要方法有：CO_2置换包装；氮气置换包装；氧气吸收剂封入包装等。人工气调储藏设备复杂，技术较难掌握，但适于长期储藏。

自发气调储藏成本低，操作简单，常用于简易储藏或短期储藏和运输。在我国多用塑料袋进行储藏，如硅橡胶窗储藏也属于MA储藏。对于果蔬等呼吸强度大的食品，一般采用此方法进行气调。在密闭性好的贮藏环境中，果蔬呼吸作用使氧气降低，CO_2增加，当其含量变化达到所希望的浓度后，便设法将过剩的CO_2排除，另外再通入部分新鲜空气以补充不足的氧气。在具体措施上，可以利用密闭性好的低温库或简易的塑料贮藏袋，配备限制性的空气渗透装置（如硅橡胶薄膜窗）加以实现。此法简便，但缺点是库内的乙烯等微量气体成分的积累难以控制，且达到设定氧气和二氧化碳浓度水平所需的时间较长，因而储藏效果不佳，多用于简易储藏和短期储藏和运输。

三、常用的气调方法

目前常用的气调方法有四种：塑料薄膜帐气调、硅窗气调、催化燃烧降氧气调和充氮气降氧气调。

1. 塑料薄膜帐气调法

利用塑料薄膜对O_2和CO_2渗透性不同和对水透过率低的原理来抑制果蔬在贮藏过程中的呼吸作用和蒸发作用。由于塑料薄膜对气体具有选择性渗透，可使袋内的气体成分自然地形成气调贮藏状态，从而推迟果蔬营养物质的消耗和延缓衰老。对于需要快速降氧气的塑料帐，封帐后用机械降氧气机快速实现气调条件。但由于果蔬呼吸作用仍然存在，帐内二氧化碳浓度会不断升高，应经常测定、分析帐内气体成分的变化，并进行必要的调节。

该方法由于其成本低廉、工艺简单、已在农村大量推广。塑料薄膜帐气调法最大的优点是在相对高湿的储藏环境中，能获得较好的储藏效果，这就使人们能够充分利用大自然冷源来降低储藏温度，即使是在比标准冷源高出 10～15℃的温度中储藏，也能取得与冷藏库或气调库相接近的效果。根据气调储藏实践，目前我国西北黄土高原特有的土窑洞、山西的改良地沟和冷凉库、辽宁的改良通风库中都得到了成功的应用。

2. 硅窗气调法

根据不同的果蔬及贮藏的温湿条件选择面积不同的硅橡胶织物膜热合于用聚乙烯或聚氯乙烯制成的贮藏帐上，作为气体交换的窗口，简称硅窗，如图 5-15 所示。

硅胶膜对氧气和二氧化碳有良好透气性和适当的透气比，可以用来调节果蔬贮藏环境的气体成分，达到控制呼吸作用的目的。选用合适的硅窗面积制作的塑料帐，其气体成分可自动恒定在氧气含量 3%～5%，二氧化碳含量 3%～5%。

硅橡胶是一种有机硅高分子聚合物，它是由取代基的硅氧烷单体聚合而成的，以硅氧键相连形成柔软易曲的长链，长链之间以弱的电性松散地交联在一起。这种结构使硅橡胶具有特殊透气性，对氧和二氧化碳的透气性能极强，比聚乙烯高 200 倍以上，比聚氯乙烯高一万倍以上，对透过二氧化碳的能力又要比透过氧的能力强得多。二者的渗透系数可相差 5.4 倍。

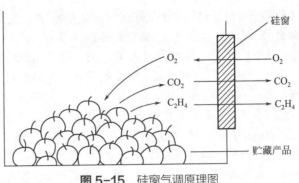

图 5-15　硅窗气调原理图

利用硅橡胶膜制成气窗并按一定比例面积镶嵌在塑料大帐上或制成活动硅窗调节帐内的二氧化碳和氧的浓度，使帐内过高浓度的二氧化碳经硅橡胶膜透出，帐内过低浓度的氧又由帐外空气的投入得到补充，从而较好地调节帐内气体保持在一定范围之内，达到食品气调储藏的效果，而硅橡胶窗的面积大小需视大帐的贮果量和硅橡胶薄膜的透气性能而定。

3. 催化燃烧降氧气调法

用催化燃烧降氧机以汽油、石油、液化气等，与贮藏环境中抽出的高氧气体混合进行催化燃烧反应，反应后无氧气体再返回气调库内，如此循环，直到把库内气体含氧量降到要求值。这种燃烧方法及果蔬的呼吸作用会使库内二氧化碳浓度升高，采用脱除机降低二氧化碳浓度。

4. 充氮气降氧气调法

从气调库内用真空泵抽除富氧的空气，然后充入氮气。抽气、充气过程交替进行，以使库内氧气含量降到要求值。所用氮气的来源一般有两种：一种用液氮钢瓶充氮；另一种用碳分子筛制氮机充氮，其中第二种方法一般用于大型的气调库。

5. 塑料薄膜袋小包装

塑料薄膜袋小包装是利用塑料薄膜包装果蔬（一般情况一袋储藏量为 25kg），从而抑制果蔬在贮藏过程中蒸腾和呼吸等生理活动，达到长期保鲜的目的。

塑料的种类很多，不同种类塑料的透气性和透湿性能不同。用于果蔬贮藏中的薄膜要求透湿性较低而透气性较高。低密聚乙烯、聚氯乙烯和聚丙烯 3 种塑料薄膜的性能最好。贮藏时薄膜裁成手帕大小，对果蔬进行逐个包装，然后放入纸箱中。也可以将塑料薄膜制成桶状袋形，将果实放满扎口贮藏。每袋贮量 5～25kg。或者将塑料薄膜制成衬垫物放入盛果容器如木箱或纸箱中，再将果实放入塑料衬垫内扎口贮藏。

塑料薄膜包装贮藏要求果蔬要在采收时，就地分级，挑选好果，及时装袋，扎紧，一般在温度比较低的地方贮藏。贮藏过程中，要定时抽取袋内的气体进行检查，如果氧的含量过低，二氧化碳的浓度过高，则应根据果实对气体成分的要求通过透袋进行调整。

国际上将通过改变包装袋内的气氛使食品处在与空气组成（78.8%，20.96%，0.03%）不同的气氛环境中而延长保藏期的包装，称为 CAP/MAP 包装技术。包括：真空包装（Vacuum Packaging，VP），真空贴体包装（Vacuum

Skin Packaging，VSP），气体吸附剂包装，控制气氛包装（Controlled Atmosphere Packaging，CAP）以及改善气氛包装（Modified Atmosphere Packaging，MAP）。想要控制食品的贮藏环境，就必须将食品封闭在一定的空间内。空间大小视贮藏量而定，有气调库、气调车、气调垛、气调袋（CAP或MAP）、涂膜保鲜等。

6. 减压保藏法

影响气调保藏的因素众多，包括气压、温度、湿度、空气速度的变化率等。减压贮藏也称低压贮藏或真空贮藏，是将产品保持在低压、低温的环境下，并不断补给饱和湿度空气，以延长果蔬保藏期的一种气调保藏法。采用减压贮藏的产品比常规冷藏的保藏期一般可延长几倍。具体操作是在容器盖上设排气逆止阀，利用抽真空或加热灭菌排气后对逆止阀进行二次密封达到贮藏食物的目的。

减压贮藏能促进产品组织内不良气体挥发，具有低温和低氧的特点，可以抑止微生物生长和呼吸，减少氧气和二氧化碳对食品的影响。因此对生鲜鱼、肉、蛋贮藏效果非常好，保存时间长；在低压条件下能抑制果蔬的新陈代谢，保鲜时间长，还对果蔬有保色作用。

四、气调贮藏的特点

1. 保鲜效果好

气调贮藏能延缓产品的成熟衰老，抑制乙烯生成，防止病害的发生，使经气调贮藏的水果色泽亮，果柄青绿，果实丰满，果味纯正，汁多肉脆。

2. 减少贮藏损失

气调贮藏尤其是气调冷藏库，严格控制库内温度、湿度及氧气和二氧化碳等气体成分，有效地抑制了果蔬的呼吸作用、蒸腾作用和微生物的生长繁殖，储藏期间因失水、腐烂等造成的损耗大大降低，气调贮藏还可以提高果蔬的优质率，具有巨大的经济和社会效益。

3. 货架期长

经气调贮藏后的水果由于长期处于低氧和较高二氧化碳的作用下，在解除气调状态后，仍有一段很长时间的"滞后效应"。在保持相同质量的前提下，气调贮藏的货架期是冷藏的2～3倍。另外，在相同的贮藏时间的条件下，气调贮藏果蔬出库后的货架期比冷藏长，便于果蔬长途运输。

4. 绿色贮藏

在果蔬气调贮藏过程中，由于低温、低氧和较高的二氧化碳的相互作用，基本可以抑制病菌的发生。贮藏过程中基本不用化学药物进行防腐处理，其贮藏环境中，气体成分与空气相似，不会使果蔬产生对人体有害的物质。在贮藏环境中，采用密封循环制冷系统调节温度，使用饮用水提高相对湿度，不会对果蔬产生任何污染，可以达到食品卫生要求。

第四节　制冷及气调保鲜原理在食品工业中的应用

一、概述

冷冻保藏是储藏易腐蚀食品的一种较好的保鲜方法，由于其保藏时间长、成本低且新鲜、卫生、灵活等特点，所以近年来冷冻保藏食品得到普及应用。食品经冷藏保鲜后的质量和允许保藏时间的长短与很多因素

有关，如冷冻的方法、冷冻的温度、冷冻的速度等等，这些都是制冷研究的主要内容。合理地选择某种食品冷冻的方法以及该方法的一系列条件参数，对食品保持优良的品质有决定性的作用。在本节中，我们将介绍一些常用的冷冻冷藏机械设备和近几年该领域解决某些食品保存难题的高新技术及其实际应用。

另外，制冷不单是一种保藏方法，对于一些特殊食品，冷冻还是一个必要的加工过程，如咖啡的生产需要经过冷冻干燥这一加工过程，橙汁的加工需要经过冷冻浓缩这一环节，相关内容我们将在本书第十章干燥中详细介绍。

二、常用的食品工业制冷及气调保鲜装置

(一) 食品工业制冷装置

制冷装置是将制冷设备与消耗冷量的设备组合在一起的装置。虽然可以用不同类型的制冷机械来供应冷量，但制冷装置的类型和特征主要还是取决于消耗冷量的用户，按用户需求主要分为冷冻冷藏制冷装置、空调用制冷装置、实验用制冷装置和工业用制冷装置；按制冷技术应用范围主要分为低温区（-120℃以下），主要用于气体的液化、分离、超导和宇航；中温区为（-120 ~ 5℃），主要用于食品冷冻冷藏、化工生产和生化制品的生产过程；高温区（-5 ~ 80℃），主要用于空调、除湿、热泵蒸发和热泵干燥。

这里主要介绍的是目前食品工业采用的制冷装置，按冷却介质与食品接触的状况，这类装置大致可以分为空气冻结法、间接接触冻结法、直接接触冻结法三类。

1. 空气冻结法

在冻结过程中，冷空气以自然对流或强制对流的方式与食品换热。由于空气的导热性差，与食品间的交换系数小，故所需的冻结时间长。但是，由于空气资源丰富，无任何毒副作用，其热力性质早已为人们熟知，所以用空气作介质进行冻结仍然是目前应用最广泛的一种冻结方法。采用空气冻结法的制冷装置主要有隧道式冻结、螺旋式冻结、流态化冻结、搁架式冻结四种类型。

隧道式冻结方式是最为广泛的冻结方式，其原理为食品在隧道中与送进隧道的冷空气接触，空气在制冷系统的蒸发器被降温，再以自然对流或强制对流的方式与食品进行热交换。

传送带式冻结隧道装置，一般由蒸发器、风机、传送带以及包围在其周围的隔热装置构成。冷风可垂直吹向食品，也可与食品平行顺流或平行逆流，还可使用侧向吹风，这类装置典型的有水平带式和螺旋带式，如图5-16为LBH31-5型水平带式冻结隧道装置示意图。

传送带式冻结隧道的特点是通用性强，自动化程度高，结构紧凑，效率高，装置中冷风温度约为 -40 ~ -35℃，风速可达 3 ~ 4m/s。开始运行此装置时，将冻结盘放在装卸设备上，盘被自动推上传送带并盒盖后，液压传动机构10驱动传送带向前移动，使冻结盘通过驱动室 A 进入水分离室 B。在分离室内黏附在盘子外面的大部分水被除去，剩余的水分则结成冰，保证水分不被带入冻结间 C 与 D 内，以免蒸发结霜；在各冻结时间内气流与盘子的方向互为反向，冻结盘达到转向装置时，改变运动方向返回装卸设备。

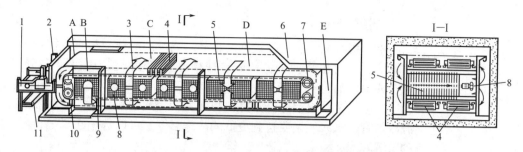

图 5-16　LBH31-5 型水平带式冻结隧道装置

1—装卸设备；2—除霜装置；3—空气流动方向；4—冻结盘；5—板片式蒸发器；6—隔热外壳；
7—转向装置；8—轴流风机；9—光管蒸发器；10—液压传动机构；11—冻结块输送带；
A—驱动室；B—水分分离室；C、D—冻结间；E—旁路

在传送带式冻结的基础上，把冷风速度进一步提高，并配以适当的送风结构，便可实现流态化。流态化冻结装置在食品工业中也比较常用，较适用于冻结球状、圆柱状、片状、小块状的颗粒食品，尤其对果蔬类食品的单体冻结更为适宜。在流态化冻结时，由于高速低温气流的包围，有效传热面积较正常冻结状态提高了 3.5 ～ 12 倍，热交换的强度大幅度增加，从而大大缩短了冻结时间。

2. 间接接触冻结法

间接冻结法是用冷却低温冷冻板与食品直接接触，制冷剂与食品间接接触的一种冻结方法。对于固态物料，可将其冻结成平板状、片状、颗粒状，也可冻结成物料原形单体。对于液态物料，通过与冷壁紧密接触换热，冻结成半溶状态。

冻结方式因冷冻板的取向方式可以分为横式和立式两种。横式冻结方式适合于方形包装食品的冻结；立式冻结方式的处理方式，适合于未包装鱼、肉之类不定形食品的冻结。如图 5-17 为立式平板冻结装置结构示意图，操作时现将食品悬挂于冷冻板间，然后使冷冻板水平靠近，夹紧其间的食品，使成平块状。这样可使食品紧密地与冷冻板结合，从而加速传热。

平板式冻结适用于厚度小于 50mm 的食品，其冻结速度快，干耗小，冻品质量高，但物料装卸还不能完全自动化。

如图 5-18 所示为回转式冻结装置。此装置与平板式冻结的区别主要在于，回转式是使欲冻结食品粘在回转筒上，转筒回转一周，完成食品的冷冻过程，直到食品转到刮刀处再被刮下。此装置适用于冻结鱼片、块肉、虾、菜泥以及流态食品。特点是：占地面积小，结构紧凑；冻结速度快，干耗小；连续冻结生产率高。

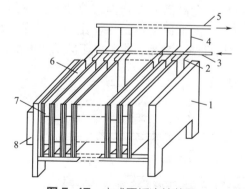

图 5-17　立式平板冻结装置

1—机架；2，4—橡胶软管；3—供液管；
5—吸入管；6—冻结平板；7—定距螺杆；
8—液压装置

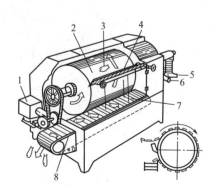

图 5-18　回转式冻结装置

1—电动机；2—滚筒冷却器；3—进料口；
4—刮刀；5—盐水入口；6—盐水出口；
7—刮刀；8—出料传送带

3. 直接接触冻结法

直接接触冻结法是将被冻结食品与制冷剂或载冷剂直接接触，有浸渍法和喷淋法，有时也将两种方法配合使用。直接接触法是食品与冷冻工质直接接触，如果食品带有包装，将其浸入冷冻工质中冷冻，还是属于间接接触冻结。较空气冻结法，浸渍冻结法能获得较大的对流传热系数，冷冻效率高。常用的载冷剂有盐水，如果要达到更低的冷冻温度，可以选用乙二醇和丙二醇的 50% 的水溶液。

由于直接接触冻结法是对未加包装的食品的冻结，且冷冻工质与食品直接接触，因此要求冷冻工质无毒、无异味和使用安全，对食品的性质、成分色泽等不产生影响。

如图 5-19 为液氮浸渍装置示意图，装置由隔热的箱体和食品传送带组成，食品从进料口直接落入液氮中，表面立即冻结。由于换热及液氮强烈沸腾，单个食品逐渐分离。冻结好的食品，通过传送带送出，可通过调节传送带速度控制冻结状况，食品厚度一般要求小于 10cm。其特点是浸渍装置既能起到冻结作用又能起到输送食品的作用，其冻结速度快、干耗小，在食品工业中应用较广。

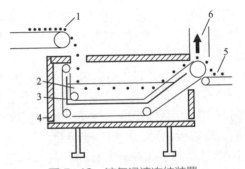

图 5-19　液氮浸渍冻结装置

1—进料口；2—液氮；3—传送带；4—隔热箱体；5—出料口；6—氮气出口

如图 5-20 为液氮喷淋冻结装置示意图，由四部分组成，冻结时，风机将被冻结食品由传送带送入，经预冷区、冻结区、均温区，从另一端送出。同时，风机将冻结区内温度较低的氮气输送到预冷区，并吹到传送带上的食品表面，充分换热使食品预冷；冻结后的食品需要在均温区停留一段时间，使其内外温度趋于均匀。此装置优点为：冻结速度快，一般比平板式冻结装置快 5～6 倍；冻结中可以利用液氮的惰性防止食品氧化，由于冻结速度快，对细

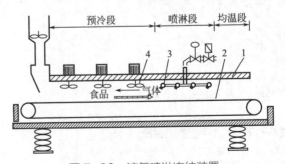

图 5-20　液氮喷淋冻结装置

1—壳体；2—传送带；3—喷嘴；4—风扇

胞损伤小，冻结后食品质量高；另外，由于其冻结干耗小，占地面积小，设备投资小，在工业发达的国家得到较广的应用。

（二）气调保鲜设备

1. 薄膜包装气调储藏

薄膜包装气调属于 MA，一般有塑料小包装气调、塑料大帐气调和硅窗气调三种形式。其中以小包装气调最为操作简便，且成本低，包装不占位，但其储藏效果不稳定，容易造成前期缺氧，而二氧化碳浓度过高，果实中毒引起风味改变。

塑料大帐气调是用塑料薄膜压制成一定体积的长方形帐子，扣在果堆上封闭起来，造成帐内氧降低和二氧化碳升高的特殊环境，使果品得到保鲜。大帐可以在通风库内使用，帐内气体调节可以靠果实呼吸自然降氧，也可进行人工快速降氧。大帐厚度一般在 0.1 ～ 0.25mm，多采用无毒聚氯乙烯薄膜，大帐容量一般在 500 ～ 3000kg 左右。如图 5-21 为塑料薄膜帐示意图。

硅窗气调储藏就是在塑料袋或塑料大帐上，开窗镶嵌一定的硅橡胶薄膜来调节帐内的气体组成，由于硅橡胶薄膜透气性好且具有选择性透气功能，当果实呼吸使袋内氧含量降低时，氧就从大气透过硅窗进入帐内，过多的二氧化碳则由帐内透出到大气中去，经过调节使氧和二氧化碳维持在适于保鲜的水平。硅窗气调的关键技术是控制硅窗面积、膜的厚度、储存量与储藏温度，使气体成分自动地控制在氧含量为 3% ～ 5%。目前硅窗气调广泛地用于果品和蔬菜储藏上，并且取得了良好的保鲜效果。

继硅窗气调之后，人们不断研究新的保鲜包装材料，如聚乙烯果膜保鲜袋在封闭条件下可以很好地调节袋内二氧化碳的含量，且透气性较硅窗好，还可以防止高温时果实过氧缺氧呼吸，而且微透部分水，被称为是继塑料袋保鲜、硅窗保鲜袋之后的第三代保鲜材料。

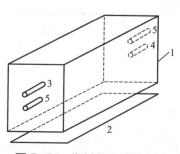

图 5-21 塑料薄膜帐示意图
1—帐子；2—帐底；3—充气袖口；
4—抽气袖口；5—取样小孔

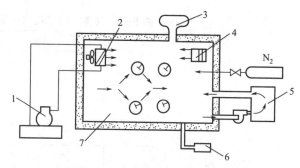

图 5-22 普通气调储藏库
1—冷冻机；2—冷却器；3—橡皮囊；4—脱臭器；
5—气体洗涤；6—气体分析器；7—气调库

2. 机械气调库

机械气调库是在冷藏的基础上，加上气体调节系统和检测系统，因而具有冷藏和气调的双重作用，其特点是设备先进、机械化程度高、储藏规模大、周期长、保鲜效果好，但其建筑成本高，技术复杂，一旦气调不当会引起生理失调、风味改变和后熟不均等现象，造成严重损失。

气调库的储藏关键是要将温度、氧浓度、二氧化碳浓度三者配合得当。不是所有的果蔬都适于气调储藏，也不是所有的果蔬都能用相同的温度、湿度条件和气体成分比例来储藏，因为种类和品种不同对二氧化碳适应能力差别很大，如鸭梨有 1% 的二氧化碳就会对其造成伤害，京白梨在二氧化碳浓度高达 10% 也无伤害，而樱桃能在二氧化碳浓度 20% ～ 50% 的环境中储藏。对一种果品在气调储藏之前，需要做大量的实验研究，寻找出与之适应的温度、湿度条件以及氧、二氧化碳浓度，得出最佳的气调技术指标之后，才能进行大规模的气调储藏。图 5-22 所示为气调储藏库简图。

三、食品工业保鲜新技术

制冷与食品冷藏业是我国发展最快的行业之一，截至2023年底，我国的冷藏库的总容量约2.28亿立方，巨大的储藏量对食品工业保鲜技术提出了更高的要求。下文中将对目前食品保鲜典型的几个新技术做简单介绍。

（一）食品的冰温储藏

在低温的条件下，食品的各种劣变及反应可以得到有效抑制。但是，不同的食品在不同的低温域有不同的适应性和耐受性，即低温效应。近年来对生鲜食品低温储藏条件的研究成为热点。主要研究热点是冰温储藏和玻璃化储藏。

1. 冰温技术原理

冰温是指0℃以下到食品冻结点之间的温度，冰温贮藏就是在冰温间的食品贮藏，冰温贮藏不同于冷藏和冻结贮藏。冷藏是在0～10℃的食品贮藏，该贮藏方法用于果蔬时会导致后熟，腐败变质较快。冻结贮藏是在食品冻结点以下的温度贮藏，食物中组织和细胞内的水冰冻后体积增大，破坏了组织和细胞的结构，有大量的汁液流失。冰温贮藏接近于冻结点但高于冻结点，它不仅降低了耗能成本，而且保证营养价值不会过多地损失，组织结构也完整无缺。在冰温贮藏过程中，生物体产生的一些物质，还能增加食品的风味和口感。表5-3为冰温、冷藏和冷冻保藏的对比。

细胞的冰点一般在-0.5～-3.5℃之间。某些食品的冰点如表5-4所示。

表5-3 冰温、冷藏和冷冻保藏的对比

类别	冰温	冷藏	冷冻
温度领域	0℃到冻结点的冰温与超冰温领域	0～10℃的温度领域	冻结点以下的温度范围，食品一般冷冻保藏温度为-18℃以下的温度领域
贮藏期限	与冷藏相比可增长2～10倍的贮藏期限，并可长期活体保存	生鲜食品的保存期为7天，且无法作活体保存	可长期保存，但因结冰冻结，致使生物细胞坏死
品质差异	利用冰温生物科技使生鲜产品更美味、营养增加且使有害微生物下降	美味因冷藏时间增加而降低，有害微生物逐渐增加而致使腐烂	生物细胞冻结破坏，解冻后营养流失，风味降低最多

表5-4 部分食品的冰点

食品名称	冰点/℃	食品名称	冰点/℃	食品名称	冰点/℃
生菜	-0.4	牛奶	-0.5	柿子	-2.1
菜花	-1.1	蛋黄	-0.65	香蕉	-3.4
橙子	-2.2	洋白菜	-2.0～-1.3	鱼肉	-2.0～-0.6
柠檬	-2.2	番茄	-0.9	蛋白	-0.45
牛肉	-1.7～-0.6	洋梨	-2～-1	奶酪	-8.3
奶油	-2.2	草莓	-0.8		

冰温保藏可以增加食品保藏时间的原因有以下两方面：首先，食品是一个生物活动状态体，在一定条件下经过冷却处理后，生物组织会自动分泌出糖、醇类、可溶性蛋白质等不冻液以保持组织细胞的生存状态，此过程在生物学上

称为"生物体防御反应"，这些物质可以使贮藏品的口感与风味均有明显提高。其次，当冷却温度临近冻结点时，贮藏食品达到一种休眠的状况，从而使产品在"休眠"状态下保存，这个时候组织细胞的新陈代谢率最小，所消耗的能量也最小，因此可以有效地贮藏食品。

冰温贮藏食品可以将食品的温度控制在冰温带内，以维持其细胞的活体状态；或者当冰点较高时，通过加入冰点调节剂（如盐、糖等），使其冰点降低，扩大冰温带，这样细胞在较低温度下仍然处于活体状态。

2. 冰温储藏的特点

（1）不破坏细胞；

（2）有害微生物的活动及各种酶的活性受到抑制；

（3）呼吸活性低，保鲜期得以延长；

（4）能够提高水果、蔬菜的品质。

其中最后一点是冷藏及气调贮藏方法都不具备的优点。但是冰温贮藏也有其固有的缺点：其可利用的温度范围狭小，一般为 $-0.5 \sim -2.0℃$，故温度带的设定十分困难，配套设施的投资也比较大。

3. 冰温储藏技术的应用

（1）肉制品保鲜与贮藏　鸡、鸭等动物宰杀后如不注意低温保鲜，极易被微生物污染。冰温能很好地延缓食品的腐败。温度波动对冷藏食品品质影响很大，冰温鸭肉品质的影响在贮藏后期才渐渐表现出来，且温度波动越小，影响越小。

（2）果蔬贮藏　果蔬在整个贮藏过程中是活着的有机体，呼吸作用是其重要的特征。通常，随着果蔬贮藏温度的升高，呼吸作用增强，营养成分损失增加。利用冰温贮藏水果和蔬菜可以抑制其新陈代谢，保持果蔬的色、香、味、口感。以草莓为例，草莓在 $4℃$ 条件下保鲜 7 天后，失重损失及腐烂率分别为 5.4% 和 37.2%，基本上失去商业价值和食用价值，且感官效果极差、外表皱缩、味感不佳、香气损失严重。运用冰温（$-0.5℃$）保存草莓，保存期可长达 31 天，并保持良好的色、香、味。

（3）水产品的冰温贮藏　水产品因其口味自然鲜美独特，深受人们的青睐。但水产品需要从产地运往消费地，在运输过程中由于受温度、运输方法等因素的影响，往往造成水产品死亡。采用冰温无水保活的厚壳贻贝，在 $-1.5 \sim -0.5℃$ 保藏可保活 9 天，能完全满足运输和销售的时间需要。

（二）食品的玻璃化储藏

1. 玻璃化理论

为了追求更高标准的新鲜口感和完美营养，科学家将合成高聚物体系的理论体系引入到食品领域，使食品保藏向超常温方向发展。1980 年，美国科学家提出"食品聚合物理论"认为，食品在玻璃状态下，造成食品品质变化的一切受扩散控制的反应速率均十分缓慢，甚至不发生反应，因此食品采用玻璃化保藏，可以最大限度地保存其原有的色、香、味、形以及营养成分。

2. 玻璃化转变的条件

玻璃化转变是非晶态聚合物在温度为玻璃转换温度条件下蒸发水分，浓度逐渐增加，经"浆态"、"橡皮态"，进而成为一种"固化了的"液体，此过程称为玻璃化。玻璃化过程中物质并不结晶，而是形成一种极黏滞的"超冷冻"液体。玻璃态的判断标志是，当液体黏度达到 $10^{14}Pa \cdot s$ 时，即为玻璃态。对应的温度为玻璃化温度 T_g，低于 T_g 时，为玻璃态区。

例如纯水要达到玻璃化，必须降低温度，以提高黏度。要达到玻璃化要求的 $\eta > 10^{14}Pa \cdot s$，温度必须降低到 $-134℃$ 左右，即水的玻璃化温度 T_g 在 $-134℃$ 左右。

实际上，当水温度冷却到低于水的冰点时，水开始结晶，开始出现晶核和冰晶的增长，因此要实现玻璃化，必须提高冷却速率，把结晶率降到小于 10^{-6}，才能基本满足玻璃化转变的要求。

实现玻璃化所需要的冷却速率为临界冷却速率，对于直径为 $1\mu m$ 的纯水，玻璃化的临界冷却速率为 $10^7 K/s$，由于热传导的速率的限制，实际上这样的冷却速率是不可能实现的。

因此，一般采取提高水溶液的浓度，来降低玻璃化的临界冷却速率。例如质量分数 45% 的乙二醇溶液的临界冷却速率为 $6.1 \times 10^3 K/min$，质量分数 45% 的甘油溶液的临界冷却速率为 $8.1 \times 10^3 K/min$。如果允许结晶率为 0.5%，对应的临界冷却速率可以分别提高到 354K/min 和 475K/min。

3. 冷冻食品玻璃化贮藏的特点

一般冷冻食品含水量较高，实现食品玻璃化保存只能借助于部分结晶的玻璃化方法。冷冻过程中，随着冰晶的不断析出，未冻溶液浓度不断提高，冰点逐渐降低，最后达到最大冻结浓缩状态，溶液中的剩余水分再不结晶，此时的玻璃化转变温度称为最大冻结浓缩液的玻璃化转变温度，用 T_g' 表示。一般冷冻食品中的玻璃化转变温度通常指的都是最大冷冻浓缩液的玻璃化转变温度。

由于存在冷冻浓缩现象，导致冷冻食品的未冻结部分贮存不稳定。在一般冻藏温度下（温度在 T_g 以上），意味着这部分被浓缩的基质仍处于高弹态，甚至黏流态，分子链段能自由运动，扩散系数比较大。这就是速冻果蔬制品在冻藏时仍会发生褐变现象的原因之一。另外，速冻意味着迅速越过最大冰晶生成带，冰晶生成量较少，冷冻浓缩程度较小，若贮藏温度高于 T_g，未冻结部分仍会出现冰晶体结构，并且随着时间的延长，冰晶体会不断长大，直至最大冷冻浓缩浓度为止。冰晶体的出现、长大，会破坏细胞结构，从而导致冻结食品的质构被破坏，品质下降。

总之，冷冻食品加工和贮藏中食品品质的变化最终都可以归结为食品物理状态之间的改变，水在其中起到了增塑剂的作用。处于 T_g 以下的玻璃态时，体系由于其黏度极高、自由体积份额很小而处于相对稳定状态；相反，处于 T_g 以上的橡胶态时，由于黏度的急剧降低，自由体积份额大大增大，一些受扩散控制的结构松弛过程变得十分活跃，体系相对不稳定。

目前，对玻璃化温度的研究主要有两方面，一是寻找尽可能低的储存温度；二是提高食品大分子的玻璃化转变温度 T_g。通常在 $-18℃$ 下的玻璃化保藏就称为冷冻玻璃化保藏。

根据被研究物质的性质的变化，可以有数种方法来测定玻璃化温度。最常用的是差示扫描量热法（DSC），然而必须仔细操作才能获得精确的结果。玻璃化发生在一段温度范围内，至今选取 DSC 曲线上哪一个点（起点、中点、终点）作为 T_g 还无统一观点。T_g 至少要有两个参数才能表达，即玻璃化的起点或中点和玻璃化转变的温度范围。由于玻璃化转变是动力学过程，T_g 的测定与实验条件有关，因此，T_g 值必须有相应的实验测定条件作为适用范围。

4. 玻璃化食品在冷冻加工中的应用

（1）淀粉玻璃化相变的研究　淀粉的玻璃化相变是当前的一个研究热点，对于谷物品质以及储藏性的研究有重要意义。研究表明，淀粉的 T_g 与其结晶度有关，随结晶度的增大而增大。另外淀粉的加工条件也会影响其 T_g 的大小，例如 $120℃$ 糊化的淀粉比在 $60℃$ 糊化的淀粉的 T_g 值更高。这些发现使得提高添加了淀粉的食品的玻璃化转变温度成为可能，为降低食品储藏成本，提高食品储藏质量开辟了一条道路。

（2）玻璃化在冰淇淋中的应用　组织细腻是冰淇淋感官评价的一个重要标准，它主要取决于冰淇淋冰晶的尺寸、形状及分布，所以在冰淇淋凝冻、冻结以及储存过程中，控制其冰晶体的大小使其组织细腻十分重要。

冰淇淋含水量高达60%左右，在凝冻前是一个多元的溶液，其 T_g 一般在 $-30 \sim 43℃$ 之间，而其储存温度多在 $-18℃$。低DE值（DE值为以葡萄糖计的还原糖占糖浆干物质的百分比，DE值越高，葡萄糖浆的级别越高）或高分子量的物质作添加剂，可以提高冰淇淋的 T_g 值。根据玻璃化理论，橡胶态下结晶再结晶的速度很大，所以在此状态下储存一定时间后，冰淇淋质地会变得粗糙。通过改变冰淇淋的配方，加入某些添加剂可以提高其 T_g，能很好地解决这一问题。常用添加剂有CMC、卡拉胶、微晶纤维素、糊精、预糊化淀粉、麦芽糊精、黄原胶、瓜尔豆胶、角豆胶、黄芪胶、阿拉伯胶。

（三）食品的超高压冷冻技术

1. 超高压冷冻对微生物的影响

影响食品鲜度的原因有很多，有物理、化学和生物等因素，而这些因素之间又是相互联系、相互制约的。其中以微生物引起的变质最为普遍和活跃。水产食品腐败主要表现在某些微生物的生长和代谢生成胺、硫化物、醇、醛、酮、有机酸等，产生不良气味和异味，使得产品在感官上不被接受。

在超高压作用下，使微生物细胞组织断裂成小碎片，和原生质一起变成糊状，这种不可逆的变化使微生物死亡，达到杀菌的目的，从而延长了食品的保质期。

2. 超高压对高水分食品冻结品质的影响

一般的冻结是在常压下进行的，食品中的水分在冻结时产生体积膨胀，从而产生凝胶和组织破坏。尤其对含水量多的食品，冻结导致的组织损伤使解冻后汁液流失严重，给产品的风味带来不良影响。超高压冷冻技术可以解决蔬菜、水果、魔芋等水分含量多的食品在冻结时发生的巨大的冷冻损伤问题。

利用超高压技术可以把水加压到200MPa，冷却到 $-18℃$，水仍然不结冰，把此种状态下不结冰的食品迅速解除压力，就可对食品实现速冻，所形成的冰晶体很细微。这种冷冻方法可称为解除超高压速冻法，或称高压冷冻。

实验表明，把白菜、豆腐、琼脂培养基、卡拉胶、凝胶等物料在 $-20℃$，用 $100 \sim 700MPa$ 的高压冷冻后，其冷冻的物料冰结晶细小，外观良好，汁液流失少。

 拓展阅读

创新精神

众所周知，冰箱是全球普及度非常高的家电，这个领域的中国品牌名气也是响当当——不但占据了全球（除中国）冰箱销售规模的1/3，在行业标准、市场份额上也占据着主导地位。但这种地位并非一蹴而就，而是中国冰箱凭借几十年的不懈努力达成的。从欧美品牌独占市场、日韩品牌后来者居上，再到中国的海尔蝉联全球13连冠，中国冰箱不仅完成了从"局部保鲜"到"全空间保鲜"的重大跨越，也让世界冰箱业进入到"个性化保鲜、场景化服务"的新发展阶段。在这个过程中，海尔冰箱的全空间保鲜科技发挥了主导作用。海尔冰箱全空间保鲜科技在2015年应运而生。这项科技首次提出了冷藏、冷冻都保鲜的概念，在行业关注的冷藏区应用干湿分储技术，果蔬区湿度为90%、干货湿度为45%，控温之外实现对湿区的精控；在行业罕有创新的冷冻区，海尔冰箱通过冷冻智能恒温技术，把冷冻室温度波动降低40%，避免冻肉因反复化冻而折损营养。从消费趋势来看，这种创新契合健康饮食，在全球疫情背景下更凸显了前瞻性。

📄 知识归纳

○ 卡诺循环是由两个绝热过程和两个等温过程构成的循环过程，是理想的正向循环，是热机研究的理论依据。逆卡诺循环也同样由两个绝热过程和两个等温过程构成，只是其循环的方向与卡诺循环的方向正好相反，逆卡诺循环是理想的制冷循环。

○ 食品的冻结分为冷却阶段、相变阶段、终温阶段三个阶段。其中，食品从初温冷却到冰点的阶段为冷却阶段，这个阶段，食品冷却速度快，曲线比较陡；第二个阶段，绝大部分水分从液态变为固态称相变阶段，这一阶段食品结冰放出大量潜热，食品降温很慢，曲线比较平缓；冻结后食品进一步降低温度，同时伴有少量水转化为冰的阶段称终温阶段，理论上食品的冻结终温可以等于冷却介质的温度，但这需要很长时间。

○ 食品冻结时通过最大冰晶生成带的时间，直接影响冻结食品的质量。通过最大冰晶生成带的时间越短，形成的冰晶越细小，食品的质量就越好，而且有些低温微生物在这一生成带的温度区间可能繁殖产生毒素。所以，为保证冻结食品的品质，常采取速冻的方式。

🌿 工程训练——冷藏链各环节温度对食品保质期的影响

　　冻结食品从生产出来一直到消费者手上，经历了冻藏、运输、销售等冷藏环节，保藏温度越低，品质降低的速度就越慢。因此冻结食品从生产出来后，为了使其优秀品质尽量不降低，必须使从生产者到消费者之间所有环节都维持低温的保藏条件。试通过食品冷藏TTT理论，研究生产、运输到销售冷鲜鸡肉时，在不同环节设计采用不同的冷藏温度的冷链方案，讨论不同冷链温度对食品的保质期影响幅度的大小，然后确定各环节既可保证产品质量又比较经济实用的冷链温度。

✏️ 习题

5-1　一台单级蒸气压缩制冷机工作在高温热源为30℃、低温热源为−15℃下，试求氨F-12为制冷剂时的理论循环的性能指标（单位制冷量、单位容积制冷量、单位理论压缩功、单位冷凝热量、制冷系数）。

5-2　上等花椰菜经过合理冻结后，在−24℃低温库冻藏150天，随后运至销售地，运输过程中温度为−15℃，时间为15天，在销售地又冻藏了120天，温度为−20℃。求此时冻结花椰菜的可冻藏性为多少？

5-3　将初温12℃的片鱼装入方形盘中，放到−28℃的静止空气冻结室中冻结。

鱼盆尺寸为 $0.6m \times 0.15m \times 0.45m$，试求该鱼块冻至 $-15℃$ 所需的时间。已知冻结后的密度为 $970kg/m^3$，热导率为 $6.16W/(m \cdot ℃)$，对流表面传热系数为 $1.4W/(m \cdot ℃)$，试用普朗克公式计算所需冻结时间。

5-4 尺寸为 $0.5m \times 0.2m \times 0.85m$ 的瘦牛肉放在 $-30℃$ 的对流冻结器中冻结，食品的初温为 $5℃$，冻结终温为 $-10℃$，已知对流放热系数值为 $\alpha=30W/(m \cdot ℃)$，对流表面传热系数为 $\lambda=1.108W/(m \cdot ℃)$，试用普朗克公式计算冻结时间。

第六章　蒸发与结晶

○○ —— ○○ ○ ○○ ———————————

　　古法制盐即晒盐，就是利用蒸发的原理生产盐。在《天工开物》一书中记载，用锅煮海水，提取结晶物用的是捣碎的皂角及粟米糠，"投入其中搅和，盐即顷刻结成。盖皂角结盐，犹石膏之结腐也。"这个过程不仅展示了蒸发与结晶的奇妙，还体现了人类与自然的智慧结合。同样，古法制糖也是类似。压榨提取的甘蔗汁，经澄清后熬制浓缩，使其逐渐结晶形成蔗糖晶体。煮糖过程中需要控制温度和搅动，以获得适当大小和形状的晶体，就是冰糖。到了现代，古法手工制作被大规模机器生产所代替。什么样的蒸发设备，多少热量才能满足去除水分的要求，采用什么蒸发工艺能够保持活性物质等，都需要通过设计计算。本章介绍蒸发工艺与设备选型解决实际生产的问题。

晒盐厂示意图

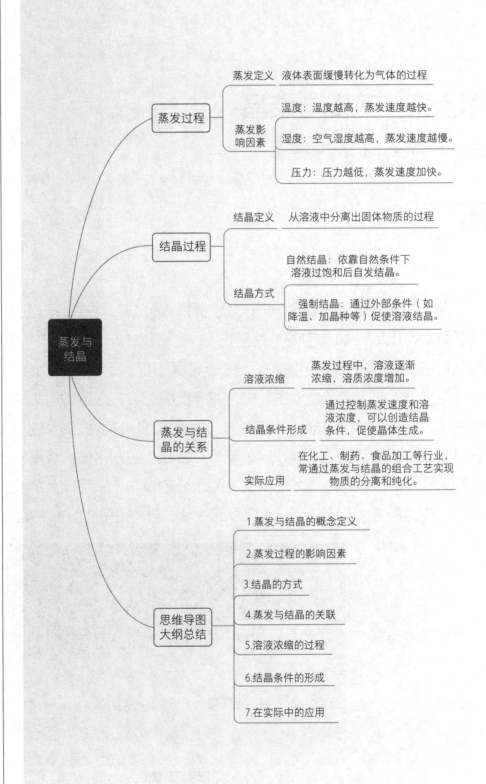

学习目标

1. 掌握蒸发与结晶的基本概念与基本原理。
2. 简要描述蒸发与结晶操作的特点。
3. 绘出单效蒸发、真空蒸发工艺路线图。
4. 简要描述蒸发设备与冷冻浓缩设备的不同。
5. 给定生产任务条件下，完成单效蒸发过程工艺计算，包括水分蒸发量、加热蒸汽消耗量、有效温度差及传热面积、蒸发器的生产能力、生产强度和单位蒸汽消耗量。
6. 简要描述多效蒸发的操作流程及最佳效数。
7. 简要描述蒸发过程的工业应用与分类。常用蒸发器的结构、特点和应用场合。
8. 简要描述蒸发器的选用依据。

第一节　蒸　　发

一、蒸发的基本概念

采用加热方法使溶液达到沸腾状态，溶液中溶质不具有挥发性，溶剂则汽化逸出液面，从而使溶液中溶剂减少，溶质浓度提高，这种单元操作过程称为蒸发。

蒸发操作的加热方式可采取间壁式换热，加热介质一般采用新鲜的饱和蒸汽，这种蒸汽又称为生蒸汽。溶液中的溶剂可以是水，也可以是其他挥发性的有机溶剂，因此若蒸发的是水溶液，则汽化产生的就是水蒸气，这种蒸汽又称二次蒸汽。

蒸发过程的特点：

（1）溶液的特性　溶液中含有不挥发溶质，其蒸气压较同温度下纯溶剂的低，因此，在相同压力下，溶液的沸点高于纯溶剂的沸点。若加热蒸汽温度一定时，蒸发溶液时的传热温差比蒸发纯溶剂时的温差小，故要使溶液沸腾就要提高加热蒸汽的温度。有些溶液黏度较高，并且随着溶液中溶剂的蒸发，溶液浓度升高，黏度还会增大。有些溶液会出现结垢或析出结晶，这些特性都会降低蒸发过程中的传热效果。有些溶液具有热敏性，在高温下易分解变质，因此，应考虑降低蒸发温度。还有些溶液具有较强的腐蚀性，这不仅对设备有破坏作用，而且还会引起对产品的污染。另外，有些溶液在沸腾时会形成稳定的泡沫，泡沫会随着二次蒸汽排出，即出现液沫挟带现象，因而，造成溶液中溶质的损失，并会污染冷凝设备。

（2）能源消耗的特性　蒸发时溶液中溶剂汽化需吸收汽化热，汽化溶剂（如水）量与所需要消耗的加热蒸汽量大致相当，所以，蒸发操作要大量的热源。

蒸发流程

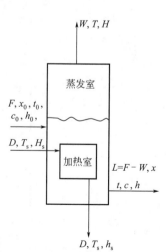

图6-1　物料衡算和焓衡算示意图

二、单效蒸发

（一）单效蒸发的计算

1. 水分蒸发量的计算

如图6-1所示，为物料衡算和焓衡算示意图。在连续蒸发过程中，因

为溶质不汽化，所以进入蒸发器的溶质量与完成液中溶质的量相等，即对溶质的物料衡算为：

$$Fx_0 = Lx = (F-W)x \qquad (6\text{-}1)$$

所以，水分蒸发量为：

$$W = F\left(1 - \frac{x_0}{x}\right) \qquad (6\text{-}2)$$

式中，F 为进料流量，kg/h；W 为水分蒸发量，kg/h；L 为完成液流量，kg/h；x_0 为料液中溶质的质量分数；x 为完成液中溶质的质量分数。

2. 加热蒸汽消耗量的计算

按照图 6-1，对进、出蒸发器的物料作焓衡算（热量衡算）：

$$DH_s + Fh_0 = Lh + WH + Dh_s + Q_1 \qquad (6\text{-}3)$$

整理上式，加热蒸汽消耗量为：

$$D = \frac{(F-W)h + WH - Fh_0 + Q_1}{H_s - h_s} \qquad (6\text{-}4)$$

式中，D 为加热蒸汽消耗量，kg/h；H_s 为加热蒸汽的焓，kJ/kg；h_s 为加热器中冷凝水的焓，kJ/kg；h_0 为原料液的焓，kJ/kg；h 为完成液的焓，kJ/kg；H 为二次蒸汽（温度为 t 的过热蒸汽）的焓，kJ/kg；Q_1 为蒸发器的热损失，kJ/h。

（1）当溶液的浓缩热可以忽略时，加热蒸汽消耗量的计算   当溶液的浓缩热可以忽略时，可由比热容求出溶液的焓。如以 0℃ 为基准，即令 0℃ 时液体的焓为零，则有：

$$h_s = c_w T_s - 0 = c_w T_s, \quad h_0 = c_0 t_0 - 0 = c_0 t_0, \quad h = ct - 0 = ct$$

式中，c_w 为水的比热容，kJ/(kg·K)；T_s 为加热蒸汽的饱和温度，℃；c_0 为原料液的比热容，kJ/(kg·K)；t_0 为原料液温度，℃；c 为完成液的比热容，kJ/(kg·K)；t 为蒸发器中溶液的温度，℃。

将上面三公式代入式（6-4），得：

$$D = \frac{(F-W)ct + WH - Fc_0 t_0 + Q_1}{H_s - c_w T_s} \qquad (6\text{-}5)$$

或

$$D = \frac{F(ct - c_0 t_0) + W(H - ct) + Q_1}{H_s - c_w T_s} \qquad (6\text{-}6)$$

对于原料液的比热容和完成液的比热容，可以用下面的经验公式来表示：

$$c_0 = c_w(1-x_0) + c_B x_0, \quad c = c_w(1-x) + c_B x \qquad (6\text{-}7)$$

式中，c_B 为溶质的比热容，kJ/(kg·K)。

当 $x < 20\%$ 时，上式可以简化为：

$$c_0 = c_w(1-x_0), \quad c = c_w(1-x) \qquad (6\text{-}7a)$$

当冷凝液在蒸汽饱和温度下排出时，则有：

$$H_s - c_w T_s = R, \quad H - ct \approx r$$

式中，R 为加热蒸汽的汽化热，kJ/kg；r 为温度为 t 时二次蒸汽的汽化热，kJ/kg。

所以，可将式（6-7）简化为：

$$D = \frac{F(ct - c_0 t_0) + Wr + Q_1}{R} \tag{6-8}$$

若为沸点进料，忽略比热容 c 和 c_0 的差别，不计热损失，即

$$t = t_0, \quad c = c_0, \quad Q_1 = 0$$

则有：

$$D = \frac{W(H - ct)}{R} \approx \frac{Wr}{R} \quad 或 \quad \frac{D}{W} = \frac{H - ct}{R} \approx \frac{r}{R} \tag{6-9}$$

D/W 为蒸发 1kg 水分所需的加热蒸汽量，它的大小可以衡量蒸发操作蒸汽利用的经济程度。

由于蒸汽的汽化潜热随温度的变化不大，即 $R \approx r$ 故单效蒸发时，$D/W \approx 1$，即蒸发 1kg 的水，约需 1kg 的加热蒸汽。考虑到 R 和 r 的实际差别以及热损失等因素，$\dfrac{D}{W}$ 约为 1.1 或稍大。

（2）当溶液的浓缩热不可以忽略时，加热蒸汽消耗量的计算　根据热量衡算，已得出式（6-4），即加热蒸汽消耗量为：

$$D = \frac{(F - W)h + WH - Fh_0 + Q_1}{H_s - h_s}$$

由于有些原料液在用溶剂稀释时，有明显的放热效应。相反的过程，在溶剂蒸发浓缩时，也会有与稀释时的热效应相当的浓缩热。对于这一类物料，上式中原料液和完成液的焓值不能用比热法进行计算。通常根据有关溶液的焓浓图，来确定溶液的焓值。

图 6-2 为 NaOH 水溶液的焓浓图。其纵坐标为溶液的焓，横坐标为溶液的质量分数。若已知 NaOH 溶液的温度和质量分数，就可从图中相应的等温线查得其焓值。所以，根据上式和查到的溶液焓值，不难求出当溶液的浓缩热不可以忽略时，加热蒸汽消耗量。

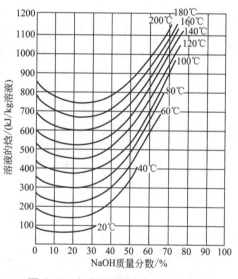

图 6-2　氢氧化钠水溶液的焓浓图

3. 蒸发器传热面积的计算

根据总传热速度方程 $Q = KA\Delta t_m$，得蒸发器传热面积的计算公式：

$$A = \frac{Q}{K\Delta t_m} \tag{6-10}$$

式中，A 为蒸发器的传热面积，m^2；Q 为传热量，W；K 为传热系数，$W/(m^2 \cdot K)$；Δt_m 为平均传热温度差，K。

若蒸发过程为一侧蒸汽冷凝放热和一侧溶液沸腾溶剂汽化吸热，则两侧流体之间的传热为恒温差传热，也即 $\Delta t_m = T_s - t$。代入 $Q = DR$，故有：

$$A = \frac{Q}{K(T_s - t)} = \frac{DR}{K(T_s - t)} \tag{6-11}$$

若取 $d = d_1$，则上式中总传热系数 K 为：

$$K_1 = \frac{1}{\dfrac{1}{\alpha_1} + R_{s1} + \dfrac{b}{\lambda} \times \dfrac{d_1}{d_m} + R_{s2} + \dfrac{1}{\alpha_2} \times \dfrac{d_1}{d_2}} \tag{6-12}$$

式中，α 为对流传热系数，$W/(m^2 \cdot ℃)$；R 为垢层热阻，$m^2 \cdot ℃/W$；b 为管壁厚度，m；λ 为管材的热导率，$W/(m^2 \cdot ℃)$；

【例6-1】 某单效蒸发设备每小时将10000kg水溶液，在无浓缩热效应时，从5%浓缩至25%，进料液温度为40℃。当地大气压强为100kPa。加热蒸汽与二次蒸汽的绝对压力分别为130kPa及40kPa。操作条件下溶液的沸点为82℃，基于传热外表面积的总传热系数为2000W/(m²·℃)。试求：（1）蒸发量；（2）加热蒸汽消耗量；（3）蒸发器的传热面积。

解 由附录饱和蒸汽表查出：

130kPa：蒸汽的汽化热 $R=2239.8$kJ/kg

$$饱和温度 T_s=107.2℃$$

40kPa：蒸汽的汽化热 $r=2312.2$kJ/kg

$$饱和温度为75℃$$

（1）蒸发量

$$W=F\left(1-\frac{x_0}{x_1}\right)=10000\left(1-\frac{5}{25}\right)=8000(kg/h)$$

（2）加热蒸汽消耗量　因无浓缩热效应，所以可选式（6-8）：

$$D=\frac{F(ct-c_0t_0)+Wr+Q_1}{R}$$

原料液和完成液的比热容：

$$c_0=c_w(1-x_0)=4.187\times(1-0.05)=3.978[kJ/(kg·℃)]$$

$$c=c_w(1-x)=4.187\times(1-0.25)=3.14[kJ/(kg·℃)]$$

$$D=\frac{10000\times(3.14\times82-3.978\times40)+8000\times2312.2}{2239.8}=8698(kg/h)$$

取损失系数 $\eta=0.97$，实际消耗的加热蒸汽量：

$$D=\frac{8698}{0.97}=8967(kg/h)$$

（3）蒸发器的传热面积　蒸发器的外传热面积以式（6-11）计算：

$$A=\frac{Q}{K(T_s-t)}=\frac{DR}{K(T_s-t)}$$

$$Q=DR=8967\times2239.8=2.008\times10^7kJ/h=5579kW$$

$$\Delta t=T_s-t_1=107.2-82=25.2(℃)$$

$$A=\frac{5579\times1000}{2000\times25.2}=110.7(m^2)$$

（二）蒸发操作中的温度差损失

在蒸发设备中，加热蒸汽的温度是最高的，用 T_s 表示。料液在蒸发室的沸腾温度次之，用 t 表示。而二次蒸汽在冷凝器的冷凝温度最低，用 T_k 表示。因此，蒸发操作的总温度差（简称总温差）为：

$$\Delta t_T=T_s-T_k \tag{6-13}$$

蒸发操作实际的传热推动力是加热蒸汽的温度与料液的沸腾温度之间的差值，通常称为有效温差。

$$\Delta t=T_s-t \tag{6-14}$$

总温差与有效温差之间的差值称为温差损失 Δ：

$$\Delta = \Delta t_{\mathrm{T}} - \Delta t = (T_{\mathrm{s}} - T_{\mathrm{k}}) - (T_{\mathrm{s}} - t) = t - T_{\mathrm{k}} \tag{6-15}$$

由此可见，蒸发操作的温差损失为料液在蒸发室的沸腾温度（即沸点）和二次蒸汽在冷凝器的冷凝温度之差。

1. 由于溶液的蒸气压下降，引起沸点升高，产生温度差损失

例如常压下，30% NaOH 水溶液的沸点为 120℃，纯水的沸点为 100℃，溶液的沸点较纯水升高了 20℃。溶液中含有不挥发性的溶质，在相同条件下，溶液的蒸气压比纯溶剂（水）的蒸气压低，所以溶液的沸点必然高于纯溶剂的沸点，亦即高于蒸发室压力下的饱和蒸汽温度，此高出的温度值即为溶液的沸点升高值。

沸点升高使蒸发操作的有效温差减少，例如用 150℃ 饱和水蒸气分别加热 30% NaOH 水溶液和纯水，并使之沸腾，其有效温差分别为：

30% NaOH 水溶液　　　　　　　　$\Delta t = T_{\mathrm{s}} - t = 150 - 120 = 30(℃)$

纯水　　　　　　　　　　　　　　$\Delta t = T_{\mathrm{s}} - t = 150 - 100 = 50(℃)$

溶液的沸点升高 20℃，有效温差减少 20℃。由公式 $\Delta = \Delta t_{\mathrm{T}} - \Delta t = (T_{\mathrm{s}} - T_{\mathrm{k}}) - (T_{\mathrm{s}} - t) = t - T_{\mathrm{k}}$ 可见，此种情况下，有 20℃ 的温差损失产生。若以 Δ' 表示，则 $\Delta' = 20℃$。

溶液的沸点升高引起温差损失，而溶液的沸点不仅与蒸发室内压力有关，还与溶液的性质和溶液的浓度有关，一般由实验来确定。常压下溶液 Δ' 值与浓度的关系可以从化工手册或有关教材的附录中查得，但蒸发操作经常在其他压力下进行，因此查到的常压下数值必须校正：

$$\Delta' = f\Delta'_{\mathrm{a}}$$

其中　　　　　　　　　　　$f = \dfrac{0.0162(t + 273)}{r}$

式中，Δ' 为操作压力下由于溶液蒸气压下降而引起的沸点升高（即温度差损失），℃；Δ'_{a} 为常压下由于溶液蒸气压下降而引起的沸点升高（即温度差损失），℃；f 为校正系数，无量纲；t 为操作压力下二次蒸汽的温度，℃；r 为操作压力下二次蒸汽的汽化热，kJ/kg。

溶液浓度越高，沸点升高越大，温差损失也越大。

如图 6-3 所示，为不同浓度 NaOH 水溶液的沸点与对应压力下纯水的沸点关系线，又称杜林线。从图中可以看出，溶液在一定浓度下的沸点与对应压力下纯水的沸点成直线关系。若已知溶液的浓度和蒸发室内的操作压力，就可以采用杜林线求出沸点升高值（即 Δ'）。

【**例 6-2**】　有一 30% 的 NaOH 水溶液，若蒸发室内压力为 100kPa，试求溶液的温差损失 Δ'。

解　100kPa 下水的沸点为 99.6℃，由图 6-3 在横坐标上找到该值，向上找到 30% NaOH 水溶液线上一点，再水平向左查得溶液的沸点值为 120℃。所以：

$$\Delta' = 120 - 99.6 = 20.4(℃)$$

本例如果蒸发室内压力不是常压（100kPa），则需用下式校正：

$$\Delta' = f\Delta'_{\mathrm{a}}$$

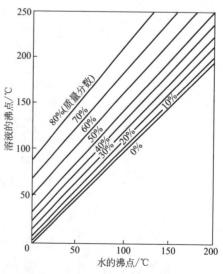

图 6-3　NaOH 水溶液的沸点直线

其中
$$f=\frac{0.0162(t+273)}{r}$$

2. 由于液柱静压效应，引起溶液沸点升高，产生温度差损失

在蒸发器内的溶液在操作时必须维持一定的液层高度，其值与蒸发器的结构和类型有关。位于不同液层的溶液所受的压力不同，下部溶液所受的压力要比液面处高，因此，下部溶液的沸点就高于液面处溶液的沸点，即溶液的沸点随液层高度的增加而减小。

液层内部沸点与表面沸点之差称为由液层静压效应引起的温差损失，用 Δ'' 表示。为了计算简便，液层内部的沸点往往以液层中部的平均压力对应的平均沸点值来粗略估计。

溶液平均深度 1/2 处的压力：

$$p_{m}=p+\frac{\rho gL}{2} \qquad (6\text{-}16)$$

式中，p 为液面上所受的压力，N/m²；L 为液面高度，m；ρ 为溶液的密度，kg/m³。

根据压力 p 和 p_m 从饱和蒸气压表中查得对应于溶液的沸点为 t_p 和 t_{p_m}，则由液柱静压力所引起的温差损失为：

$$\Delta''=t_{p_{m}}-t_{p} \qquad (6\text{-}17)$$

3. 由于蒸汽流动中摩擦阻力等，产生温度差损失

二次蒸汽从分离室到冷凝器要经历一段管路，因有流动阻力，使二次蒸汽的压力下降，亦即二次蒸汽在冷凝器的冷凝温度 T_k 下降，产生温差损失。

从公式 $\Delta=\Delta t_T-\Delta t=(T_s-T_k)-(T_s-t)=t-T_k$ 可见，T_k 下降时，Δ 增加。

此项损失与蒸发器的结构有关，如二次蒸汽流动管路的长度、直径和保温情况等方面因素都影响此项损失。实际在计算中因为影响因素很多，很难准确地进行计算。所以，计算时，一般作粗略估算如下：

$$\Delta'''=0.5\sim1.5K \qquad (6\text{-}18)$$

综上所述，蒸发过程中总的温差损失为：

$$\sum\Delta=\Delta'+\Delta''+\Delta''' \qquad (6\text{-}19)$$

【例6-3】 在中央循环管式蒸发器中，将 10% 水溶液浓缩至 25%。加热蒸汽饱和温度为 105℃，冷凝器内绝对压力不允许超过 15kPa。已知加热管内液层高度为 1.6m，25% NaOH 水溶液的密度为 1230kg/m³。试求：（1）因溶液蒸气压下降而引起的温度差损失；（2）因液柱静压力而引起的温度差损失；（3）总温度差损失；（4）有效温度差损失；（5）溶液的沸点。

解 （1）因溶液蒸气压下降而引起的温度差损失　由附录饱和蒸汽表查出：$p_k=15kPa$ 下，水蒸气的饱和温度 $T_k=53.5℃$。

取因流体阻力而引起的温度差损失为 1℃，故蒸发器内二次蒸汽温度 T' 为 54.5℃。由此又可查出相应的饱和蒸气压为 15.4kPa，据此查得二次蒸汽的其他参数：压力，51.4kPa；汽化热，22367.7kJ/kg。

由化工手册查得常压下 25% NaOH 水溶液的温度差损失 $\Delta'=13℃$。

校正系数 f：

$$f = \frac{0.0162(t+273)^2}{r} = \frac{0.0162(54.4+273)^2}{2367.6} = 0.734$$

$$\Delta' = f\Delta'_a = 0.734 \times 13 = 9.54(℃)$$

（2）因液柱静压力而引起的温度差损失　液层中部的压力为：

$$p_m = p + \frac{\rho g L}{2} = 15.4 + \frac{1230 \times 9.81 \times 1.6}{2 \times 1000} = 25.5(kPa)$$

由 25.5kPa 压力查出对应的水蒸气饱和温度 $t_{p_m} = 63.33℃$，所以：

$$\Delta'' = t_{p_m} - T' = 63.33 - 54.5 = 8.83(℃)$$

（3）总温度差损失

$$\sum\Delta = \Delta' + \Delta'' + \Delta''' = 9.54 + 8.83 + 1 = 19.37(℃)$$

（4）有效温度差损失

$$\Delta t = T_s - T_k - \sum\Delta = 105 - 53.5 - 19.37 = 32.13(℃)$$

（5）溶液的沸点

$$t = T_k + \sum\Delta = 53.5 + 19.37 = 72.87(℃)$$

 过程检查6.1

○ 真空蒸发有什么优势和劣势？

三、多效蒸发

　　单效蒸发可以在不同的压力下进行，并且蒸发过程中，若蒸发产生的二次蒸汽不加利用，经济上不合理。因为蒸发 1kg 水，都需要消耗不少于 1kg 的加热蒸汽。所以在工业生产中往往为了降低加热蒸汽的用量，充分利用二次蒸汽的热量，提高热量的利用效率，而采用多效蒸发。

　　每台蒸发器实质上就是一台特殊的间壁式热交换器。当加热蒸汽通入蒸发器时，在间壁的一侧加热蒸汽冷凝放热，而在间壁另一侧的液体受热而沸腾，所产生的二次蒸汽，其压力与温度比原来的加热蒸汽低。此二次蒸汽仍可加以利用，如将其引入另一个蒸发器，当作加热蒸汽。若能控制后一个蒸发器的蒸发室压力和溶液沸点均较前一个蒸发器中低，则引入的二次蒸汽仍能起到加热作用。依此类推，蒸发产生的二次蒸汽就可多次利用。

　　将多个蒸发器这样连接起来，就组成了一个多效蒸发器。每一蒸发器称为一效，通入生蒸汽的蒸发器，称为第一效，利用第一效的二次蒸汽以加热的，称为第二效，依此类推，第三效、第四效等等。

　　综上所述，多效蒸发的原理是利用减压的方法使后一效蒸发器的操作压力和溶液的沸点均较前一效蒸发器的低，使前一效蒸发器引出的二次蒸汽作为后一效蒸发器的加热蒸汽，且后一效蒸发器的加热室成为前一效蒸发器的冷却器。

　　假如多效蒸发器与单效蒸发器所蒸发的水分量相等，则多效蒸发器所需要的生蒸汽量将远较单效时为小。

　　理论上有：单效 $D/W \approx 1$，双效 $D/W \approx 1/2$，三效 $D/W \approx 1/3$，…，n 效 $D/W \approx 1/n$。

　　但实际蒸发操作中，由于有热损失、温度差损失和不同压力下蒸发潜热的差别等原因，所以蒸发 1kg

水所需的生蒸汽量 D/W 并不能达到上述经济的数值，表 6-1 列出 D/W 值的大致数值。

表6-1 蒸发 1kg 水大致所需的生蒸汽量 D/W

效数	单效	双效	三效	四效	五效
$(D/W)_{min}$	1.1	0.57	0.4	0.3	0.27

多效蒸发效数的选择主要考虑蒸发操作处理量的大小、蒸发操作的有效温差和蒸发设备的投资费用。

处理量大宜采用多效操作。效数越多，加热蒸汽消耗越小，设备投资费用越高。如果进一步增加效数所需的设备投资费用不能与所节省的加热蒸汽的收益相抵时，便达到了效数的极限。因此，必须合理选择效数以便设备费和操作费之和最少。

加热蒸汽压力和冷凝器的真空度都有一定的限制，因此总传热温度差也有一定限制。而每效分配到的有效温度差又必须有一个安全值，使溶液维持在泡核沸腾阶段。效数太多，各效分配到的有效温度差太小，会影响蒸发操作的正常进行。根据经验，每效分配到的有效温度差不得小于 $5 \sim 7℃$。

另外，每一效蒸发器都有温度差损失，随着效数的增加，温度差损失也逐渐增加。当效数增加到一定数值之后，温度差损失的总和有可能等于或大于总有效温度差，此时，蒸发操作就无法进行。

综上所述，多种因素的存在，使多效蒸发的效数受到技术上的限制。多效蒸发较常用的是二效、三效、四效，最多不超过六效。

（一）多效蒸发操作的流程

多效蒸发按加料方式分为四种操作流程：并流加料多效蒸发、逆流加料多效蒸发、平流加料多效蒸发和错流加料多效蒸发。

1. 并流加料多效蒸发

并流加料多效蒸发亦称顺流法，是工业中最常用的多效蒸发操作流程。如图 6-4 所示，为并流加料多效蒸发流程，原料液与加热蒸汽的流动方向相同，即原料液与加热蒸汽都加入第一效，第一效二次蒸汽送入第二效作为加热蒸汽，末效二次蒸汽因压力较低，不加以利用，送入冷凝器冷凝后排出。第一效浓缩后的溶液送入第二效作为原料液，末效的浓溶液为完成液，即产品。

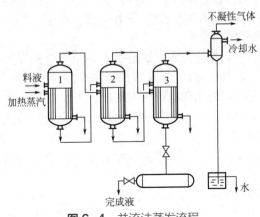

图6-4 并流法蒸发流程

并流加料多效蒸发的优点：①结构简单，操作简便；②后一效蒸发室的压力较前一效的低，故溶液在各效之间的输送可以利用效间的压力差，而不必另外用泵；③由于后效溶液的沸点较前效的低，故前一效的溶液进入后一效时，呈过热状态，会自行蒸发（常称为自蒸发或闪蒸），因而可以多产生一部分二次蒸汽。

并流加料多效蒸发的缺点：由于后一效溶液的浓度较前一效的高，且温度又较低，溶液的黏度逐效增加很多，致使传热系数逐渐下降。这种情况在后两效中尤为严重，使整个蒸发系统的生产能力降低。

并流法流程只适用于黏度不大的原料液蒸发。

2. 逆流加料多效蒸发

如图 6-5 所示，为逆流加料多效蒸发流程。原料液流向与蒸汽流向相反。原料液由末效加入，由泵将料液输送至前效，完成液则从第一效排出。

逆流加料多效蒸发的优点：料液的浓度逐效提高，温度也随之上升，各效溶液的黏度变化很小，因此各效的传热系数也大致相等。

逆流加料多效蒸发的缺点：①料液在效间流动需要用泵；②蒸发温度高。

逆流法流程适宜黏度随温度和浓度变化较大的料液。

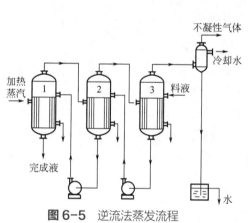

图 6-5　逆流法蒸发流程

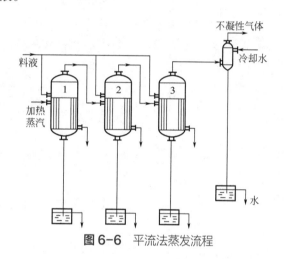

图 6-6　平流法蒸发流程

3. 平流加料多效蒸发

如图 6-6 所示，为平流加料多效蒸发流程。原料液分别加入各效中，完成液也分别从各效的底部排出，即是按各效分别进料并分别出料的方式进行。蒸汽由第一效加入，流经各效后从末效排出。平流法流程适宜易于结晶的料液。

4. 错流加料多效蒸发

多效蒸发有时还采用错流加料流程，即原料液流向与蒸汽流向有的采用并流，有的采用逆流。其特点为综合了并流法和逆流法流程的优点。

错流法流程特别适合于黏度极高的料液。

（二）多效蒸发的计算

1. 多效蒸发的计算公式

在多效蒸发计算中未知数较多，多效蒸发的计算比单效的复杂，但计算方法基本相同。多效蒸发计算主要依据物料衡算式、热量衡算式及传热速率方程式。下面以图 6-7 所示的三效并流蒸发流程为例讨论多效蒸发的计算公式。

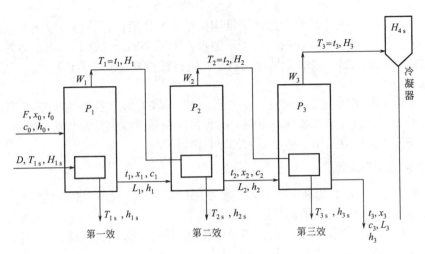

图 6-7　三效并流蒸发流程

（1）物料衡算式　对整个蒸发系统作物料衡算：

$$Fx_0 = (F-W)x_3 \qquad (6\text{-}20)$$

总水分蒸发量：

$$W = F\left(1 - \frac{x_0}{x_3}\right) \qquad (6\text{-}21)$$

对各效作物料衡算：

$$\left.\begin{array}{l}
Fx_0 = (F-W_1)x_1 = L_1 x_1 \\
L_1 x_1 = L_2 x_2 = (L_1 - W_2)x_2 \\
L_2 x_2 = L_3 x_3 = (L_2 - W_3)x_3
\end{array}\right\} \qquad (6\text{-}22)$$

各效蒸发器中溶液的浓度：

$$x_1 = \frac{Fx_0}{L_1}, \quad x_2 = \frac{L_1 x_1}{L_2}, \quad x_3 = \frac{L_2 x_2}{L_3} \qquad (6\text{-}23)$$

（2）热量衡算式　若忽略热损失，对每一效进行热量衡算，则有：

$$\left.\begin{array}{ll}
\text{第一效} & D(H_{1s} - h_{1s}) + Fh_0 = L_1 h_1 + W_1 H_1 \\
\text{第二效} & L_1 h_1 + W_1(H_1 - h_{2s}) = L_2 h_2 + W_2 H_2 \\
\text{第三效} & L_2 h_2 + W_2(H_2 - h_{3s}) = L_3 h_3 + W_3 H_3
\end{array}\right\} \qquad (6\text{-}24)$$

若忽略浓缩热，则：

$$h_{1s} = c_w T_{1s}, \quad h_0 = c_0 T_0, \quad h_1 = c_1 t_1 \qquad (6\text{-}25)$$

将式（6-25）代入式（6-24），得：

$$\left.\begin{array}{ll}
\text{第一效} & D(H_{1s} - c_w T_{1s}) + Fc_0 t_0 = L_1 c_1 t_1 + W_1 H_1 \\
\text{第二效} & L_1 c_1 T_1 + W_1(H_1 - c_w T_{2s}) = L_2 c_2 t_2 + W_2 H_2 \\
\text{第三效} & L_2 c_2 T_2 + W_2(H_2 - c_w T_{3s}) = L_3 C_3 t_3 + W_3 H_3
\end{array}\right\} \qquad (6\text{-}26)$$

生蒸汽用量为：

$$D = \frac{L_1 c_1 t_1 - Fc_0 t_0 + W_1 H_1}{H_{1s} - c_w T_{1s}} \qquad (6\text{-}27)$$

每一效的蒸发量：

$$W_1 = \frac{D(H_{1s} - c_w T_{1s}) + Fc_0 t_0 - L_1 c_1 t_1}{H_1}$$

$$W_2 = \frac{L_1 c_1 T_1 + W_1(H_1 - c_w T_{2s}) - L_2 c_2 t_2}{H_2}$$

$$W_3 = \frac{L_2 c_2 T_2 + W_2(H_2 - c_w T_{3s}) = L_3 C_3 t_3}{H_3}$$

$$\left.\right\} \quad (6\text{-}28)$$

各效的传热速率为：

$$Q_1 = D(H_{1s} - c_w T_{1s})$$
$$Q_2 = W_1(H_1 - c_w T_{2s})$$
$$Q_3 = W_2(H_2 - c_w T_{3s})$$

$$\left.\right\} \quad (6\text{-}29)$$

（3）传热速率方程式　　传热速率方程：

$$Q = KA\Delta t \quad (6\text{-}30)$$

由式（6-30）可求出各效的传热面积：

$$A_1 = \frac{Q_1}{K_1 \Delta t_1}, \quad A_2 = \frac{Q_2}{K_2 \Delta t_2}, \quad A_3 = \frac{Q_3}{K_3 \Delta t_3} \quad (6\text{-}31)$$

2. 多效蒸发的计算方法

下面以三效并流蒸发流程为例讨论多效蒸发的计算方法。

三效蒸发计算中已知量为：

① 进料的流量、温度和浓度　　F、t_0 和 x_0

② 末效完成液的浓度　　x_3

③ 第一效加热蒸汽温度或压力　　T_{1s} 或 p_{1s}

④ 冷凝器中饱和蒸汽温度或末效蒸发室压力　　T_{4s} 或 p_3

⑤ 各效的总传热系数　　K_1、K_2、K_3

⑥ 溶液的物理性质如焓和比热容　　h_0、h_1、h_2、h_3 和 c_0、c_1、c_2、c_3

计算的主要项目有：

① 总蒸发量和各效水分蒸发量　　W 和 W_1、W_2、W_3

② 各效完成液的浓度　　x_1、x_2、x_3

③ 总的有效温度差和有效温度差在各效中的分配　　$\sum \Delta$ 和 Δ'、Δ''、Δ'''

④ 生蒸汽的消耗量　　D

⑤ 各效的传热面积　　A_1、A_2、A_3

由于计算中涉及的未知参数较多，所以一般采用试差法近似计算，即先假设在一定条件一些未知参数的数值范围，并对其进行估算，然后作为已知参数代入有关的公式计算其他的未知参数，最后利用相关公式验证计算最初假设参数估算值的准确性，若验证计算值与假设的数值相差很大，则对假设条件进行调整并重复进行计算，直至两者数值基本接近为止。具体的计算步骤如下。

（1）计算总水分蒸发量、假设各效水分蒸发量和估算各效蒸发器中溶液的浓度　　由式（6-21）$W = F\left(1 - \dfrac{x_0}{x_3}\right)$ 计算总水分蒸发量。

假设各效水分蒸发量相等，即

$$W_1 = W_2 = W_3$$

而总水分蒸发量为各效水分蒸发量之和：

$$W = W_1 + W_2 + W_3$$

所以，各效水分蒸发量为：

$$W_1 = W_2 = W_3 = \frac{1}{3}W$$

$$L_1 = F - W_1, \quad L_2 = L_1 - W_2, \quad L_3 = F - W$$

各效蒸发器中溶液的浓度：

$$x_1 = \frac{Fx_0}{L_1}, \quad x_2 = \frac{L_1 x_1}{L_2}, \quad x_3 = \frac{L_2 x_2}{L_3}$$

（2）估算各效温度差损失　根据各效蒸发器中溶液的浓度（x_1、x_2、x_3），从有关文献或手册查出 Δ'，估算 Δ''，取 Δ''' 值。

各效的温度差损失：

$$\sum \Delta_1 = \Delta'_1 + \Delta''_1 + \Delta'''_1$$

$$\sum \Delta_2 = \Delta'_2 + \Delta''_2 + \Delta'''_2$$

$$\sum \Delta_3 = \Delta'_3 + \Delta''_3 + \Delta'''_3$$

（3）估算总有效温度差和各效的温度差　总有效温度差：

$$\sum \Delta t = \Delta t_1 + \Delta t_2 + \Delta t_3 = (T_{1s} - T_{4s}) - \sum \Delta$$

按各效的传热速率方程式 $Q_i = K_i A_i \Delta t_i$ 假设传热速率相等，且各效传热面积相等，对各效的温度差作初次分配如下：

$$\Delta t_1 : \Delta t_2 : \Delta t_3 = \frac{1}{K_1} : \frac{1}{K_2} : \frac{1}{K_3}$$

则

$$\Delta t_1 = \frac{1/K_1}{1/K_1 + 1/K_2 + 1/K_3} \sum \Delta t = \frac{1/K_1}{\sum 1/K} \sum \Delta t$$

$$\Delta t_2 = \frac{1/K_2}{\sum 1/K} \sum \Delta t$$

$$\Delta t_3 = \frac{1/K_3}{\sum 1/K} \sum \Delta t$$

（4）估算各效中溶液的沸点和各效二次蒸汽温度

第一效溶液的沸点：$t_1 = T_{1s} - \Delta t_1$

进入第二效加热室蒸汽的饱和温度：$T_{2s} = t_1 - \Delta'_1$

第二效溶液的沸点：$t_2 = T_{2s} - \Delta t_2$

进入第三效加热室蒸汽的饱和温度：$T_{3s} = t_2 - \Delta'_2$

第三效溶液的沸点：$t_3 = T_{3s} - \Delta t_3$

进入冷凝器蒸汽的饱和温度：$T_{4s} = t_3 - \Delta'_3$

（5）计算生蒸汽消耗量和各效水分蒸发量　根据估算的各效溶液的温度和浓度数值，查出溶液的焓、比热容，蒸汽的焓、汽化潜热，代入热量衡算式（6-27）和式（6-28）。

每一效的蒸发量：

$$\left. \begin{array}{l} W_1 = \dfrac{D(H_{1s} - c_w T_{1s}) + F c_0 t_0 - L_1 c_1 t_1}{H_1} \\[3mm] W_2 = \dfrac{L_1 c_1 T_1 + W_1(H_1 - c_w T_{2s}) - L_2 c_2 t_2}{H_2} \\[3mm] W_3 = \dfrac{L_2 c_2 T_2 + W_2(H_2 - c_w T_{3s}) - L_3 c_3 t_3}{H_3} \end{array} \right\}$$

联立解这三个方程，求出 W_1、W_2、W_3。求得的 W_1、W_2、W_3 与初始假设值比较接近，就不必重复计算。若相差较大，则要将求得的 W_1、W_2、W_3 从第（1）步起重复计算。最后计算出生蒸汽用量：

$$D = \frac{L_1 c_1 t_1 - F c_0 t_0 + W_1 H_1}{H_{1s} - c_w T_{1s}}$$

（6）计算传热速率和各效传热面积　由式（6-29）求出各效的传热速率：

$$Q_1 = D(H_{1s} - c_w T_{1s}), \quad Q_2 = W_1(H_1 - c_w T_{2s}), \quad Q_3 = W_2(H_2 - c_w T_{3s})$$

由式（6-30）可求得各效的传热面积：

$$A_1 = \frac{Q_1}{K_1 \Delta t_1}, \quad A_2 = \frac{Q_2}{K_2 \Delta t_2}, \quad A_3 = \frac{Q_3}{K_3 \Delta t_3}$$

如果求得的各效传热面积并不近似相等，则说明第（3）步对各效有效温度差分配不当，此时应重新分配各效有效温度差，即应对 Δt_1、Δt_2、Δt_3 做如下校正。

先由上面求出的各效传热面积（A_1、A_2、A_3）和各效温度差（Δt_1、Δt_2、Δt_3）计算平均传热面积：

$$A = \frac{A_1 \Delta t_1 + A_2 \Delta t_2 + A_3 \Delta t_3}{\sum \Delta t}$$

再用下面公式计算校正后的有效温度差：

$$\Delta t'_1 = \frac{A_1}{A} \Delta t_1, \quad \Delta t'_2 = \frac{A_2}{A} \Delta t_2, \quad \Delta t'_3 = \frac{A_3}{A} \Delta t_3$$

值得注意的是，若 $\Delta t'_1$、$\Delta t'_2$、$\Delta t'_3$ 三者之和仍然不等于校正前 Δt_1、Δt_2、Δt_3 之和，就必须再进一步调整 $\Delta t'_1$、$\Delta t'_2$、$\Delta t'_3$ 数值，直到两者相等为止。

【例6-4】　现拟设计一并流加料的三效蒸发装置，将 KNO_3 水溶液从15%（质量分数，下同）浓缩到45%。进料流量为10000kg/h，进料温度为80℃。第一效加热蒸汽绝对压力为400kPa，冷凝器内绝对压力为20kPa，蒸发装置各效的传热系数分别为 $K_1 = 1800 W/(m^2 \cdot K)$、$K_2 = 1000 W/(m^2 \cdot K)$、$K_3 = 600 W/(m^2 \cdot K)$。溶液的平均定压比热容为 $c = 3.5 kJ/(kg \cdot K)$。求加热蒸汽消耗量和每效所需的传热面积。假设浓缩热和热损失均可忽略，各效传热面积相等。

解　（1）计算总水分蒸发量、假设各效水分蒸发量和估算各效蒸发器中溶液的浓度

$$W = F\left(1 - \frac{x_0}{x_3}\right) = 10000\left(1 - \frac{0.15}{0.45}\right) = 6667(kg/h)$$

假设各蒸发量相等，即

$$W_1 = W_2 = W_3 = \frac{W}{3} = \frac{6667}{3} = 2222(kg/h)$$

$$x_1 = \frac{F x_0}{L_1} = \frac{F x_0}{F - W_1} = \frac{10000 \times 0.15}{10000 - 2222} = 0.193$$

$$x_2 = \frac{L_1 x_1}{L_2} = \frac{F x_0}{F - W_1 - W_2} = \frac{10000 \times 0.15}{10000 - 2 \times 2222} = 0.27$$

$$x_3 = 0.45$$

（2）估算各效温度差损失　由有关文献或附录中查得常压下不同浓度 KNO_3 水溶液的沸点升高值如下：

$$x_1 = 0.193 \text{ 时}, \ \Delta'_1 = 1.6℃; \ x_1 = 0.27 \text{ 时}, \ \Delta'_2 = 2.4℃; \ x_1 = 0.45 \text{ 时}, \ \Delta'_3 = 5℃$$

$$\sum \Delta' = 1.6 + 2.4 + 5 = 9(℃)$$

（3）估算总有效温度差和各效的温度差　由有关文献或附录中查得400kPa下第一效加热蒸汽饱和温

度为 $T_{1s}=143.4℃$，20kPa 下末效蒸发室蒸汽饱和温度为 $T_{4s}=60.1℃$。

$$\Delta t_T = T_{1s} - T_{4s} = 143.4 - 60.1 = 83.3(℃)$$

$$\sum \Delta t = T_{1s} - T_{4s} - \sum \Delta' = 143.4 - 60.1 - 9 \approx 74(℃)$$

$$\Delta t_1 = \frac{1/K_1}{\sum 1/K} \sum \Delta t = \frac{\dfrac{1}{1800}}{\dfrac{1}{1800} + \dfrac{1}{1000} + \dfrac{1}{600}} \times 74 = 12.8(℃)$$

$$\Delta t_2 = \frac{1/K_2}{\sum 1/K} \sum \Delta t = \frac{\dfrac{1}{1000}}{\dfrac{1}{1800} + \dfrac{1}{1000} + \dfrac{1}{600}} \times 74 = 23(℃)$$

$$\Delta t_3 = \frac{1/K_3}{\sum 1/K} \sum \Delta t = \frac{\dfrac{1}{600}}{\dfrac{1}{1800} + \dfrac{1}{1000} + \dfrac{1}{600}} \times 74 = 39(℃)$$

调整各效有效温度差为：$\Delta t_1 = 13℃$，$\Delta t_2 = 21℃$，$\Delta t_3 = 40℃$。

（4）估算各效中溶液的沸点和各效二次蒸汽温度

第一效加热蒸汽的饱和温度 $T_{1s} = 143.4℃$

第一效溶液的沸点：$t_1 = T_{1s} - \Delta t_1 = 143.4 - 13 = 130.4(℃)$

进入第二效加热室蒸汽的饱和温度：$T_{2s} = t_1 - \Delta'_1 = 130.4 - 1.6 = 129.2(℃)$

第二效溶液的沸点：$t_2 = T_{2s} - \Delta t_2 = 129.2 - 21 = 108.2(℃)$

进入第三效加热室蒸汽的饱和温度：$T_{3s} = t_2 - \Delta'_2 = 108.2 - 2.4 = 105.8(℃)$

第三效溶液的沸点：$t_3 = T_{3s} - \Delta t_3 = 105.8 - 40 = 65.8(℃)$

进入冷凝器二次蒸汽的饱和温度：$T_{4s} = t_3 - \Delta'_3 = 65.8 - 5 = 60.8(℃)$

（5）计算生蒸汽消耗量和各效水分蒸发量　由有关文献或附录中查得：

第一效加热蒸汽 143.4℃下的汽化潜热为 $R = 2138.5kJ/kg$。

进入第二效加热室蒸汽饱和温度 129.2℃下的汽化潜热为：$r_1 = 2181kJ/kg$。

进入第三效加热室蒸汽饱和温度 105.8℃下的汽化潜热为：$r_2 = 2243kJ/kg$。

进入冷凝器二次蒸汽饱和温度 60.8℃下的汽化潜热为：$r_3 = 2350kJ/kg$。

由式（6-25）得第一效的热量衡算为：

$$D(H_{1s} - c_w T_{1s}) + Fc_0 t_0 = L_1 c_1 t_1 + W_1 H_1$$

其中

$$H_{1s} - c_w T_{1s} = R$$

或

$$DR = F(c_1 t_1 - c_0 t_0) + W_1(H_1 - c_1 t_1)$$

c 取平均值，所以 $c_1 = c_0$，同时 $H_1 - c_1 t_1 \approx r_1$，则：

$$DR = Fc(t_1 - t_0) + W_1 r_1$$

$$2138.5D = 10000 \times 3.5 \times (130.4 - 80) + 2181W_1$$

$$D = 825 + 1.02W_1 \tag{1}$$

同理，由式（6-25）得第二效的热量衡算为：

$$L_1 c_1 T_1 + W_1(H_1 - c_w T_{2s}) = L_2 c_2 t_2 + W_2 H_2$$

整理成为：

$$W_1 r_1 = (F - W_1)c(t_2 - t_1) + W_2 r_2$$

$$2181W_1=(10000-W_1)\times 3.5\times(108.2-130.4)+2243W_2$$

$$W_1=1.07W_2-373 \tag{2}$$

同理，由式（6-25）得第三效的热量衡算为：

$$L_2c_2T_2+W_2(H_2-c_wT_{3s})=L_3C_3t_3+W_3H_3$$

整理成为：

$$W_2r_2=(F-W_1-W_2)c(t_3-t_2)+W_3r_3$$

$$2243W_2=(10000-W_1-W_1)\times 3.5\times(65.8-108.2)+2350\times(6667-W_1-W_2)$$

$$W_2=3193-0.5W_1 \tag{3}$$

将式（1）～式（3）联立解得：

$$W_1=1983\text{kg/h},\quad W_1=2202\text{kg/h},\quad W_3=2482\text{kg/h},\quad D_1=2848\text{kg/h}$$

（6）计算传热速率和各效传热面积　　各效的传热速率：

$$Q_1=D(H_{1s}-c_wT_{1s})=DR=2848\times 2139=6.092\times 10^6\text{kJ/h}=1.692\times 10^6\text{W}$$

$$Q_2=W_1(H_1-c_wT_{2s})=W_1r_1=1983\times 2181=4.325\times 10^6\text{kJ/h}=1.201\times 10^6\text{W}$$

$$Q_3=W_2(H_2-c_wT_{3s})=W_2r_2=2202\times 2243=4.939\times 10^6\text{kJ/h}=1.372\times 10^6\text{W}$$

各效的传热面积：

$$A_1=\frac{Q_1}{K_1\Delta t_1}=\frac{1.692\times 10^6}{1800\times 13}=72(\text{m}^2)$$

$$A_2=\frac{Q_2}{K_2\Delta t_2}=\frac{1.201\times 10^6}{1000\times 21}=57(\text{m}^2)$$

$$A_3=\frac{Q_3}{K_3\Delta t_3}=\frac{1.372\times 10^6}{600\times 40}=57(\text{m}^2)$$

（7）重新分配各效的有效温度差　　由于上面对各效传热面积的计算与原始的假设相差很远，故需要重新分配各效的有效温度差。

先计算平均传热面积：

$$A=\frac{A_1\Delta t_1+A_2\Delta t_2+A_3\Delta t_3}{\sum\Delta t}=\frac{72+57+57}{3}=62(\text{m}^2)$$

重新分配温度差：

$$\Delta t'_1=\frac{A_1}{A}\Delta t_1=\frac{72}{62}\times 13=15.1(℃)$$

$$\Delta t'_2=\frac{A_2}{A}\Delta t_2=\frac{57}{62}\times 21=19.3(℃)$$

$$\Delta t'_3=\frac{A_3}{A}\Delta t_3=\frac{57}{62}\times 40=37(℃)$$

第一效取 $\Delta t'_1=16℃$，第二效取 $\Delta t'_2=20℃$，第三效取 $\Delta t'_3=38℃$。重复上面计算步骤。

$$T_{1s}=143.4℃\qquad R=2138.5\text{kJ/kg}$$

$$t_1=T_{1s}-\Delta t_1=143.4-16=127.4(℃)$$

$$T_{2s}=t_1-\Delta'_1=127.4-1.6=125.8(℃)\qquad r_1=2190\text{kJ/kg}$$

$$t_2=T_{2s}-\Delta t_2=125.8-20=105.8(℃)$$

$$T_{3s}=t_2-\Delta'_2=105.8-2.4=103.4(℃)\qquad r_2=2250\text{kJ/kg}$$

$$t_3 = T_{3s} - \Delta t_3 = 103.4 - 38 = 65.4(℃)$$

$$T_{4s} = t_3 - \Delta'_3 = 65.4 - 5 = 60.4(℃) \qquad\qquad r_3 = 2355kJ/kg$$

由式（6-25）解得：

$W_1 = 1985kg/h$ $\qquad\qquad A_1 = 58m^2$

$W_2 = 2207kg/h$ $\qquad\qquad A_2 = 60m^2$

$W_3 = 2475kg/h$ $\qquad\qquad A_3 = 61m^2$

$D_1 = 2809kg/h$

由于计算所得的各效传热面积已经很接近，所以不需再重复计算。各效的传热面积为 $60m^2$，第一效加热蒸汽消耗量为 2809kg/h。

四、冷冻浓缩

食品浓缩的方法主要有蒸发浓缩、冷冻浓缩和超滤、反渗透。自 20 世纪 50 年代末学者们开始关注冷冻浓缩这一工艺以来，人类对冷冻浓缩技术的研究已有较长的历史。荷兰 Eindhoven 大学 Thijssen 等在 70 年代成功地利用奥斯特瓦尔德成熟效应设置了再结晶过程造大冰晶，并建立了冰晶生长与种晶大小及添加量的数学模型，从此冷冻浓缩技术被应用于工业化生产。依此制造的 Grenco 冷冻浓缩设备在食品工业中用于果汁、葡萄酒、咖啡提取物、牛奶等的浓缩，得到了高质量的产品。

随着人类对自身健康的关注及生活水平的提高，高品质、高附加值产品日益增加，高档饮料、果汁、生物制药等也逐渐成为人们日常消费的主体。与此同时，食品的加工技术与方法也需要进行相应的改变与调整，以使加工过程中食品原料中含有的营养成分与风味物质等得到最大限度的保护。冷冻浓缩由于在低温下操作，具有可阻止不良化学变化和生物化学变化及风味、香气和营养损失小等优点，特别适用于浓缩热敏性液态食品、生物制药、要求保留天然色香味的高档饮品及中药汤剂等。随着社会对高档产品需求量的增加，冷冻浓缩技术将进一步显示出其优越性及必要性。

冷冻浓缩是利用冰和水溶液之间的固 - 液相平衡原理的一种浓缩方法。当溶液中所含溶质浓度低于共溶浓度时，将溶液冷却，直到水分成为冰晶析出，余下溶液中的溶质浓度就相应提高，然后用机械方法将冰晶与浓缩液分离。

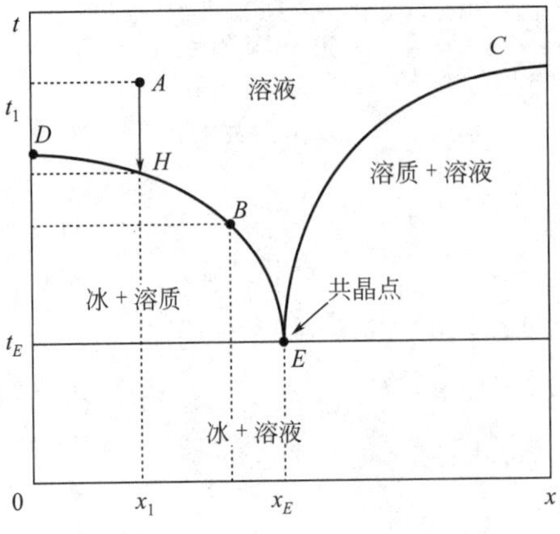

如图 6-8 所示，为简单双组分溶液的相图。其横坐标表示溶液的浓度 x，纵坐标表示溶液的温度 t。曲线 DHBEC 是溶液的冰点线，B 点是纯水的冰点，E 是低共溶点。

对于溶液起始状态点为 $A(t_1, x_1)$ 稀溶液，对该溶液进行冷却降温。温度下降，x_1 不变，过程为：$A \to H$。冷却到 t_H 点以后，如溶液中有"种冰"（晶核），则溶液中的一部水结晶析出，溶

图 6-8　简单双组分相图

液浓度将上升，过程将沿冰点曲线 BE 进行，由 $H \rightarrow E$。溶液达到其共晶浓度，温度为共晶温度。当温度降到共晶温度 t_E 以下时，溶液才会全部冻结。水结晶析出时，溶液的浓度增大为 x_2，冰晶的浓度为 0（即纯水）。如果把溶液中的冰粒过滤出来，即可达到浓缩目的。这个操作过程即为冷冻浓缩。

若溶液冷却到平衡状态 t_H 时，溶液中无"晶核"存在，有两种情况出现：

（1）溶液并不会结晶，温度将继续下降，直到溶液由于外界干扰（如振动或植入"种晶"等情况）时，溶液才会产生结晶。

（2）或冷却到某一核化温度，在溶液中产生晶核，这时超溶组分才会结晶，并迅速生长，同时放出结晶热，使溶液温度升到平衡状态。

水溶液浓度对操作的影响：

（1）当水溶液的浓度低于低共熔点时（ $x < x_E$ ），冷却的结果是水形成冰晶，而溶液被浓缩，即冷冻浓缩操作。

（2）当水溶液浓度高于低共熔点时（ $x > x_E$ ），冷却的结果是溶质结晶析出，而溶液变得更稀，即冷却法结晶操作。

冷冻浓缩需分两个步骤进行：

（1）通过冷冻使溶液中的水分部分结晶析出。

（2）通过过滤使冰晶与溶液分离。

五、蒸发与冷冻浓缩设备

（一）蒸发设备

蒸发设备根据加热器结构形式可以分为非膜式（非膜式蒸发器又可分为盘管式蒸发器、中央循环管式蒸发器）和薄膜式（薄膜式蒸发又可分为升膜式、降膜式、片式、刮板式、离心式薄膜蒸发）。

下面以图 6-9 所示的单效升膜式蒸发设备为例加以说明。

单效升膜式蒸发设备是膜式蒸发设备中的一种，是新一代的蒸发设备。它是利用蒸汽在长管内上升过程中使料液成膜进行蒸发浓缩的设备。

单效升膜式蒸发设备属外加热式自然循环的液膜式浓缩设备。

单效升膜式蒸发设备主要由蒸发室、分离器、雾沫捕集器、水力喷射器、循环管等部分组成。

蒸发室为垂直长圆筒形的容器，内有许多垂直长管，管径为 25 ～ 50mm，管长为 6 ～ 8m，管长 / 管径为 2 ～ 3。

蒸发室分为加热室和沸腾室两部分。沸腾室在上部，加热室在下部。加热室部分，管外用热媒（都用蒸汽）加热。加热管的顶部与气液分离器连接，但常用的形式是气液分离器与蒸发器分离，依据虹吸泵原理操作，借助于沸腾过程中产生蒸汽气泡的升力，液体和蒸汽并流向上流动。而随着蒸汽量的增加，液体在管壁上呈膜状向上流动，并在此过程中受热汽化而蒸发，故称升膜式蒸发。

单效升膜式蒸发设备的特点：

（1）传热性能高，物料停留时间短，适用于热敏性溶液的浓缩；

（2）汁液不回流或较少回流。

（3）高速的二次蒸汽具有良好的破沫作用，故尤其适用于易起泡沫的料液；

（4）薄膜料的上升必须克服其重力与管壁的阻力，故不适用于较浓溶

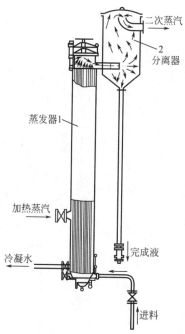

图 6-9　升膜式蒸发器

液的蒸发。

（5）不适用黏度很大，易结晶或易结垢的物料。

（6）设计、制造和使用的要求都比较高。

（二）冷冻浓缩设备

冷冻浓缩设备可分为悬浮结晶法设备和渐进结晶法设备。

1.悬浮结晶法设备

悬浮结晶法是让物料溶液在刮板换热器内过冷，然后流入结冰罐内长大成冰晶。

悬浮结晶法又称分散结晶法，其特征为无数自由悬浮于母液中的小冰晶，在带搅拌的低温罐中长大并不断排除，使母液浓度增加而实现浓缩。

Grenco冷冻浓缩设备，至今仍被作为冷冻浓缩设备的代表，其浓缩过程如图6-10所示。该过程首先将被浓缩物料泵入刮板式热交换器中，生成部分细微的冰结晶后送入再结晶罐，由于奥斯特瓦尔德效应，小冰晶融化，大冰晶成长，然后通过洗净塔排除冰晶并用部分冰融解液冲液及回收冰晶表面附着的浓缩液，清洗液回流至进料端，浓缩液则循环至所要求的组成后从结晶罐底部排出。

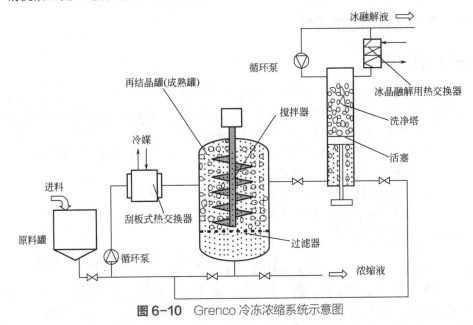

图6-10 Grenco冷冻浓缩系统示意图

特点：

（1）产品品质好　在母液中形成大量的冰结晶，单位体积冰晶的表面积很大，能够迅速形成洁净的冰晶且浓缩终点较大，所以可得到高质量的产品。

（2）投资大和生产成本较高　该过程对装置和操作的要求均较高，设备投资大。另外，由于离心法和加压法分离效果不佳，洗净法回收效果较好，大量洗净液的再浓缩会降低生产效率并使能耗增加，所以生产成本较高。

2.渐进结晶法

如图6-11所示，为带搅拌的渐进冷冻浓缩装置。渐进结晶法是让物料溶液在冷的壁面结成厚冰层，然后再把冰层取出来。

渐进结晶法又称标准冻结法或层状结晶法，是一种沿冷却面形成并成长为整体冰晶的冻结方法。随着冰层在冷却面上生成并成长，界面附近的溶质被排除到液相侧，液相中溶质质量浓度逐渐升高，利用这一现象的浓缩方法即为渐进冷冻浓缩法。

特点：

（1）装置简单，控制方便。

（2）形成一个整体的冰结晶，固液界面小，使得母液与冰结晶的分离变得非常容易。

（3）如能合理应用，必将会大幅度降低冷冻浓缩的成本。

（4）渐进结晶法是在冷的壁面结成厚冰层，冰的热导率很小，所以结冰很慢，大规模应用很困难。

（5）在低温冷冻时，在桶壁形成致密的纤维状冰层，包含在其内的浓溶质液很难用高速离心机分离出来。

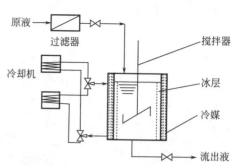

图 6-11 带搅拌的渐进冷冻浓缩装置

六、蒸发操作在工业中的应用

食品原料如果蔬汁液、牛奶等，一般含有很多的水分，生产中常需要除去其中过多的水分。蒸发操作可以将原料中的水分由液态或固态转变成气态，逸入大气中，达到浓缩的目的。所以蒸发浓缩是食品工业中广泛使用的生产技术，其应用包括如下几方面：

（1）在干燥食品的制造中，以蒸发浓缩作为干燥的前处理操作。例如用鲜乳液制作奶粉，需先进行蒸发浓缩，再进行喷雾干燥。

（2）蒸发浓缩作为结晶操作的前处理操作。

（3）在蒸发浓缩过程中使制品改变物性，以得到物性及风味独特的制品。例如果酱类及馅类的浓缩。

（4）蒸发浓缩可提高食品的浓度和保藏性，降低运费。例如果汁的蒸发浓缩。

第二节 结 晶

结晶是一种从蒸汽、溶液或熔融物中析出晶体的单元操作。早在 5000 多年前，人们已开始利用太阳能蒸浓海水制取食盐。现在结晶已发展成为从不纯的溶液里制取纯净固体产品的经济而有效的操作。许多化工产品（如染料、涂料、医药品、食品及各种盐类等）都可用结晶法制取，得到的晶体产品不仅有一定纯度，而且外形美观。近年来，新材料、信息电子、生物化工、新型能源材料及环境科学等高新技术产品的制备、分离和提纯也越来越有赖于结晶技术的支撑。尤其是近代液固分离与固体输送技术的发展，更有利于结晶法在更大范围中被采用。

结晶是一种复杂的多相流过程，取决于平衡热力学和过程动力学。相对于热力学，结晶过程动力学研究进展缓慢，这种状况阻碍了结晶分离技术的工业化应用。目前，随着现代分析测试技术及计算机模拟技术的飞速发展，结晶动力学研究手段更趋先进，相关领域的研究正日趋活跃，结晶技术的应用研究已经成为国际工业界和学术界关注的焦点之一。

一、基本概念

根据析出固体的原因不同，可将结晶操作分为溶液结晶、熔融结晶、升华结晶、沉淀结晶和冰析结晶等。

相对于其他分离操作，结晶过程有以下特点：

（1）可以从混合液或熔融混合物中分离出某种组分的纯晶体。

（2）由于沸点相近的组分其熔点可能显著差别，因此，对于同分异构体混合物，相对挥发度小的物系、共沸物、热敏性物系等，更适合用结晶方法分离。

（3）因结晶热一般仅为蒸发潜热的 1/3 ～ 1/10，结晶与精馏、吸收等分离方法相比，过程能耗低得多。

（4）结晶设备结构比较简单，结晶过程在较低的温度下进行，对结晶设备的材质要求较低。

（5）结晶制取的固体产品纯度高，外表美观，形状规范，便于包装、运输和贮存。

（6）结晶过程是一个很复杂的分离操作，涉及多相、多组分的传热 - 传质过程和表面反应过程。

二、结晶原理

（一）晶体的特性

晶体是原子、离子或分子按照一定的周期性，在结晶过程中，在空间排列形成具有一定规则的几何外形的固体。

晶体有三个特征：①晶体有整齐规则的几何外形；②晶体有固定的熔点，在熔化过程中，温度始终保持不变；③晶体有各向异性的特点。

晶体的各向异性：晶体中不同的方向上具有不同的物理性质。

晶格又称晶架，泛指晶体的空间格子这一几何图形，即"晶体结构"。

按晶格空间结构，可把晶体最简单地分为立方晶系、四方晶系、六方晶系、正交晶系、单斜晶系、三斜晶系、三方晶系等七种晶系，而结晶体的形态可以是单一晶系，也可能是两种晶系的过渡体。

晶习又称结晶习惯，是指晶体在一定条件下所形成的特定晶形。

对于同一种晶体物质，即使晶系相同，晶形也可能不同。例如六方晶系的晶形可以是短粗形、细长形、薄片形等。通过控制结晶操作条件，可以改变晶习，获得理想的晶体外形。

溶液的 pH 值、过饱和度、共存的杂质或结晶温度、压力等均对晶习有显著影响。

（二）结晶过程的相平衡与溶解度曲线

溶质溶于溶剂的溶解过程中，首先是溶质在溶剂中的扩散作用，在溶质表面的分子或离子开始溶解，进而扩散到溶剂中。被溶解了的分子或离子在溶液中不断地运动，当它们和固体表面碰撞时，就可能停留在表面上析出而形成晶体，这种结晶作用是溶解的逆过程。如溶液未达到饱和，则固体溶质继续溶解。如溶液恰好达到饱和，固体与其溶液的结晶和溶解两种作用达成动态平衡状态，即达到了结晶过程的相平衡状态。

在一定温度下，向一定量溶剂里加入某种溶质，当溶质不能继续溶解时，所得的溶液叫做这种溶质的饱和溶液。

某种溶液的饱和度是指在 100g 该溶液中溶质在溶液中所占质量分数。

如果在同一温度下，某种溶质还能继续溶解的溶液（即尚未达到该溶质的溶解度的溶液），称为不饱和溶液。

使不饱和溶液变为饱和溶液（大多数溶剂可以这样）的方法：①增加溶质；②减少溶剂（可用蒸发法，最好为恒温蒸发）；③降低溶剂温度。

注：少部分溶液则相反，它们的溶剂温度越高溶解度越低（例如氢氧化钙）。

判断饱和溶液（在一定温度下）是否饱和的方法：①有固体剩余物；②取一定量溶质加入该溶液，搅拌后不再溶解。

溶解度表示物质的溶解能力，即在一定温度下，某物质在 100g 溶剂中达到饱和状态时所溶解的质量为该物质在这种溶剂里的溶解度。溶解度数值越大，表明该温度下，物质的溶解能力越强。

物质的溶解度与物质的化学性质和溶剂的性质、温度有关。压强的影响很小，通常可以忽略。

溶解度数据通常用溶解度与温度的关系曲线表示，该曲线称为溶解度曲线。

如图 6-12 所示，为某些无机盐在水中的溶解度曲线。从图中可以看出，多数物质的溶解度随温度升高而增大，少数物质则相反，或在不同的温度区域有不同的变化趋向。

过饱和溶液是指溶液中所含溶质的量大于在这个温度下饱和溶液中溶质的含量的溶液（即超过了正常的溶解度）。溶液中必须没有固态溶质存在才能产生过饱和溶液。

过饱和度是指过饱和溶液的浓度超过该条件下饱和浓度的程度，可用下式表示：

$$\Delta C = C - C^*$$

过饱和溶液能存在的原因，是由于溶质不容易在溶液中形成结晶中心（即晶核）。因为每一晶体都有一定的排列规则，要有结晶中心，才能使原来作无秩序运动着的溶质质点集合起来，并且按照这种晶体所特有的次序排列起来。不同的物质，实现这种规则排列的难易程度不同，有些晶体要经过相当长的时间才能自行产生结晶中心，因此，有些物质的过饱和溶液看起来还是比较稳定的。但从总体上来说，过饱和溶液是处于不平衡的状态，是不稳定的，若受到振动或者加入溶质的晶体，则溶液里过量的溶质就会析出而成为饱和溶液，即转化为稳定状态，这说明过饱和溶液没有饱和溶液稳定，但还有一定的稳定性。因此，这种状态又叫介稳定状态。

使饱和溶液变为过饱和溶液的方法：①冷却溶液；②浓缩溶液，除去部分溶剂。

表示溶液开始产生晶核的极限浓度曲线称为过饱和曲线。

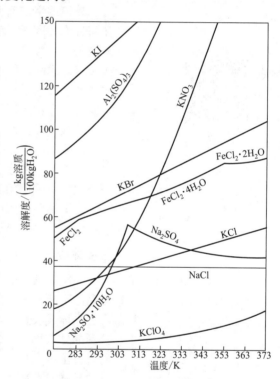

图 6-12 某些无机盐在水中的溶解度曲线

如图 6-13 所示，溶解度曲线和过饱和曲线将浓度-温度图分成三个区域。在溶解度曲线 AB 以下为稳定区，又称为不饱和溶液区。由于该区内的溶液处于不饱和状态，故溶液不可能发生结晶。溶解度曲线 AB 与过饱和曲线 CD 之间的区域为介稳定区，该区域内溶液已处于过饱和状态，由于溶液的过饱和度不够大，所以溶液仍不能自发地生成晶核。若向溶液中加入晶种（小颗粒的溶质晶体），则这些晶种可以生长成较大的晶体。过饱和曲线 CD 以上区域为不稳定区，该区域内的溶液过饱和度已足够大，溶液能自发地产生晶核。

（三）结晶机理

溶质从溶液中析出的过程，可分为晶核生成（成核）和晶体成长两个阶段，两个阶段的推动力都是溶液的过饱和度。

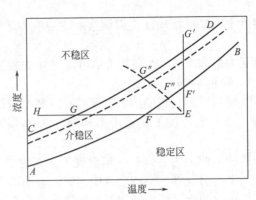

图 6-13 溶液的溶解度与过饱和曲线

结晶过程

1. 晶核生成

晶核的生成有三种形式，即初级均相成核、初级非均相成核及二次成核。在高过饱和度下，溶液自发地生成晶核的过程，称为初级均相成核；溶液在外来物（如大气中的微尘）的诱导下生成晶核的过程，称为初级非均相成核；而在含有溶质晶体的溶液中的成核过程，称为二次成核。二次成核也属于非均相成核过程，它是在晶体之间或晶体与其他固体（器壁、搅拌器等）碰撞时所产生的微小晶粒的诱导下发生的。

晶核生成速率是指单位时间、单位体积的溶液所产生的晶核数目。

影响晶核生成速率的因素：

（1）过饱和度的影响　晶核生成速率与溶液的过饱和度成 m 次方关系。

（2）机械作用的影响　搅拌等机械作用有利于晶核生成。

（3）杂质的影响　溶液中杂质对溶质的溶解度有影响，或对溶液的过饱和度有影响，可使晶核生成速率增加或减少。

2. 晶体成长

晶核生成后，溶质质点会在晶核表面上继续一层层排列上去而形成晶粒，使晶体不断长大，这就是晶体的成长。

晶体成长过程主要有两个步骤：①溶液中的溶质依靠浓度差从溶液主体扩散到晶体表面。②溶质质点在晶体表面一层层地附着，构成晶格，逐渐长大，同时放出结晶热。

晶体成长速率：指单位时间内结晶出来的溶质量。

影响晶体成长速率的因素：

（1）过饱和度的影响　晶体成长速率与溶液的过饱和度成 n 次方关系。

（2）晶体粒度的影响　晶体的粒度愈大，其表面能愈小，所以其成长速率也愈大。

（3）溶液黏度的影响　溶液的黏度愈大，溶质向晶体表面的扩散阻力愈大，所以成长速率愈小。

3. 晶习

晶体在一定条件下所形成的特定晶形，即晶习。向溶液添加或自溶液中除去某种物质（称为晶习改变剂）可以改变晶习，使所得晶体具有另一种形状。这对工业结晶有一定的意义。晶习改变剂通常是一些表面活性物质以及金属或非金属离子。

4. 再结晶现象

过饱和溶液呈相平衡时的微小晶体半径称为过饱和溶液的临界晶体半径。

当最初形成的晶核半径超过临界晶核半径时，体系总自由能随晶体半径的增加而降低，晶体自发长大。反之，晶体将自动溶解。

再结晶现象又称重结晶现象。小晶体有因表面能过大而被溶解的倾向。在晶体粒度不一且溶液的过饱和度较小的情况下，小的晶体会被溶解，而较大的晶体则会继续成长成外形更加完好的晶体。这种现象称为晶体的再结晶现象。在工业生产中常利用晶体的再结晶来得到粒度均匀的较大的晶体，也称为产品的"熟化"。

另外，经过一次粗结晶后，得到的晶体通常会含有一定量的杂质。所以工业上也常常需要采用再结晶的方式进行精制。

再结晶是利用杂质和结晶物质在不同溶剂和不同温度下的溶解度不同，将晶体用合适的溶剂再次结晶，以获得高纯度的晶体的操作。

再结晶的操作过程：

选择合适的溶剂→将经过粗结晶的物质加入少量的热溶剂中，并使之溶解→→冷却使之再次结晶→分离母液→洗涤。

（四）溶液结晶

1. 溶液结晶类型

溶液结晶一般按产生过饱和度的方法分类。

使溶液冷却达到过饱和而结晶的过程称为冷却结晶。

依靠蒸发除去一部分溶剂的结晶过程称为蒸发结晶。它是使结晶母液在加压、常压或减压下加热蒸发浓缩而产生过饱和度。

蒸发法结晶消耗的热能较多，加热面结垢问题也会使操作遇到困难。

使溶剂在真空下绝热闪蒸，同时依靠浓缩与冷却两种效应来产生过饱和度称为真空绝热冷却结晶。它是广泛采用的结晶方法。

产生过饱和度的方法取决于物质的溶解度特性。对于不同类型的物质，适于采用不同类型的结晶形式。

溶解度随温度变化较大适于冷却结晶。溶解度随温度变化较小适于蒸发结晶。而溶解度随温度变化介于上述两类之间的物质，适于采用真空结晶方法。

2. 物料衡算和热量衡算

结晶过程的物料衡算和热量衡算是计算结晶的产量和外加热量的基础。如图 6-14 所示，为进出结晶器的物流和热流示意图，所以，下面就结晶过程的物料和热量进行衡算。

总物料衡算：

$$G_F = G_C + G_R + G_S$$

溶质的物料衡算：

$$G_F w_F = G_C w_C + G_R w_R + G_S w_S$$

式中，G_F 为进料剂质量，kg；G_C 为晶体质量，kg；G_R 为母液质量，kg；G_S 为移除的溶剂质量，kg；w_F 为进料中

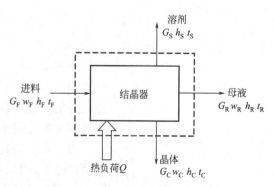

图 6-14　进出结晶器的物流和热流

溶质的质量分数；w_C 为晶体中溶质的质量分数；w_R 为母液中溶质的质量分数。

联立解上两式得晶体的质量，即结晶的产量：

$$G_C = \frac{G_F(w_F - w_R) + G_S w_R}{w_C - w_R}$$

若结晶时不移除溶剂，$G_S = 0$，则上式可以简化为：

$$G_C = \frac{G_F(w_F - w_R)}{w_C - w_R}$$

热量衡算：

$$G_F h_F + Q = G_S h_S + G_R h_R + G_C h_C$$

式中，h_F 为进料的焓，kJ/kg；h_S 为晶体的焓，kJ/kg；h_R 为母液的焓，kJ/kg；h_C 为移除的溶剂的焓，kJ/kg；Q 为外界对控制体的加热量（当 Q 为负值时，为外界从控制体移走的热量），W。

3. 溶液结晶设备

（1）立式冷却结晶釜　立式冷却结晶釜按照对溶液的冷却方式不同分为内循环冷却式和外循环冷却式。

图 6-15（a）为内循环冷却式结晶釜，主要由结晶釜、外夹套（或内螺旋管）、搅拌器和出料阀等部分组成。内循环冷却式结晶釜受釜体大小的影响，换热面积有限，因此换热量不可能太大。搅拌器可采用锚式桨叶，这样可以使溶液上下翻动均匀，提高传热速率和传质速率，使釜内溶液的温度和浓度均匀，同时晶核与溶液均匀接触，有利于晶体各晶面的成长。出料阀采用快开阀，可防止晶体阻塞出料口。

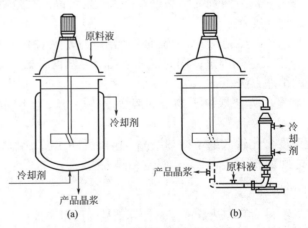

图 6-15　间接换热釜式结晶器

如图 6-15（b）为外循环冷却式结晶釜，主要由结晶釜、冷却器和循环泵等组成。冷却器采用间壁式换热器，其传热面积可以做得较大，从而大强化了冷却效果。循环泵一般采用叶片式泵，可减少晶浆中的晶体破碎。立式搅拌釜结晶器占地面积小，适用于中小型工厂使用。

（2）卧式冷却结晶槽　如图 6-16 所示，为卧式冷却结晶槽。其主要由结晶槽、冷却夹套、搅拌器和排料阀组成。结晶槽用不锈钢板制作，为半圆底的卧式长槽或敞口的卧式圆筒长槽。槽的上部要有活动的顶盖，以保持槽内物料的洁净。冷却夹套安置于结晶槽身高的 3/4 处。搅拌器为长螺距螺旋搅拌器，有二组搅拌桨叶，一组为左旋搅拌桨叶，一组为右旋搅拌桨叶。

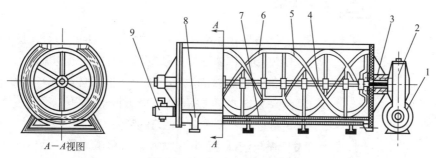

图 6-16 卧式冷却结晶槽
1—电机；2—蜗杆蜗轮减速箱；3—轴封；4—轴；5—左旋搅拌桨叶；
6—右旋搅拌桨叶；7—夹套；8—支脚；9—排料阀

卧式冷却结晶槽由于采用夹套式冷却结构，其传热面积有限。但由于结晶槽可以做得较长大，又有螺旋搅拌器，所以这种设备可获得大小均匀的晶体，颗粒中等，适用于大型工厂使用。

三、结晶操作在工业中的应用

结晶是获得纯净固态物质的重要方法之一，为数众多的化工产品都是应用结晶方法分离或提纯而得到的晶态物质，在工业中的应用有：

（1）结晶操作在食品原料和添加剂的生产中有着极其重要的地位。食品原料生产以食盐和蔗糖为例，世界的年生产能力已超过 1 亿吨。速溶咖啡、葡萄糖、柠檬酸、苹果酸、葡萄糖酸类产品、味精、乳酸钙等产品的生产一般都包含有结晶过程。

（2）在医药、染料、精细化工生产中，虽然结晶态产品产量相对较低，但具有异常重要的地位以及高额的产值。化肥如硝酸铵、氯化钾、尿素、磷酸铵等世界的年生产量亦已超过了 100 万吨。

（3）在冶金工业、材料工业中，结晶亦是关键的单元操作。

（4）值得注意的新动向是在高新技术领域中，结晶操作的重要性与日俱增，例如生物技术中蛋白质的制造，催化剂行业中超细晶体的生产以及新材料工业中超纯物质的净化都离不开结晶技术。

 拓展阅读

腌制废水处理技术的研发

在食品加工行业中，蒸发结晶技术的应用案例之一是腌制废水的处理。腌制废水，特别是以食盐为主要腌渍成分的水产品加工方法产生的废水，含有高浓度的有机物、高盐分，对环境造成严重污染。直接排放不仅影响污水处理厂的正常运行，还可能导致水质恶化和土地盐碱化。为了解决这一问题，青岛某公司的技术人员进行了深入研究，并开发出了"多效蒸发系统"来处理腌制废水。该系统通过有效去除 COD（化学需氧量）的同时，实现了水及盐分的回收利用，具有环境和经济的双重效益。这一创新不仅提高了废水处理的效率，还为企业节约了大量的水资源和生产原料，减少了环境污染。在项目实施过程中，工程师和技术人员展现了极大的奉献精神和劳动精神。他们不仅在实验室中进行了无数次的试验，还在生产线上进行了细致的调试和优化。最终有效地解决生产中的难题，提高产品质量和生产效率。他们这种精神的体现不仅为企业带来了经济效益，也为社会创造了更大的价值。

知识归纳

○ 蒸发：蒸发是物质从液态转化为气态的相变过程。这一过程需要吸收热量，能使周围物体冷却。蒸发可以发生在任何温度下，即蒸发是液体自身发生的一种缓慢的汽化现象。不同液体在同一温度下蒸发快慢不同，如酒精蒸发比水蒸发得快。而在同一温度下，不同液体的蒸发快慢也与液体的表面积、液体表面上方的空气流动等因素有关。

○ 蒸发快慢与液体表面积的大小、温度的高低、液体表面空气流动的快慢等因素有关。液体的表面积越大，暴露在空气中的表面积越大，蒸发得越快；温度越高，分子的热运动越剧烈，蒸发得越快；表面空气流动越快，蒸发得越快。

○ 在食品加工过程中，水分蒸发量指的是在特定条件下，食品中的水分因加热或其他处理而转化为气态并散失到空气中的量。水分蒸发量受到多种因素的影响，包括加工温度、时间、食品的种类和状态（如初始水分含量、表面积等）、环境湿度以及空气流动速度等。通过控制这些因素，食品加工者可以实现对水分蒸发量的精确调控，从而达到优化产品质地、口感和保存期限的目的。

○ 单效蒸发是指溶液在蒸发器内蒸发时，其所产生的二次蒸汽不再利用，溶液也不再通入第二个蒸发器进行浓缩，即只用一台蒸发器完成蒸发操作。所用的蒸发器称为单效蒸发器。

○ 真空蒸发是在真空下进行的蒸发操作。在真空蒸发流程中，末效的二次蒸汽通常在混合式冷凝器中冷凝。

○ 单效蒸发过程工艺计算包括水分蒸发量、加热蒸汽消耗量、有效温度差及传热面积、蒸发器的生产能力、生产强度和单位蒸汽消耗量。

○ 结晶是指热的饱和溶液冷却后，溶质因溶解度降低导致溶液过饱和，从而溶质以晶体的形式析出的过程，即物质从液态或气态形成晶体的过程。晶体是由大量微观物质单位（原子、离子等）按一定规则有序排列的结构，因此可以从结构单位的大小来研究判断排列规则和晶体形态。晶体是具有整齐规则的几何外形、固定熔点和各向异性的固态物质，是物质存在的一种基本形式。固态物质是否为晶体，一般可由 X 射线衍射法予以鉴定。在食品行业中，结晶技术用于分离、纯化及提纯食品成分。

○ 有序性：在结晶过程中，原子、分子或离子会按照一定的规律进行排列，形成有序的结构。这种有序性使得晶体具有特定的几何形状和排列方式。

○ 周期性：结晶体的结构具有周期性，即在微观尺度上，晶体结构呈现出相同的重复单元。这种周期性是晶体结构的重要特征之一。

○ 完整性：结晶体通常具有完整的外形和平滑的表面。这是因为在结晶过程中，物质以规则的方式从液态或气态转变为固态，形成具有特定形状的晶体。

- 特定组分：每种结晶体都具有特定的组成成分和比例。这种特定组分使得晶体具有独特的化学和物理性质。
- 高纯度：在结晶过程中，物质只能在同种物质上生长，因此可以得到高纯度的固体产品。大部分杂质会留在母液中，通过过滤、洗涤等步骤，可以进一步提高晶体的纯度。
- 晶核是过饱和溶液中新生成的微小晶体颗粒，是晶体生长过程中必不可少的核心。
- 结晶过程产量的计算基础是物料衡算及热量衡算。

✿ 工程训练　一水柠檬酸结晶设备的选取

选择结晶操作设备的要求：

① 生产效率高、造价低、拆装方便、易清洗、对产品无污染，符合卫生要求。

② 能控制冷却速度，及时进行热交换，使溶液一直处于介稳区，以获得较好的晶体。

我国目前最常用的一水柠檬酸结晶罐为搅拌结晶罐，其结构由搅拌系统、罐体和出料阀等组成，罐体常采用带夹套的搪瓷罐或带夹套的不锈钢罐。试通过在相同工艺条件下的实际生产数据，选择合适的罐体。

✐ 习题

6-1　在某单效蒸发器内，将 NaOH 水溶液从 15% 浓缩到 30%，溶液的平均密度为 1230kg/m³，分离室内绝对压强为 50kPa，蒸发器加热管内的液层高度为 1.5m，试求：（1）因溶液蒸气压下降而引起的沸点升高；（2）因液柱静压强引起的沸点升高；（3）溶液的沸点。

6-2　在单效真空蒸发器中，需要将 2000kg/h 的橘汁从 10% 浓缩到 50%。进料温度为 80℃，进料的平均定压比热容为 2.80kJ/(kg·K)，出料温度为 60℃，当地大气压强为 100kPa，加热蒸汽表压为 100kPa，蒸发器的总传热系数为 1200W/(m²·℃)。若不考虑热损失，试求：（1）每小时蒸发的水分量和成品量；（2）加热蒸汽消耗量；（3）蒸发器的传热面积。

6-3　在三效并流蒸发设备中，欲将牛奶液从 15% 浓缩到 50%。第一效牛奶液的进料量为 2.5×10^4 kg/h，温度为 50℃，第一效加热蒸汽温度为 120℃，末效二次蒸汽温度为 50℃。各效的总传热系数为 $K_1 = 2500$ W/(m²·℃)，$K_2 = 1800$ W/(m²·℃)，$K_3 = 1200$ W/(m²·℃)。若考虑溶液的定压比热容和汽化热不随温度和浓度而变，即各效溶液的定压比热容和汽化热分别取 3.90kJ/(kg·℃) 和 2300kJ/kg。假定各种温度差损失和热损失均可忽略。试求：（1）加热蒸汽消耗量；（2）蒸发器传热面积。

第七章 传质导论与气体吸收

碳酸饮料的奥秘

　　碳酸饮料是受人们欢迎的饮品，它们的共同特点是含有二氧化碳。二氧化碳不仅能消暑清凉、调节风味，还有一定的防腐作用。根据气液平衡原理，二氧化碳的溶解度与压力成正相关，与温度成负相关。因此，通常在加压、降温的环境下注入二氧化碳。在混合机中，二氧化碳与水充分混合，有效增加了气液两相的接触面积，提高了传质效率和二氧化碳的溶解量。打开饮料瓶盖时，瓶内压力骤降，二氧化碳的气液平衡被打破，溶解度下降，进而形成气泡。如果往碳酸饮料中加入食盐，溶液浓度升高也会导致二氧化碳的溶解度下降，从而产生大量气泡。

碳酸饮料

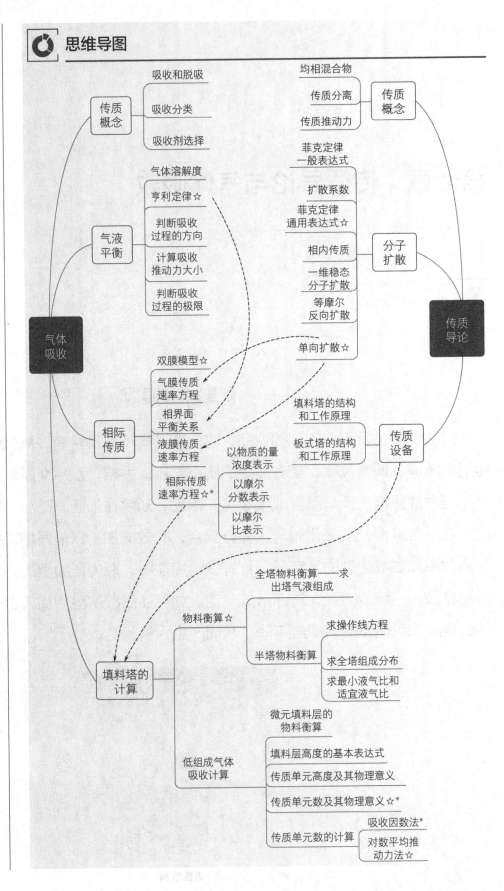

思维导图

👁 学习目标

1. 指出传质分离和机械过滤的本质差异。
2. 列举传质在食品中的 3 种应用。
3. 说明菲克定律一般表达式和通用表达式的适用条件。
4. 总结菲克定律与牛顿黏性定律、傅里叶定律的异同。
5. 比较等摩尔反向扩散与单向扩散的表达式。
6. 简要说明气体吸收原理以及选择吸收剂时应考虑的 5～7 种因素。
7. 列出亨利定律的 4 种表达形式，说明不同表达式之间的联系。
8. 绘出双膜模型，并用单项分子扩散和亨利定律描述模型。
9. 总结并比较气膜传质速率方程、液膜传质速率方程和总传质速率方程。
10. 描绘填料塔的结构及工作原理。
11. 基于填料塔的全塔和半塔物料衡算，推导出塔气液组成、全塔组成分布、操作线方程和最小液气比。
12. 阐明传质单元高度和传质单元数的物理意义。
13. 通过吸收因素法和对数平均推动力法求解传质单元数。

第一节 概　述

物质传递现象表明物质可在流体中通过扩散进行传递，这种传递既可以在单相物系中进行，也可在两相物系中进行。扩散的发生是由于物系中存在浓度差或物质内部组分存在浓度梯度，扩散过程的推动力为浓度梯度，组分由高浓度处向低浓度处迁移。

在食品工业生产中用到的蒸发、蒸馏、吸收、萃取等单元操作都是物质分离过程，属两相间的传质，其特点是两相均为流体，在相对运动和相互接触过程中形成相界面，物质借扩散从一相传递到另一相。如蒸馏过程，易挥发组分从液相扩散到气相，而难挥发组分则从气相扩散到液相，其分子传递速率方向相反，大小相当；吸收是使被吸收的组分从气相扩散到液相的操作。上述物质传递过程的特点是组分要穿过相界面，过程进行的条件是物系中存在浓度差，过程的极限是达到相平衡。

相平衡必须两相充分接触，经相当长的时间才能达到。实际传质过程两相接触并不充分，而且接触时间有限，因而达不到相平衡。实际操作中物质的传递量的多少、传质速率的大小等问题，不仅与两相的运动状态及物质在介质中的传递有关，还与两相界面的情况有关，为能更好理解有关传质单元操作的基本原理，首先简要介绍物质传递的基本原理。

第二节 传质基础理论

一、分子扩散和菲克定律

相际传质的基本特征是某一组分在均相流体中穿过相界面的传质，即从流体主体到相界面或与之相反的传质。

　　当流体为静止或作平行于相界面（垂直于传质向）的层流流动时，传质只能靠分子运动所引起的扩散——分子扩散。分子扩散的实质是分子的微观随机运动，常见的两种分子扩散现象有：等摩尔相互扩散，单向扩散。

　　对双组分物系，在稳态下，扩散通量为：

$$J_A = -D_{AB}\frac{dc_A}{dz} \tag{7-1}$$

　　式中，J_A 为 A 组分的扩散通量，$kmol/(m^2 \cdot s)$，其方向与浓度梯度相反（沿浓度增大方向为正向）；dc_A/dz 为浓度梯度（沿浓度增大方向为正向），$kmol/m^4$；D_{AB} 为 A 组分在 B 组分中的扩散系数，m^2/s；

　　上式为菲克定律（1885 年 Fick）。菲克定律的形式与牛顿黏性定律、傅里叶热传导定律相类似，它表明，只要混合物中存在浓度梯度，就必然产生物质的扩散流。

　　同理，对 B 组分，菲克定律可写为：$J_B = -D_{BA}\dfrac{dc_B}{dz}$

　　对于气体，也常用分压梯度的形式表示，将 $c_A = p_A/(RT)$ 和 $c_B = p_B/(RT)$ 代入上式，若沿 z 方向无温度变化，可得：

$$J_A = -\frac{D_{AB}}{RT} \times \frac{dp_A}{dz} \quad 和 \quad J_B = -\frac{D_{BA}}{RT}\frac{dp_B}{dz}$$

　　当双组分混合物总物质的量浓度各处相等，即 $c_M = c_A + c_B =$ 常数时，有：

$$\frac{dc_A}{dz} = -\frac{dc_B}{dz}$$

　　当扩散系数 $D_{AB} = D_{BA}$ 时，可得：$J_A = -J_B$

　　上式表明，当双组分混合物的总物质的量浓度为常数时，A 组分的扩散必然同时伴有大小相等方向相反的 B 组分的扩散。

　　分子扩散与导热有一重要区别，当一个分子沿扩散方向移去后，留下相应的空位，需由其他分子填补。而热量传导时穿过的是等温面，不存在填补空位问题。扩散通量 J_A 所通过的截面是"分子对称面"，即有一个 A 分子通过某一截面，就有一个 B 分子反方向通过这一截面，填补原 A 分子的空位。较为简单的情况是：分子对称面在空间固定不变，如图 7-1 所示为等摩尔相互扩散模型。

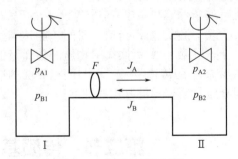

图 7-1　等摩尔相互扩散

二、分子扩散速率

　　传质过程中所需计算的分子扩散速率（物质通量）是相对于空间的固定截

面而言的，以符号 N_A 表示，其定义是单位时间内通过单位固定截面的物质的量。

（一）等摩尔相互扩散

图 7-1 中各处的总压 p 和温度 T 皆相等，$p_{A1} > p_{A2}$，A 分子通过连接管向右扩散，同时 B 分子向左扩散，而且相对于管的任一截面 F（位置固定），两扩散通量大小相等，即 F 为分子对称面，否则就不能保持 p 不变。两容器中都设置有搅拌器，使容器中的浓度保持均匀，但扩散管内不受搅拌混合的影响，且容器的容量与一段时间内的扩散量相比要大很多，使两容器中的气体浓度在较长时间内可认为恒定，管内 A、B 的相互（逆向）扩散是稳定的。

在常温常压下，一维稳态分子扩散过程可以用菲克定律描述，即

$$J_A dz = -\frac{D}{RT} dp_A$$

上式的积分边界为：$z=z_1$，$p_A=p_{A1}$；$z=z_2$，$p_A=p_{A2}$；其余为常数，积分得：

$$J_A = -\frac{D}{RT} \times \frac{p_{A2} - p_{A1}}{z_2 - z_1}$$

将 z_2-z_1 改写为 z，则 $J_A = \frac{D}{RTz}(p_{A1}-p_{A2})$

传质过程中需计算传质速率（物质通量），一般是相对于空间的固定截面，而不是分子对称面，以 N_A 表示。对等摩尔相互扩散的情况，这两个性质不同的平面是一致的，因此：

$$N_A = J_A = \frac{D}{RTz}(p_{A1}-p_{A2}) \tag{7-2}$$

$$N_B = J_B = \frac{D}{RTz}(p_{B1}-p_{B2}) \tag{7-3}$$

且

$$N_A = -N_B$$

$$p_{A1}+p_{B1} = p_{A2}+p_{B2}$$

对于液相中的相互扩散，若 $c=c_A+c_B$ 为常数，则

$$N_A = J_A = \frac{D}{z}(c_{A1}-c_{A2}) \tag{7-4}$$

$$N_B = J_B = \frac{D}{z}(c_{B1}-c_{B2}) \tag{7-5}$$

（二）单向扩散

图 7-2 为 A 组分单向扩散简单模型。单向扩散与等摩尔相互扩散的区别在于：分子对称面随着总体流动向相界面推移，而不是空间的固定面，故通过任一划出固定截面 FF' 的传质速率应同时考虑分子扩散和摩尔扩散的总效应。令通过 FF' 截面的各个通量如下：因 A 组分的浓度梯度产生的分子扩散通量为 J_A，总体流动为 N_b，其中 A、B 组分的总体流动量（如下标 b 表示）分别为：

$$N_{A,b} = \frac{c_A}{c} N_b, \quad N_{B,b} = \frac{c_B}{c} N_b$$

式中，$c=c_A+c_B$，为混合气体的总浓度，$c=p/(RT)$。将 A 组分溶于液体的物质通量以 N_A 表示。

对图中两截面 $F—F'$ 及 $2—2'$ 之间的空间做物料衡算：

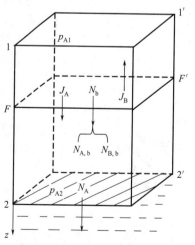

图 7-2 可溶性气体 A 通过惰性气体 B 的单向扩散（向下）

A 组分　　　　　　　　　　　$N_A = J_A + \dfrac{c_A}{c} N_b$

B 组分　　　　　　　　　　　$0 = J_B + \dfrac{c_B}{c} N_b$

两相加可得：　　　　　　　　$N_A = (J_A + J_B) + N_b$

则：　　　　　　　　　　　　$N_A = N_b$

因式中 $J_A + J_B = 0$，故总体流动通量 N_b 与 A 组分穿过界面 2—2′ 的传质通量 N_A 相等。又因为 B 组分通过相界面的扩散速率为零，故任一截面处 B 组分的分子扩散与总体流动方向相反，大小相等，正好抵消，没有净的传质，所以说 B 是停滞的。

$$N_b = -\frac{c}{c_B} J_B = \frac{c}{c_B} J_A$$

所以：

$$N_A = J_A + \frac{c_A}{c} N_b = J_A + \frac{c_A}{c_B} J_A = J_A + \frac{p_A}{p_B} J_A$$

$$N_A = \left(1 + \frac{p_A}{p_B}\right) J_A = -\frac{D}{RT}\left(1 + \frac{p_A}{p_B}\right)\frac{dp_A}{dz} = -\frac{D}{RT} \times \frac{p}{p - p_A} \times \frac{dp_A}{dz}$$

在气相中的扩散初、终截面（$z = z_1$，$p_A = p_{A1}$；$z = z_2$，$p_A = p_{A2}$）之间积分：

$$\int_{z_1}^{z_2} N_A dz = -\int_{p_{A1}}^{p_{A2}} \frac{Dp}{RT} \times \frac{dp_A}{p - p_A}$$

$p_{A1} + p_{B1} = p_{A2} + p_{B2} = p$，$z = z_2 - z_1$，所以

$$N_A = \frac{D}{RTz} \times \frac{p}{p_{Bm}}(p_{A1} - p_{A2}) \tag{7-6}$$

$$p_{Bm} = \frac{p_{B2} - p_{B1}}{\ln(p_{B2}/p_{B1})}$$

单向扩散时的传质速率比等摩尔相互扩散速率多了一个因子（p/p_{Bm}），显然，其值大于 1，原因就是有总体流动。如同顺水行舟，水流使船速加大，故称 p/p_{Bm} 为漂流因子或漂流因数。当混合气中 A 的分压 p_A 愈高，p/p_{Bm} 就愈大；反之，当 p_A 很低时，p/p_{Bm} 接近于 1，总体流动的因素可以忽略，单向扩散速率与等摩尔相互扩散速率近似相等。

液相中的单向扩散在总浓度 c 为常数时，同理可得出：

$$N_A = \frac{D}{z} \times \frac{c}{c_{Bm}}(c_{A1} - c_{A2}) \tag{7-7}$$

 过程检查 7.1

○ 试证明漂流因子恒大于 1。

（三）分子扩散系数

菲克定律中的扩散系数 D 代表单位浓度梯度（$kmol/m^4$）下的扩散通量

［kmol/(m²·s)］，表达某个组分在介质中扩散的快慢，是物质的一种传递属性，类似于传热中的热导率。表 7-1 为总压 101.3kPa 下某些气体或蒸气在空气中的实测扩散系数。

表 7-1 101.3kPa 下某些气体及蒸气在空气中的扩散系数

物质	T/K	$D/(cm^2/s)$	物质	T/K	$D/(cm^2/s)$
H_2	273	0.661	CO_2	273	0.138
He	317	0.756	CO_2	298	0.164
O_2	273	0.178	SO_2	298	0.122
Cl_2	273	0.124	甲醇	273	0.132
H_2O	273	0.220	乙醇	273	0.102
H_2O	298	0.256	正丁醇	273	0.0703
H_2O	332	0.305	苯	298	0.0962
NH_3	273	0.198	甲苯	298	0.0844

第三节 吸 收

一、吸收的基本概念

使混合气体与适当的液体接触，气体中的一个或几个组分便溶解于该液体中形成溶液，不能溶解的组分则保留在气体中，于是原混合气体的组分得以分离。这种依据气体混合物中不同组分在液体溶剂中的溶解度差异，对其进行选择性溶解，从而将气体混合物各组分分离的单元操作，称为吸收。吸收操作的逆过程称为脱吸。吸收过程常在吸收塔中进行，图 7-3 为逆流操作的吸收塔示意图。吸收塔有填料塔和板式塔两种。

混合气体中，能溶解的组分称为吸收质，又称溶质，以 A 表示；不被吸收的组分称为惰性组分，又称载体；吸收操作所用的溶剂称为吸收剂，以 S 表示；吸收操作所得到的溶液称为吸收液；剩余的气体称为吸收尾气。

气体的吸收是一种重要的分离操作，它在化工生产中主要用来达到以下目的：

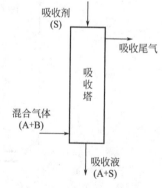

图 7-3 逆流吸收塔示意

（1）分离混合气体以获得一定组分，如用硫酸处理焦炉气以回收其中的氨。

（2）除去有害组分以净化气体，如用水或碱液脱除合成氨原料气中的二氧化碳。

（3）回收或捕获气体混合物中的有用物质，以制取产品，如用水吸收氯化氢以制取盐酸。

严格意义上的吸收操作在食品工业中很少应用，清凉饮料的充气（充 CO_2）是吸收的典型例子。二氧化碳在加压作用下溶于液体饮料中。另外，通气发酵中氧气的吸收、挥发性香精的回收都属物理吸收。油脂氢化操作中，氢气与油脂分子发生化学反应，可视为氢气被油脂吸收；食品加工中硫漂操作为 SO_2 的吸收，都可视为化学吸收。另外，食品工业中油脂的脱臭，果汁、乳制品脱气等实际上更倾向于蒸馏脱溶的原理。除了制取溶液产品只需吸收外，一般都要进行溶剂的再生，即脱除溶解于其中的被分离组分以循环使用。一个完整的吸收分离过程一般包括吸收和解吸两个组成部分。

对吸收过程需考虑以下几点：

（1）气液流向　吸收一般都采用逆流，即液体向下，气体向上，以使全塔平均的推动力为最大，这与传热时两流体以逆流的平均推动力为最大的原理相同。只有对吸收速率取决于反应速率而不取决于传质推动力等少数情况，如水吸收 NO_x 以制硝酸，才不一定用逆流。

（2）多塔吸收　若用一个塔吸收所需的高度太大时，就需要分成几个塔串联起来。多塔吸收可气液逆流串联，还可采用气体串联、液体并联。该流程与多塔串联相比，由于每一塔中都喷淋新再生的溶液，故气体能得到较完全的吸收，但溶液的平均浓度则较低，溶液的循环量较大，对再生的要求较高。如高硫煤气的脱硫，就需应用这种流程。

（3）加压吸收　当总压增加时，溶质气体的分压和溶解度都随之增大，有利于吸收。当然，专为吸收而加压能耗太大，并不现实；但是，如果吸收的上、下工序有加压过程，就应考虑让吸收也在加压下进行。

溶剂的选择：为使吸收法分离气体混合物进行得既高效而又最经济，选择适宜的溶剂是一个主要的因素，而且流程的决定也与所用的溶剂有关。溶剂应当对被分离组分有良好的选择性，更重要的还在于溶质 A 的溶解度应尽可能大，以减小吸收设备的尺寸，并减少溶剂的用量或循环量。此外，还应该考虑以下方面：

（1）不易挥发。即蒸气压要低，使吸收时溶剂的蒸发尽可能少，一方面是为了减少溶剂的损失，另一方面也是避免在气体中引入新的杂质。

（2）腐蚀性小，以减少设备费和维修费。

（3）黏度低，以利于传质和输送；比热容小，使再生时的耗热量较小；发泡性低，以免过分限制吸收塔内的气速而增大塔的体积。

（4）毒性小、不易燃，以利于保证安全生产。

（5）来源易得、价格低廉、易于再生。

吸收过程进行的方向与极限取决于溶质在气、液两相中的平衡关系。本章只讨论单组分、等温的物理吸收过程，并以填料塔为例讨论吸收计算方法和填料层高度。

二、气液相平衡

在一定温度和压力下，气液两相经过长期或充分接触后趋向于平衡。此时溶质组分在两相中的浓度服从某种确定的关系，即相平衡关系。

以单组分物理吸收为例，溶质 A 被溶剂溶解吸收，随着溶液浓度 c_A 的逐渐增大，传质速率逐渐减慢，最后降到零，c_A 达到一最大限度 c_A^*。这时气液达到了相平衡，c_A^* 即平衡溶解度，简称溶解度。

该物系中组分数为 3（溶质 A、惰性气体 B、溶剂 S），相数为 2（气、液），根据相律，自由度数 F 应为：$F=3-2+2=3$。

达到相平衡时，在温度、总压和气、液组成四个变量中，有三个是自变量，另一个是它们的函数。故可将溶解度 c_A^* 表达为温度 T、总压 P 和气相组成（常以分压 p_A 表示）的函数。在一定温度下，c_A^* 只是 p_A 的函数，可写成

$$c_A^* = f(p_A) \tag{7-8}$$

若液相的浓度 c_A 作自变量，则 $p_A^* = F(c_A)$

气 - 液平衡关系的理论尚不完善，一般需用试验方法对具体物系进行测定。

图 7-4 所示为四种气体在 293K 下与其水溶液的 $c_A^* - p_A$ 平衡关系。图中，溶解度很小的气体如 O_2、CO_2，称为难溶气体；溶解度很大的如 NH_3，称为易溶气体；而介于期间的如 SO_2，为溶解度适中的气体。

对于稀溶液，平衡关系式（7-8）可用通过原点的直线表示，即气液两相的浓度成正比。这一关系称为亨利（Henry）定律。对此，式（7-8）的一般函数关系可简化成以下的比例形式

$$c_A^* = Hp_A \qquad (7-9)$$

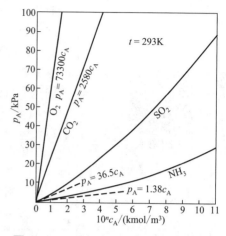

图 7-4 几种气体在水中的溶解度曲线

比例系数 H 愈大，表明同样分压下的溶解度愈大，而称 H 为溶解度系数 [单位为 kmol/（$m^3 \cdot$ kPa）等]。又若要表示与某一溶液浓度 c_A 平衡的气相分压 p_A^*，可表示成

$$p_A^* = \frac{c_A}{H} \qquad (7-10)$$

在亨利定律适用的范围内，H 是温度的函数，而与 p_A 或 c_A 无关。亨利定律适用于难溶、较难溶的气体（图 7-4 中的 O_2、CO_2，其液相浓度低）；对于易溶、较易溶的气体，只能用于液相浓度甚低的情况（图中的 NH_3、SO_2，虚线代表亨利定律）。

在应用中，常将亨利定律改写为其他形式——主要是考虑到物料衡算的方便，而将组成以摩尔分数表示。首先，应用 $x_A = c_A/C$，将式（7-10）中的液相组成化为摩尔分数

$$p_A^* = \left(\frac{C}{H} \right) \left(\frac{c_A}{C} \right)$$

令

$$E = \frac{C}{H} \qquad (7-11)$$

式中，C 为液相（A+S）的总浓度，$kmol/m^3$。

得

$$p_A^* = Ex_A \qquad (7-12)$$

此式实为亨利定律的最初表达形式：溶质气体在溶液面上方的平衡分压与溶质在溶液中的摩尔分数成正比。其中，E 称为亨利系数，单位与压力相同。由式（7-11）可知，愈易溶的气体 H 愈大，E 就愈小。

最常用的形式是将式（7-12）左侧的气相组成也用摩尔分数表示，可对式（7-12）两侧除以总压 p

$$\frac{p_A^*}{p} = \left(\frac{E}{p} \right) x_A$$

令

$$m = \frac{E}{p} \qquad (7-13)$$

又对于单组分吸收，可略去表示溶质的下标 A，于是得

$$y^* = mx \qquad (7-14)$$

式中，y^* 为与液相（摩尔分数为 x）平衡的气相摩尔分数；m 为相平衡常数，无量纲。

有时还将组成以摩尔比 X、Y 表示，但这时亨利定律就不是式（7-14）那样的简单比例关系，使用上不方便，此处从略。当浓度超出亨利定律的适用范围时，平衡关系可用曲线表示，如图 7-4 所示的 SO_2 及 NH_3 的平衡线。对此，最好能将平衡数据整理为适用于某一范围的经验式，以便于计算。

应用上述相平衡关系，可用表达从气相到液相的吸收推动力：对应于气相中溶质 A 的分压 p_A，液相中 A 的溶解度为 $c_A^* = Hp_A$，c_A^* 比实际浓度 c_A 大得愈多，吸收的传质速率 N_A 愈快；且 N_A 与（$c_A^* - c_A$）成正比，

吸收与脱吸

即（$c_A^* - c_A$）为吸收的传质推动力。若由于 p_A 减小或温度升高而 H 减小，使 c_A^* 减小到 $c_A^* < c_A$，即推动力（$c_A^* - c_A$）转为负值，传质方向逆转为由液相到气相，这一过程称为脱吸（或称解吸）。显然，吸收的传质推动力也可用溶质分压 p_A 与液相实际浓度的平衡分压 p_A^* 之差，即（$p_A - p_A^*$）表示。从已知的 p_A 及 c_A 应用相平衡关系可判定推动力大小和传质方向。

【例 7-1】 某气体中含氨 5%（体积分数），进入吸收塔用清水吸收，出口时气体中含氨 1%（体积分数）。氨在水中溶解度服从亨利定律 $c = 0.208p^*$，p^* 的单位为 kPa，c 为 kmol/m³，总压为 101.3 kPa：

（1）假如水从塔顶淋下，气体也由塔顶进入，由塔底出塔，试求出塔中氨水的平衡浓度；

（2）假如气体由塔底进入，塔顶出塔，水由塔顶淋下，试求出塔中氨水的平衡浓度；

（3）你认为出塔氨水的实际浓度会等于平衡浓度还是会大于或小于平衡浓度？为什么？

解 （1）$H = 0.208\text{kmol/(m}^3 \cdot \text{kPa)}$

$p = 101.3\text{kPa}$，溶液浓度很低，总浓度按水的浓度计算为 $C = 55.5\text{kmol/m}^3$

$$m = \frac{C}{Hp} = \frac{55.5}{0.208 \times 101.3} = 2.63$$

$$x_b^* = \frac{y_b}{m} = \frac{0.01}{2.63} = 0.0038$$

（2）$y_a = 0.05$，$x_a^* = \frac{y_a}{m} = \frac{0.05}{2.63} = 0.019$

（3）出塔氨水浓度小于平衡浓度，因为平衡浓度是两相接触所能达到的最大极限浓度，由于接触条件、接触时间等限制（要达到平衡浓度，其接触时间无限长，接触面积要无限大），实际上是不可能达到平衡浓度的。

三、吸收传质速率

溶质从气相转移到液相的传质过程，可分为以下三个步骤：

（1）溶质由气相主体通过对流和扩散到达两相相界，即气相内的扩散；

（2）溶质在相界面上，由气相转入液相，即在界面上发生的溶解过程；

（3）溶质由界面通过扩散和对流进入液相主体，即液相内的扩散。

（一）双膜模型

双膜模型的主要论点如下：

（1）气、液两相间存在着固定的相界面。

（2）界面两侧分别存在着气膜和液膜，其外侧是湍流区；两相的传质阻力完全在于通过两层膜的分子扩散，湍流区中的阻力予以忽略。

（3）溶质穿过相界面的阻力极小，即认为所需的推动力为零，因此，界面上保持两相平衡。

以上第（1）条是本模型的基础。只要两相界面是固定的，两侧流体与界面之间的传质就与流体 - 固体表面间的传质过程（给质过程）一致，可应用后者所得结果而得到第（2）条。图 7-5 所示为气液界面两侧按双膜模型的组成分布图。其中气相的给质推动力为（$p_G - p_i$），液相的推动力为（$c_i - c_L$）；通过气膜、液膜的分子扩散速率分别为

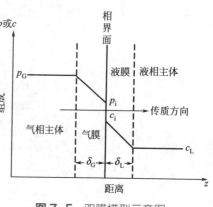

图 7-5 双膜模型示意图

气膜
$$N_A = \frac{D_G}{RT\delta_G}\left(\frac{p}{p_{Bm}}\right)(p_G - p_i) \tag{7-15}$$

液膜
$$N_A = \frac{D_L}{\delta_L}\left(\frac{C}{c_{Sm}}\right)(c_i - c_L) \tag{7-16}$$

写成给质速率方程，则分别为：

$$N_A = k_G(p_G - p_i) \tag{7-17}$$

$$N_A = k_L(c_i - c_L) \tag{7-18}$$

按照第（3）条，相界面上的气相分压 p_i 与液相浓度 c_i 成平衡关系；若体系服从亨利定律，则有

$$c_i = Hp_i \tag{7-19}$$

双膜模型的局限性：

（1）其气、液界面固定，只在气、液间相对速率较小情况下使用；相对速率增大，产生旋涡，相界面波动。

（2）膜厚 δ_G、δ_L 难以得知。

（3）式（7-15）、式（7-16）表明，给质系数 N_A 与扩散系数 D 的 1 次方成正比，但实验值表明 N_A 约与 D 的 1/2 ~ 2/3 次方成正比，说明模型与实际有偏差。

尽管双膜模型存在上述缺陷，但其双重阻力的概念为吸收过程的计算提供了理论上的指导，这一概念至今仍得到广泛认可。

（二）相间传质速率方程

类似于热、冷流体通过间壁的传热是从两流体与壁面的给热方程得出传热方程，由气相到液相的传质也可以通过双膜模型，从气相、液相与界面间的给质方程得到传质速率方程（习惯上常称为总传质速率方程）。

对于稳定的吸收过程，式（7-17）和式（7-18）所代表的气相和液相给质速率相等。将两式写成 [推动力/阻力] 的形式

$$N_A = \frac{p_G - p_i}{1/k_G} = \frac{c_i - c_L}{1/k_L} \tag{7-20}$$

应用亨利定律消去难以测定的界面组成，则：

$$\frac{c_i - c_L}{1/k_L} = \frac{c_i/H - c_L/H}{1/(Hk_L)} = \frac{p_i - p_L^*}{1/(Hk_L)} \tag{7-21}$$

以上按式（7-19）得到 $c_i/H = p_i$，而 $p_L^* = c_L/H$ 则代表与液相主体浓度 c_L 呈平衡的气相溶质分压。将式（7-21）代入式（7-20），并应用合比定律

$$N_A = \frac{p_G - p_i}{1/k_G} = \frac{p_i - p_L^*}{1/(Hk_L)} = \frac{p_G - p_L^*}{1/k_G + 1/(Hk_L)} \tag{7-22}$$

式中，$p_G - p_L^*$ 为以气相分压差表示的总推动力；$1/k_G$、$1/Hk_L$ 分别为这种推动力下的气相、液相传质阻力；$1/k_G + 1/Hk_L$ 为总阻力，设以 $1/K_G$ 代表。

$$\frac{1}{K_G} = \frac{1}{k_G} + \frac{1}{Hk_L} \text{或} K_G = \left(\frac{1}{k_G} + \frac{1}{Hk_L}\right)^{-1} \tag{7-23}$$

代入上式，得到

$$N_A = K_G \left(p_G - p_L^* \right) \tag{7-24}$$

这就是以气相总分压差为推动力的传质速率方程；与"传质系数"对照，K_G 称为气相"传质系数"较简明，但根据习惯，以后仍称为气相总传质系数，其单位与 k_G 相同。

同理，令与气相主体 p_G 呈平衡的液相浓度为 $c_G^* = Hp_G$，并应用式（7-19）：$c_i = Hp_i$，将式（7-20）改写为

$$N_A = \frac{Hp_G - Hp_i}{H/k_G} = \frac{c_G^* - c_i}{H/k_G} = \frac{c_i - c_L}{1/k_L} = \frac{c_G^* - c_L}{H/k_G + 1/k_L} \tag{7-25}$$

$$N_A = K_L \left(c_G^* - c_L \right) \tag{7-26}$$

此式称为以液相总浓度差为推动力的传质速率方程。

式中，$c_G^* - c_L$ 为以液相浓度差表示的总推动力；H/k_G、$1/k_L$ 分别为这种推动力下的气相、液相阻力。

而

$$\frac{1}{K_L} = \frac{H}{k_G} + \frac{1}{k_L} \tag{7-27}$$

为总阻力，K_L 称为液相总传质系数，其单位与 k_L 相同。

对比式（7-23）、式（7-27），可知两个总传质系数之间存在下述关系

$$K_G = HK_L \tag{7-28}$$

应当指出，在连续操作的吸收设备中，随着气液接触时间的延长，即在气体的行程中，p_G 会逐渐减小；在液体的行程中，c_L 会逐渐增大；故给质速率方程和传质速率方程都为局部性质，对于整个吸收设备则需作积分。

（三）以摩尔分数表示气液组成的传质速率方程

为便于进行物料衡算，吸收计算中的组成常以摩尔分数表述，此时气相给质方程可做下述换算

$$N_A = k_G \left(p_G - p_i \right) = k_G p \left(\frac{p_G}{p} - \frac{p_i}{p} \right) \tag{7-29}$$

令

$$k_y = k_G p$$

得

$$N_A = k_y \left(y - y_i \right) \tag{7-30}$$

式中，y，y_i 为气相主体中及相界面上的溶质摩尔分数，$y = p_G/p$，$y_i = p_i/p$，无量纲；k_y 为以摩尔分数差为推动力的气相给质系数，kmol/（s·m²）；p 为气相总压。

同理，液相给质方程可换算如下：

$$N_A = k_L \left(c_i - c_L \right) = k_L C \left(\frac{c_i}{C} - \frac{c_L}{C} \right) \tag{7-31}$$

令

$$k_x = k_L C$$

得

$$N_A = k_x \left(x_i - x \right) \tag{7-32}$$

式中，x_i，x 分别为液相主体及界面上的溶质摩尔分数，$x = c_L/C$，$x_i = c_i/C$，无量纲；k_x 为以摩尔分数差为推动力的气相给质系数，kmol/(s·m²)；C 为溶液

的总浓度。

　　相界面处两相组成 x_i、y_i 达到平衡。当服从亨利定律，有

$$y_i = m x_i$$

消去界面组成，得到

$$N_A = K_y (y - y^*) \tag{7-33}$$

$$N_A = K_x (x^* - x) \tag{7-34}$$

　　式中，y^* 为与液相组成 x 呈平衡的气相组成，摩尔分数；x^* 为与气相组成 y 呈平衡的液相组成，摩尔分数；K_y、K_x 分别为以气相、液相总摩尔分数差为推动力的总传质系数，kmol/（s·m²）。

$$K_y = 1 / \left(\frac{1}{k_y} + \frac{m}{k_x} \right) \tag{7-35}$$

$$K_x = 1 / \left(\frac{1}{m k_y} + \frac{1}{k_x} \right) \tag{7-36}$$

而且

$$K_x = m K_y \tag{7-37}$$

　　需注意的是，溶液组成超出亨利定律范围后，平衡关系需用曲线表示，m 将随组成而变化，故将 K_x、K_y 作为常数应用受到限制。但若应用范围内的平衡曲线能以直线 $y = mx + b$ 近似（通常曲线上弯，故 b 为负值），则可证明式（7-33）~式（7-37）的适用性仍与亨利定律相同。

　　以上诸多的传质速率方程中，以含气相、液相总摩尔分数差为推动力的式（7-33）和式（7-34）实际应用最广。

（四）传质速率方程的分析

1. 界面组成的确定

　　气液相界面处的组成 y_i、x_i 难以直接测定，但可根据测得的主体组成 y、x，给质系数 k_y、k_x 以及相平衡常数 m 确定。

　　由给质方程式（7-30）和式（7-32）得

$$k_y (y - y_i) = k_x (x_i - x)$$

与亨利定律：$y_i = m x_i$ 联立，可解出 y_i 及 x_i。

　　对于平衡关系为非线性的一般情况，可用图解法确定 y_i、x_i。如图 7-6 所示，作出平衡曲线 OE，将上式改写为

$$y - y_i = \left(-\frac{k_x}{k_y} \right) (x - x_i)$$

　　可知代表界面组成的 $I(x_i,\ y_i)$ 在通过点 $P(x,\ y)$、斜率为 $-k_x/k_y$ 的直线上，作出此直线 PI，交 OE 于 I，即得知 y_i 及 x_i。

2. 传质推动力的图示

　　在图 7-6 通过点 $P(x,\ y)$ 作垂直线，交曲线 OE 于点 Q；其纵坐标为与 x 平衡的气相组成 y^*，故线段 PQ 代表气相总推动力（$y - y^*$）。同理，过点 P 作水平线 x 交 OE 于 R，则其横坐标为与 y 平衡的液相组成 x^*，而线段 PR 代表液相总推动力（$x^* - x$）。

　　图 7-6 表明，线段 PL 代表气相给质推动力（$y - y_i$），线段 LI 代

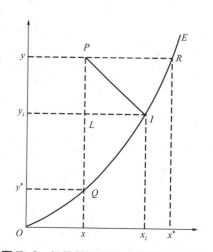

图 7-6　相界面组成和传质推动力的图示

表液相给质推动力（$x_i - x$）。

若点 P 在平衡线之下，则推动力变为负值，即过程为脱吸。

3. 传质阻力分析

关于气相给质阻力，可分析气相给质系数 k_G，根据式（7-15），漂流因子 p/p_{Bm} 对于低浓气体接近 1；而温度 T 虽在分母中，但 D_G 与 $T^{1.75}$ 成比例，故温度升高仍有利于减小气相阻力。通常 k_y 的范围约为 $10^{-4} \sim 10^{-3}$kmol/(s·m²)。

液相的给质系数 k_L 根据式（7-16）进行分析，其影响因素与上式相似，只是随温度的升高，既有利于扩散，又因黏度降低而减薄膜厚 δ_L，故温度影响要显著一些。通常 k_x 在水溶液中约为 10^{-2} kmol/(s·m²) 的数量级。

相际传质的总阻力 $1/K_y$ 或 $1/K_x$ 中含有平衡常数 m，其变化范围极大。从图 7-4 可以看出，几种气体在水中的溶解度相差几个数量级，而且随温度的变化也相当大。

因 m 的变化范围较 k_y 或 k_x 大得多，故决定总阻力大小的主要因素是 m。对于溶解度很大的易溶物系，m 很小，式 $1/K_y = 1/k_y + m/k_x$ 中的液相阻力 m/k_x 也很小，可忽略，则总阻力 $1/K_y$ 近似等于气相阻力 $1/k_y$，或 $K_y \approx k_y$，传质速率为 $1/k_y$ 所控制，称为气膜阻力控制。对于溶解度很小的难溶物系，因 m 很大，式 $1/K_x = 1/(mk_y) + 1/k_x$ 中的气相阻力 $1/(mk_y)$ 相对可以忽略，而有 $K_x \approx k_x$，称为液膜阻力控制。至于 SO_2 溶于水这类属中等溶解度的物系，气膜、液膜的阻力都不能忽略，要同时考虑。

由式（7-35）或式（7-36）可以看出：对气膜阻力控制物系，因 m 很小，总阻力小。随着溶解度变小，总阻力则随 m 的增加而变大。对液膜阻力控制物系，总阻力可以比气膜阻力控制物系的大几个数量级，由于液膜阻力控制的物系在工业中很常见，故设法减小液膜阻力往往成为加快吸收传质速率的关键。

【例 7-2】 总压为 101.3kPa、温度为 303K 下用水吸收混合气中的氨，操作条件下的气液平衡关系为 $y = 1.20x$。已知气相传质系数 $k_y = 5.31 \times 10^{-4}$kmol/(s·m²)，液相传质系数 $k_x = 5.33 \times 10^{-3}$kmol/(s·m²)，并在塔的某一截面上测得氨的气相摩尔分数 y 为 0.05，液相摩尔分数 x 为 0.012。试求该截面上的传质速率及气液界面上两相的摩尔分数。

解 总传质系数

$$K_y = \cfrac{1}{\cfrac{1}{k_y} + \cfrac{m}{k_x}} = \cfrac{1}{\cfrac{1}{5.31 \times 10^{-4}} + \cfrac{1.20}{5.33 \times 10^{-3}}} = 4.74 \times 10^{-4}[\text{kmol/(s·m}^2)]$$

与实际液相组成平衡的气相组成为

$$y^* = mx = 1.20 \times 0.012 = 0.0144$$

传质速率

$$N_A = K_y(y - y^*) = 4.74 \times 10^{-4} \times (0.05 - 0.0144) = 1.69 \times 10^{-5}[\text{kmol/(s·m}^2)]$$

联立求解以下两式

$$k_y(y - y_i) = k_x(x_i - x)$$

$$y_i = mx_i$$

求出界面上两相含量为

$$y_i = \frac{y + \dfrac{k_x}{k_y}x}{1 + \dfrac{k_x}{k_y m}} = \frac{0.05 + \dfrac{5.33 \times 10^{-3}}{5.31 \times 10^{-4}} \times 0.012}{1 + \dfrac{5.33 \times 10^{-3}}{5.31 \times 10^{-4} \times 1.20}} = 0.0182$$

$$x_i = y_i/m = 0.0182/1.20 = 0.0152$$

注意：界面气相含量 y_i 与气相主体含量（$y=0.05$）相差较大，而界面含量 x_i 与液相主体含量（$x=0.012$）比较接近。气相传质阻力占总阻力的比例为

$$\frac{\dfrac{1}{k_y}}{\dfrac{1}{K_y}} = \frac{\dfrac{1}{5.31 \times 10^{-4}}}{\dfrac{1}{4.74 \times 10^{-4}}} = 89.3\%$$

第四节　吸收塔的计算

从传质的角度来看，吸收和脱吸只是推动力和传质方向相反，两者最常用的设备是填料塔和板式塔，计算的原则也有很多共同之处。本节以填料吸收塔为例，讨论其工艺计算的方法。

根据给定的吸收任务，已知处理气量及初、终浓度，在选定溶剂，并得知其相平衡关系后，工艺计算主要项目有：

（1）吸收剂的用量（或循环量）及吸收液浓度；
（2）填料塔的填料层高度；
（3）塔直径。

一、物料衡算和操作线方程

为决定吸收剂用量和出塔塔液浓度，通过物料衡算确定沿塔气液组成的变化规律，结合相平衡关系，对塔内传质推动力的变化情况进行分析。

（一）全塔物料衡算

如图 7-7 所示，气体由下向上通过吸收塔，溶质 A 不断被吸收，其摩尔分数 y 及流率 G 都不断减小；同理，液体在塔内向下流动，由于吸收了溶质，其摩尔分数 x 和流率 L 都逐渐增大。物料衡算时，为方便起见，以惰性气体 B 的流率 G_B 及溶剂 S 的流率 L_S 为计算基准。假定 B 的溶解量与 S 的挥发量均可忽略，则 G_B、L_S 在吸收过程中不变。

$$G_B = G(1-y) \qquad\qquad L_S = L(1-x)$$

$$G_B = G_a(1-y_a) = G_b(1-y_b)$$

$$L_S = L_a(1-x_a) = L_b(1-x_b)$$

$$Y = \frac{y}{1-y} \qquad\qquad X = \frac{x}{1-x} \qquad\qquad （7\text{-}38）$$

$$G_B(Y_b - Y_a) = L_S(X_b - X_a) \qquad\qquad （7\text{-}39）$$

式中，下标 a 代表塔顶、下标 b 代表塔底；G_a、G_b 分别为组分（A+B）

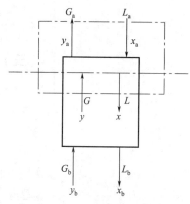

图 7-7　吸收塔的物料衡算

出塔、入塔气体流率（以通过单位塔截面的摩尔流量计），kmol/(m²·s)；L_a、L_b 分别为组分（A+S）入塔、出塔的流体流率，kmol/(m²·s)；G、L 分别为通过塔任一截面的气、液流率，kmol/(m²·s)；y_a、y_b 分别为出塔、入塔气体组成的摩尔分数，即 kmol(A)/kmol(A+B)；x_a、x_b 分别为入塔、出塔液体组成的摩尔分数，即 kmol(A)/kmol(A+S)；x、y 分别为通过塔任一截面的气、液组成（设截面上各处的组成相同）。

衡算式中总共有 6 个量，通常已知 G_B、Y_b、Y_a 及 X_a，如再确定 L_S、X_b 之中一个，就可算出另一个量。

（二）操作线方程及操作线

在吸收塔内任取一截面，在截面与塔顶间（即图 7-7 虚线所示部分）对溶质 A 进行物料衡算，得：

$$G_B(Y-Y_a)=L_S(X-X_a) \tag{7-40}$$

即

$$Y=\frac{L_S}{G_B}X+\left(Y_a-\frac{L_S}{G_B}X_a\right) \tag{7-40a}$$

也可在塔底与任一截面间对溶质 A 进行物料衡算，得：

$$Y=\frac{L_S}{G_B}X+\left(Y_b-\frac{L_S}{G_B}X_b\right) \tag{7-41}$$

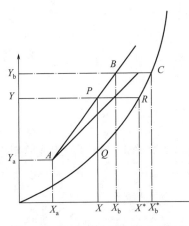

图 7-8　吸收操作线和平衡线关系

如图 7-8 所示，式（7-40a）和式（7-41）在 X–Y 坐标系中为一直线，斜率为 L_S/G_B，两端点为 A（X_a，Y_a），B（X_b，Y_b）。线上的任一点 P 代表某一塔截面上相互接触的气、液组成，即 P 为一操作点，这条由操作点所组成的线称为操作线，式（7-40）和式（7-41）为操作线方程。另外，OE 为平衡线，可由 x、y 平衡数据换算为 X、Y；QP 为气相总推动力，以（Y—Y^*）表示；PR 则代表液相总推动力，以（X^*—X）表示。

当进行吸收操作时，在塔内任一截面上溶质在气相的实际分压总是高于与其接触的液相平衡分压，所以吸收操作线总是位于平衡线的上方。如果操作线位于平衡线的下方，则进行的是解吸过程。

（三）吸收剂用量的确定

吸收剂用量 L_S 或液气比 L_S/G_B 在吸收塔的设计计算和操作调节中是一个很重要的参数。将全塔物料衡算式（7-39）改写为：

$$X_b=\frac{G_B}{L_S}（Y_b-Y_a）+X_a$$

显然，吸收剂的用量 L_S 或液气比 L_S/G_B 越大，吸收剂的出塔摩尔分数 X_b 越低。

由图 7-8 知，当 Y_b、Y_a、X_a 一定时，增大吸收剂用量 L_S 或液气比 L_S/G_B，

操作线的斜率增大，其离开平衡线的距离增大，过程的传质平均推动力也相应增大，则完成一定的分离任务所需的塔高减小，设备费用下降。但吸收液的用量 L_S 大，则摩尔分数 X_b 低，循环和再生的费用（操作费用）增大。反之，若减小液气比 L_S/G_B，完成一定的分离任务所需的塔高增大，设备费用升高，但操作费用下降。因此，液气比的确定是一个经济上的优化问题，应按设备费用和操作费用之和最低的原则来选取。

在吸收操作中，液气比 L_S/G_B 的减小是有限制的。当 L_S/G_B 减小到某一值时，操作线和平衡线将相交于图 7-8 点 $C(X_b^*, Y_b)$，此时的传质推动力为零，传质速率亦为零。这一液气比称为最小液气比，以 $(L_S/G_B)_{min}$ 表示。最小液气比可按下式计算：

$$(L_S/G_B)_{min} = \frac{Y_b - Y_a}{X_b^* - X_a} \qquad (7\text{-}42)$$

根据吸收操作实践经验，吸收塔内的实际液气比 L_S/G_B 一般情况下取最小液气比 $(L_S/G_B)_{min}$ 的 $1.1 \sim 2.0$ 倍。考虑到平衡数据可能与实际有出入，为使填料获得较充分的湿润，一般将液气比选得稍大些。由已确定的液气比 L_S/G_B，可由惰性气体流率 G_B 算出溶剂流率 L_S，进而算出吸收液的组成 X_b。

结合操作线和平衡线来分析传质推动力，特别是在亨利定律适用时，以摩尔分数进行计算较为方便，因此，将 Y、X 换算成 x、y，则式（7-40a）可化为：

$$\frac{y}{1-y} = \frac{L_S}{G_B} \times \frac{x}{1-x} + \left(Y_a - \frac{L_S}{G_B}X_a\right)$$

上述操作线方程在 x–y 坐标系中为双曲线中的一支。当气体的浓度不高时（例如 y 的最大值 y_b 小于 0.1），操作线可简化为直线形式。于是可近似地将 G、L 代替 G_B、L_S，y、x 代替 Y、X，于是将式（7-40）、式（7-40a）和式（7-42）改写为：

$$G(y-y_a) = L(x-x_a) \qquad (7\text{-}43)$$

$$y = \frac{L}{G}x + \left(y_a - \frac{L}{G}x_a\right) \qquad (7\text{-}43a)$$

$$\left(\frac{L}{G}\right)_{min} = \frac{y_b - y_a}{x_b^* - x_a} \qquad (7\text{-}44)$$

对上述操作线方程，常数项要有以下几点考虑：

（1）因为塔顶的 y_a、x_a 比塔底的 y_b、x_b 小，用 y_a、x_a 误差较小；

（2）沿着塔高流体流率的变化一般很小，但当浓度不是很低，在塔内流率总有变化，故液气比也会有变化，选用塔底的液气比其近似性更好；

（3）低浓度气体的吸收在工业中最为常见，故上述简化式的应用甚广。

【例 7-3】 用清水吸收空气与 A 的混合气中的溶质 A，物系的相平衡常数 $m=2$，入塔气体浓度 $y=0.06$，出塔气体浓度为 $y=0.008$，则最小液气比为多少？

解 $y=mx$，$x_a=0$，$x_b^*=0.06/2=0.03$，$\left(\dfrac{L}{G}\right)_{min} = \dfrac{y_b - y_a}{x_b^* - x_a} = \dfrac{0.06 - 0.008}{0.03} = 1.733$

二、低浓度气体吸收塔填料层高度的计算

（一）填料层高度的基本计算式

在填料塔内，气、液两相传质面积是由塔内填料表面来确定的。由于气、液接触面积 A 难于测定，常用的处理方法是认为传质面积 A 与填料层的体积成正比，于是由填料层体积计算其高度。

$$A = aV = a\Omega h = a\left(\pi D^2/4\right)h$$

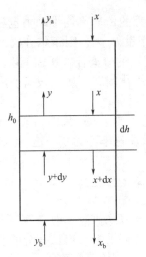

图 7-9　单位塔截面微分物料衡算

式中，a 为单位体积填料的有效传质面积，m^2/m^3；h 为填料层高度，m；Ω 为塔截面（即填料层截面）面积，m^2；D 为塔直径，m。

填料塔是连续接触式传质设备，其高度应保证其中有效气液接触面积能满足传质任务的需要。在塔的不同截面，传质的推动力不同，故应对传质速率和物料衡算列微分方程，然后积分得到填料层总高度。

如图 7-9 所示，在填料层微元高度 dh 内，对溶质 A 的传质速率及物料变化进行计算。

对稳定吸收过程：

气相传入液相的溶质 = 气相所失去溶质 = 液相所得溶质

对低浓度气体，在 dh 填料层微元内对式（7-43）微分得：

$$Gdy = Ldx$$

相界面面积为 $a\Omega dh$，单位时间内由气相传入液相溶质 A 的量为 $N_A a\Omega dh$（单位：kmol/s），对单位塔截面列物料衡算，有：

$$N_A a\,dh = Gdy = Ldx \tag{7-45}$$

注意：填料层高度 h 是从塔顶算起，随着 h 增大，x、y 也增加，故式中各项皆为正。

传质速率方程式选用摩尔分数表达式较为方便，则

$$K_y a\Omega(y - y^*)dh = Gdy$$

从塔顶到塔底的积分限为：$h=0$，$y=y_a$；$h=h_0$，$y=y_b$。于是：

$$\int_0^{h_0} dh = \int_{y_a}^{y_b} \frac{G}{K_y a} \times \frac{dy}{y - y^*}$$

对于低浓气体，G、$K_y a$ 皆可取常数，而得：

$$h_0 = \frac{G}{K_y a} \int_{y_a}^{y_b} \frac{dy}{y - y^*} \tag{7-46}$$

若选用气相传质方程，则得到

$$h_0 = \frac{G}{k_y a} \int_{y_a}^{y_b} \frac{dy}{y - y_i} \tag{7-47}$$

若选用液相总传质方程式或液相传质方程式，可分别得到：

$$h_0 = \frac{L}{K_x a} \int_{x_a}^{x_b} \frac{dx}{x^* - x} \tag{7-48}$$

或

$$h_0 = \frac{L}{k_x a} \int_{x_a}^{x_b} \frac{dx}{x_i - x} \tag{7-49}$$

（二）传质单元数与传质单元高度

以式（7-46）为例，若令：

$$H_{OG} = \frac{G}{K_y a}, \quad N_{OG} = \int_{y_a}^{y_b} \frac{dy}{y - y^*}$$

则式（7-46）可写成：

$$h_0 = H_{OG} N_{OG}$$

式中，H_{OG} 为气相总传质单元高度，m；N_{OG} 为气相总传质单元数，无量纲。

同样，以式（7-48）为例，若令：

$$H_{OL} = \frac{L}{K_x a}, \quad N_{OL} = \int_{x_a}^{x_b} \frac{dx}{x^* - x}$$

则式（7-48）可写成：

$$h_0 = H_{OL} N_{OL}$$

式中，H_{OL} 为液相总传质单元高度，m；N_{OL} 为液相总传质单元数，无量纲。

将塔高表示成传质单元高度和传质单元数的乘积，其意义在于 N_{OG} 和 N_{OL} 中所含的变量只与物质的相平衡及进、出口的浓度有关，而与设备的形式和设备的操作条件等无关。这样，在作出设备选型之前即可先计算 N_{OG} 和 N_{OL}。N_{OG} 和 N_{OL} 反映了吸收过程的难易程度，如果 N_{OG} 或 N_{OL} 的值太大，则表明分离要求高或吸收剂性能不好。H_{OG} 和 H_{OL} 则与设备的形式、填料的类型、设备的操作条件等有关，表示完成一个传质单元所需的塔高，是吸收设备效能高低的反映。H_{OG} 或 H_{OL} 值小，表示设备的性能高，完成相同传质单元数的任务所需塔的高度低。常用吸收设备的传质单元高度约为 0.15～1.5m，具体的数值可由实验测定。

若以不同传质推动力表示传质速率 N_A，可得到类似的填料层高度计算式，这些计算式亦可用相应的传质单元数和传质单元高度表示。当相平衡关系为直线时，填料层高度、传质单元数和传质单元高度的计算式见表7-2。

表7-2 传质单元高度和传质单元数

填料层高度计算式	传质单元高度	传质单元数	相互关系
$h_0 = H_{OG} N_{OG}$	气相总传质单元高度 $H_{OG} = \dfrac{G}{K_y a}$	气相总传质单元数 $N_{OG} = \int_{y_a}^{y_b} \dfrac{dy}{y - y^*}$	
$h_0 = H_{OL} N_{OL}$	液相总传质单元高度 $H_{OL} = \dfrac{L}{K_x a}$	液相总传质单元数 $N_{OL} = \int_{x_a}^{x_b} \dfrac{dx}{x^* - x}$	$H_{OG} = \dfrac{mG}{L} H_{OL}$ $H_{OL} = \dfrac{L}{mG} H_G + H_L$
$h_0 = H_G N_G$	气相传质单元高度 $H_G = \dfrac{G}{k_y a}$	气相传质单元数 $N_G = \int_{y_a}^{y_b} \dfrac{dy}{y - y_i}$	$H_{OG} = \dfrac{mG}{L} H_L + H_G$
$h_0 = H_L N_L$	液相传质单元高度 $H_L = \dfrac{L}{k_x a}$	液相传质单元数 $N_L = \int_{x_a}^{x_b} \dfrac{dx}{x_i - x}$	

（三）填料层高度的计算

1. 平衡线为直线

（1）对数平均推动力法　低浓度气体吸收操作线为直线，平衡线也为直线，故式（7-46）～式（7-49）积分号内的分母，即推动力 $\Delta y = y - y^*$、$\Delta y_i = y - y_i$ 或 $\Delta x = x^* - x$ 等，表示为 y 或 x 的直线函数，见图7-10。例如，对 $\Delta y = y - y^*$ 来说，由于与 y 成直线函数，故任一截面上 Δy 随 y 的变化率 $d(\Delta y)/dy$ 皆等于塔顶、塔底间的比值 $(\Delta y_b - \Delta y_a)/(y_b - y_a)$，则：

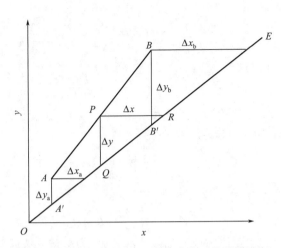

图 7-10　操作线和平衡线皆为直线时的总推动力

$$d\Delta y/dy = \frac{\Delta y_b - \Delta y_a}{y_b - y_a}$$

$$dy = \frac{y_b - y_a}{\Delta y_b - \Delta y_a}d\Delta y$$

式中，$\Delta y_a = y_a - y_a^*$为塔顶气相总推动力；$\Delta y_b = y_b - y_b^*$为塔底气相总推动力。于是

$$\int_{y_a}^{y_b}\frac{dy}{y - y^*} = \frac{y_b - y_a}{\Delta y_b - \Delta y_a}\int_{\Delta y_a}^{\Delta y_b}\frac{d(\Delta y)}{\Delta y}$$

$$= \frac{y_b - y_a}{\Delta y_b - \Delta y_a}\ln\frac{\Delta y_b}{\Delta y_a}$$

令
$$\Delta y_m = \frac{\Delta y_b - \Delta y_a}{\ln(\Delta y_b/\Delta y_a)} \tag{7-50}$$

代表塔顶、塔底推动力的对数平均值，则有：

$$N_{OG} = \int_{y_a}^{y_b}\frac{dy}{y - y^*} = \frac{y_b - y_a}{\Delta y_m} \tag{7-51}$$

代入式（7-46），可得出填料层高度的表达式为：

$$h_0 = \frac{G}{K_y a}\left(\frac{y_b - y_a}{\Delta y_m}\right) \tag{7-52}$$

同理，从式（7-47）～式（7-49）的积分得到：

$$h_0 = \frac{G}{k_y a}\left(\frac{y_b - y_a}{\Delta y_{im}}\right) \tag{7-53}$$

$$h_0 = \frac{L}{K_x a}\left(\frac{x_b - x_a}{\Delta x_m}\right) \tag{7-54}$$

$$h_0 = \frac{L}{k_x a}\left(\frac{x_b - x_a}{\Delta x_{im}}\right) \tag{7-55}$$

式中，Δy_{im}为塔顶 $\Delta y_{ia} = y_a - y_{ia}$ 与塔底 $\Delta y_{ib} = y_b - y_{ib}$两推动力的对数平均值；$\Delta x_m$ 为 $\Delta x_a = x_a^* - x_a$ 与 $\Delta x_b = x_b^* - x_b$ 的对数平均值；Δx_{im}为塔顶 $\Delta x_{ia} = x_{ia} - x_a$ 与

塔底 $\Delta x_{ib}=x_{ib}-x_b$ 的对数平均值。

（2）吸收因数法 气相总传质单元数 N_{OG} 还可用吸收因子法求出。将 y^* 以 y 的直线函数表示，代入积分号内积分。将式（7-43）转化得：

$$x=\frac{G}{L}(y-y_a)+x_a$$

代入亨利定律式中

$$y^*=mx=\frac{mG}{L}(y-y_a)+mx_a \qquad (7-56)$$

令 $A=L/(mG)$ 为吸收因数，其几何意义为操作线斜率 L/G 与平衡线斜率 m 之比；$S=mG/L$ 为脱吸因数。

代入式（7-56）中，得：

$$y^*=S(y-y_a)+mx_a$$

于是

$$N_{OG}=\int_{y_a}^{y_b}\frac{dy}{y-y^*}=\int_{y_a}^{y_b}\frac{dy}{(1-S)y+(Sy_a-mx_a)}=\frac{1}{1-S}\ln\left[\frac{(1-S)y_b+(Sy_a-mx_a)}{(1-S)y_a+(Sy_a-mx_a)}\right]$$

将上式简化，即

$$N_{OG}=\int_{y_a}^{y_b}\frac{dy}{y-y^*}=\frac{1}{1-S}\ln\left[(1-S)\frac{y_b-mx_a}{y_a-mx_a}+S\right] \qquad (7-57)$$

对于平衡线虽为曲线，但在所涉及的浓度范围的一段平衡线可视为直线，其方程为 $y^*=mx+b$ 的情况，用类似的方法可得：

$$N_{OG}=\int_{y_a}^{y_b}\frac{dy}{y-y^*}=\frac{1}{1-S}\ln\left[(1-S)\frac{y_b-mx_a-b}{y_a-mx_a-b}+S\right] \qquad (7-58)$$

式（7-57）可用图 7-11 表达。图中纵坐标为气相总传质单元数 N_{OG}。横坐标为 $(y_b-mx_a)/(y_a-mx_a)$，表示吸收要求或吸收程度，其值越大，则吸收越完全。若吸收剂不含溶质，则 $x_a=0$，吸收前后的摩尔分数之比为 y_b/y_a。标在线上的参变量表示脱吸因素，$S=mG/L$。显然，S 越小或 $A=1/S$ 越大，对于同样的吸收要求，N_{OG} 将越小，即所需的填料层越低。故 A 大有利于吸收程度的提高，而称之为吸收因数；反之，S 越大越不利于吸收而利于脱吸，称之为脱吸因数。

吸收因数 A 和脱吸因数 S 是吸收塔（脱吸塔）的重要操作参数。如上所述，A 越大或 $S=1/A$ 越小，越能提高吸收程度 $(y_b-mx_a)/(y_a-mx_a)$。但是，在 $A=L/(mG)$ 中，平衡常数 m 由物系及操作温度所决定，要增大 A 等于要增大 L/G，而这将导致吸收液的用量（循环量）大，能耗高，所得溶液浓度低等缺点。故应当在设计及操作设计中选择适宜的 A 值。在吸收塔中取 $A=1.4$ 左右为宜，但根据实际情况，对不同的物系可能有较大出入。

从已知条件可算出 N_{OG} 及 S，查图 7-11$(y_b-mx_a)/(y_a-mx_a)$，由此式算出 y_a，最后由物料衡算求出 x_b，此法只适用于平衡线通过原点的情况，而且查图的准确性不高，但作估算较方便。

同理，液相总传质单元数 N_{OL} 同样可以用吸收因数或脱吸因数表示

$$N_{OL}=\int_{x_a}^{x_b}\frac{dx}{x^*-x}=\frac{S}{1-S}\ln\left[(1-S)\frac{y_b-mx_a}{y_a-mx_a}+S\right]=SN_{OG} \qquad (7-59)$$

求该值仍可应用图 7-11，只是在查得 N_{OG} 后需再乘上 S。

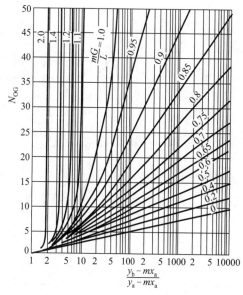

图 7-11 N_{OG}-$\dfrac{y_b-mx_a}{y_a-mx_a}$关系图

过程检查 7.2

○ 若要获得最高的吸收率，S 应该如何变化？反之，若要获得最浓的吸收液，S 又该如何变化？

【例 7-4】 空气和氨的混合气体，在直径为 0.8m 的填料吸收塔中用清水吸收其中的氨。已知送入的空气量为 1390kg/h，混合气体中氨的分压为 10mmHg，经过吸收后混合气中有 99.5% 的氨被吸收。操作温度为 20℃，压力 760mmHg，在操作条件下平衡关系为 $y=0.75x$。若吸收剂（水）用量为 52kmol/h，已知氨的气相体积吸收总系数 $K_ya=314\text{kmol}/(\text{m}^3 \cdot \text{h})$，试求所需填料层高度。

解 混合气体中氨的浓度很低，则

$$G=\frac{1390/3600}{29\times(\pi/4)\times0.8^2}=0.0265[\text{kmol}/(\text{s} \cdot \text{m}^2)]$$

$$L=\frac{52/3600}{\pi/4\times0.8^2}=0.0287[\text{kmol}/(\text{s} \cdot \text{m}^2)]$$

用氨在气、液中的摩尔分数代替摩尔比进行计算。

各组成

$$y_b=\frac{10}{760}=0.0132$$

$$y_a=0.0132\times(1-0.995)=6.6\times10^{-5}$$

$$x_a=0$$

所以

$$x_b=\frac{G(y_b-y_a)}{L}=\frac{0.0265\times(0.0132-6.6\times10^{-5})}{0.0287}=0.0121$$

已知

$$m=0.75$$

且得出气相总传质单元高度

$$H_{OG}=\frac{G}{K_ya}=\frac{0.0265}{314/3600}=0.304(\text{m})$$

现分别用两种方法计算填料层高度。

（1）对数平均推动力法

$$\Delta y_m=\frac{(y_b-mx_b)-(y_a-mx_a)}{\ln\dfrac{(y_b-mx_b)}{(y_a-mx_a)}}=\frac{(0.0132-0.75\times0.0121)-(6.6\times10^{-5}-0)}{\ln\dfrac{(0.0132-0.75\times0.0121)}{(6.6\times10^{-5}-0)}}$$

$$=9.82\times10^{-4}$$

气相总传质单元数

$$N_{OG}=\int_{y_a}^{y_b}\frac{dy}{y-y^*}=\frac{y_b-y_a}{\Delta y_m}=\frac{0.0132-6.6\times10^{-5}}{9.82\times10^{-4}}=13.37$$

根据 $h_0=H_{OG}N_{OG}$，求得填料层高度

$$h_0=0.304\times13.37=4.06(\text{m})$$

（2）吸收因数法

$$S=\frac{mG}{L}=\frac{0.75\times0.0265}{0.0287}=0.69$$

$$\frac{y_b - mx_a}{y_a - mx_a} = \frac{y_b}{y_a} = \frac{0.0132}{6.6 \times 10^{-5}} = 200$$

$$N_{OG} = \frac{1}{1-S} \ln\left[(1-S)\frac{y_b - mx_a}{y_a - mx_a} + S\right] = 13.35$$

与前法计算出来的结果几乎相等

所以
$$h_0 = 0.304 \times 13.35 = 4.06 \text{（m）}$$

与对数平均推动力法计算出来的结果相同。

2. 平衡线为曲线

当平衡线非直线时，可用图解积分法或数值积分法计算传质单元数，尽管计算过程比较烦琐，但相关工程计算软件的开发和逐渐完善，使其日益受到人们的重视。

以气相总传质单元数 N_{OG} 的计算为例，如图 7-12 所示，令 $y_a = y_0$、$y_b = y_{2n}$，在 y_a、y_b 之间做偶数（$2n$）等分，在操作线 AB 与平衡线 OE 间找出对应的垂直距离（$y - y^*$），然后做 $1/(y - y^*)$ 对 y 的曲线 $A'B'$，曲线下的面积即为 $\int_{y_a}^{y_b} \frac{dy}{y - y^*} = N_{OG}$ 的积分值。

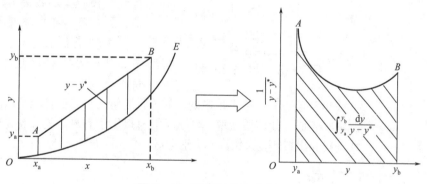

图 7-12　图解积分法求 N_{OG}

用辛普森公式求 N_{OG}，即抛物线法求其近似值，令 $f(y) = 1/(y - y^*)$，则 $f_0 = 1/(y_0 - y_0^*)$，$f_1 = 1/(y_1 - y_1^*)$，……，$f_n = 1/(y_n - y_n^*)$，……，$f_{2n} = 1/(y_{2n} - y_{2n}^*)$，所以

$$N_{OG} = \int_{y_a}^{y_b} \frac{dy}{y - y^*} = \int_{y_a}^{y_b} f(y)dy \approx \frac{y_b - y_a}{6n}\left(f_0 + f_{2n} + 2\sum_{i=1}^{n-1} f_{2i} + 4\sum_{i=1}^{n} f_{2i-1}\right) \qquad (7\text{-}60)$$

式中，n 可取任一数值，其值越大，则计算精度越高。

第五节　吸收塔及其吸收操作应用举例

一、填料吸收塔简介

（一）填料塔的结构特点

如图 7-13，填料塔是以塔内的填料作为气液接触媒介的传质设备。填料塔的塔身为直立式圆筒，底部装有填料支承板，填料以乱堆或整砌的方式放置在支承板上。填料的上方安装填料压板，以防被上升气流吹动。液体从塔顶经液体分布器喷淋到填料上，并沿填料表面流下。气体从塔底送入，经气体分布

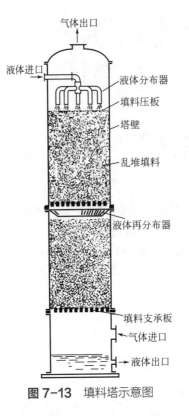

气体出口

液体进口

液体分布器
填料压板
塔壁

乱堆填料

液体再分布器

填料支承板
气体进口
液体出口

图 7-13 填料塔示意图

装置（小直径塔一般不设气体分布装置）分布后，与液体呈逆流连续通过填料层的空隙，在填料表面上，气液两相密切接触进行传质。填料塔属于连续接触式气液传质设备，两相组成沿塔高连续变化，在正常操作状态下，气相为连续相，液相为分散相。

当液体沿填料层向下流动时，有逐渐向塔壁集中的趋势，使得塔壁附近的液流量逐渐增大，这种现象称为壁流。壁流效应造成气液两相在填料层中分布不均，从而使传质效率下降。因此，当填料层较高时，需要进行分段，中间设置再分布装置。液体再分布装置包括液体收集器和液体再分布器两部分，上层填料流下的液体经液体收集器收集后，送到液体再分布器，经重新分布后喷淋到下层填料上。

填料塔具有生产能力大、分离效率高、压降小、持液量小、操作弹性大等优点。

填料塔也有一些不足之处，如填料造价高；当液体负荷较小时不能有效地润湿填料表面，使传质效率降低；不能直接用于有悬浮物或容易聚合的物料；对侧线进料和出料等复杂精馏不太适合等。

（二）填料

填料按形状可作出如下划分：

$$形状\begin{cases}环形(拉西环、鲍尔环、阶梯环) \\ 鞍形(矩鞍形、弧鞍形) \\ 波纹形(板波纹、网状波纹)\end{cases}$$

填料可用陶瓷、金属、塑料等不同材料制成，一般直径在 50mm 以下的填料用乱堆法装填。整砌即用规整的填料整齐砌成，适用于直径在 50mm 以上的填料。

填料塔生产情况的好坏与正确选用填料有很大的关系，其对填料的基本要求有：传质效率高，填料能提供大的气液接触面，即要有大的比表面积；填料表面易于被液体润湿，只有润湿的表面才是气液接触表面；生产能力大，气体压力降小，因此要求填料层的空隙率大；不易引起偏流和沟流；经久耐用，具有良好的耐腐蚀性、较高的机械强度和必要的耐热性；取材容易，价格便宜。图 7-14 所示为几种常用的填料。

各种填料中，拉西环曾被广泛应用，但由于气阻较大以及易产生沟流壁流现象，其在工业上的应用日趋减少。鲍尔环和阶梯环是现在公认的两种性能较为优良的填料。矩鞍形填料的性能相比鲍尔环有所不及，但制作方便，不失为一种优良的填料。金属英特洛克斯填料把环形结构和鞍形结构结合在一起，气压降低，可用于真空精馏，处理能力大。网体填料的比表面积和空隙率很大，液体均布能力很强，但造价昂贵，在大型的工业生产中难以应用。规整填料适用于大塔，克服了大塔的放大效应，传质性能高，但造价高，且易堵塞，难以清洗。波纹丝网和板波纹填料已较广泛地用于分离要求较高的精馏塔中。

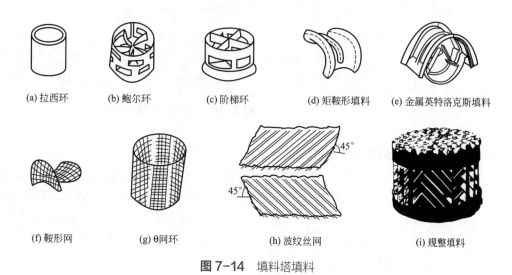

图 7-14　填料塔填料

（三）填料塔的附属结构

1. 填料支承板

支承板的主要用途是支承塔内的填料，同时保证气液两相顺利通过，其气体通道面积应大于填料层的自由截面积（数值上等于孔隙率），否则填料塔的液泛可能首先在支承板上发生。常见的支承装置有栅板式和升气管式：栅板式由竖立的扁钢组成，扁钢条之间的距离一般为填料外径的 0.6 ~ 0.8 倍，有的在栅板上铺一层孔眼小于填料直径的粗金属网，如图 7-15（a），以防填料漏下；升气管式支承板 [图 7-15（b）] 则使气体由升气管上升，通过顶部的孔及侧面的齿缝进入填料层，而液体则通过底板上的小孔及齿缝底部溢流而下。

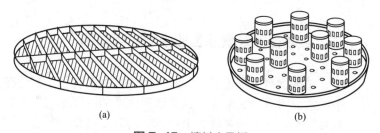

图 7-15　填料支承板

2. 液体分布器

如果液体预分布不均，填料层内的有效润湿面积减少，而沟流和偏流现象增加，从而降低了气液两相的有效接触表面，使传质恶化。这就要求液体分布器能为填料层提供良好的液体初始分布，即能提供足够多的均匀分布的喷淋点，且各喷淋点的喷淋液量相等。液体分布装置的结构形式较多，常用的几种如图 7-16 所示。

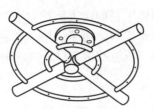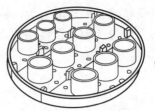

(a) 多孔管式分布器
　　适应较大的液体
流量波动，气阻小，对
安装水平度要求不高，
但管壁上的小孔易堵

(b) 孔板型分布器
　　气阻较大，适用于
气体通量不太大的场
合，对液体流量的要求
同槽式分布器差不多

(c) 槽式分布器
　　多用于大直径(大
于800mm)的填料塔，
气阻小，不易堵塞，对
安装水平度要求高

图 7-16　液体分布器的示图

3. 液体再分布器

　　除塔顶液体的分布之外，填料层中液体的再分布也是一个重要问题。在离填料顶面一定距离处，由于壁流，塔中心处的填料往往得不到好的润湿，减少了气液两相的有效接触面积。在填料塔中每隔一定距离设置液体再分布装置，可以克服此种现象。

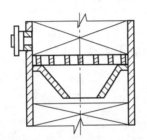

图 7-17　截锥式液体再分布器

　　常用的再分布装置有截锥式（图 7-17），它使塔壁处的液体再导至塔的中央。考虑到要分段卸出填料时，需在截锥上加设支承板，截锥下要隔一段距离再装填料。截锥式再分布器适用于直径 0.6 ～ 0.8m 以下的塔。直径 0.6m 以上的塔宜用结构同图 7-15（b）的升气管式分布板。

4. 除雾装置

　　气体的出口装置既要保证气体流动通畅，又应能除去被夹带的液体雾滴。填料塔常用的除雾装置有折板除雾器和丝网除雾器：折板除雾器的阻力较小（50 ～ 100Pa），只能除去 50μm 以上的雾滴；丝网除雾器用金属丝或塑料丝编结而成，可除去直径大于 5μm 的雾滴，压降小于 250Pa，但其造价较高。

二、吸收操作在食品工业中的应用举例

　　碳酸饮料生产过程中，若采用"二次灌装"工艺，在将水与糖浆液混合之前，需对水进行碳酸化，这是饮料生产的重要工艺之一。适当添入二氧化碳不仅可以赋予饮料酸甜味和杀口感，同时还可以抑制微生物生长，延长碳酸饮料的货架期。

　　所谓碳酸化，是依据二氧化碳气体在水中的溶解性质，将已脱除空气的净水（浆液）与纯的二氧化碳气体在混合机内混合接触，在一定压力和温度下，实现净水（浆液）对二氧化碳气体的吸收。"二次灌装"工艺是把水冷却至 4℃ 左右，在 0.441MPa 压力下进行碳酸化操作；"一次灌装"工艺则是把糖浆和脱气的水定比例混合液冷却至 16 ～ 18℃，在 0.785MPa 压力下与二氧化碳混合。

　　在一个绝对大气压下，温度为 15.56℃时，一个容积的水可以溶解一个容

积的二氧化碳气体，称为一气体容积，这是碳酸饮料中二氧化碳溶解量的通用单位。一般果汁型汽水中含 2 ~ 3 倍容积的二氧化碳，可乐型汽水和勾兑苏打水含 3 ~ 4 倍容积的二氧化碳。但鉴于后续生产过程中二氧化碳的损耗很大，二氧化碳的实际消耗量比理论需求更大，因此碳酸化时，二氧化碳的用量通常为理论需求量的 2.2 ~ 2.5 倍；采用二次灌装时，用量为 2.5 ~ 3 倍。

二氧化碳的理论需求量用数学式表达为：

$$G_{理} = N\frac{V}{V_m} \times 44.01$$

式中，$G_{理}$ 为 CO_2 理论需要量，g；V 为汽水容量（忽略了汽水中其他成分对 CO_2 溶解度的影响以及瓶颈空隙部分的影响），L；N 为气体吸收率，即汽水含 CO_2 的体积倍数；44.01 为 CO_2 的摩尔质量，g/mol；V_m 为 $T℃$ 下 CO_2 的摩尔体积，V_m =（273+T）/273 × 22.41（mol/L）。

碳酸化所用的混合设备或称为即碳酸化罐，常见结构类型有喷雾式、填料塔式、喷射式等。水碳酸化常使用填料塔式混合机，该塔内部装有塔板，塔板上填充玻璃球或瓷环填料，低温水喷洒在填料上形成雾状液滴，可以扩大与二氧化碳的接触面积，延长接触时间。填料塔式混合机的缺点是清洗较困难，因此仅限于水的碳酸化。

拓展阅读

"碳捕快"与"碳转化"

二氧化碳，自然界产生、人体呼出、工业排放……它在我们生活中无处不在，无色无味，看不见也摸不着，却是导致全球气候变暖的"元凶"之一。节能降碳，不只靠种树，也要靠技术。作为世界上最大的能源生产国和消费国，我国不断通过科技创新，积极稳妥推进碳达峰、碳中和，加快发展方式绿色转型。

"碳捕快"方面，我国华能清能院郗时旺团队，研发出多种二氧化碳吸收剂及捕集塔填料，牵头编制国际标准 ISO 27927《燃烧后二氧化碳捕集吸收溶液的关键性能指标及测试方法》。由该技术衍生出的国际首创的颠覆性技术——低温法污染物一体化脱除技术，可一体化脱除烟气中的硫氧化物、氮氧化物、粉尘、重金属等其他污染物。十多年的时间，我国在二氧化碳捕集技术领域，走过了从"小学生"到"老师"、再到国际标准制定者的蝶变之路。

"碳转化"方面，中国科学院天津工业生物技术研究所的马延和科研团队，于 2021 年 9 月 24 日在《科学》杂志上发表了一篇开创性的论文，开辟了一条从二氧化碳到淀粉的人工合成新途径。国内外专家对此成果给予了高度评价，认为通过这一技术有望节约超过 90% 的耕地和淡水资源，同时减少农药和化肥对环境的负面影响，为构建可持续的生物基社会和提升全球粮食安全水平做出重要贡献。这一成果不仅为实现"碳达峰"和"碳中和"目标提供了新的思路，而且被认为是人工光合作用领域的一项"从 0 到 1"的原创性突破。

知识归纳

一维、稳态、双组分分子扩散

○ 稳态分子扩散是指扩散物质在扩散介质中的浓度分布不随时间而变化的扩散，即系统中各点的浓度仅随位置变化而不随时间变化。

○ 菲克第一定律适用于恒温、恒压、双组分体系。在三维情形下，菲克第一定律仍然适用，但此时扩散通量是一个三维向量场；对于非稳态分子扩散，需用菲克第二定律。

○ 扩散系数属于物性参数，A 在 B 中的扩散系数与 B 在 A 中的扩散系数并不一定相等。

○ 本章只讨论了恒温、恒压条件下的一维、稳态、双组分分子扩散，包括等摩尔反向扩散和单向扩散。

气液平衡

○ 分子扩散和气体吸收达到平衡时均为动态平衡。

○ 亨利定律描述的是互成平衡的气、液两相组成间的直线关系，仅适用于难溶气体或低组成气体。

○ 溶解度系数 H、亨利系数 E、相平衡常数 m 均属于物性参数。H 越大，表明气体越易溶；E 越大或 m 越大，表明气体越难溶。

传质速率方程

○ 双模模型假定气液传质阻力完全存在于气膜和液膜中，从而将对流传质问题转化为组分通过气膜和液膜的单向分子扩散问题。

○ 易溶气体的相际传质阻力集中在气膜，称为气膜控制；难溶气体的相际传质阻力集中在液膜，称为液膜控制。

○ 气膜和液膜传质系数与对流传热系数类似，取决于雷诺数、流体物性、界面状况等，是一种实验系数。

○ 各种传质系数的单位均可归纳为 $kmol/(m^2 \cdot s \cdot 单位推动力)$ 的形式。当推动力以量纲为 1 的摩尔分数或摩尔比表示时，传质系数的单位则简化为 $kmol/(m^2 \cdot s)$，即与传质速率的单位相同。

○ 使用相际传质速率方程时，气液平衡关系应满足亨利定律（因为采用了亨利定律消除界面组成），即平衡关系须为直线。

○ 使用各种传质速率方程时，要注意传质推动力和传质阻力（或传质系数）对应搭配，并正确使用单位。

○ 各种形式的传质速率方程，均以一维稳态单向分子扩散为基础，因此气、液浓度分布不随时间而变化。

填料吸收塔的计算

○ 在连续操作的吸收设备中，气、液两相随着接触时间的延长趋向于气液平衡，传质推动力不断减小。故传质速率方程虽然在吸收塔上任一微分截面上成立，但是对于全塔吸收速率的计算应进行积分。

○ 填料层高度的计算涉及气液平衡、传质速率方程和物料衡算。

○ 气液平衡线为直线时（难溶气体或低组成气体，符合亨利定律），可采用对数平均推动力法和吸收因数法计算传质单元数。前者涉及进出口的四个浓度，更适合设计型问题；后者涉及进出口的三个浓度，更适合操作型问题。

○ 本章只讨论了单组分、低组成、等温、物理吸收。

习题

7-1　乙醇水溶液中含乙醇的质量分数为30%，计算以摩尔分数表示的浓度。又空气中氮的体积分数为79%，氧为21%，计算以质量分数表示的氧气浓度以及空气的平均分子量。

7-2　浅盘内盛水深5mm，在101.3kPa、298K下向大气蒸发。假定传质阻力相当于3mm厚的静止气层，气层外的水蒸气压可以忽略，求水蒸发完所需的时间。扩散系数可由表7-1中查取。

7-3　某系统温度为10℃，总压101.3kPa，试求此条件下在与空气充分接触后的水中，每立方米水溶解了多少克氧气？

7-4　总压为101.3kPa、含$NH_3$5%（体积分数）的混合气体，在20℃下与浓度为1.71$kmol/m^3$的氨水接触，试判别此传质过程进行的方向，并在p-c图上示意求取传质推动力的方法。

7-5　拟设计一常压填料吸收塔，用清水处理3000m^3/h含$NH_3$5%（体积分数）的空气，要求NH_3的去除率为99%，实际用水量为最小水量的1.5倍。已知塔内操作温度为25℃，平衡关系为$y=1.3x$；取塔顶空塔气速1.1m/s，气相体积总传质系数K_ya为270kmol/(h·m^3)，试求：（1）用水量和出塔液浓度；（2）填料层高度；（3）若入塔水中已含氨0.1%（摩尔分数），求即使填料层高度可随意增加，能否达到99%的去除率（说明理由）。

7-6　某厂用加压水洗塔吸收混合气体中的二氧化碳，经现场测定数据如下：

混合气体流量为7000m^3/h(标准状况下)，其中含二氧化碳7.4%(体积分数)，吸收后二氧化碳含量降为0.1%（体积分数）；喷淋水量为650 m^3/h；塔内总压1.6MPa；水和气体的温度均为15℃；填料塔径为1.5m，填料高度为11m，内装瓷环填料（乱堆）。试求该塔的气相总体积传质系数K_ya（15℃时CO_2的亨利系数E=122MPa）。

第八章　液体蒸馏

　　"生香靠发酵、提香靠蒸馏"，中国白酒在蒸馏过程中为何要"掐头去尾"？

　　固态蒸馏是中国白酒的工艺特色之一，其原理是利用酒醅中各液体组分挥发性的不同，通过水蒸气加热，使酒醅中的乙醇和其他香味物质受热汽化产生酒蒸气，经过层层冷凝、浓缩后形成具有一定酒精度的白酒。酒醅中的成分非常复杂，挥发性或沸点差异显著。最早蒸馏出的酒被称为酒头，度数高，易挥发的甲醇、高级醇、醛类等物质含量高，口感和品质差；中间蒸馏出的酒被称为酒身，度数适宜，酒质协调，有害物质含量低；最后蒸馏出的酒被称为酒尾，度数较低，难挥发组分较多，如高级脂肪酸酯、高级脂肪酸、杂醇油等，酒体浑浊、口感酸涩。因此在蒸馏取酒过程中，通常会采用"掐头去尾""去糟求精"的接酒手法。

中国白酒

思维导图

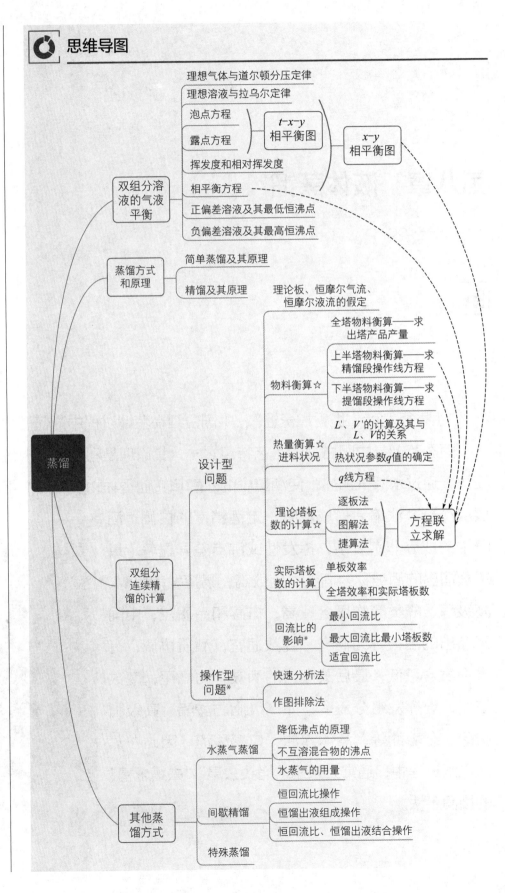

👁 **学习目标**

1. 简要说明蒸馏原理并列举其在食品中的 3 种应用。
2. 定义理想气体和理想溶液。
3. 辨析气液平衡、蒸汽饱和、液体沸腾三者的概念和关系。
4. 绘出 t-x-y 相平衡图和 x-y 相平衡图，并用泡点方程、露点方程和相平衡方程描述相平衡图。
5. 简要描述简单蒸馏和精馏的原理。
6. 描绘板式塔的结构及工作原理。
7. 指出精馏计算中的 3 个假定条件。
8. 区分全塔和半塔物料衡算，求解出塔产品产量、精馏段操作线方程和提馏段操作线方程。
9. 指出精馏的 5 种进料状况，联合热量衡算、物料衡算、精馏段操作线方程和提馏段操作线方程求解热状况参数 q 和 q 线方程。
10. 比较逐板法和图解法计算理论塔板数的原理。
11. 简要说明单板效率和全塔效率的区别与联系，列举影响塔板效率的 4 类影响因素。
12. 阐明回流比对精馏的影响，推导最小回流比和最少理论塔板数。
13. 基于"快速分析法"和"作图排除法"定性分析操作型问题。
14. 简要说明水蒸气蒸馏和间歇蒸馏的特点及用途。

在食品工业中，需要将液体原料或半成品进行分离和提纯，以利于下一步的生产操作。例如，在酒精生产中，发酵醪液中除乙醇外，还有醛、酯、杂醇油、挥发性酸等。蒸馏操作就是依据混合溶液中各组分沸点的差异，使溶液部分汽化和冷凝，将溶液逐步提纯的操作过程。

液体蒸馏按操作原理可分为简单蒸馏、精馏、水蒸馏、分子蒸馏等；按操作压力可分为常压蒸馏、加压蒸馏和真空蒸馏；按混合物组分数目可分为双组分蒸馏和多组分蒸馏。各种蒸馏方法依据的基本原理都是溶液的气、液相平衡和热量与质量传递。以下叙述蒸馏操作的基本原理和设备计算。

第一节　双组分溶液的气、液相平衡

一、相律和拉乌尔定律

（一）相律

相律是研究物质到达相平衡时的基本规律。当物系（液 - 液、气 - 液、气 - 固、液 - 固等）到达相平衡时，其自由度数、相数与独立组分数之间存在以下关系：

$$F = C - \phi + 2 \tag{8-1}$$

式中，F 为自由度数；C 为独立组分数；ϕ 为相数。

式（8-1）中的数值 2 表示只有温度和压力两个参数可以影响物系的平衡状态。对于双组分气、液平衡系统，因组分数为 2，相数为 2，故自由度数为 2。即在气、液平衡系统中可以变化的参数有温度 t、压力 p、气相组成 y 和液相组成 x 四个，其中独立变量只有 2 个。例如，在 1atm 下，酒精水溶液的沸腾温

度若固定在 80.7℃，则气相组成 y 和液相组成 x 间的关系就是恒定的，分别为 79.42% 和 61.63%。当系统压力和沸腾温度改变后，气相组成 y 和液相组成 x 也将相应变化。

气、液平衡数据可由实验测定，也可通过热力学公式计算。

（二）拉乌尔定律

依据双组分溶液中同分子与异分子间作用力的差异，可将溶液分为理想溶液与非理想溶液。实验表明，理想溶液气、液平衡关系符合以下规律，即

$$p_A = p_A^0 x_A \tag{8-2}$$

式中，p_A 为溶液上方组分 A 的平衡分压，Pa；p_A^0 为纯液体组分 A 的饱和蒸气压，Pa；x_A 为溶液中组分 A 的摩尔分数。

式（8-2）称为拉乌尔定律，表明 A、B 双组分溶液达到气、液相平衡时，A 组分在气相中的分压与该组分在溶液中的摩尔浓度成正比。同理，对于组分 B 的拉乌尔定律为：

$$p_B = p_B^0 x_B = p_B^0 (1-x_A) \tag{8-2a}$$

式中，p_B 为溶液上方组分 B 的平衡分压，Pa；p_B^0 为纯液体组分 B 的饱和蒸气压，Pa；x_B 为溶液中组分 B 的摩尔分数。

理想溶液是指溶液中任一组分，在整个浓度范围内都符合拉乌尔定律。从分子间作用力分析，理想溶液是溶液中 A 分子与 B 分子间的引力 α_{AB} 同 A 分子与 B 分子内的引力 α_{AA} 及 α_{BB} 相等，即

$$\alpha_{AB} = \alpha_{AA} = \alpha_{BB}$$

一些分子结构和物理性质相似且分子体积大小接近的物系，如甲醇-乙醇、苯-甲苯、煤油-柴油等属于理想溶液。对于平衡分压与组成关系与拉乌尔定律偏差较大的溶液就是非理想溶液，如酒精水溶液、稀硝酸水溶液等。

为使液相和气相浓度计算简单化，常略去上式中的下标，以 x 表示溶液中易挥发组分的摩尔分数，则 $(1-x)$ 表示溶液中难挥发组分的摩尔分数。以 y 表示气相中易挥发组分的摩尔分数，$(1-y)$ 为气相中难挥发组分的摩尔分数。

当溶液在恒压下沸腾时，溶液上方的总压，与两组分的分压存在以下关系；

$$p = p_A + p_B \tag{8-3}$$

将式（8-2）、式（8-2a）和式（8-3）三式联立解，可得：

$$x = \frac{p - p_B^0}{p_A^0 - p_B^0} \tag{8-4}$$

依据道尔顿定律 $\qquad y_A = \dfrac{p_A}{p} \qquad\qquad y_B = \dfrac{p_B}{p}$

将式（8-2）代入上式并略去下标，可得：

$$y = \frac{p_A^0 x}{p} \tag{8-5}$$

由式（8-4）和式（8-5），可计算恒外压下各种温度的气、液平衡关系。现将酒精-水溶液在 1atm 时的气、液平衡数据列于表 8-1 中。

表8-1 乙醇 - 水物系在1atm时的t-x(y)关系

t/℃	100	95.5	89.0	86.7	85.3	84.1	82.7	81.5	80.7	79.8	79.3	78.7	78.4	78.2
x(摩尔分数)/%	0.00	1.90	7.21	9.66	12.38	16.61	23.73	32.73	39.65	50.79	57.32	67.63	74.72	89.43
y(摩尔分数)/%	0.00	17.00	38.91	43.75	47.04	50.89	54.45	58.26	61.22	65.64	68.41	73.85	78.15	89.43

二、双组分理想溶液的气、液平衡图

(一) t-y-x图

从相律可知，两组分物系在恒压下的t-x(y)关系。图8-1为苯 - 甲苯的t-x-y图。图中以温度为纵坐标，气、液相组成为横坐标。下曲线称为饱和液体线或泡点线，表示溶液沸点与液相组成间的关系。上曲线称为饱和蒸气线或露点线，表示饱和蒸气组成与温度之间的关系。两条线将坐标图形分为三个区域，饱和液体线以下称为液相区，饱和蒸气线以上为过热蒸气区，这一区域内无液相存在。两曲线之间称为气、液共存区域，在此区域内，气相与液相并存。

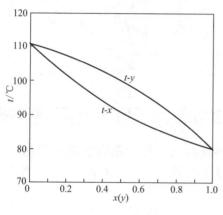

图8-1 苯 - 甲苯混合液的t-x-y图

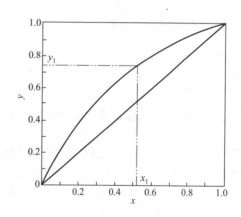

图8-2 苯 - 甲苯混合液的y-x图

(二) y-x图

液体蒸馏计算中，经常使用的坐标图为恒总压下的y-x图。如图8-2所示，纵坐标y_1及横坐标x_1代表给定温度及压力下的气、液平衡组成。此曲线又称为气、液平衡线。物系的平衡数据由物理化学或化工手册查取。

由相律可知，总压要影响相平衡，但实验表明，只要压力波动范围在20%～30%以内，平衡线变动不超过2%，故总压变化不大时，外压的影响可以忽略。但高压和低温状态时，因气相不能视为理想气体，此时应对气相的非理想性进行修正。

 过程检查8.1

○ 试分析x-y相图与t-x-y相图的关系，以及x-y相图的优势。为何x-y相图中的相平衡线一定落在对角线的上方？

三、双组分非理想溶液的气、液平衡图

非理想溶液分为两类：一类是对理想溶液发生正偏差的溶液；另一类是对理想溶液发生负偏差的溶液。例如水 - 乙醇和水 - 正丙醇溶液就属于有正偏差溶液，而硝酸 - 水、丙酮 - 氯仿溶液则属于负偏差的典型例子。

图 8-3 为常压下乙醇 - 水溶液的 t-x-y 图，图 8-4 为常压下乙醇 - 水溶液的 x-y 图，图中饱和蒸气线与饱和液体线在 M 点重合，M 点称为恒沸点，即此点的气、液两相组成（95.4%）相等。因点 M 的温度较任何组成的泡点都更低，故乙醇 - 水溶液是具有最低恒沸点的溶液。

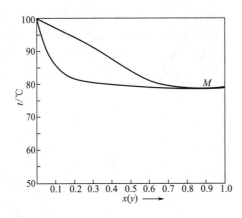 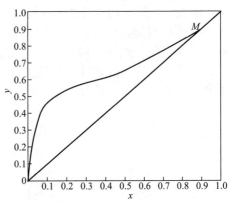

图 8-3　常压下乙醇 - 水溶液的 t-x-y 图　　**图 8-4**　常压下乙醇 - 水溶液的 x-y 图

图 8-5 为常压下硝酸 - 水溶液的 t-x-y 图，图 8-6 为常压下硝酸 - 水溶液的 x-y 图，恒沸点 N 处温度为 121.9℃，比该溶液任何组成下的泡点都更高，故硝酸 - 水溶液称为具有最高恒沸点的物系。

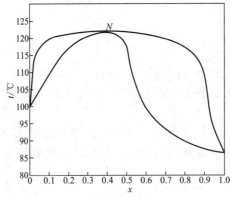 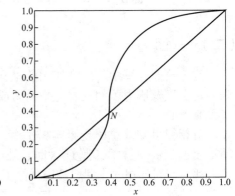

图 8-5　常压下硝酸 - 水溶液的 t-x-y 图　　**图 8-6**　常压下硝酸 - 水溶液的 x-y 图

同一溶液的恒沸组成和温度都随外压变化，乙醇 - 水溶液随压力的变化情况如表 8-2 所示。

表 8-2　乙醇 - 水溶液的恒沸组成随压力的变化情况

系统压力/kPa	恒沸点/℃	恒沸液中乙醇的摩尔分数	系统压力/kPa	恒沸点/℃	恒沸液中乙醇的摩尔分数
13.33	34.2	0.992	101.33	78.15	0.894
20.0	42.0	0.962	146.6	87.5	0.893
26.66	47.8	0.938	193.3	95.3	0.890
53.32	62.8	0.914			

四、挥发度与相对挥发度

溶液中某一组分的挥发度 v，是指该组分在气相中的分压与液相中的摩尔分数之比，即

$$v_A = \frac{p_A}{x_A} \qquad v_B = \frac{p_B}{x_B} \qquad (8-6)$$

式中，v_A 和 v_B 分别为溶液中 A 组分和 B 组分的挥发度。对于理想溶液，有：

$$p_A^0 = \frac{p_A}{x_A} \qquad p_B^0 = \frac{p_B}{x_B}$$

故 $v_A = p_A^0$，$v_B = p_B^0$。由此可知，溶液中各组分的挥发度与温度有关，为使用方便，以下引入相对挥发度的概念。在双组分溶液中，易挥发组分与难挥发组分挥发度之比，称为相对挥发度 α，即

$$\alpha = \frac{v_A}{v_B} = \frac{p_A/x_A}{p_B/x_B} \qquad (8-7)$$

若系统压力不高，依据道尔顿分压定律，上式可转化为：

$$\frac{y_A}{y_B} = \alpha \frac{x_A}{x_B} \qquad (8-7a)$$

略去式（8-7a）下标，可得：

$$y = \frac{\alpha x}{1+(\alpha-1)x} \qquad (8-8)$$

若物系的 α 值为已知，可利用上式求解 x-y 关系。α 值的大小能够判断混合溶液用蒸馏方法分离的难易。若 $\alpha > 1$，表示 A 组分挥发度大于 B 组分，α 愈大，两组分挥发度差异愈大，溶液分离愈容易。若 $\alpha = 1$，表示 A 组分挥发度等于 B 组分挥发度，即 $y=x$，就不能用一般蒸馏方法分离该混合液。

第二节　简单蒸馏

简单蒸馏又称为微分蒸馏，属于单级蒸馏操作。通常以间歇方式进行，如食品工业中的白酒粗馏、油脂脱臭等。如图 8-7 所示，原料液加入蒸馏釜中沸腾汽化后，蒸气进入冷凝器冷凝成液体，并不断流入成品罐内。由于气相组成恒大于液相组成，因此，随着蒸馏的进行，釜内液相组成不断下降，与之平衡的蒸气组成相应减小，釜液沸点逐步上升。当蒸气组成降到规定数值，或釜液温度上升到给定值时，操作即告完成。在每一批操作中，顶部成品可以按不同浓度分批收集。

在简单蒸馏计算中，釜顶馏出液量及浓度、釜底残液量及浓度之间的关系，可由物料衡算求解。令：W_1 为加入釜内的原料量，kmol；W_2 为一批蒸馏完成后的残液量，x_1、x_2 为原料液、残液的组成，摩尔分数；x、y 为某一瞬间的液气组成，摩尔分数；W 为蒸馏过程中某一瞬间的釜液量，kmol。

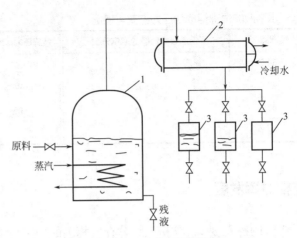

图 8-7　简单蒸馏装置
1—蒸馏釜；2—冷凝器；3—成品罐

操作中经过微分时间 $d\tau$ 后，残液量降为 $(W-dW)$，液相组成降为 $(x-dx)$，残液中所含易挥发组分量为 $(W-dW)(x-dx)$，蒸出的易挥发组分量为 ydW，易挥发组分于 $d\tau$ 前后的物料衡算式为：

$$Wx=(W-dW)(x-dx)+ydW$$

或

$$(y-x)dW-Wdx+dWdx=0$$

略去 $dWdx$，分离变量后，得：

$$\frac{dW}{W}=\frac{dx}{y-x}$$

将上式积分，可得：

$$\ln\frac{W_1}{W_2}=\int_{x_2}^{x_1}\frac{dx}{y-x} \tag{8-9}$$

式中等号右边的定积分值，可由 x-y 平衡关系求得。对于理想溶液，可将式（8-8）代入上式得：

$$\ln\frac{W_1}{W_2}=\frac{1}{\alpha-1}\ln\left[\frac{x_1(1-x_2)}{x_2(1-x_1)}\right]+\ln\frac{1-x_2}{1-x_1} \tag{8-10}$$

令蒸馏过程初、终状态的量及组成为 F、W、x_F、x_2，可将上式改为：

$$\ln\frac{F}{W}=\frac{1}{\alpha-1}\left[\ln\frac{x_F}{x_2}+\alpha\ln\frac{1-x_2}{1-x_F}\right] \tag{8-11}$$

【例8-1】 将 100kmol 甲醇-水溶液在常压下进行简单蒸馏，已知平均相对挥发度 $\alpha=3.2$，原料液组成 $x_1=0.6$，蒸馏到残液组成 $x_2=0.25$ 为止。试求馏出液量及浓度。

解　依据式（8-10）得：

$$\ln\frac{W_1}{W_2}=\frac{1}{\alpha-1}\ln\left[\frac{x_1(1-x_2)}{x_2(1-x_1)}\right]+\ln\frac{1-x_2}{1-x_1}=\frac{1}{3.2-1}\ln\left[\frac{0.6\times0.75}{0.25\times0.4}\right]+\ln\frac{1-0.25}{1-0.6}$$

$$\ln\frac{W_1}{W_2}=1.31 \qquad \frac{W_1}{W_2}=e^{1.31}=3.7$$

$$W_2 = W_1/3.7 = 100/3.7 = 27.03(\text{kmol}) \qquad W_D = W_1 - W_2 = 100 - 27.03 = 72.97(\text{kmol})$$

依据易挥发组分的物料衡算式 $W_1 x_1 = W_D x_D + W_2 x_2$，则有：

$$x_D = \frac{W_1 x_1 - W_2 x_2}{W_D} = \frac{100 \times 0.6 - 27.03 \times 0.25}{72.97} = 0.73(\text{摩尔分数})$$

第三节　精馏原理和流程

一、精馏原理

混合溶液的蒸馏，按操作方式有平衡蒸馏（闪蒸）、简单蒸馏和精馏等。但平衡蒸馏和简单蒸馏只能使溶液得以部分分离，获得高纯度产品，需要对溶液进行多次部分汽化与冷凝操作。

（一）溶液一次部分汽化与冷凝

如图 8-8 所示，将组成为 x_F 的常温溶液，置于釜中加热至沸腾，所产生第一个气泡的组成为 y_F，如图 8-9 所示，继续加热，温度进一步升高，产生的蒸气也相应增多，当温度升至 t_1 时，蒸气组成由图中的 y_1 表示，而沸腾液组成则由图中的 x_1 表示。如果继续加热，蒸气将越来越多，直到全部汽化，釜内最后一滴液体的组成如图中 x_W 所示。图 8-9 表明，溶液经一次汽化与冷凝，其最高浓度虽然可达到 y_F，但冷凝液量极少。系统温度在 t_1 时的冷凝液量和釜中残液量的比例，则应由杠杆定律确定。

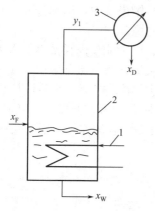

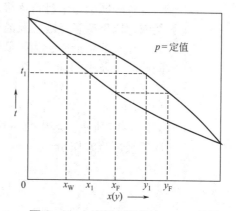

图 8-8　一次部分汽化、冷凝流程图
1—热源；2—蒸馏釜；3—冷凝器

图 8-9　一次部分汽化的 t-x-y 相图

（二）溶液多次部分汽化与冷凝

从图 8-9 可知，混合溶液经一次部分汽化与冷凝，只能部分分离溶液，这种方法在工业生产中仅适用于原料液的初步浓缩，若要获得高浓度产品，就需要进行多次部分汽化与冷凝操作。如图 8-10 所示，将第一级溶液部分沸腾汽化，所得气相产品经冷凝后送入第二级釜中加热和部分汽化。由图 8-11 知，气相组成 $y_2 > y_1$。同样，将第二级溶液部分沸腾汽化，所得气相产品经冷凝后送入第三级釜中加热，并部分汽化，冷凝液组成 $y_3 > y_2$。由此可见，级数越多，溶液分离程度越高，最后可得到高浓度气相产品。如果将第一级残液送入下一级部分汽化，经多级处理后，同样可获得高纯度难挥发产品，操作过程如图 8-11 中箭头指向所示。

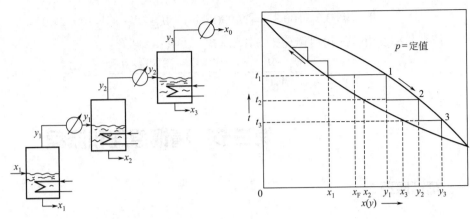

图 8-10　多次部分汽化与冷凝流程图　　图 8-11　多次部分汽化与冷凝 t-x-y 相图

由图 8-11 知，级数越多，气相产品浓度越高，但这种设备流程不能在工业生产中采用，其原因有：

（1）操作过程中，各级液相产品无法回收利用，必然导致成品率大幅下降；

（2）由于有 $y_3 > y_2 > y_1$ 关系，依据各级易挥发组分的物料衡算可知，产品浓度将逐步下降，故无法实现连续生产；

（3）设备费用高，能量消耗大。

针对上述多级流程的缺陷，进行了如图 8-12 所示的改进：

各中间级釜液进行逐级回流，再从馏出液中抽出部分成品回流至最后一级釜内，以保持各釜液位及馏出液组成的稳定。

在工业生产中，为降低设备投资，减少能量消耗及冷却水用量，去除各中间冷凝器及中间加热装置，将蒸气直接通入下一级釜液中，使其沸腾汽化。如图 8-13 所示，只需在最末一级装设冷凝器，在第一级装设加热器，就能实现稳定的分离过程。再将多个釜叠合成塔，既可方便操作，又能节约设备费用。如图 8-14 所示。塔中每一块塔板代表一个釜的作用，板上每一根回流管，则起釜液回流的作用。

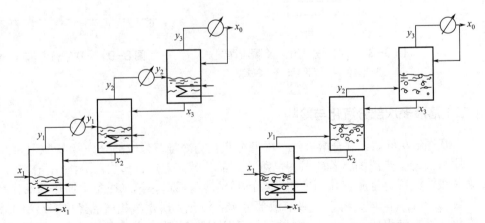

图 8-12　有回流的多级操作示意图　　图 8-13　无中间加热器和冷凝器的
多级部分汽化与冷凝示意图

二、精馏塔和精馏操作流程

1. 精馏塔

溶液精馏操作都是在塔内进行的,如图 8-14 所示,塔中装有若干塔板或填料,塔板上的鼓泡层或填料表面就是气、液两相进行传热和传质的场所。蒸气从塔底进入,逐板上升,并与板上回流液进行鼓泡接触。每一个气泡表面都是气、液两相间的接触面,当气泡内沸点较高的难挥发组分与液层接触时,将部分冷凝下来,所放出的潜热又促使界面附近的易挥发组分气化。因此,气泡在每一块塔板上停留时间越长,其浓度增加就越显著。蒸气逐板上升到塔顶,经冷凝成液体后,一部分回流,另一部分就是高浓度的易挥发成品,而塔底残液则为高纯度难挥发组分。

总之,精馏是将挥发度不同的混合溶液,利用多次部分汽化与冷凝的方法,分离成几乎纯态组分的操作。在每一块塔板上,或每一段填料表面,都进行着热量和质量的传递过程。高纯度易挥发组分从塔顶馏出液中收集,高纯度难挥发组分从塔底残液中收集。

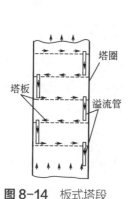

图 8-14 板式塔段

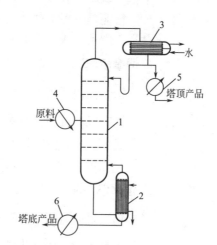

图 8-15 连续板式精馏设备流程
1—精馏塔;2—再沸器;3—冷凝器;4—预热器;
5—塔顶产品冷却器;6—塔底产品冷却器

2. 精馏操作流程

图 8-15 是连续操作的板式精馏塔典型流程,全塔由精馏段和提馏段两部分构成。原料由中部规定位置进入。加料板以上为精馏段,原料液中的易挥发组分在此段内逐级增加,在塔顶获得合格的低沸点产品。加料板以下(包括加料板)为提馏段,原料液中的易挥发组分在此段内逐级减少,并在塔底获得合格的高沸点产品。

精馏流程可以依生产需要进行布置,有的塔只设精馏段或者只设提馏段(即提馏塔)。操作方式可分为连续精馏及间歇精馏两类。

板式塔的精馏过程

第四节　双组分连续精馏的计算

双组分连续精馏的工艺计算包括以下内容:①依据生产任务,确定产品流量和组成;②确定精馏塔类型,并根据塔型计算理论塔板数或填料层高度;③计算冷凝器和再沸器的热负荷,以及两者的类型。

一、理论板概念及恒摩尔流假定

所谓理论塔板是指在气、液相组成均匀的塔板上，上升蒸气的组成与下降液体的组成互成平衡。对于塔内第 n 层而言，离开该板的液相组成 x_n 与从该板上升的气相组成符合气、液平衡关系，对于相对挥发度为 α 的理想溶液，则有下式存在，即

$$y_n = \frac{\alpha x_n}{1+(\alpha-1)x_n} \tag{8-12}$$

由于塔板上气、液两相接触面积和接触时间是有限的，故很难达到两相平衡，或者说理论板实际上是不存在的，故理论板只能用作衡量实际塔板分离效率高低的标准。在工程设计中先计算出理论塔板数，再以塔板效率加以修正，求得实际塔板数。

精馏是塔板上热量与质量同时传递的过程，影响操作的因素较多，为简化计算，假定每块塔板上的气、液两相都是恒摩尔流动。

1. 恒摩尔汽流

精馏段内各板上升蒸气流量相等　　　$V_1=V_2=V_3=\cdots=V_n=V$　　　（8-13）

提馏段内各板上升蒸气流量相等　　　$V'_1=V'_2=V'_3=\cdots=V'_n=V'$　　　（8-14）

式中，V 为精馏段上升蒸气量，kmol/h；V' 为提馏段上升蒸气量，kmol/h。两段蒸气量 V 和 V' 是否相等决定于进料的热状态。

2. 恒摩尔液流

精馏段内各板下降液相流量相等　　　$L_1=L_2=L_3=\cdots=L_n=L$　　　（8-15）

提馏段内各板下降液相流量相等　　　$L'_1=L'_2=L'_3=\cdots=L'_n=L'$　　　（8-16）

式中，L 为精馏段下降液体流量，kmol/h；L' 为提馏段下降液体流量，kmol/h。两段液体流量是否相等同样决定于进料的热状态。

精馏操作中的恒摩尔流假定，就是每 1kmol 蒸气冷凝成液体，就同时有 1kmol 液体汽化成蒸气。并不是所有双组分溶液都符合这一假定，若能满足下述条件，也可作恒摩尔流处理：①两组分的摩尔汽化潜热相等；②气、液两相接触时，因温度差异而交换的显热可以忽略；③塔设备保温良好，热损失忽略不计。

恒摩尔流虽是一种假设，但某些同系有机物能基本符合上述条件，因此，可将这些物系在计算中视为恒摩尔流，使运算得以简化。

二、物料衡算与操作线方程

（一）全塔物料衡算

如图 8-16 所示，应用全塔物料衡算，可得出塔顶、塔底产量与进料量及各组成间的关系。令 F 为原料流量，kmol/h；D 为塔顶产品流量，kmol/h；W 为塔底产品流量，kmol/h；x_F、x_D、x_W 分别为原料、塔顶产品、塔底产品组成的摩尔分数。对于稳定操作的塔，存在以下两式：

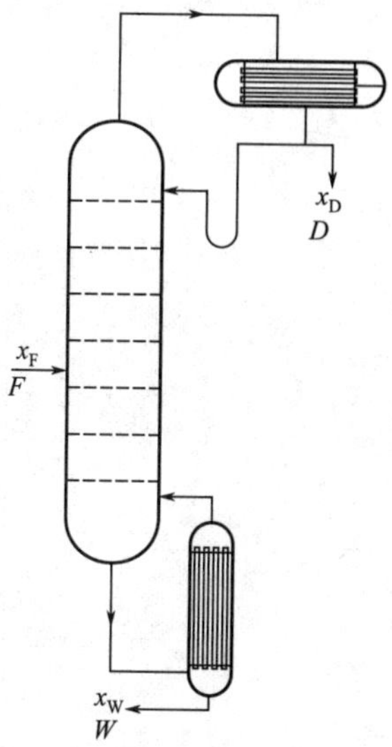

$$总物料衡算 \quad F=D+W \tag{8-17}$$

$$易挥发组分物料衡算 \quad Fx_F=Dx_D+Wx_W \tag{8-18}$$

在精馏计算中，料液分离程度除用塔顶和塔底产品的摩尔分数表示外，有时还用回收率表示，即

$$塔顶易挥发组分回收率 = \frac{Dx_D}{Fx_F} \times 100\% \tag{8-19}$$

$$塔底难挥发组分回收率 = \frac{W(1-x_W)}{F(1-x_F)} \times 100\% \tag{8-20}$$

【例 8-2】 在连续精馏塔中蒸馏乙醇水溶液，已知原料处理量为 2000kg/h，乙醇含量为 9%（质量分数，下同）。要求塔顶馏出液中易挥发组分回收率达到 90%，塔底残液中乙醇含量不超过 1%。试求：（1）塔顶及塔底产品流量和组成；（2）塔底难挥发组分回收率 η。

图 8-16　精馏塔物料衡算

解 （1）原料及残液组成 $\quad x_F = \dfrac{\frac{9}{46}}{\frac{9}{46}+\frac{91}{18}}=0.0373 \quad x_W = \dfrac{\frac{1}{46}}{\frac{1}{46}+\frac{99}{18}}=0.00394$

原料摩尔流量 $\quad F = \dfrac{2000\times0.09}{46} + \dfrac{2000\times0.91}{18} = 105.02$（kmol/h）

全塔物料衡算式与回收率式 $\quad 105.02=D+W$

$$105.02\times0.0373=Dx_D+Wx_W \qquad 0.90=\frac{Dx_D}{105.02\times0.0373}$$

将三式联立解，得：$D=5.662$kmol/h，$W=99.36$kmol/h，$x_D=0.62$。

（2）塔底难挥发组分回收率计算

$$\eta = \frac{W(1-x_W)}{F(1-x_F)} = \frac{99.36\times0.9961}{105.02\times0.9627} \times 100\% = 97.89\%$$

（二）精馏段操作线方程

在连续精馏塔内，因原料的加入，故精馏段和提馏段流量是不同的，应分别进行计算。如图 8-17 在图中 $n+1$ 块板以上作物料衡算，即

$$总物料 \qquad\qquad\qquad\qquad V=L+D \tag{8-21}$$

$$易挥发组分 \qquad\qquad\qquad Vy_{n+1}=Lx_n+Dx_D \tag{8-21a}$$

式中，x_n 为精馏段第 n 层塔板下降液体中易挥发组分的摩尔分数；y_{n+1} 为精馏段第 $n+1$ 层塔板上升蒸气中易挥发组分的摩尔分数；V 为上升蒸气流量，kmol/h；L 为下降液体流量，kmol/h。

将式（8-2）及式（8-21a）联立，解得：

$$y_{n+1} = \frac{L}{L+D} x_n + \frac{D}{L+D} x_D \tag{8-22}$$

令 $R=\dfrac{L}{D}$，代入上式，得：

$$y_{n+1} = \frac{R}{R+1} x_n + \frac{1}{R+1} x_D \tag{8-23}$$

式中，R 称为回流比，是精馏塔操作或设计的重要参数，其值的确定将在后面讨论。

式（8-23）称为精馏段操作线方程式，表示精馏塔在稳定操作状态下，第 n 层塔板下降液体组成与第 $n+1$ 层塔板上升蒸气组成之间的关系。该式在 x-y 直角坐标图内为一直线，直线斜率为 $R/(R+1)$，截距为 $x_D/(R+1)$。

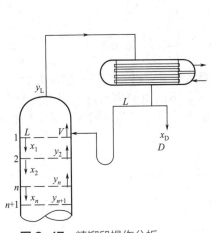

图 8-17　精馏段操作分析

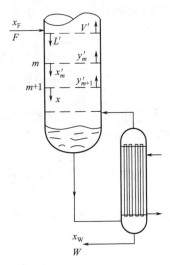

图 8-18　提馏段操作分析

（三）提馏段操作线方程

如图 8-18 所示，对提馏段第 m 层以下作物料衡算，即

总物料 $$L'=V'+W \qquad (8\text{-}24)$$

易挥发组分 $$L'x'_m=V'y'_{m+1}+Wx_W \qquad (8\text{-}24a)$$

式中，x'_m 为精馏段第 m 层塔板下降液体中易挥发组分的摩尔分数；y'_{m+1} 为精馏段第 $m+1$ 层塔板上升蒸气中易挥发组分的摩尔分数；V' 为上升蒸气流量，kmol/h；L' 为下降液体流量，kmol/h。

将式（8-24）及式（8-24a）联立，解得；

$$y'_{m+1} = \frac{L'}{L'-W}x'_m - \frac{W}{L'-W}x_W \qquad (8\text{-}25)$$

式（8-25）称为提馏段操作线方程式，表示精馏塔在稳定操作状态下，第 m 层塔板下降液体组成与第 $m+1$ 层塔板上升蒸气组成之间的关系。该式在 x-y 直角坐标图内为一直线，直线斜率为 $\dfrac{L'}{L'-W}$，截距为 $-\dfrac{Wx_W}{L'-W}$。

三、进料热状态的影响

在连续精馏塔的生产操作中，加入塔内的原料随温度的不同可能有五种状态：①温度低于泡点的冷液；②泡点时的饱和液体；③高于泡点的气、液混合物；④露点时的饱和蒸气；⑤高于露点的过热蒸气。不同的进料温度必然导致进料板上的气、液摩尔流量发生变化。图 8-19 定性表示了各种进料热状态的气、液摩尔流量变化。

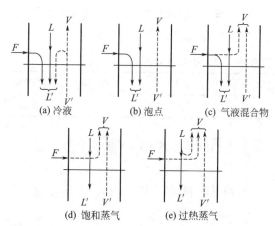

图 8-19 几种进料热状态对加料板上物流的影响

对于冷液进料，提馏段内液流由三部分组成：①精馏段回流液；②原料液；③因料液升温到泡点所冷凝的蒸气量。故有：

$$L' > L+F \qquad V' > V$$

对于饱和液体或泡点进料，因原料温度与塔板上液流温度接近，故有：

$$L'=L+F \qquad V'=V$$

对于气、液混合物进料，则进料的蒸气上升进入精馏段，液体部分进入提馏段，故有：

$$L' > L \qquad V' < V$$

对于饱和蒸气进料，则蒸气直接进入精馏段，故有：

$$L'=L \qquad V'=V-F$$

对于过热蒸气进料，则蒸气直接进入精馏段，高温蒸气放出的显热使部分精馏段液流汽化。故有：

$$L' < L \qquad V' < V-F$$

从以上分析表明，精馏段和提馏段的气、液摩尔流量与进料热状态有关，两段之间流量的定量关系可通过进料板的热量衡算和物料衡算求解，如图 8-20 所示，即

总物料衡算 $\qquad F+V'+L=V+L'$ $\qquad$ （8-26）

热量衡算 $\qquad FI_F+V'I_V+LI_L=VI_V+L'I_{L'}$ $\qquad$ （8-27）

式中，I_F 为原料的焓，kJ/kmol；I_V、$I_{V'}$ 为离开和进入进料板饱和蒸气的焓，kJ/kmol；I_L、$I_{L'}$ 为进入和离开进料板饱和液体的焓，kJ/kmol。

由于塔内气、液两相都呈饱和状态流动，且相邻塔板间气、液的温度和组成相差不大，故有：

$$I_V \approx I_{V'} \qquad I_L \approx I_{L'}$$

于是，式（8-27）可改写为：

$$FI_F+V'I_V+LI_L=VI_V+L'I_L$$

将此式与式（8-26）联立解，可得：

$$[F-(L'-L)]I_V=FI_F-(L'-L)I_L$$

或 $\qquad \dfrac{I_V-I_F}{I_V-I_L}=\dfrac{L'-L}{F}$ $\qquad$ （8-28）

令 $\qquad q=\dfrac{I_V-I_F}{I_V-I_L}=\dfrac{1\text{kmol进料变为饱和蒸气所需的热量}}{\text{进料的kmol汽化潜热}}$

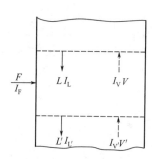

图 8-20 进料板热量衡算和物料衡算

　　q 称为进料热状态参数（见表 8-3），其物理意义由式（8-28）可知，即 1kmol 进料在提馏段内增加的液流量。

表 8-3　各种进料热状态的 q 值比较

进料热状态	冷液	饱和液体	气液混合物	饱和蒸气	过热蒸气
q	>1	=1	0<q<1	=0	<0

　　定义 q 值后，式（8-28）可改写为：

$$L'=qF+L \tag{8-29}$$

　　进料板总物料衡算式（8-26）可改写为：

$$V=V'-(q-1)F \tag{8-30}$$

　　于是，提馏段操作线方程为：

$$y'_{m+1}=\frac{L+qF}{L+qF-W}x'_m-\frac{Wx_W}{L+qF-W} \tag{8-31}$$

　　在直角坐标图上，此式为一条与对角线相交的直线，其斜率为 $(L+qF)/(L+qF-W)$，截距为 $-Wx_W/(L+qF-W)$，表明进料热状态改变后，提馏段操作线的斜率和截距将相应改变。

　　【例 8-3】　一常压连续精馏塔，原料处理量为 1000kmol/h，料液组成 $x_F=0.5$（摩尔分数，下同），要求塔顶馏出液浓度 $x_D=0.9$，塔底残液浓度 $x_W=0.05$。已知回流比 $R=2$，泡点进料，料液泡点为 88℃，平均比热容为 150kJ/(kmol·K)，汽化潜热为 30000kJ/kmol。试求：

　　（1）塔顶、塔底产品产量以及精馏段及提馏段气液流量；

　　（2）若进料为 20℃冷液，试求精馏段、提馏段气液流量。

　　解　（1）由全塔总物料衡算式和全塔易挥发组分物料衡算式联立，解得：

$$D=\frac{x_F-x_W}{x_D-x_W}F=\frac{0.5-0.05}{0.9-0.05}\times 1000=529.4(\text{kmol/h})$$

$$W=F-D=1000-529.4=470.6(\text{kmol/h})$$

　　精馏段蒸气流量：$V=(1+R)D=3\times 529.4=1588.2(\text{kmol/h})$

　　精馏段液相流量：$L=RD=2\times 529.4=1058.8(\text{kmol/h})$

　　提馏段蒸气流量：$V'=V-(1-q)F=V=1588.2(\text{kmol/h})$

　　提馏段液体流量：$L'=L+qF=L+F=1058.8+1000=2058.8(\text{kmol/h})$

　　（2）20℃冷液进料

$$q=\frac{I_V-I_F}{r}=\frac{r+c_p(t_b-t_F)}{r}=1+\frac{150(88-20)}{30000}=1.34$$

　　提馏段蒸气流量：$V'=V-(1-q)F=1588.2-(1-1.34)\times 1000=1928.2(\text{kmol/h})$

　　提馏段液体流量：$L'=L+qF=1058.8+1.34\times 1000=2398.8(\text{kmol/h})$

　　若维持回流比和产量不变，则精馏段 V 及 L 恒定不变。

四、理论塔板数的求解

　　计算精馏塔理论塔板数的方法有逐板计算法和图解法两种。在已知混合溶

液的浓度 x_F，分离程度 x_D、x_W，回流比 R，以及进料热状态的条件下，利用气、液平衡关系和物料衡算式的反复计算，可求得理论塔板数。

（一）逐板计算法

如图 8-21 所示，由塔顶馏出液组成 x_D 开始，若蒸气在冷凝器内全部冷凝，则有 $y_1 = x_D$，依据所分离物系平衡关系 $y = f(x)$，可求算 x_1。利用精馏段操作线方程，可由 x_1 求解 y_2。再利用平衡关系 $y = f(x)$ 求解 x_2。利用精馏段操作线方程，由 x_2 求解 y_3……直到 $x_n \leqslant x_F$ 为止。

提馏段塔板数 m 从 $x'_1 = x_n$ 开始计算，依据提馏段操作线方程

$$y'_2 = \frac{L + qF}{L + qF - W} x'_1 - \frac{W x_W}{L + qF - W}$$

求得 y_2。由 y_2 依据气、液平衡关系计算 x_2，如此重复计算，直到 $x'_m \leqslant x_W$ 为止。在两关系式间反复求算的次数减 1，即（$m-1$）为提馏段理论塔板数。这是因为再沸器内气、液两相可视为平衡，在计算时已包含在 m 中，但又不是理论塔板，故这一梯级应被减去。

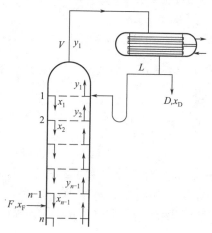

图 8-21　逐板计算法示意图

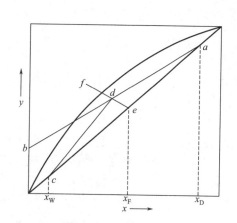

图 8-22　操作线的作法
ab—精馏段操作线；*cd*—提馏段操作线；*ef*—*q* 线

（二）图解法

图解法求理论板数与逐板计算法一样，不同之处是用平衡曲线和操作线代替平衡关系及操作线方程式。如图 8-22 所示，虽然图解法准确性较差，但简便快捷，故仍在双组分溶液精馏塔设计中广泛采用。

1. 精馏段操作线作法

如果略去精馏段操作线方程各变量下标，则得到下式：

$$y = \frac{R}{R+1} x + \frac{1}{R+1} x_D$$

对角线方程为：$y = x$

将上两式联立解，可得到精馏段操作线与对角线交点 a，a 点坐标为 $x = x_D$、$y = x_D$。过点 a 及直线斜率 $\frac{R}{R+1}$ 作直线 ab，ab 即为精馏段操作线。

2. 提馏段操作线作法

如果略去提馏段操作线方程各变量的上下标，则得：

$$y = \frac{L+qF}{L+qF-W}x - \frac{W}{L+qF-W}x_W$$

对角线方程为　　　　　　　　　$y=x$

将上两式联立解，得到提馏段操作线与对角线交点 $c(x=x_W、y=x_W)$，c 点坐标为（x_W，x_W）。过点 c 及直线斜率 $(L+qF)/(L+qF-W)$ 作直线 cd，cd 线段即为提馏段操作线。

在图解过程中，为简化作图，通常先求两操作线交点 d，再作提馏段操作线 cd，作法如下：

已知精馏段操作线方程 $Vy_{n+1}=Lx_n+Dx_D$ 和提馏段操作线方程 $V'y'_{m+1}=L'x'_m-Wx_W$，因其交点处变量相同，故可以略去各变量上下标，得：

$$Vy=Lx+Dx_D \qquad V'y=L'x-Wx_W$$

两式相减，可得：

$$(V'-V)y=(L'-L)x+(Dx_D-Wx_W) \tag{8-32}$$

由式（8-18）、式（8-29）及式（8-30）知：

$$Dx_D+Wx_W=Fx_F \qquad L'-L=qF$$

$$V'-V=(q-1)F$$

将以上三式代入式（8-32），得：

$$y=\frac{q}{q-1}x-\frac{x_F}{q-1} \tag{8-33}$$

上式称为进料方程或 q 线方程，是精馏段操作线方程与提馏段操作线方程交点的轨迹方程式。该方程也是一条通过对角线上的点 $e(x=x_F、y=x_F)$ 的直线，直线斜率为 $q/(q-1)$，截距为 $-x_F/(q-1)$，如图上的 ef 线所示。该线与精馏段操作线 ab 相交于 d 点，d 即为两操作线交点。联结 cd，cd 线即为提馏段操作线。

3. 进料热状态对 q 线及操作线的影响

如上所述，进料热状态或温度不同，q 线斜率和截距将相应改变，从而使提馏段操作线位置相应变化。进料热状态对 q 线及提馏段操作线的影响如图 8-23 和表 8-4 所示。

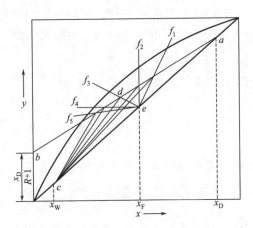

图 8-23　进料热状态对 q 线的影响

表8-4　进料热状态对 q 值及 q 线的影响

进料热状态	进料热焓 I_F	q 值	$q/(q-1)$	q 线在 x-y 坐标图上的位置
冷液	$I_F < I_L$	>1	$+$	ef_1
饱和液体	$I_F = I_L$	1	∞	ef_2
气液混合物	$I_L < I_F < I_V$	$0 < q < 1$	$-$	ef_3
饱和蒸气	$I_F = I_V$	0	0	ef_4
过热蒸气	$I_F > I_V$	<0	$+$	ef_5

4. 理论塔板绘制

理论塔板绘制方法如下：①在 y-x 坐标图上绘制平衡线和对角线；②依据分离任务绘出精馏段操作线、提馏段操作线和 q 线；③如图 8-24 所示，从 a 点开始在平衡线与精馏段操作线间绘直角梯级。当梯级跨过 d 点以后，继续在平衡线与提馏段操作线间绘梯级，直到 c 点为止。图中梯级总数为 7.3，精馏段梯级数为 3.5，提馏段梯级数为 3.8。

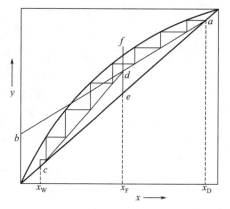

图 8-24　图解法计算理论塔板数

以上图解表明，精馏段理论板数为 3.5 层，提馏段理论板数为 2.8 层。再沸器虽然具有一层理论板的分离效果，但不能算作塔板，故在提馏段理论板中减去一层。两操作线交点 d 处，为塔最宜进料口位置。

 过程检查 8.2

○　试用图解法验证两操作线交点 d 所对应的塔板即为最佳进料板。

在精馏计算中，冷液进料所需理论板数最少，过热蒸气进料时，因提馏段操作线接近平衡线，所需理论板数最多。大多数精馏设备都采用泡点进料，原因有：①理论塔板数较少；②精馏段与提馏段塔径相同，便于加工制造；③进料温度恒定，q 值恒定，故操作线位置不受气候影响。

应予指出，以上求解理论板数的方法是基于气、液两相呈恒摩尔流的假定，对于偏离恒摩尔流较远的双组分物系，则需要用其他方法（如热图法）求解。

【例 8-4】　某双组分溶液的气、液平衡关系如附图所示，已知原料液、塔顶馏出液和塔底残液组成分别为 $x_F = 0.5$，$x_D = 0.96$，$x_W = 0.05$（摩尔分数），泡点进料，回流比 $R = 2.0$。试用图解法计算此连续精馏塔的理论塔板数及进料位置。

解　（1）如附图所示，在坐标图中绘制对角线，在对角线上定出 $a(x_D, x_D)$、$d(x_W, x_W)$ 和 $e(x_F, x_F)$ 三点。

（2）依据精馏段操作线的截距 $\dfrac{x_D}{R+1} = \dfrac{0.96}{2+1} = 0.32$，定出 b 点，联结 ab，即为精馏段操作线；

（3）过 e 点作垂直线 ef，ef 即为 q 线；

（4）过 q 线与精馏段操作线交点作直线 cd，cd 线为提馏段操作线；

（5）自 a 点开始，在平衡线与两条操作线间绘制梯级，直到 d 点，得梯级数为 11（含再沸器），其中精馏段为 5.2 层，在 5.2 层以下一层进料。

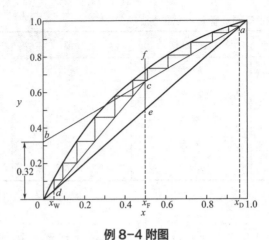

例 8-4 附图

【例 8-5】 一分离甲醇 - 水溶液的连续精馏塔，平均相对挥发度 $\alpha=3.1$，回流比 $R=3$，$x_D=0.95$。试计算离开第二层塔板的蒸汽及液相组成 y_3、x_2。

解 已知 $y_1=x_D=0.95$，由以下平衡关系求 x_1：

$$y_1=\frac{\alpha x_1}{1+(\alpha-1)x_1} \quad 即 \quad x_1=\frac{y_1}{3.1-2.1y_1}=0.86$$

依据精馏段操作线方程求 y_2：

$$y_2=\frac{R}{R+1}x_1+\frac{x_D}{R+1}=0.88$$

由平衡线方程求 x_2：$y_2=\frac{\alpha x_2}{1+(\alpha-1)x_2}$ $\quad x_2=\frac{y_2}{3.1-2.1y_2}=0.704$

依据精馏段操作线方程求 y_3：$y_3=\frac{R}{R+1}x_2+\frac{x_D}{R+1}=0.77$

五、塔板效率与实际塔板数

上述理论塔板的定义是指在该板上下降的液体与上升的蒸气互成平衡。在实际操作中，由于溶液物理性质、塔板结构以及回流比等操作参数的差异，气、液两相通过实际塔板时，很难达到平衡状态，即完成指定分离任务所需实际塔板数比理论板数多，两者间的差异用塔板效率表示。板效率表示方法有两种。

（一）总板效率 E_T

$$E_T=\frac{N-1}{N_e}\times 100\% \tag{8-34}$$

式中，N 为梯级数；N_e 为实际塔板数。

E_T 代表全塔各层塔板效率的平均值，又称为全塔效率。全塔效率的影响因素十分复杂，不可能用理论推导方法求取。图 8-25 为奥康乃尔（O'connel）关联图。横坐标为 $\alpha\mu_{av}$，其中 α 为两组分的相对挥发度，μ_{av} 为原料摩尔黏度（$\mu_{av}=\sum x_i\cdot\mu_i$）。计算时可采用以下简单公式：

$$E_T=0.49(\alpha\mu_{av})^{-0.245} \tag{8-35}$$

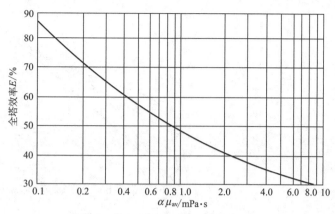

图 8-25 精馏塔全塔效率关联图

【例 8-6】 一分离苯 - 甲苯溶液的精馏塔，进料组成 $x_F=0.5$（摩尔分数），平均相对挥发度 $\alpha=2.45$，设塔顶温度为 81℃，塔底温度为 109℃。试计算全塔效率。

解 已知塔内平均温度为 95℃，查附录得：苯的黏度为 0.26mPa·s；甲苯的黏度为 0.26mPa·s。故：$\alpha\mu_{av}=2.45\times(0.5\times0.26+0.5\times0.26)=0.64$。

（1）查图 8-25，以 0.64 为横坐标，得纵坐标 $E=53\%$。

（2）用关联式计算：按式（8-35），$E_T=0.49(\alpha\mu_{av})^{-0.245}=54\%$。

根据调查，正常操作的塔设备，其全塔效率的波动范围在 60% ~ 80% 之间。其中浮阀塔和筛板塔的全塔效率为 70% ~ 80%，泡罩塔及其他塔型约 60% ~ 70%。

（二）单板效率

单板效率又称默弗里（Murphree）效率。其意义是气相（或液相）物料通过实际塔板的增浓程度与通过理论塔板的增浓程度之比，如图 8-26 所示。以气相表示的第 n 板塔板效率

为
$$E_{mV}=\frac{y_n-y_{n+1}}{y_n^*-y_{n+1}}\times100\%\qquad(8-36)$$

以液相表示的第 n 板的单板效率为

$$E_{mL}=\frac{x_{n-1}-x_n}{x_{n-1}-x_n^*}\times100\%\qquad(8-37)$$

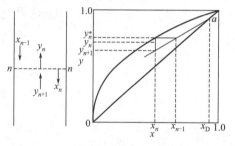

图 8-26 精馏塔单板效率示意图

【例 8-7】 某酒精 - 水溶液连续精馏塔，气液平衡线如附图所示，已知进料组成 $x_F=0.4$（摩尔分数，下同），塔顶和塔底产品组成为 0.84 和 0.05；饱和液体进料，回流比为 2.0。试求；（1）所需理论塔板数；（2）最适宜进料位置；（3）已知实际塔板数为 20 层，求全塔效率。

解 （1）精馏段操作线截距为：

$$\frac{x_D}{R+1}=\frac{0.84}{2+1}=0.28$$

在纵轴上 0.28 处作 b 点，直线 ab 为精馏段操作线。在横轴 x_F 处作垂直线与精馏段操作线相交于 d 点，连接 cd 直线，即为提馏段操作线。从 a 点开始到 c 点，在两操作线与平衡线间绘梯级，得梯级数 15.8，故需理论塔板数为 14.8 层（不计再沸器）。

（2）由附图得精馏段梯级数为 13.8，料板在 13.8 层以下一层。

（3）全塔效率

$$E_T=\frac{14.8}{20}\times100\%=74\%$$

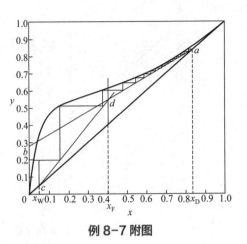

例 8-7 附图

六、回流比的影响及选择

回流比是精馏塔设计和稳定操作的重要参数，其数值大小与设备投资和操作费用有密切联系。对于给定的分离任务，回流比有两个极限，其上限为全回流时的回流比，下限为最小回流比，而适宜回流比数值则介于两者之间。

（一）全回流和最少理论塔板数

所谓全回流操作是指塔顶冷凝液全部回流入塔内，此时塔顶馏出液量为零。依据物料衡算，此时的进料量及塔底产品量也为零。分离物料则在冷凝器与再沸器之间往返流动。

全回流时的回流比为 $R = \dfrac{L}{D} = \dfrac{L}{0} = \infty$，故精馏段操作线斜率为 $\dfrac{R}{R+1} = 1$，截距为 $\dfrac{x_D}{R+1} = 0$。如图 8-27 所示，在坐标图上，精馏段操作线及提馏段操作线与对角线重合，即

$$y_{n+1} = x_n$$

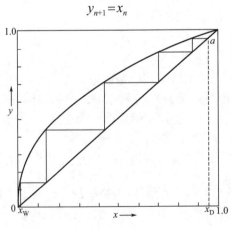

图 8-27　全回流操作线及平衡线

图解法计算全回流理论板数是依据分离任务 x_D 和 x_W，在平衡线与对角线间绘梯级，所得梯级数减 1 即为理论塔板数。由图可知，全回流的理论塔板数，对理想溶液可用下列公式：

$$N_{\min}+1 = \frac{\lg\left[\left(\dfrac{x_D}{1-x_D}\right)\left(\dfrac{1-x_W}{x_W}\right)\right]}{\lg\alpha_m}$$ （8-38）

式中，$N_{\min}$ 为全回流时的最少理论塔板数；α_m 为全塔平均相对挥发度，其数值取塔顶和塔底料液挥发度的几何平均值。

式（8-38）称芬斯克（Fenske）公式，此式可计算塔顶冷凝器采用全凝器时的最少理论板数目。在生产操作中全回流虽然无实际意义，但在精馏开工阶段或试验研究中是不可缺少的。

（二）最小回流比

如图 8-28 所示，当塔顶冷凝液从全回流逐渐减小时，精馏段操作线斜率亦逐渐减小，截距则逐渐增大，两操作线交点向平衡线靠近，表明达到相同分离程度所需的理论塔板增多。当两操作线与平衡线相交时，所需理论板数为无限多，故此时塔的回流比为最小回流比 $R_{\min}$。若操作回流比小于 $R_{\min}$，则操作线与 q 线交点将落在平衡线以外，分离任务就无法完成。最小回流比的求解，同样有以下两种方法。

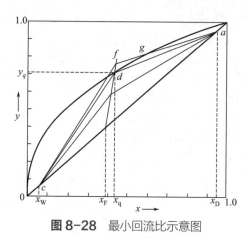
图 8-28　最小回流比示意图

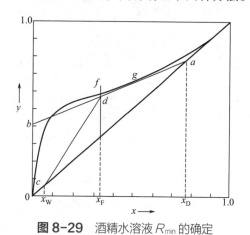
图 8-29　酒精水溶液 $R_{\min}$ 的确定

1. 作图法

在图 8-28 中，直线 ad 为最小回流比时的精馏段操作线，其斜率为：

$$\frac{R_{\min}}{R_{\min}+1} = \frac{x_D - y_q}{x_D - x_q}$$

或

$$R_{\min} = \frac{x_D - y_q}{y_q - x_q}$$ （8-39）

式中，x_q、y_q 为 q 线与平衡线交点的横、纵坐标。其数值直接由被分离物系的 y-x 图查得。

某些物系（如酒精 - 水溶液）具有部分下凹的平衡线。当操作线与 q 线的交点还未落到平衡线上，一条操作线已与平衡线相切，如图 8-29 中 g 点所示，此时 $R_{\min}$ 求解方法是过 $a(x=x_D，y=x_D)$ 点作切线 ab 与平衡线相切于 g 点。由直线 ab 的斜率或截距计算 $R_{\min}$。

2. 解析法

在最小回流比时，因操作线和 q 线与平衡线相交，对于相对挥发度恒定的理想溶液，平衡线可用下式表示：

$$y_q = \frac{\alpha x_q}{1 + (\alpha - 1)x_q}$$

将上式代入式（8-39），可得：

$$R_{min} = \frac{x_D - \dfrac{\alpha x_q}{1+(\alpha-1)x_q}}{\dfrac{\alpha x_q}{1+(\alpha-1)x_q} - x_q}$$

上式经简化后得：

$$R_{min} = \frac{1}{\alpha-1}\left[\frac{x_D}{x_q} - \frac{\alpha(1-x_D)}{1-x_q}\right] \qquad (8\text{-}40)$$

对于以下两种进料热状态，上式可进一步简化，即

饱和液体进料时，$x_q = x_F$，故：

$$R_{min} = \frac{1}{\alpha-1}\left[\frac{x_D}{x_F} - \frac{\alpha(1-x_D)}{1-x_F}\right] \qquad (8\text{-}41)$$

饱和蒸气进料时，$y_q = y_F$，故：

$$R_{min} = \frac{1}{\alpha-1}\left[\frac{\alpha x_D}{y_F} - \frac{1-x_D}{1-y_F}\right] - 1 \qquad (8\text{-}42)$$

式中，y_F 为饱和蒸气原料中易挥发组分的摩尔分数。

【例 8-8】 在食用酒精 - 水溶液蒸馏中，已知 x_F、x_D、x_W 分别为 0.34（摩尔分数）、0.78、0.06。平均相对挥发度为 2.6，饱和液体进料，气、液平衡关系如图 8-29 所示。试用作图法和解析法求最小回流比。

解 （1）作图法 先作对角线，在线上定出 a 点及 c 点。过 a 点作与平衡线相切的 ab 线。ab 在纵轴上的截距为 0.41，则有：

$$\frac{x_D}{R_{min}+1} = 0.41 \qquad R_{min}+1 = \frac{0.78}{0.41}$$

故：$R_{min} = 0.902$

（2）解析法 依据式（8-41）
$$R_{min} = \frac{1}{\alpha-1}\left[\frac{x_D}{x_F} - \frac{\alpha(1-x_D)}{1-x_F}\right]$$
$$= \frac{1}{2.6-1}\left(\frac{0.78}{0.34} - \frac{2.6\times0.22}{0.67}\right)$$

$$R_{min} = 0.9$$

（三）适宜回流比的选择

从上述讨论可知，连续精馏塔若处于全回流操作，所需理论塔板数最少，但没有产品。若在最小回流比下操作，所需塔板数为无限多。因此，实际操作回流比应处于两种极限情况之间。在适宜回流比下操作的精馏塔，其设备投资与操作费用（加热蒸汽消耗量及冷却水用量）总和最少。

精馏塔操作费用，由塔底再沸器的蒸汽消耗量及塔顶冷凝器中冷却水用量决定。塔内上升蒸气的物料衡算式为：

$$V = L+D = (R+1)D \qquad V' = V+(q-1)F$$

当塔的分离任务确定后，F、q、D 恒定，上升蒸气量 V 和 V' 与 R 成正比。R 增大时，加热蒸汽和冷却水量随之增大，使操作费相应上升，如图 8-30 中曲线 2 所示。设备费是指精馏塔、再沸器、冷凝器以及管道阀门等的投资乘以折旧率。此项费用主要决定于设备尺寸。当 $R = R_{min}$ 时，塔板数目 $N = \infty$，对应的设备费为无穷大，若 R 从 R_{min} 略微增大时，塔板数迅速减少，因而设备费用大幅降低。如果继续增加回流，塔内气量上升必然导致塔体、再沸器及冷凝器尺寸增大，使设备费用重新上升，如图 8-30 中曲线 1 所示。总费用为设备费与操作费之和，如图 8-30 中曲线 3 所示。总费用曲线最低点为适宜回流比。

在精馏塔的设计中，通常不用经济衡算方法求取适宜回流比，而是凭操作经验选取，其范围是：

$$R = (1.2 \sim 2)R_{min} \qquad (8\text{-}43)$$

对一些相对挥发度接近 1 的物系，R 宜选上限。为了节约加热蒸汽和冷却剂，R 应选下限。

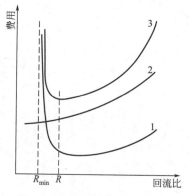

图 8-30 适宜回流比的确定

七、简捷法求理论塔板数

连续精馏塔的理论塔板数计算方法，除逐板计算法和图解法外，还可选用简捷法求解。简捷法准确度稍差，但因简便快捷，特别适合初步的设计计算。

（一）吉利兰（Gilliland）图

如前所述，连续精馏塔的操作是在全回流和最小回流比间进行的，全回流时所需理论板最少，而最小回流比时所需理论板数为无限多。采用实际回流比 R 时，则只需一定数量的理论板 N。吉利兰图是将 R_{min}、R、N_{min}、N 等四个参数进行关联的双对数坐标图（图 8-31）。纵坐标表示 $(N-N_{min})/(N+2)$，横坐标表示 $(R-R_{min})/(R+1)$。式中 N 及 N_{min} 为理论板数及最少理论板数，从图可知，曲线两端代表两种极限操作状况，右端为全回流操作，即 $R=\infty$，$(R-R_{min})/(R+1)=1$，故有 $(N-N_{min})/(N+2)=0$，整理后得 $N=N_{min}$，表明全回流时的理论板数最少。左端为最小回流比操作，此时 $(R-R_{min})/(R+1)=0$，故有 $(N-N_{min})/(N+2)=1$，即 $N=\infty$，表明在最小回流比操作时的理论板数为无限多。

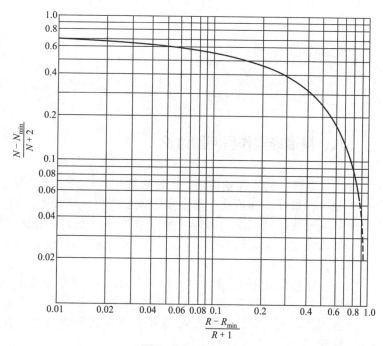

图 8-31 吉利兰图

吉利兰图可用于双组分或多组分精馏计算，其应用范围为：$R_{min}=0.53 \sim 7.0$，分离物系相对挥发度 $\alpha=1.26 \sim 4.05$，理论塔板数 $N=2.4 \sim 43.1$。

（二）求解理论板数的步骤

（1）由式（8-40）算出 R_{min}，再选择 R；

（2）应用式（8-38）算出 N_{min}；

（3）计算 $(R-R_{min})/(R+1)$ 值，以此值为横坐标，在图中曲线上读取 $(N-N_{min})/(N+2)$ 纵坐标值，并计算出理论板数；

（4）确定进料板位置。

【例8-9】 一连续精馏塔分离平均相对挥发度为 2.47 的双组分溶液，已知 x_F、x_D、x_W 分别为 0.44、0.97、0.023（摩尔分数），饱和液体进料，$R=3.5$。试用吉利兰图求理论塔板数。

解 （1）按式（8-38）求最少理论塔板数，即

$$N_{min}+1 = \frac{\lg\left[\left(\dfrac{x_D}{1-x_D}\right)\left(\dfrac{1-x_W}{x_W}\right)\right]}{\lg\alpha_m} = \frac{\lg\left[\left(\dfrac{0.97}{1-0.97}\right)\left(\dfrac{1-0.023}{0.023}\right)\right]}{\lg 2.47}$$

$$N_{min}=8.1$$

（2）应用式（8-41）求最小回流比

$$R_{min} = \frac{1}{\alpha-1}\left[\frac{x_D}{x_F} - \frac{\alpha(1-x_D)}{1-x_F}\right] = \frac{1}{1.47}\left(\frac{0.97}{0.44} - \frac{2.47\times0.03}{0.56}\right)$$

$$R_{min}=1.4$$

（3）应用图 8-31 求理论板数：

$$\frac{R-R_{min}}{R+1} = \frac{3.5-1.4}{3.5+1} = 0.47$$

查吉利兰图，得：

$$\frac{N-N_{min}}{N+2}=0.27 \qquad \frac{N-8.1}{N+2}=0.27 \qquad N=11.8$$

八、精馏塔操作型问题讨论

操作中的连续精馏塔，因塔板数恒定，当进料状况（组成、流量、温度）和操作条件（回流比、蒸发量）改变以后，塔顶馏出液组成及塔底残液组成如何变化，就属于精馏塔的操作型问题。操作型问题的理论基础同样是气液平衡关系、全塔物料衡算，以及由物料衡算式导出的精馏段与提馏段操作线方程。

在精馏塔操作过程中，唯一的不变量是塔板数，对于任何稳定操作的塔，如果进料位置恰当，其全塔效率的变动范围是很窄的，因而理论塔板数也大致不变。以下讨论几项操作条件和进料状态改变后，对 x_D 和 x_W 产生的影响。

1.回流比的影响

如图 8-32 所示，在 x_F、q、D、F 维持恒定的条件下，增大回流比 R 后，将使精馏段操作线斜率 $\dfrac{R}{R+1}$ 增大，提馏段操作线斜率 $\dfrac{L+qF}{L+qF-W}$ 减小。若 N 恒定，则 x_D 上升，而 x_W 减小，即 $x_D < x'_D$，$x_W > x'_W$。

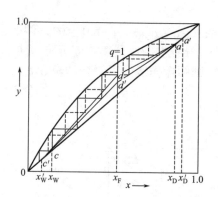

图 8-32　R 增大后 x_D 及 x_W 变化图

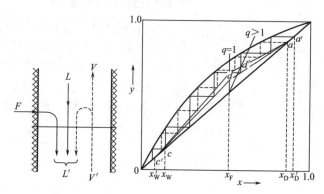

图 8-33　q 值增大后 x_D 及 x_W 变化图

2.进料温度的影响

如图 8-33 所示，若 x_F、R、D、F 保持恒定，降低进料温度，或将泡点进料改为冷液进料时，由于 q 值增大，部分提馏段上升蒸气冷凝成液体，使两操作线位置发生变动，即

提馏段操作线斜率 $\dfrac{L+qF}{L+qF-W}$ 下降，精馏段操作线斜率则因上升气量减少（D 恒定）而下降。在理论板数为定值时，塔顶组成上升，而塔底组成下降，即 $x'_D > x_D$，$x'_W < x_W$。

3.进料流量的影响

从前述平衡线方程、精馏段操作线方程及提馏段操作线方程可知，当 R、q、x_F、N 恒定时，x_D 和 x_W 与进料流量无关。但进料减少后，塔顶及塔底产品产量将相应减少。

4.进料浓度的影响

如图 8-34 所示，R、q、F、N 恒定时，若进料组成增大，则塔顶及塔底产品组成响应高，即 $x'_D > x_D$，$x'_W > x_W$。

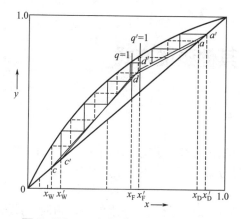

图 8-34　x_F 变化对 x_D 及 x_W 的影响

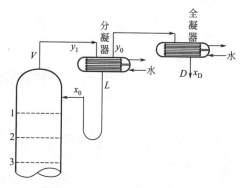

图 8-35　分凝器流程图

5. 塔顶增设分凝器的影响

所谓分凝器是将塔顶蒸气部分冷凝下来用作回流，另一部分在全凝器内冷凝成产品。如图 8-35 所示。由于气液两相在分凝器内互成平衡，故分凝器的分离作用相当于一层理论塔板，因此增设分凝器可以使 x_D 升高，并使 x_W 下降。

6. 改变进料位置的影响

操作中的精馏塔如图 8-36 所示，在 R、q、F、x_F 保持恒定的条件下，当进料板下移后，由于提馏段塔板数减少，导致提馏段分离程度下降，使 x_W 上升和 x_D 下降。如果进料位置降至塔釜，则两操作线向下平行移至 $a'd'$ 和 $c'd'$，x_W 升至最大值 x'_W，x_D 降至最小值 x'_D，表明不在最适宜点进料，将使全塔效率下降。图中适宜进料板在第六层理论板上。

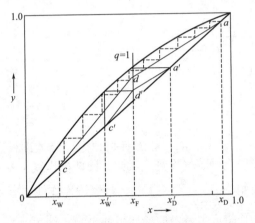

图 8-36　进料板从第 6 层降至塔釜的图解

如果精馏塔有实际塔板 12 层，则全塔效率为：

$$\eta_T = \frac{10.3 - 1}{12} \times 100\% = 78\%$$

若将进料位置从第 6 层逐步下移至塔釜，则全塔效率降为：

$$\eta'_T = \frac{2 - 1}{12} \times 100\% = 8.3\%$$

第五节　其他蒸馏方式

一、水蒸气蒸馏

自然界中许多与水不互溶的有机物液体化合物，如松节油、芳香醇等，因沸点很高，若在高温下蒸馏，则极易分解或变质。处理这些化合物可以选用水蒸气蒸馏。

液体在一定温度时都具有恒定蒸气压，若蒸气压等于外界压力时，该液体就沸腾。对于互溶双组分溶液，当两组分分压之和等于外压时，也将沸腾。如果两组分液体不互溶，如图 8-37 所示，各组分蒸气压分别为 p_A^0 和 p_W^0，当温度升高后，p_A^0 和 p_W^0 相应上升，直到两者之和等于外压时，溶液开始沸腾。例如水在常压下的沸点为 100℃，水与甲苯混合物的沸点则低于 100℃。沸点下降程度只由外压决定，与混合液相对量无关。

如图 8-38 所示，常压下甲苯沸点为 110℃，水与甲苯混合液的沸点则为 85℃。若外压降到 300mmHg，则混合液的沸点降为 61℃。

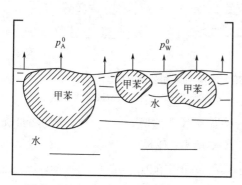

图 8-37　互不相溶液体蒸气压示意图

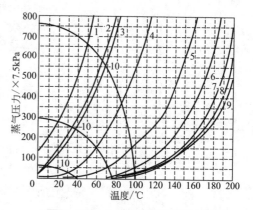

图 8-38　一些有机物的蒸气压曲线
1—二硫化碳；2—四氯化碳；3—苯；4—甲苯；5—松节油；
6—苯胺；7—甲酚；8—硝基苯；9—硝基甲苯

在水蒸气蒸馏中，水起带出剂或提馏剂的作用。水用量可由道尔顿分压定律导出，即

$$y_A = \frac{p_A}{P}, \quad y_W = \frac{p_W}{P}, \quad 于是\frac{p_W}{p_A} = \frac{y_W}{y_A}$$

对不互溶液体，有

$$p_A = p_A^0, \quad p_W = p_W^0, \quad \frac{y_W}{y_A} = \frac{N_W}{N_A} = \frac{p_W^0}{p_A^0}$$

式中，y_W、y_A 为水蒸气、组分 A 在气相中的摩尔分数；N_W、N_A 为水蒸气、组分 A 在气相中的物质的量；p_W^0、p_A^0 为纯水蒸气、纯 A 的蒸气压，其数值决定于物质性质和温度。

水蒸气、组分 A 的质量比为：

$$\frac{G_W}{G_A} = \frac{p_W^0 M_W}{p_A^0 M_A} \tag{8-44}$$

式（8-44）为蒸馏过程中水蒸气的理论用量，在实际蒸馏中，由于以下三方面原因：①设备热损失；②料液加热到沸腾；③两相接触面积和接触时间有限。致使上式需进行修正，即

$$\frac{G_W}{G_A} = \frac{p_W^0 M_W}{\phi p_A^0 M_A} \tag{8-45}$$

$$\frac{G_W}{G_A} = \frac{(p - p_A^0) M_W}{\phi p_A^0 M_A} \tag{8-45a}$$

式中，$\phi = 0.6 \sim 0.8$。p 为水蒸气操作压力，kPa。

水蒸气蒸馏在食品工业部门应用十分普遍，如油脂脱臭、从芳香植物中提取食用香料、中药精制等。水蒸气蒸馏生产设备与简单蒸馏相似（图 8-39），但由于成品中含大量水分，故需要设立分层器才能批量生产。加热方式一般往料液内通入饱和蒸汽或过热蒸汽，也可通过夹套或盘管用间接蒸汽加热，但间接蒸汽加热时必须向釜中预先注入一定量的水，再沸腾汽化和冷凝。

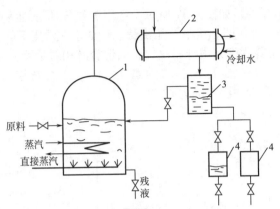

图 8-39 水蒸气蒸馏装置流程图

1—蒸馏釜；2—冷凝器；3—分层器；4—成品罐

【例 8-10】 一台蒸馏苯胺的水蒸气蒸馏装置，每小时苯胺产量为 500kg，水蒸气压力为 760mmHg。试估算水蒸气消耗量。

解　依题意查图 8-38，得：$p = \dfrac{760}{7.5} = 101.3(kPa)$；$p_A^0 = \dfrac{300}{7.5} = 40(kPa)$；$M_A = 93$。

$$\frac{G_W}{G_A} = \frac{(p - p_A^0)M_W}{\phi p_A^0 M_A} = \frac{(101.3 - 40) \times 18}{0.8 \times 40 \times 93} = 3.64$$

$$G_W = 3.64 \times 500 = 1818.4(kg)$$

二、间歇精馏

间歇精馏又名分批精馏，装置流程如图 8-40 所示，主要设备有精馏塔、冷凝器、成品贮罐等。在蒸馏过程中，料液分批放入蒸馏釜内，再加热汽化，塔釜产生的蒸气逐板上升并与下降的回流液呈鼓泡接触，直到塔顶冷凝器，经冷凝后部分回流，另一部分则流入贮罐作为产品。当塔底残液组成 x_W 下降到规定值后，才从塔釜放出。由此可见，间歇精馏与连续精馏的差别除了不能连续操作外，塔顶和塔底产品组成一直在降低，另一差异是在结构上只有精馏段，不设提馏段。

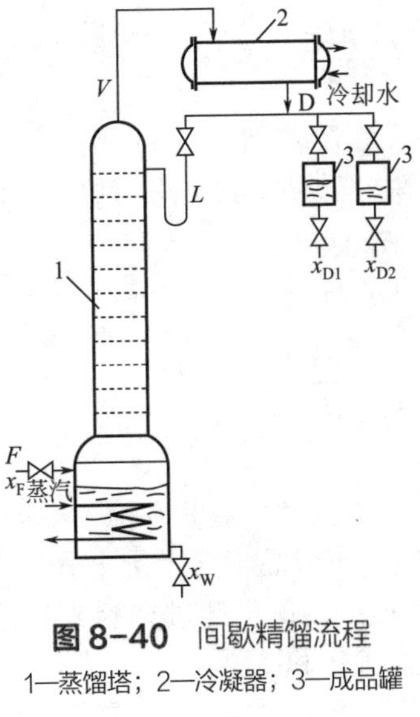

间歇精馏有以下两种常用操作方法，即恒回流比操作及恒馏出液浓度操作。现以 y-x 图进行以下图解分析。

（一）恒回流比操作

图 8-41 为具有三层理论板（含塔釜）的精馏塔，直线 ac 为精馏开始时的操作线，此塔顶馏出液组成为 x_D，塔底残液组成为 x_W。随精馏过程的进行，塔底残液组成逐步下降至 x'_W 和 x''_W，塔顶馏出液组成逐渐降至 x'_D 和 x''_D，操作线分别以 $a'c'$ 和 $a''c''$ 代表。由于回流比恒定，故三条操作线互相平行，且直线斜率为 $R/(R+1)$。直到 x_W 降至规定值，即停止精馏。

图 8-40 间歇精馏流程

1—蒸馏塔；2—冷凝器；3—成品罐

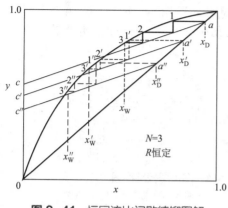

图 8-41　恒回流比间歇精馏图解

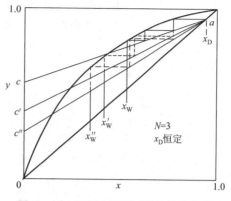

图 8-42　恒馏出液组成精馏操作图解

（二）恒馏出液组成操作

图 8-42 所示为具有三层理论板（含塔釜）的恒馏出液组成精馏操作示意图，直线 ac 为精馏开始时的操作线，随精馏过程的进行，操作回流比逐渐增大。塔底残液组成逐步下降至 x'_W 和 x''_W，塔顶馏出液组成 x_D 一直保持不变，操作线分别以 ac' 和 ac'' 代表。三条操作线相交于点 a。

在工业生产中，以上两种操作方法都不易获得高浓度塔顶馏出液成品，故一般采取两阶段操作，第一阶段为恒回流比操作，待馏出液组成开始明显下降时，就逐渐加大回流比，直至 x_W 降至规定值为止。

间歇精馏设备比较简单，对各种物料适用性强，料液组成可较大幅度波动，但能耗大，生产能力有限，只适合小规模生产，如制药、食品、精细化工、生物制品等工业。

第六节　气、液传质设备

用于蒸馏的气、液传质设备可分为板式塔和填料塔两类（图 8-43）。板式塔由圆筒形壳体和若干层塔板构成。操作时，液相物料靠重力逐板向下流动，气相物料由下向上流动，以鼓泡方式进行两相接触，并逐板上升到塔顶。填料塔由壳体和许多乱堆或整砌填料构成。气、液两相在塔内成膜状接触，并进行物质传递。现将塔设备的结构、性能和气、液两相流动状况讨论如下。

一、板式塔

依据塔板上两相接触状况可分为鼓泡型和喷射型两类，按塔板结构可分为泡罩塔、筛板塔、浮阀塔等。

1. 泡罩塔

泡罩塔是一种应用最早的气液传质设备，早在一百多年前已应用于食用酒精的浓缩，长期以来在生产中积累了丰富的操作和设计经验。泡罩塔板结构如图 8-44 所示。塔板上开有升气孔，孔与塔板间设置垂直短管，称为升气管。

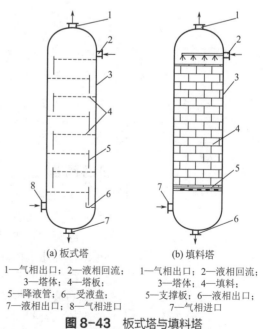

(a) 板式塔　　　　(b) 填料塔

1—气相出口；2—液相回流；　　1—气相出口；2—液相回流；
3—塔体；4—塔板；　　　　　　3—塔体；4—填料；
5—降液管；6—受液盘；　　　　5—支撑板；6—液相出口；
7—液相出口；8—气相进口　　　7—气相进口

图 8-43　板式塔与填料塔

升气管上方用螺丝固定泡罩，如图 8-45 所示。泡罩下部开有气缝。气缝有矩形、三角形、梯形等几种。升气孔在塔板上一般呈正三角形排列。

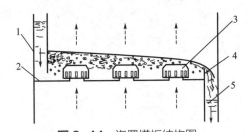

图 8-44　泡罩塔板结构图
1—塔体；2—塔板；3—泡罩；4—溢流堰；5—降液管

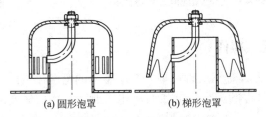

(a) 圆形泡罩　　　　(b) 梯形泡罩
图 8-45　泡罩装配图

2. 筛板塔

筛板塔结构如图 8-46 所示。塔板上开有许多成三角形或正方形排列的小孔，小孔直径一般为 3 ～ 8mm。塔板边缘设置溢流堰，其作用在于保持板上一定的液层高度。操作时，上升气流通过筛孔与液相呈鼓泡接触。气速很小时，一些筛孔鼓泡，另一些筛孔漏液，若增大气速，则泡沫层升高，漏液逐渐减少，液流将横过塔板流动，再越过溢流堰从降液管下流至下层塔板。泡沫层越高，气、液接触面积越大，塔板效率相应越大。在正常的操作气速下，塔板漏液是很少的。

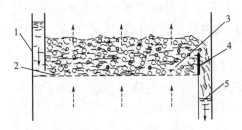

图 8-46　筛板塔结构图
1—塔体；2—塔板；3—泡沫层；4—溢流堰；5—降液管

3. 浮阀塔

浮阀塔于 20 世纪 50 年代应用于工业生产，这种塔既具有泡罩塔操作弹性大，又具有筛板塔效率高的特性，现已成为国内外应用最广泛的塔型。

浮阀塔板的特点是在塔板上开有若干直径 39mm 且成正三角形排列的圆孔，每个孔上都装有可自由浮动的阀片，国内普遍采用的一种是 F-1 型重阀片。

浮阀塔的主要缺点是不宜处理易结焦或黏性大的物料，一旦阀片被卡住而造成漏液，塔板效率将大幅下降。

从设备投资与操作费用之和为最少的角度分析，直径 800mm 以上的塔宜选用板式塔，而直径 600mm 以下的塔则宜选填料塔。

二、填料塔

填料塔是一种构造简单的气液传质设备，其主要部件如图 8-47 所示。气体或蒸气由塔底部引入，沿填料空隙向上流动。液体从塔顶喷淋，依靠重力沿填料表面下流，在填料表面形成液膜。在填料层内，由于塔壁对液流的影响，每隔一定填料层高度需装设液体再分布器，以重新均匀分布下降的液流。相际间的物质传递就发生在液膜内，气相和液相组成则沿塔高连续变化。

填料塔流体阻力小，造价低，便于用耐腐蚀材料制造，用于产量较小、真空度高的系统时，具有特殊优越性。

三、塔设备的比较和选用

板式塔与填料塔是两种主要传质设备，它们各具有优点和适用范围，大致可归纳成以下几点。

（1）在物系分离程度高，所需理论板数量很大的场合，宜选用板式塔。如果选用填料塔，填料层将很高，液体在填料层内很难分配均匀，安装过多的液体再分布器，必然增加设备费用和动力消耗。

（2）小直径塔（塔径 600mm 以下）宜选用填料塔，因小塔造价低，能耗较少。

（3）液、气比小的物系，宜选板式塔，因过小的喷淋量，不易使填料充分润湿。

（4）填料塔压力降比板式塔低，故有利于高真空蒸馏，以及热敏性物料的分离。

（5）板式塔持液量大，故不适宜处理热敏性物料。

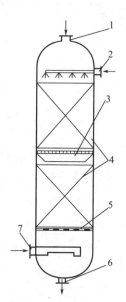

图 8-47 填料塔结构
1—气相出口; 2—喷淋装置;
3—液体再分布器; 4—填料;
5—支承板; 6—液体出口;
7—气体分布器

↘ 拓展阅读

余国琮的"精馏人生"

余国琮（1922—2022）是我国精馏分离学科创始人、现代工业精馏技术的先行者、化工分离工程科学的开拓者。他的蒸馏模拟理论与高效蒸馏设备相结合的技术被大量应用于工业蒸馏。在我国，直接应用余国琮研究成果的工业精馏塔超过了 6000 座，分布于 30 个省、自治区、直辖市，取得了巨大的经济效益。

重水主要用于核反应堆中作为减速剂，它可以减小中子的速率，使之符合发生裂变过程的需要。重水分子存在于普通水之中，但含量和分离因数极低，工业提取和浓缩十分困难，犹如沙里淘金。余国琮创办了中国第一个稳定同位素分离技术专业，培养了近百名从事重水研究和精密分离技术的骨干。1965 年，余国琮的多项成果和突破终于形成我国自主重水生产工业技术，成功生产出符合要求的重水，为新中国核技术起步和"两弹一星"的突破作出了重要贡献。

余国琮认为，工业技术的革命性创新必须先在基础理论和方法上取得突破，打破原有理论框架桎梏，引入结合其他学科的最新理论和研究成果。为此，他提出了应用现代计算技术，借鉴计算流体力学、计算传热学的基本方法，结合现代物质传递、扩散理论，针对精馏以及其他化工过程开辟了一个全新的研究领域——化工计算传质学理论，而最终从根本上解决现有精馏过程的工业设计中对经验的依赖，让化工过程设计从一门"艺术"逐步走向科学。

知识归纳

双组分溶液的气液平衡

○ 蒸馏主要用于分离均相混合液。

○ 各种蒸馏方法依据的基本原理均为气液相平衡、热量传递和质量传递。

○ 泡点方程线（t–x 线）、露点方程线（t–y 线）和气液平衡方程线（x–y 线）均为平衡线，均是对于轻组分所作的线。

○ 相对挥发度 α 越大则分离越容易，一般降低压力有利于分离。

○ 正偏差较大的溶液有最低恒沸点，负偏差较大的溶液有最高恒沸点。

双组分溶液的连续精馏

○ 精馏计算的 3 个假定条件可以大大简化计算，由此导致的理论与实际情况的差异最终通过塔板效率校正。

○ 通过上半塔和下半塔物料衡算可以得到精馏塔的操作线方程，这点与吸收塔类似。不同的是，精馏塔有进料，致使精馏段和提馏段的两条操作线不同，分别经过塔顶点和塔底点；而吸收塔只有一条操作线，这条操作线同时经过塔顶点和塔底点。

○ 精馏塔的操作线越远离平衡线，传质推动力就越大，对精馏分离越有利，这点与吸收塔类似。

○ 精馏塔从塔顶到塔底，压力一般能保持一致，但是温度则不然，塔底温度更接近难挥发组分的沸点，而塔顶温度更接近易挥发组分的沸点。

○ 由于每块塔板的温度都不一样，因此必须强调，进料状况中所指的过冷、饱和、过热等物料状态针对的均是进料塔板。

○ q 线方程一定经过精馏操作线和提馏操作线的交点，并且只和进料状况（热状况参数 q 和组成）有关。

○ q 越小则传质推动力越小，再沸器的负荷也越小。

○ 逐板法和图解法的原理是一致的。

○ 精馏操作线和提馏操作线的交点所对应的塔板即为最佳进料板，偏离最佳进料板进料会导致所需的理论塔板数增加。

○ 操作线与平衡线相交时达到最小回流比，此时精馏塔能操作，但是达不到指定的分离要求，这点与吸收塔的最小液气比类似。

○ 精馏塔的适宜回流比与吸收塔的适宜液气比类似，均为最小回流比或最小液气比的 1.2～2.0 倍。

○ 捷算法求出的理论塔板数 N 以及最小理论塔板数 $N_{\min}$ 均不包括再沸器，而逐板法和图解法求出的理论塔板数 N 包含再沸器。

○ 精馏塔操作型问题的定性分析主要依据相平衡关系、物料衡算关系、热量衡算关系以及理论塔板数与塔板效率的关系。

○ 精馏塔的分凝器和再沸器均可作为一块理论板，而全凝器因气体全部冷凝，不能作为理论板。

工程训练

一精馏塔因原料浓度降低而导致产品质量不合格，你打算采取哪些合理化建议？

习题

8-1　已知 101kPa 压力下，苯 - 甲苯溶液的平均相对挥发度为 2.47，试在直角坐标图上绘制 y-x 平衡线。

8-2　一连续精馏塔分离某双组分理想溶液，已知进料组成为 0.35（摩尔分数，下同），进料状态为气、液混合物，汽化率 50%，塔顶馏出液组成为 0.93，塔底产品组成不大于 0.05，回流比为 4.0，平均相对挥发度为 2.47。试计算：

（1）作平衡线方程；

（2）作精馏段操作线方程、提馏段操作线方程；

（3）用作图法求理论塔板数；

（4）若实际塔板为 12 层，求全塔效率。

8-3　一连续精馏塔分离某双组分理想溶液，已知进料组成为 $x_F=0.5$、$y_F=0.72$（摩尔分数，下同），进料状态为泡点，塔顶馏出液组成为 0.99，试求最小回流比 R_{min}。

8-4　两种双组分理想溶液的相对挥发度分别为 0.2 和 2.0，试问哪一种更难在精馏塔内分离？

8-5　某连续精馏塔分离双组分溶液，泡点进料。已知：

精馏段操作线方程　　　　$y=0.723x+0.263$

提馏段操作线方程　　　　$y=1.25x-0.018$

试计算：x_D、x_W、x_F 以及回流比 R。

8-6　一连续精馏塔分离某双组分理想溶液，已知进料组成为 0.35（摩尔分数，下同），进料状态为饱和液体，塔顶馏出液组成为 0.93，塔底产品组成不大于 0.05，回流比为 4.0，平均相对挥发度为 2.47。试计算所需理论塔板数。

8-7　一连续精馏塔分离某双组分理想溶液，已知进料组成为 0.35（摩尔分数，下同），进料状态为饱和液体，塔顶馏出液组成为 0.93，塔底产品组成不大于 0.05，回流比为 4.0，平均相对挥发度为 2.47。试用捷算法计算理论塔板数。

8-8　一连续精馏塔处理稀酒精水溶液，已知原料量为 100kmol/h，料液组成为 0.15（摩尔分数），要求塔顶馏出液组成达到 0.90，塔底残液组成不大于 0.01。试求塔顶和塔底产量（kmol/h）。

8-9　一连续精馏塔处理稀酒精水溶液，已知料液组成为 0.15（摩尔分数），要求塔顶馏出液组成达到 0.85，塔底残液组成不大于 0.03 泡点进料，回流比为 3.0。试用图解法求解：（1）理论塔板数；（2）若全塔效率为 60%，实际塔板数。

8-10　一平均相对挥发度为 2.5 的有机溶液进行简单蒸馏。已知原料出液量为 100kmol，原料组成为 0.7，要求残液组成达到 0.3。试求原料液量和残液量。

第九章　固体干燥

○○ —— ○○ ○ ○○ ————————————————————

　　南酸枣糕是一种以我国南方特产南酸枣为原料，经预煮、剥皮、去核、制浆、置盘、干燥等工序加工而成的传统果糕。南酸枣糕富含糖分以及果胶、纤维素等生物大分子，具有很强的亲水性，使其干燥过程颇具挑战。简单地提高干燥温度和风速并不利于南酸枣糕的干燥。这是因为高温干燥会导致枣糕表面的水分迅速蒸发，而内部水分未能及时向外迁移，从而形成硬化的表皮。这种表皮一旦形成，内部的水分将难以去除，而且影响产品质量。因此，南酸枣糕应该合理选择干燥温度和速度，防止硬化表皮的形成，从而实现更好的干燥效果。本章将介绍干燥的基本原理，解释硬化表皮形成的原因及其对干燥过程的影响。

多级变温热风干燥的南酸枣糕

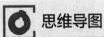 思维导图

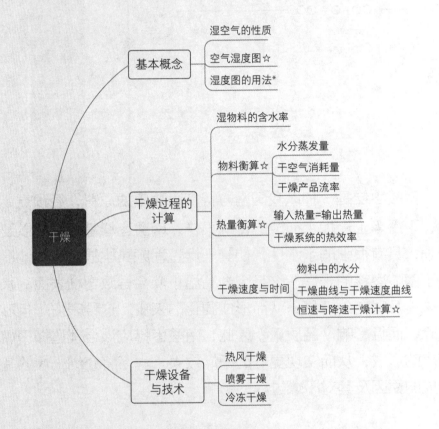

👁 学习目标

1. 定义湿空气的性质：水蒸气分压、湿度、相对湿度、湿比热容、湿空气的焓、湿比容、干球温度、湿球温度、绝热饱和温度和露点。
2. 能在空气的 t-H 图中指出等温线、等湿线、等相对湿度线、湿比热容线、绝热饱和线、湿比容线，能利用 t-H 图查取湿空气的各项湿空气性质参数，能利用 t-H 图描述干燥过程。
3. 定义湿物料湿基含水量和干基含水量。
4. 能进行干燥物料衡算，计算干燥过程中的水分蒸发量、干空气消耗量、干燥产品流量。
5. 能进行干燥热量衡算，计算干燥所需预热器输入热量、干燥室补充热量或干燥蒸汽用量。
6. 定义水分活度、结合水分与非结合水分、平衡水分与自由水分。
7. 描述物料中水分的性质及对干燥速度的影响，简要描述干燥曲线和干燥速度曲线。
8. 定义临界含水量，描述临界含水率对食品干燥的影响。
9. 定义恒速干燥阶段和降速干燥阶段干燥速度，能计算不同干燥阶段的干燥时间。
10. 简要描述影响干燥速度的主要因素。

　　大部分食品从生产到消费都要经历一个漫长的过程，而许多新鲜食品含有大量的水分，容易腐败，干燥可以使食品水分活度降低，防止微生物在食品的生长；同时可以减少食品的体积和重量，便于贮藏和运输；或者通过干燥来增加食品的风味。例如稻谷、大豆这些粮食产品必须经过干燥之后才便于保存；新鲜肉制成腊肉，既便于保存，又有独特的风味；把新鲜柿子制成柿饼，可以去除新鲜柿子的涩味而糖度却大幅度地增加。现代随着方便食品的大量出现，脱水蔬菜、各类干制水果也大量涌现，比如胡萝卜、生姜、辣椒、香蕉片等。所有这些都要涉及干燥的操作，干燥在食品的生产过程中是一个很重要的单元操作。

　　食品的干燥包括原料干燥、生产过程的中间产品干燥、成品的干燥。随着干燥技术的进步，干燥的手段越来越多，如何选择适合食品本身特性的干燥方法是非常重要的。

　　干燥的方法有很多，根据热量的供应方式，有四种干燥类型。

1. 热风对流干燥

　　热空气与湿物料直接接触，依靠气流带走水蒸气，利用空气的对流传热向物料供热。对流干燥在生产中应用最广，它包括气流干燥、喷雾干燥、流化床干燥、回转圆筒干燥、带式干燥、隧道式干燥和厢式干燥等，适用于散粒状、块状等食品的干燥，如谷物、各种油料种子、脱水蔬菜、脱水水果、面包等。

2. 热传导干燥

　　采用湿物料与加热壁面直接接触的方式，热量靠热传导由壁面传给湿物料，水蒸气由抽风机抽出，典型的是滚筒干燥、冷冻干燥，特别适用于膏糊状如麦乳精、巧克力浆等食品的干燥。

3. 辐射干燥

　　以辐射传热方式将热量传到湿物料表面，热量被吸收后转化为热能蒸发物料水分，水蒸气由抽风机抽出，如红外线干燥、卤素灯干燥，如干鱼片的干燥。

4. 介电加热干燥

　　利用电能产生的高频电场将湿物料加热而使水分汽化，包括高频干燥、微波干燥。与其他干燥方式相比，在介电加热干燥中，物料受热与带走水蒸气的气流无关，必要时物料可不与空气接触，特别适宜容易氧化的食品加热，如苹果片的干燥。

根据传热介质不同，可分为：

1. 湿空气传热

食品中的干燥以使用湿空气为干燥介质为主，通过对流带走水分，耗能较小，如农产品谷物、大豆等大部分食品的干燥。

2. 加热器传热

不以空气为介质的其他传热方式，适合容易氧化的食品，如水果、蔬菜等的干燥。

第一节　湿空气的性质及湿度图

在食品干燥过程中，干燥介质基本上都是加热空气，空气实际上是绝干空气和水蒸气的混合物。在干燥过程中，湿空气既是载热体又是载湿体，湿空气中水蒸气的含量不断增加，而绝干空气质量不变，因此常以绝干空气量为基准，讨论湿空气的性质及各状态参数。

一、湿空气的性质

1. 水蒸气分压 p_w

湿空气是指水蒸气与绝干空气的混合物，湿空气中含有的水蒸气的多少可以用水蒸气分压表示，符号 p_w。

湿空气的总压 p 等于水蒸气分压 p_w 和绝干空气分压 p_a 之和，即

$$p = p_w + p_a \tag{9-1}$$

当操作压力较低时，可将湿空气视为理想气体，根据道尔顿分压定律有：

$$\frac{p_w}{p_a} = \frac{n_w}{n_a} \tag{9-2}$$

式中，n_w 为湿空气中水蒸气的物质的量，kmol；n_a 为湿空气中绝干空气的物质的量，kmol。

总压一定的时候，湿空气水蒸气分压越大，说明其水蒸气含量越高，在一定温度下湿空气中水蒸气含量的最大值为饱和水蒸气压，用 p_s 表示。

2. 湿度 H

单位质量干空气中所含的水蒸气的质量，叫做湿度，又称湿含量或绝对湿度，用符号 H 表示。

$$H = \frac{湿空气中水蒸气的质量}{湿空气中绝干空气的质量} = \frac{n_w M_w}{n_a M_a} = 0.622 \times \frac{n_w}{n_a} \tag{9-3}$$

式中，H 为湿空气的湿度，kg 水蒸气 /kg 干空气，通常简写为 kg/kg；M_w 为湿空气中水蒸气的摩尔质量，kg/kmol；M_a 为湿空气中绝干空气的摩尔质量，kg/kmol。

常压下湿空气可视为理想气体，根据道尔顿分压定律有：

$$H=0.622 \times \frac{n_w}{n_a} = 0.622 \times \frac{p_w}{p-p_w} \tag{9-3a}$$

可见湿度是总压 p 和水蒸气分压 p_w 的函数。

 过程检查 9.1

○ 为什么暴露在空气中的饼干会出现返潮现象？

3. 相对湿度 φ

湿空气作为干燥介质，其干燥能力与其饱和水蒸气压 p_s 和水蒸气分压 p_w 之差成正比，当湿空气中的 p_w 等于同温度下的 p_s 时，湿空气不能再接受水蒸气的增加，其干燥除湿能力为零，因此使用同温下空气中 p_w 与 p_s 的比值能方便地表示湿空气的干燥能力，这个比值称为湿空气的相对湿度，用 φ 表示：

$$\varphi = \frac{p_w}{p_s} \tag{9-4}$$

或

$$p_w = \varphi p_s \tag{9-4a}$$

显然，当 $p_w = p_s$ 时，$\varphi = 1$，此时空气没有干燥能力；当 $p_w = 0$ 时，$\varphi = 0$，此时空气为绝对干空气，干燥能力最大。

将式（9-4a）代入到式（9-3a）中，得：

$$H = 0.622 \times \frac{\varphi p_s}{p - \varphi p_s} \tag{9-5}$$

对于饱和空气 $\varphi = 1$，其湿度为：

$$H_s = 0.622 \frac{p_s}{p - p_s} \tag{9-5a}$$

4. 湿比热容 c_H

湿空气的定压比热容又称湿比热容，以 c_H 表示。常压下，将 1kg 绝干空气及其所带的 H kg 水蒸气的温度升高（降低）1℃（K）时所需吸收（放出）的热量，称为湿比热容，有：

$$c_H = c_a + c_w H \tag{9-6}$$

式中，c_a 为绝干空气的比热容，kJ/(kg·K)；c_w 为水蒸气的比热容，kJ/(kg·K)。

在 273～393K 的温度范围内，绝干空气和水蒸气的平均湿比热容分别为 $c_a = 1.01$kJ/(kg·K) 和 $c_w = 1.88$kJ/(kg·K)，代入式（9-6）可得：

$$c_H = 1.01 + 1.88H \tag{9-6a}$$

可见，湿空气的比热容只是湿度的函数。

5. 湿空气的焓 I

一般规定 0℃时干空气与液态水的焓值为零，湿空气的焓是以此为基准的一个相对值，其值等于单位质量干空气的焓加上其中所带水蒸气的焓，用符号 I 表示，单位为 kJ/kg 干空气，简写为 kJ/kg，以 1kg 干空气为计算基准，其焓值为：

$$I = c_a(t-0) + i_w H \tag{9-7}$$

其中，$i_w = c_w t + r_0$，代入式（9-7）得：

$$I = (c_a + c_w H)t + r_0 H = c_H t + r_0 H \tag{9-7a}$$

式中，r_0 为水在 0℃时的汽化潜热，$r_0 = 2492\text{kJ/kg}$；i_w 为水蒸气的焓，kJ/kg。

将数据代入式（9-7a），则：

$$I = (1.01 + 1.88H)t + 2492H \tag{9-7b}$$

可见，湿空气的焓随空气的温度 t、湿度 H 的增加而增大。

6. 湿比容 V_H

湿比容也叫湿比体积，指的是单位质量干空气及其所含水蒸气 H kg 的体积和，用符号 V_H 表示，单位 m^3 湿空气/kg 干空气，简写为 m^3/kg，其计算式为：

$$V_H = \frac{\text{m}^3 \text{湿空气}}{1\text{kg 绝干空气}} = V_a + V_w H \tag{9-8}$$

式中，V_a 为 1kg 干空气在总压 $p = 101.3\text{kPa}$、温度 t 时的体积，单位为 m^3/kg；V_w 为 1kg 水蒸气在总压 $p = 101.3\text{kPa}$、温度 t 时的体积，单位为 m^3/kg。

在常压 $p = 101.3\text{kPa}$ 下，温度 t 时，运用气体状态方程，式（9-8）有：

$$V_H = \left(\frac{22.4}{29} + \frac{22.4}{18}H\right)\left(\frac{273+t}{273}\right) = (0.773 + 1.244H)\left(\frac{t+273}{273}\right) \tag{9-8a}$$

将式（9-3a）代入式（9-8a）中，有：

$$V_H = 0.773 \times \left(\frac{p}{p - p_w}\right)\left(\frac{t+273}{273}\right) \tag{9-8b}$$

由于 p_w 容易测得，所以利用（9-8b）较方便得到 V_H。

🖊 过程检查 9.2

○ 为什么酷暑的季节，待在河水里比待在岸上凉快？

---

7. 干球温度 t 和湿球温度 t_w

干球温度指湿空气的真实温度，可用普通温度计暴露在空气中测量，用 t 表示。

湿球温度指将温度计感温球用纱布包住，纱布下端浸入洁净水中，利用纱布的虹吸作用保持纱布湿润，待到温度稳定时所示的温度，用 t_w 表示。

湿球温度形成的原理如图 9-1 所示，被湿纱布包裹的温度计感温球放在温

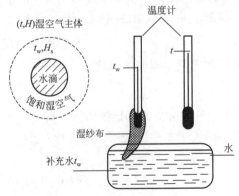

图 9-1 湿球温度测定原理

度为 t、湿度为 H 的不饱和空气流中，假设开始时水温与空气的温度一样，湿纱布表面包裹着一层薄薄的饱和的水蒸气，其水蒸气压等于湿纱布温度下的饱和蒸气压 p_s，其湿度为该温度下的饱和湿度 H_s，由于空气不是饱和空气，其湿度 H 小于湿纱布表面的饱和湿度 H_s，因此二者之间形成湿度差，这一湿度差为水蒸气由湿纱布表面向空气流传递的传质推动力；湿纱布表面水分不断汽化吸热，湿纱布表面温度下降；由于空气流量相对较大，其温度和湿度可以认为是稳定不变，于是此时空气与湿纱布表面形成一个温度差，这个温度差成为空气向湿纱布传热的传热推动力。当湿纱布表面水分汽化所吸收的潜热等于空气向湿纱布传递的显热时，空气和湿纱布间的传热达到动态平衡，湿纱布温度保持不变，此时温度计显示的温度为湿球温度。当达到湿球温度时，是传质、传热速率均衡的结果，属动力学范畴。

当达到湿球温度时，从空气向湿纱布表面的对流传热速率为：

$$Q_1 = \alpha A(t - t_w) \tag{9-9}$$

同时，湿球表面的水分汽化的速率为：

$$G_w = k_H A(H_s - H) \tag{9-10}$$

则湿球表面水汽化所需热量

$$Q_2 = G_w r_w \tag{9-11}$$

当达到平衡，即达到湿球温度时，有：$Q_1 = Q_2$

即

$$\alpha A(t - t_w) = G_w r_w$$

整理得

$$t_w = t - \frac{k_H r_w}{\alpha}(H_s - H) \tag{9-12}$$

而对于空气-水系统，由于 $a/k_H = c_H$，所以式（9-12）也可写成：

$$t_w = t - \frac{r_w}{c_H}(H_s - H) \tag{9-12a}$$

式中，Q_1 为空气向湿纱布的传热速率，kW；Q_2 为湿球表面水汽化所需热量，kW；α 为空气主体与湿纱布的对流给热系数，$kW/(m^2 \cdot K)$；A 为空气与湿纱布之间的接触面积，m^2；t，t_w 为空气的干、湿球温度，℃；G_w 为水分汽化速度，kg/s；k_H 为以湿度差为推动力的对流给质系数，$kg/(m^2 \cdot s)$；H_s 为湿球温度 t_w 下空气的饱和湿度，kg/kg；r_w 为湿球温度 t_w 下水的汽化潜热，kJ/kg。

由式（9-12）可知，湿球温度 t_w 是空气温度 t 和湿度 H 的函数，湿球温度与测定湿球温度时湿纱布浸入的水的初始温度无关。在一定总压下，可以测定出空气的干球温度和湿球温度后，应用式（9-12）计算出空气的湿度。

测定湿球温度的时候，空气流量要求相对较大，一般要求空气流速大于5m/s，这样才能减少辐射传热和导热的影响，得到准确的湿球温度。

8. 绝热饱和温度 t_{as}

绝热饱和温度是湿空气经过绝热冷却过程后达到饱和湿度稳态时的温度，用 t_{as} 表示。如图 9-2 所示，有初始温度为 t_1、湿度为 H_1 的不饱和空气由增湿塔底部进入塔内，在塔内和大量由塔顶喷洒下来的水在填料表面充分接触，水用泵循环，使塔内水温完全均匀。若塔与周围环境绝热，由于空气中水分未饱和，水将向空气中汽化，而导致水温下降，当水温比空气温度低时，空气向水传递热量，而且水温越低传的热量越大；同时不断汽化的水蒸气又将热量带回空气中，当空气向水传递的热量等于水汽化吸收的热量时，水温不再下降，开始保持不变，塔内系统达到稳定

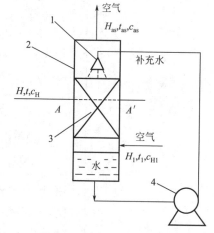

图 9-2　空气绝热增湿过程
1—液体分离器；2—增湿塔；
3—增湿室；4—泵

状态。因此，在从塔底上行的过程中空气的焓值不变，温度逐渐下降，湿度则不断增加，如果增湿塔足够高，经过足够长的时间，气液两相通过充分的传质传热，达到相平衡，最后塔中空气的温度降为某一温度，空气的湿度是对应这一温度下的饱和湿度，这个湿度称为绝热饱和湿度，以 H_{as} 表示，对应的温度为绝热饱和温度，用 t_{as} 表示。由于水不断被空气从塔顶带出，需要不断向塔内补充温度为 t_{as} 的水。

绝热增湿过程，没有速度方面的含义，由热量衡算和物料衡算导出，因此属静力学范畴。这一绝热冷却过程，实际上是等焓过程，在增湿室 3 中任取一个截面 AA'，此时空气状态为 t、H，湿空气比热容是 c_H。水向空气中汽化所需的潜热由湿空气温度下降放出的显热提供，即

$$c_H(t-t_{as})=r_{as}(H_{as}-H)$$

整理得：

$$t_{as}=t-\frac{r_{as}}{c_H}(H_{as}-H) \tag{9-13}$$

式中，r_{as} 为温度为 t_{as} 时水的汽化潜热，kJ/kg。

由式（9-13）可知，湿空气（t，H）的绝热饱和温度 t_{as} 是湿空气在绝热冷却、增湿过程中达到饱和时的温度，也是极限冷却温度，只由该湿空气的 t 和 H 决定，t_{as} 也是空气的状态参数。

9. 露点 t_d

不饱和湿空气在总压 p 和湿度 H 一定的情况下进行冷却，达到饱和状态时的温度叫做露点，用 t_d 表示，此时 $\varphi=1$。根据式（9-3a）可知，在一定总压 p 下，只要测出露点温度 t_d，便可从饱和水蒸气表中查得此温度下对应的饱和蒸气压 p_d，由于露点温度时 $p_w=p_d$，由式（9-3a）可以求得空气的湿度。反之若已知空气的湿度，根据式（9-3a）可求得饱和蒸气压 p_d，再从饱和水蒸气表中查出相应的温度，即露点 t_d。

【例 9-1】已知湿空气的总压 $p=1.013\times10^5$Pa，相对湿度 $\varphi=50\%$，干球温度 $t=34℃$，试求：（1）湿度 H；（2）湿球温度 t_w；（3）露点 t_d；（4）绝热饱和温度 t_{as}。

解 已知 $p=1.013\times10^5$Pa，相对湿度 $\varphi=50\%$，$t=25℃$。

（1）由饱和水蒸气表查到水在 25℃ 时 $p_s=3168$Pa，根据式（9-5）可求得：

$$H=0.622\times\frac{\varphi p_s}{p-\varphi p_s}=0.622\times\frac{50\%\times3168}{1.013\times10^5-50\%\times3168}$$
$$=0.010（kg/kg）$$

（2）由于 H_s 是 t_w 的函数，用试差法计算 t_w，步骤如下。

①假设 $t_w=20℃$；②已知，对空气 - 水系统，$\frac{\alpha}{k_H}\approx c_H=1.01+1.88H=1.0288$；③由饱和水蒸气表得 20℃汽化热 $r_w=2453.3$kJ/kg；④ 20℃时 H_s（$t=20℃$，$p_s=2338.43$Pa）。

所以 $H_s=0.622\frac{p_s}{p-p_s}=0.622\times\frac{2338.43}{101300-2338.43}=0.0147（kg/kg）$

根据式（9-12）得：$t_w=t-\frac{k_H r_w}{\alpha}(H_s-H)=25-\frac{0.0147-0.010}{1.0288}\times2453.3=13.79（℃）$，

与假设的 20℃ 不接近，故假设不正确。

故①重设 $t_w = 17.5℃$ ；②对空气 - 水系统，$\dfrac{\alpha}{k_H} \approx c_H = 1.01 + 1.88H = 1.0288$ ；③由饱和水蒸气表得 17.5℃ 汽化热 $r_w = 2451.1\text{kJ/kg}$ ；④ 17.5℃ 时 H_s（$t = 17.5℃$，$p_s = 2000.47\text{Pa}$）。

所以
$$H_s = 0.622 \frac{p_s}{p - p_s} = 0.622 \times \frac{2000.47}{101300 - 2000.47} = 0.0125 \text{（kg/kg）}$$

根据式（9-12）得：$t_w = t - \dfrac{k_H r_w}{\alpha}(H_s - H) = 25 - \dfrac{0.0125 - 0.010}{1.0288} \times 2451.1 = 17.8 \text{（℃）}$，与假设的 17.5℃ 接近，故假设正确。

（3）$p_w = \varphi p_s = 50\% \times 3168\text{Pa} = 1584\text{Pa}$，由饱和水蒸气表查到其对应的温度是 12.5℃。

（4）对空气 - 水系统，$t_{as} = t_w = 17.5℃$。

对水蒸气 - 空气系统，干球温度、绝热饱和温度、湿球温度和露点之间的大小关系为：$t \geqslant t_{as} \approx t_w \geqslant t_d$（当空气饱和时 "=" 成立）。

二、空气湿度图

湿空气的状态可以用温度 t、湿度 H、相对湿度 φ、水蒸气分压 p_w、露点 t_d、湿球温度 t_w 等表示。在一定的总压下，这些参数中已知两个独立的参数，湿空气的状态就可以确定，其他参数通过参数间的函数关系式计算求出，但这种方法相当烦琐，有时需要用试差法，而且对空气的状态变化过程的分析也缺乏直观的感性认识。工程上为了方便起见，将各参数之间的关系绘制成图——湿度图。利用湿度图由已知参数确定空气状态后，再非常方便地查出相应的其他未知参数。常用的湿度图有湿度 - 温湿图（t-H）和焓湿图（I-H）。

如图 9-3 所示为常压下（$p = 101.3\text{kPa}$）湿空气的 t-H 图。这种图是以温度为横坐标、湿度为纵坐标绘

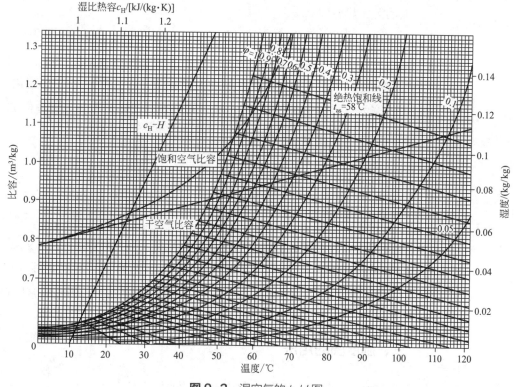

图 9-3　湿空气的 t-H 图

成的，所以称为 t-H 图，图中 $\varphi=1$ 以下的每一点都代表某一状态参数。现将图中各种曲线意义分述如下。

（1）等温线，即等 t 线　在图 9-3 中所有垂直横坐标的直线都是等 t 线，在同一根等 t 线上不同的点都具有相同的温度。

（2）等湿线，即等 H 线　等湿线是图 9-3 中所有垂直纵坐标的直线，在同一根等 H 线上不同的点都具有相同的湿度值。

（3）等相对湿度线，即等 φ 线　等相对湿度线是根据式（9-5）绘制的一束从原点出发的曲线。根据式（9-5）可知，当总压 p 一定时，对于任意规定的 φ 值，上式可简化为 H 和 p_s 的关系式，而 p_s 又是温度的函数，因此对应一个温度 t，就可根据饱和水蒸气表查到相应的 p_s 值，再根据式（9-5）计算出相应的湿度 H，将各点（t，H）连接起来，就构成等相对湿度 φ 线。根据上述方法，可绘出一系列的等 φ 线群，如图 9-3 所示。

$\varphi=1$ 的等 φ 线为饱和空气线，此时空气完全被水蒸气所饱和。饱和空气线以下（$\varphi<1$）为不饱和空气区域。当空气的湿度 H 为一定值时，其温度 t 越高，则相对湿度 φ 值就越低，其吸收水蒸气的能力就越强。故湿空气进入干燥器之前，必须先经预热以提高其温度 t，目的一是为了提高作为载热体的湿空气的焓值，目的二是为了降低其相对湿度而提高吸湿力。$\varphi=0$ 时的等 φ 线为横坐标轴。

（4）湿比热容 c_H 线　根据式（9-6a）：

$$c_H=1.01+1.88H$$

在图 9-3 中 c_H-H 线是一条直线，湿比热容 c_H 仅随湿度的变化而变化。湿度 H 沿等湿线与湿比热容线相交，由交点垂直向上在上面的横坐标上读出对应的湿比热容值 c_H。

（5）绝热饱和线　由式（9-13）：$t_{as}=t-\dfrac{r_{as}}{c_H}(H_{as}-H)$，在图 9-3 中可绘制一组向右下倾斜、近乎平行的直线，此组线群为绝热饱和线。这是由于空气在绝热增湿的过程中，温度 t 随 H 的增大而降低，若忽略 c_H 的微小变化，t 随 H 沿着斜率为 $-\dfrac{r_{as}}{c_H}$，并通过点（t_{as}，H_{as}）的直线而变化。绝热饱和过程是等焓过程，因此绝热饱和线也是等焓线。

（6）湿比容 V_H 线　根据式（9-8a）：

$$V_H=(0.773+1.244H)\frac{t+273}{273}$$

干空气比容（V_a）线，将 $H=0$ 代入式（9-8a）中得 $V_a=0.773\dfrac{t+273}{273}$，可知 V_a 随 t 线性增加；饱和空气比容（V_s）线，将 $H=H_s$ 代入式（9-8a）中得 $V_s=(0.773+1.244H_s)\dfrac{t+273}{273}$，在相同的温度 t 下，$V_s>V_a$，所以 V_s 线在 V_a 上方；由于 V_s 随 t 迅速增加，V_s 与 V_a 差值也迅速增加。在图 9-3 的左侧可以找到这两条线。

三、湿度图的用法

利用 t-H 图查取湿空气的各项参数非常方便。

已知湿空气的某一状态点 A 的位置，通过图 9-4，可直接读出 A 点的状态参数 H、t、φ、t_{as}、t_d、c_H，进而还可以计算出 I 的数值。具体方法如下：

（1）湿度 H，由 A 点沿等湿线水平向右与纵轴的交点 H_1，即可读出 A 点的湿度值。

（2）干球温度 t，由过 A 点垂直向下的等温线与横坐标交点即可读出 A 点的干球温度。

（3）相对湿度 φ，由过 A 点的等相对湿度线即可读出 A 点的相对湿度 φ。

（4）绝热饱和温度 t_{as}（湿球温度 t_w），由过 A 点绝热饱和线与 $\varphi=1$ 饱和湿度线相交于 C 点，C 点的横坐标就是绝热饱和温度 t_{as} 值。由于 $t_{as} \approx t_w$，可用相同方法求得湿球温度 t_w 值。

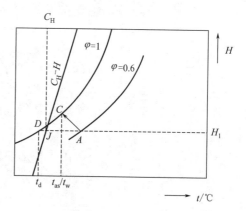

图9-4 $t\text{-}H$ 的应用

（5）露点 t_d，由 A 点沿等湿线向左与 $\varphi=1$ 饱和线相交于 D 点，再由过 D 点垂直向下的等温线与横坐标交点读出露点 t_d 值。

（6）湿比热容 c_H，由等湿线水平向左交 c_H 线于 J 点，通过点 J 向上做垂直线与上方横坐标交点读出 c_H 值。

（7）在 $t\text{-}H$ 图中不能直接读出 I 值，可根据式（9-7b）：$I=(1.01+1.88H)t+2492H$ 很方便计算出焓值。

通过上述查图可知，首先必须确定代表湿空气状态的点，然后才能查得各项参数。状态点可以根据不同的独立变量对来确定，图 9-5 为具体方法，其中：

（1）图 9-5（a）为已知湿空气的干球温度 t 和绝热饱和温度 t_{as} 或湿球温度 t_w，确定状态点 A。

（2）图 9-5（b）为已知湿空气的干球温度 t 和露点 t_d，确定状态点 A。

（3）图 9-5（c）为已知湿空气的干球温度 t 和相对湿度 φ，确定状态点 A。

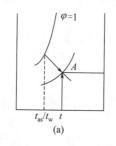 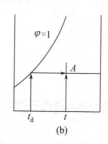 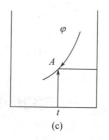

图9-5 $t\text{-}H$ 图的用法

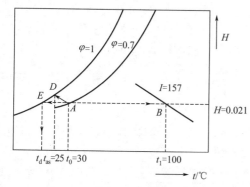

例 9-2 附图

【**例 9-2**】 已知空气的总压 $p=1.013 \times 10^5 \text{Pa}$，干球温度 $t=30℃$，相对湿度等于 0.7，试求：（1）湿度 H；（2）湿球温度 t_w（绝热饱和温度 t_{as}）；（3）露点 t_d；（4）将上述状态空气在预热器内加热到 $100℃$ 所需热量。已知空气流量为 $L=80\text{kg/h}$。

解 由已知条件在 $t\text{-}H$ 图上，30℃等温线与相对湿度 0.7 的等 φ 线交点，为状态点 A 点。

（1）湿度 H　由 A 点沿等 H 线水平向右与纵轴相交于 H，读出 $H=0.021\text{kg/kg}$。

（2）湿球温度 t_w（绝热饱和温度 t_{as}）　由 A 点沿着

绝热饱和线与 $\varphi=1$ 饱和线相交于 D 点，D 点的横坐标就是绝热饱和温度 $t_{as}=25℃$，则湿球温度 $t_w \approx t_{as}=25℃$。

（3）露点 t_d　由 A 点沿等湿度线水平向左与 $\varphi=1$ 饱和线相交于 E 点，再由过 E 点垂直向下的等温线与横坐标交点读出露点 $t_d=23℃$。

（4）预热器提供的热量 Q　$Q=L(I_1-I_0)$

由题意知 $t_0=30℃$，$H=0.021kg/kg$，可计算出 A 点的焓值为：

$$I_0=(1.01+1.88H)t_0+2492H=84（kJ/kg）$$

由于在加热的过程中 H 不变，所以由 A 点沿等 H 线水平向右与 $t_1=100℃$ 的等温线相交于 B 点，则 B 点即为加热后的空气状态点。其焓值为：

$$I_1=(1.01+1.88H)t_1+2492H=157（kJ/kg）$$

则：$Q=L(I_1-I_0)=80 \times (157-83)=5920（kJ/h）$

第二节　干燥过程的衡算

食品干燥的过程衡算包括物料衡算和热量衡算，物料衡算与热量衡算主要解决两大类问题。第一类是设计型问题，在对干燥器的设计中，一般已知湿物料的处理量以及最初、最终的含水量，然后通过物料衡算计算干燥需要去除的水分量 W 或者干燥介质空气的消耗量 L。

而热量衡算的目的，是计算干燥流程的热能耗用量及各项热量分配，如预热器的加入热量 Q_p、干燥室补充热量 Q_d 以及损失的热量 Q_1。

第二类是生产型问题，即对于现有的干燥器，根据其所能提供的干空气用量、需汽化的水分量 W 以及预热器和干燥室补充加热器所能提供的热量，通过计算确定干燥器的生产量。

对于连续干燥器来说，一般是在单位时间（h）内对物料、热量进行衡算；而对间歇式干燥器来说，一般是以一个干燥周期进行衡算。

一、湿物料中含水率的表示方法

湿物料由水分和绝干物料（干物料）组成，湿物料中的水分一般用湿基含水量 w 和干基含水量 X 表示。

1. 湿基含水量

单位湿物料中所含水分的质量为湿物料的湿基含水量。

$$w=\frac{湿物料中水分的质量}{湿物料总质量} \tag{9-14}$$

2. 干基含水量

不含水分的物料通常称为绝干物料或干物料。湿物料中水分的质量与绝干物料质量之比，称为湿物料的干基含水量。

$$X=\frac{湿物料中水分的质量}{湿物料中绝干物料的质量} \tag{9-15}$$

上述两种含水量之间的换算关系如下：

$$X=\frac{w}{1-w}\qquad 或\ w=\frac{X}{1+X}\qquad（9-16）$$

工业生产中，通常用湿基含水量来表示物料中水分的多少。但在干燥器的物料衡算中，由于干燥过程中湿物料的质量不断变化，而绝干物料质量不变，故采用干基含水量计算较为方便，但习惯上用湿基表示物料中的含水量。

二、干燥系统的物料衡算

在干燥的过程中，湿物料经干燥除去水分变成干产品，同时新鲜空气经过热质交换带走水分变成废气。从物料中除去水分的数量 W、干空气的消耗量 L 以及干燥产品的产量 G_2 可以通过对干燥系统作物料衡算计算出。

图 9-6 为进出干燥系统的物流情况，下面对整个干燥系统进行物料衡算。

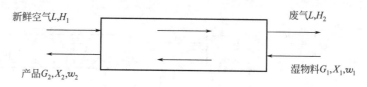

图 9-6　连续干燥器的物流

1. 水分蒸发量 W

对于连续干燥器，干燥过程中水分只是从物料转移到干燥介质空气中，物料中减少的水分量，或者空气中增加的水分就是干燥中的水分蒸发量：

$$W=LH_2-LH_1\qquad（9-17）$$

或

$$W=G_1-G_2=G_C(X_1-X_2)=\frac{G_1(w_1-w_2)}{1-w_2}=\frac{G_2(w_1-w_2)}{1-w_1}\qquad（9-17a）$$

式中，G_C 为湿物料中绝干物料的质量流率，kg/h；G_1、G_2 为进出干燥器物料的质量流率，kg/h；X_1、X_2 为进出干燥器物料的干基含水量，kg/kg 干基；w_1、w_2 为进出干燥器物料的湿基含水量，kg/kg 湿基；H_1、H_2 为进出干燥器空气的湿度，kg/kg；W 为物料在单位时间内被汽化的水分量，kg 水分 /h；L 为干空气的质量流量，kg 干空气 /h。

2. 干空气消耗量 L

由式（9-17）可得干空气消耗量为：

$$L=\frac{W}{H_2-H_1}=\frac{G_C(X_1-X_2)}{H_2-H_1}\qquad（9-18）$$

L 为干空气的用量，实际的空气用量为 $L(1+H_1)$。

将式（9-18）等号两侧均除以水分蒸发量 W，得到蒸发单位质量的水分需要的干空气量，即单位空气消耗量，kg 干空气 /kg 水分：

$$l=\frac{L}{W}=\frac{1}{H_2-H_1}\qquad（9-18a）$$

3. 干燥产品流量 G_2

进出干燥器的绝干物料质量不变，绝干物料衡算得：

$$G_2(1-w_2) = G_1(1-w_1) \qquad (9\text{-}19)$$

即
$$G_2 = \frac{G_1(1-w_1)}{1-w_2} \qquad (9\text{-}19a)$$

应指出，干燥产品量 G_2 是含有水分的，只是含水量少，G_2 的值大于绝干物料量 G_C，如果干燥产品的最终含水率要求改变，G_2 的值将随之改变，在干燥过程中只有绝干物料量 G_C 是不变的。

三、干燥系统的热量衡算

通过热量衡算，可以了解干燥器的热效率以及预热器的必须功率、补充热量以及损失热量等。

进出干燥系统的热量情况如图 9-7 所示。

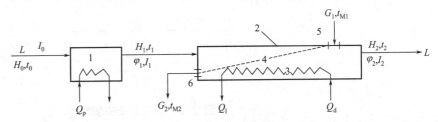

图 9-7　干燥器的热量衡算

1—预热器；2—干燥室；3—补充加热器；4—物料输送装置；5—湿物料进口；6—干物料出口

输入热量包括：预热器的输入热量 Q_p，干燥室补充热量 Q_d，空气带入的热量 LI_0，湿物料 G_1 带入的热量 $G_2c_Mt_{M1}+Wc_1t_{M1}$。

输出热量包括：干后物料 G_2 所带走的热量 $G_2c_Mt_{M2}$，空气带走的热量 LI_2，干燥过程中损失的热量 Q_1。

对整个干燥器进行热量衡算：输入热量 = 输出热量

即
$$Q_p+Q_d+LI_0+G_2c_Mt_{M1}+Wc_1t_{M1}=G_2c_Mt_{M2}+LI_2+Q_1 \qquad (9\text{-}20)$$

为了方便起见，以汽化 1kg 水分所消耗的热量为基准进行衡算，设汽化 1kg 水分所消耗的热量为 q，$q_p=Q_p/W$，$q_d=Q_d/W$，则有：

$$q=q_p+q_d=(G_2c_Mt_{M2}-G_2c_Mt_{M1})/W+l(I_2-I_0)+q_1-c_1t_{M1} \qquad (9\text{-}21)$$

式中，c_M，c_1 为干后物料、水的质量比热容，kJ/(kg·K)；I_0，I_2 为进、出干燥器空气的焓，kJ/kg；t_{M1}，t_{M2} 为湿物料进、出干燥器时的温度，℃。

【例 9-3】某果品深加工厂干燥香蕉片，利用一台热风干燥器对香蕉片进行初干燥，干燥器的生产能力为 2400kg/h。香蕉片初始湿基含水量为 75%，于 25℃进入干燥器，离开时温度为 35℃，湿基含水量为 55%，此时香蕉片的比热容为 3.55kJ/(kg·K)。干燥用的空气初始状态为：干球温度 20℃、湿球温度 17℃，预热至 97℃后进入干燥室。空气自干燥室排出时，干球温度 50℃、湿球温度 39℃。另外在干燥中有一台与预热室功率相等的加热器，以补充热量。

试求：（1）蒸发的水分量；（2）空气用量；（3）预热器蒸汽用量，加热蒸汽压力为 200kPa（表压），大气压为 101.3kPa；（4）干燥时损失的热量。

解　（1）蒸发的水分量 W　根据式（9-17a）$W=G_C(X_1-X_2)$

其中
$$G_C=G_2(1-w_2)=2400\times(1-0.55)=1080（kg/h）$$

$$X_1=\frac{0.75}{1-0.75}=3（kg/kg）;X_2=\frac{0.55}{1-0.55}=1.22（kg/kg）$$

所以
$$W=1080\times(3-1.22)=1922（kg/h）$$

（2）空气用量 L　由 t-H 图查得，进、出干燥器的空气湿度 H_0、H_2 分别为 0.011kg/kg、0.047kg/kg。

$$L=\frac{W}{H_2-H_0}=\frac{1922}{0.047-0.011}=53389（kg/h）$$

实际空气用量为 $L'=L(1+H_0)=53389(1+0.011)=53976（kg/h）$。

（3）预热器蒸汽用量

进预热器的空气焓　　　　　　　$I_0=(1.01+1.88H_1)t_0+2492H_1=48（kJ/kg）$

出预热器的空气焓　　　　　　　$I_1=(1.01+1.88H_1)t_1+2492H_1=127.4（kJ/kg）$

预热器的加入热量　　　　　　　$Q_p=L(I_1-I_0)=4239087（kJ/h）$

查饱和水蒸气表可知饱和水蒸气汽化热为 2205kJ/kg，故蒸汽用量为 4239087/2205=1922（kg/h）。

（4）干燥器的热量损失

$$I_2=(1.01+1.88H_2)t_2+2492H_2=(1.01+1.88\times0.047)\times50+2492\times0.047=172（kJ/kg）$$

根据式（9-20）　　　　$Q_p+Q_d+LI_0+G_2c_Mt_{M1}+Wc_1t_{M1}=G_2c_Mt_{M2}+LI_2+Q_1$

得 $Q_1=Q_p+Q_d+LI_0+G_2c_Mt_{M1}+Wc_1t_{M1}-(G_2c_Mt_{M2}+LI_2)$

$\qquad=Q_p+Q_d-L(I_2-I_0)-G_2c_M(t_{M2}-t_{M1})+Wc_1t_{M1}$

$\qquad=4239087+4239087-53389\times(172-48)-2400\times3.55\times(35-25)+1922\times4.178\times25$

$\qquad=4239087+4239087-6620236-85200+200753$

$\qquad=1973491（kJ/h）$

四、干燥过程的图解及应用

在 t-H 图上分析空气在干燥过程中的变化，既简单方便又对干燥器的设计与操作有一定的指导意义。在设计干燥器时，空气干燥前的状态是给定的，而干燥完毕时的状态，一般是根据干燥物料的出口温度或湿度达到一定工艺规定，通过计算求得的。干燥过程都可以在 t-H 图上表示。

1. 理想干燥过程（等焓干燥过程）

若干燥过程中忽略设备的热损失和物料进出干燥器温度的变化，而且不向干燥器补充热量，此时干燥器内空气放出的显热全部用于蒸发湿物料中的水分，最后水分又将潜热带回空气中，此时 $I_1=I_2$，这种干燥过程称为理想干燥过程，又称绝热干燥过程或等焓干燥过程。

理想干燥过程中气体状态变化如图9-8所示。由湿空气初始状态（t_0，H_0）确定点 O；预热器中空气湿度不变，沿等湿线升温至 t_1，即 $A(t_1,H_0)$ 点；进入干燥器后气体沿等焓线降温至 t_2，交点 $B(t_2,H_2)$ 即为空气出干燥器时的状态点。

2. 实际干燥过程（非等焓干燥过程）

在实际干燥过程中，干燥器有一定的热损失，而且湿物料本身也要被加热，即 $I_1\neq I_2$，因此空气的状态不是沿着绝热饱和线变化，如图9-9所示。图9-9中 AB' 线表明干燥器出口气体的焓高于进口气体的焓，此时向干燥器补充的热量大于损失的热量和加热物料所消耗的热量之和；AB'' 线表明干燥器出口气体的焓小于进口气体的焓，此时不向干燥器补充热量或补充的热量小于损失的热量和加热物料所消耗的热量之和。

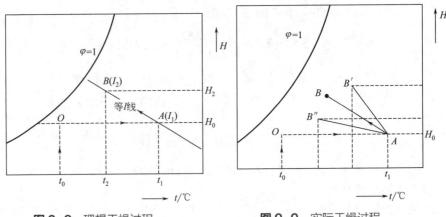

图9-8 理想干燥过程   图9-9 实际干燥过程

3. 干燥系统的热效率 η_h

干燥系统的热效率是指蒸发单位水分所需的热量与蒸发单位水分向干燥系统输入的热量之比，用 η_h 表示，则有（以汽化 1kg 水分所需要的热量为基准）：

$$\eta_h = \frac{\text{蒸发1kg水分所需的热量}}{\text{蒸发1kg水分向干燥系统输入的热量}} \times 100\%$$

$$= \frac{r_0 + c_w t_2 - c_1 t_{M1}}{q} \times 100\% \qquad (9\text{-}22)$$

η 越高表示热利用率越好，若空气离开干燥器的温度较低，而湿度较高，则可提高干燥操作的热效率。

【例9-4】 某香菇加工厂用喷雾干燥香菇粉时，香菇由料液含水率 $w_1=$ 93.1% 变为香菇粉含水率 $w_2=5.1\%$，得到的精粉量为 100kg/h，所用的新鲜空气 $t_0=25℃$，相对湿度 $\varphi_0=0.8$。空气经加热 $t_1=220℃$ 后进入干燥室，出干燥室的 $t_2=110℃$。

（1）假设这个是理想干燥过程，利用 $t\text{-}H$ 图，试求汽化 1kg 水分所需的空气量以及热量消耗量；（2）计算干燥系统的热效率 η。

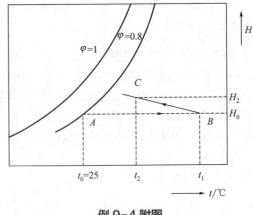

例9-4 附图

解 （1）如附图所示，根据新鲜空气状态为 $t_0=25℃$，$\varphi_0=0.8$，可以确定点 $A(t_0, \varphi_0)$；在空气预热过程中湿度不变，可以确定点 $B(t_1, H_1)$ 为预热后空气状态点；由此干燥过程是等焓过程，所以 B 点沿等焓线温度降至 110℃到 C 点。所以：

在 A 点有

$$H_0=0.018kg/kg, \quad c_{H0}=1.01+1.88H_0=1.04kJ/(kg \cdot K)$$

$$I_0=1.04t_0+2492H_0=71kJ/kg$$

B 点有

$$H_1=H_0=0.018kg/kg$$

$$c_{H1}=c_{H0}=1.01+1.88H_0=1.04kJ/(kg \cdot K)$$

$$I_1=1.04t_1+2492H_0=274kJ/kg$$

C 点有

$$I_2=I_1=274kJ/kg, \quad t_2=110℃,$$

$$H_2=0.069kg/kg$$

根据式（9-17a） $W=G_C(X_1-X_2)$

其中

$$X_1=\frac{0.931}{1-0.931}=13.5 （kg/kg）$$

$$X_2=\frac{0.051}{1-0.051}=0.054 （kg/kg）$$

$$G_C=G_2(1-w_2)=100 \times (1-0.051)=94.9 （kg/h）$$

$$W=94.9 \times (13.5-0.054)=1276 （kg/h）$$

所以，空气消耗量为　$L=W/(H_2-H_1)=1276/(0.069-0.018)=25020 （kg/h）$
实际空气用量为　$L'=L(1+H_0)=25020 \times (1+0.018)=25470 （kg/h）$
热量消耗量　$Q=L(I_1-I_0)=25020 \times (274-71)=5079060 （kJ/h）$

（2）干燥系统热效率

由于是理想干燥过程：

$$\eta=\frac{t_1-t_2}{t_1-t_0}=\frac{220-110}{220-25}=\frac{110}{195}=56.4\%$$

第三节　干燥速度与干燥过程

干燥过程中，干燥介质会将热量传递到湿物料的表面，再由表面传递到物料的内部，这个是传热的过程。另一方面，物料中的水分以液态或气态的形式透过物料传递到物料表面，然后通过物料表面的气膜扩散到空气中，这个是传质的过程。所以干燥是传热与传质同时进行的过程，干燥速度也同时受传热速率和传质速率的影响，传热速率主要与干空气的性质和操作条件有关，而传质速率在空气性质一定的情况下，只与干燥时水分在空气与物料间的相平衡有关。

一、物料中的水分

1. 水分活度

物料的水分活度 a_w 是指物料中水蒸气分压 p 与相同温度下纯水的饱和水蒸气压 p_s 的比值，用公式

$a_w = p/p_s$ 表示。

物料中 a_w 的大小为 $0 < a_w < 1$，食品中水分活度大小对食品的保藏性能有直接影响。当 $a_w > 0.95$ 时，微生物极易生长，食品容易腐败；当 $0.95 > a_w > 0.75$ 时，微生物生长受到不同程度抑制；只有当 $a_w < 0.75$ 时，微生物很难甚至不生长，食品容易保藏。所以为了满足贮运保藏等需求，需要对湿物料进行干燥，以达到保藏必需的水分活度要求。

物料的 a_w 与空气 φ 的相对大小决定了湿物料干燥能否进行以及干燥速度的大小，当 $\varphi < a_w$ 时干燥可以进行，且差值越大干燥速度越大。

2. 结合水分与非结合水分

湿物料中的水分在物料中以不同形态存在，与物料间的作用力大小不同，导致干燥过程中水分移除的难易程度也不同，根据水分和物料结合力的大小和去除的难易不同，将湿物料中水分分为结合水和非结合水。

（1）结合水分　结合水分包括结晶水、小毛细管内的水分、细胞内的水分、溶胀水等，这些借化学力或物理化学力与固体物料相结合的水统称为结合水。

（2）非结合水分　当物料中含水较多时，除一部分水与固体结合外，其余的水只是机械地附着于固体表面或颗粒堆积层中的大空隙中（不存在毛细管力），这些水称为非结合水。

结合水与非结合水的区别是水分的平衡蒸气压的不同，只与物料本身的性质有关。非结合水性质与纯水相同，其平衡水蒸气压等于同温度下纯水的饱和水蒸气压 $p = p_s$，这类水分较容易去除。结合水由于与物料间的作用力相对较大，平衡水蒸气压小于同温度下纯水的饱和水蒸气压 $p < p_s$，这类水分较难去除。

3. 平衡水分与自由水分

在一定条件下，湿物料中水分按能否被干燥去除可分为：

（1）平衡水分　平衡水分是物料在一定空气温度和湿度条件下的干燥极限水分，用 X^* 表示，这部分水分的平衡水蒸气压已经降到等于干燥介质空气的水蒸气分压，由于没有传质推动力的存在，这部分水分量不会因物料与干燥介质接触的时间延长而改变。

（2）自由水分　物料在一定空气温度和湿度条件下能被干燥去除的水分，为自由水分。

平衡水和自由水不仅与物料性质有关，也与空气的状态有关。物料的平衡水分与自由水分不是一成不变的，它们取决于物料本身的性质与空气的性质。水分与物料结合力越大，平衡水分含量相对越大，在同样的干燥温度下，空气湿度越大，平衡水分含量相对也越大。

物料的平衡水分和干燥介质空气的温度和湿度有关，图 9-10 是一些物料的平衡水分随空气相对湿度变化的关系曲线。同种物料的平衡水分随着空气的相对湿度增加而增加，平衡水分也受物料性质的影响，不同的物料在空气相对湿度相同的时候，平衡水分差异也是很明显的。

利用图 9-10 可以很方便地查出四种水分的值，方法如图 9-11 所示。一定空气条件下，根据空气相对湿度可以在平衡水分曲线上直接读出平衡水分的大小，平衡水分之外的水分就是能够通过干燥去除的自由水分。非结合水的性质与纯水相同，所以物料中只要含有非结合水分，物料表面的平衡水蒸气压就等于该温度下纯水的饱和水蒸气压，物料表面的相对湿度为100%，因此，相对湿度为100%时对应的物料平衡水分量等于结合水分量，结合水分之外的水分就是非结合水分。

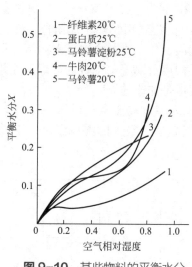

图 9-10　某些物料的平衡水分　　　　图 9-11　物料中水分种类

【例 9-5】 试求 20℃牛肉在 $\varphi=40\%$ 的空气中的平衡水分。今有湿度 $w_1=30\%$ 的牛肉 100kg，问在上述干燥介质中进行干燥，可能除去的最大水分量是多少？不能除去的水分量是多少？

解　由于在平衡水分以上的水分是可以除去的，而在平衡水分以下的水分是不能除去的，所以先求出平衡水分。

根据图 9-10，查得牛肉在 $\varphi=40\%$ 平衡水分为 $X^*=0.12$kg/kg。

所以　绝干物料量　$G_C=100\times(1-w_1)=100\times(1-0.3)=70$（kg/h）

物料中总的水分含量　$G_W=100-G_C=100-70=30$（kg/h）

初湿度（干基表示）$X_1=G_W/G_C=30/70=0.43$（kg/kg）

即可能除去的最大水分量是　$G_{WR}=G_C(X_1-X^*)=21.7$（kg/h）

不能除去的水分量　$G_{Wf}=G_W-G_{WR}=30-21.7=8.3$（kg/h）

二、恒定干燥条件下的干燥速度与时间计算

干燥的速度与空气的状态条件和物料的性质均有关系。空气的状态条件包括温度、湿度以及空气的流量，不同物料在相同干燥条件下干燥，因物料性质不同，与水分的结合方式不同，干燥速度不同，同种物料因物料形状大小的不同，也会对干燥速度产生影响。

由于影响干燥的因素比较多，根据空气的状态参数的变化，干燥可以分为恒定干燥条件和非恒定干燥条件。恒定的干燥条件是指用大量空气干燥少量小块的物料，且空气的温度、湿度和流速保持稳定不变且与物料的接触方式不变，本章分析的是恒定干燥条件下的干燥。

（一）干燥曲线与干燥速度曲线

物料干基含水量与时间的关系曲线称为干燥曲线，如图 9-12。干燥速度与物料干基含水量的关系称

为干燥速度曲线，如图9-13。由于干燥机理较复杂，干燥曲线和干燥速度曲线是在恒定干燥条件下，通过实验测定的。根据干燥过程中的传热和传质的不同，整个干燥过程可以分为预热干燥阶段、恒速干燥阶段和降速干燥阶段。

1. 预热干燥阶段

AB 段：A 点代表干燥开始时的情况，干燥开始时物料温度低于空气的温度，物料温度上升到 B 点，AB 为湿物料预热干燥阶段。在该过程中，物料的含水量及其表面温度均随时间而变化。物料含水量由初始含水量降至与 B 点相应的含水量，而温度则由初始温度升高至与空气的湿球温度相等的温度，由于物料温度是上升的，干燥速度也是加速的。

如果在干燥开始的时候物料温度高于空气的湿球温度，物料会经过一个降温过程，到达 B 点物料温度趋近于空气的湿球温度，干燥速度则是减速的过程。

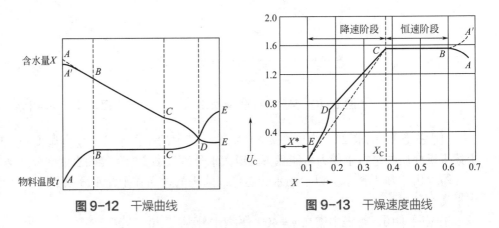

图 9-12　干燥曲线　　　　图 9-13　干燥速度曲线

一般预热过程的时间很短，在分析干燥过程中常可忽略，将其作为恒速干燥的一部分。

2. 恒速干燥阶段

BC 段：如图 9-13 干燥速度曲线所示，湿物料在进行短暂的预热阶段过后就进入恒速干燥阶段，在这一阶段物料含有大量非结合水分，水分在表面的汽化速度小于或等于从物料内层向表面层扩散的速度，物料表面仍被水分完全润湿，干燥速度保持不变，此阶段是恒速干燥阶段。

恒速干燥阶段，物料表面水蒸气压等于同温度下纯水的饱和蒸气压，与空气水蒸气分压差保持不变，这个压力差为恒速干燥阶段的干燥传质推动力，由于传质推动力保持恒定，在 BC 段内干燥速度保持恒定。

恒速干燥阶段，干燥速度受水分表面汽化速度控制，干燥速度最大，湿物料干基含水量呈直线下降，表面温度为空气的湿球温度 t_w。

必须说明的是，如果干燥条件不是恒定的，那么在 BC 段干燥速度也会随时间而改变，在干燥速度曲线上 BC 段不会是水平的。或者物料干燥不含非结合水分，只有结合水分，那么干燥也没有恒速干燥阶段。

3. 降速干燥阶段

随着物料的含水量逐渐减少，物料表面开始出现局部干区，物料虽然仍然含有非结合水，由于这部分非结合水分在物料内部，必须通过一定厚度的物料干区才能到达物料表面，水分向表层的扩散速度小于表面汽化的速度，干燥的速度取决于扩散速度，称为降速干燥阶段，也是内部扩散控制阶段。

降速干燥阶段，物料表面的水蒸气压小于同温度下的饱和蒸气压，由于传质推动力减小，干燥速度开始下降。降速干燥阶段可以分为两个阶段。

CD 段：实际汽化表面减小

进入降速干燥阶段，由于物料表面水分的汽化速度大于内部水分迁移到表面的速度，物料表面会出现局部干区，即实际汽化表面减小，物料干燥速度下降。即为图 9-12 中的 CD 段，这个过程一直维持到物料表面全部变为干区。

DE 段：汽化面内移

汽化表面减小是由于物料表面出现局部干区，而当物料全部表面都成为干区后，水分的汽化面逐渐向物料内部移动，传热是由空气穿过物料干区到内部汽化表面，汽化的水分又从汽化表面穿过物料干区到空气中。显然，固体内部的热、质传递途径加长，阻力加大，造成干燥速度进一步下降。即为图 9-12 中的 DE 段。如果干燥时间足够长，降速干燥阶段结束的 E 点含水量趋近于平衡水分 X^*，这是在一定干燥条件下的干燥极限。

在此过程，空气传给湿物料的热量大于水分汽化所需要的热量，故物料表面的温度升高。CD、DE 段都是降速阶段，只不过汽化面不同。

降速干燥阶段的特点：

（1）随着干燥时间的延长，干基含水量 X 减小，干燥速度降低；

（2）物料表面温度大于湿球温度，物料表面的温度不断升高；

（3）除去的水分为部分非结合水分和大部分结合水分，剩余的不能除去的结合水即为平衡水分；

（4）降速干燥阶段的干燥速度与物料种类、结构、形状及尺寸有关，如块状的马铃薯切片后就会增大其降速阶段的干燥速度，而与空气状态关系不大；

（5）降速干燥很常见，在果蔬、畜禽肉、果胶、酪蛋白等食品的干燥过程中，主要是以降速干燥为主，所以改善食品内部的水分迁移有利于整个干燥时间的缩短。

4. 临界含水量

由恒速阶段转为降速阶段的点称为临界点 C，所对应湿物料的含水量称为临界含水量，用 X_C 表示。临界含水量与湿物料的性质及干燥条件有关。

在相同的干燥条件下，影响临界含水量大小的因素有物料的性质以及物料的厚度、粒度等。个体形态比较大的比如块状（马铃薯、胡萝卜、面包）、条状（芹菜、刀豆、香肠）等，粒度致密细小的，如淀粉等，这些物料的临界含水量 X_C 较大。对于临界含水量大的干燥过程，恒速阶段比较短，较快进入降速阶段，不利于干燥的进行，整个干燥时间将延长。

一些个体比较小的但比较疏松的散粒状如谷物、豆类、各种油料种子，或晶体状的物料如葡萄糖、味精、盐等，这些物料临界含水量 X_C 较小，恒速干燥阶段维持的时间较长，干燥速度较快，整个干燥时间可缩短。

所以为了加快干燥速度，通常尽可能地采用将物料切片、减小物料层厚度、使物料疏松堆积等方法，减小临界含水量 X_C，缩短干燥时间。

在物料条件相同的情况下，改变干燥条件同样也可以改变临界含水量 X_C。增大空气的风速和空气的预热温度，可以提高恒速干燥阶段的干燥速度，但是恒速干燥速度太大，临界含水量增大，干燥提前进入降速阶段，干燥时间可能反而延长。

对于食品的干燥，评价干燥食品品质的指标包括外观形状、色、香、味以及复水性和维生素等营养物质含量等。这些指标对干燥条件的要求并不一致，所以往往在不同的干燥阶段采用变化的干燥条件，

以获得高品质的干制食品。例如，香菇的干燥温度越高，干燥速度越快，表观形状会比较差，成品干缩度不均匀，表面粗糙不平，有裂纹，复水性能则可以得到明显提高；维生素含量，高温快速干燥比低温缓慢干燥损失小；香味影响则是低温慢速干燥气味纯正，有明显的香菇香气，高温干燥则风味较为平淡。为协调干燥速度与成品质量间的关系，必须根据不同的含水率的变化，在整个干燥过程中采用变温度、变风速和变时间的工艺条件。在干燥初期，香菇表面自由水分多，采用低温大风速加快干燥速度，这种干燥速度提高的幅度小于高温大风速对干燥速度提高的幅度，临界含水量增加幅度有限，恒速干燥阶段可以保持比较长；干燥后期，随着香菇含水量的降低，进入降速阶段，选用低温、低风速和短时间，这样可以确保香菇的表面温度不会再升温，避免成品色泽变暗、焦化和裂纹等现象。

对于一些散状颗粒也可以换用接触面积较大的干燥器比如流化床、气流干燥器，同样也可以减小临界含水量 X_C，以提高干燥恒速阶段时间。

（二）干燥速度

干燥速度是指物料单位时间、单位表面积除去的水分量，用符号 U 表示，单位是 kg/（m² · s），其定义式为：

$$U=-\frac{G_C \mathrm{d}X}{A \mathrm{d}\theta}=\frac{\mathrm{d}W}{A \mathrm{d}\theta} \tag{9-23}$$

式中，W 为水分汽化量，kg；A 为干燥面积，m²；θ 为干燥时间，s。

（三）恒速干燥阶段干燥速度与干燥时间

1. 恒速干燥阶段干燥速度

由于在恒速阶段水分汽化所需要的热量 $r_w \mathrm{d}W$ 等于空气传给物料的热量 $\mathrm{d}Q$：

$$r_w \mathrm{d}W=\mathrm{d}Q$$

即

$$\mathrm{d}W=\mathrm{d}Q/r_w$$

在干燥过程中，传热速度为 $\dfrac{\mathrm{d}Q}{A \mathrm{d}\theta}=\alpha(t-t_w)$

传质速度为 $\dfrac{\mathrm{d}W}{A \mathrm{d}\theta}=k_H(H_s-H)$

所以恒速干燥阶段干燥速度

$$U=\frac{\mathrm{d}W}{A \mathrm{d}\theta}=\frac{\mathrm{d}Q}{r_w A \mathrm{d}\theta}=k_H(H_s-H)=\alpha(t-t_w)/r_w \tag{9-24}$$

式中，r_w 为湿球温度下水的汽化热，kJ/kg；Q 为空气传给物料的热量 kJ；H、t 为空气的湿度、温度，kg/kg、℃；t_w、H_s 为湿球温度、该温度下的饱和湿度；α、k_H 为对流给热、给质系数。

2. 恒速干燥阶段干燥时间

由式（9-23）分离变量积分可求得恒速干燥阶段干燥时间，由于是恒速干燥阶段 $U=U_C=$ 常数，当 $\theta=0$，$X=X_1$；$\theta=\theta_1$，$X=X_C$。积分有：

$$\int_0^{\theta_1} \mathrm{d}\theta = -\frac{G_\mathrm{C}}{AU_\mathrm{C}} \int_{X_1}^{X_\mathrm{C}} \mathrm{d}X$$

即

$$\theta_1 = \frac{G_\mathrm{C}}{AU_\mathrm{C}}(X_1 - X_\mathrm{C}) \tag{9-25}$$

（四）降速干燥阶段干燥速度与干燥时间

1. 降速干燥阶段干燥速度

由于此阶段的干燥速度曲线形状不一，通常把降速阶段的干燥速度曲线简化为连接临界点 X_C 到干燥极限点 X^* 的直线，以得到降速干燥阶段时的干燥速度 U 的近似求法。

根据式（9-23）可以得到：

$$U = -\frac{G_\mathrm{C}\mathrm{d}X}{A\mathrm{d}\theta} = k_\mathrm{x}(X_2 - X^*) \tag{9-26}$$

式中，k_x 为直线 CE 的斜率，是以 ΔX 为推动力的系数，$\mathrm{kg/(m^2 \cdot s)}$；$X_2$ 为产品含水量，$\mathrm{kg/kg}$。

将 $k_\mathrm{x} = U_\mathrm{C}/(X_\mathrm{C} - X^*)$ 代入式（9-26）得：

$$U = U_\mathrm{C}\frac{X_2 - X^*}{X_\mathrm{C} - X^*} \tag{9-27}$$

2. 降速干燥阶段干燥时间

对于降速阶段的时间 θ_2 的求法，可以对式（9-26）分离变量积分得：

$$\theta_2 = \frac{G_\mathrm{C}(X_\mathrm{C} - X^*)}{AU_\mathrm{C}}\ln\frac{X_\mathrm{C} - X^*}{X_2 - X^*} \tag{9-28}$$

所以总干燥时间

$$\theta = \theta_1 + \theta_2 = \frac{G_\mathrm{C}}{AU_\mathrm{C}}(X_1 - X_\mathrm{C}) + \frac{G_\mathrm{C}(X_\mathrm{C} - X^*)}{AU_\mathrm{C}}\ln\frac{X_\mathrm{C} - X^*}{X_2 - X^*} \tag{9-29}$$

【例9-6】 生产上用 $1\mathrm{m}\times2\mathrm{m}$ 的箱式干燥器风干牛肉，牛肉初始湿基含水量45%，空气相对湿度 $\varphi = 0.2$ 时，$X^* = 0.1\mathrm{kg/kg}$。现用 $t = 92℃$、流速 $L' = 3200\mathrm{kg/h}$ 的空气平行流动干燥 100kg 湿牛肉至湿基含水量 15%，已知临界含水量 $X_\mathrm{C} = 0.38\mathrm{kg/kg}$，$\alpha = 15560$。

试求：（1）恒速干燥阶段速度 U_C；（2）降速干燥阶段速度 U；（3）干燥总时间 θ。

解　干料量为：$G_\mathrm{C} = G(1-w_1) = 100\times0.55 = 55$（kg）

初干基含水量为：

$$X_1 = \frac{w_1}{1-w_1} = \frac{0.45}{1-0.45} = 0.82（\mathrm{kg/kg}）$$

终了干基含水量为：$X_2 = \dfrac{w_2}{1-w_2} = \dfrac{0.15}{1-0.15} = 0.18$（kg/kg）干燥面积为：$A = 2\mathrm{m^2}$

（1）恒速干燥阶段速度 U_C

根据式（9-24）

$$U_\mathrm{C} = U = \alpha(t - t_\mathrm{w})/r_\mathrm{w}$$

$t = 92℃$，$\varphi = 0.2$，所以查 $t\text{-}H$ 图得湿球温度 $t_\mathrm{w} = 55℃$

$$r_\mathrm{w} = 2369.8\mathrm{kJ/kg}$$

所以 $U_\mathrm{C} = 15560\times(92-55)/2369.8 = 242.9[\mathrm{kg/(m^2 \cdot h)}]$。

根据式（9-25）：　$\theta_1 = \dfrac{G_\mathrm{C}}{AU_\mathrm{C}}(X_1 - X_\mathrm{C}) = \dfrac{55}{2\times242.9}\times(0.82-0.38) = 0.05$（h）

（2）降速干燥阶段速度 U

根据式（9-27）：　$U = U_C \dfrac{X_2 - X^*}{X_C - X^*} = 242.9 \times \dfrac{0.18 - 0.1}{0.38 - 0.1} = 69.4[kg/(m^2 \cdot h)]$

根据式（9-28）：$\theta_2 = \dfrac{G_C(X_C - X^*)}{A U_C} \ln \dfrac{X_C - X^*}{X_2 - X^*}$

$$= \dfrac{55 \times (0.38 - 0.1)}{2 \times 242.9} \ln \dfrac{0.38 - 0.1}{0.18 - 0.1} = 0.04 （h）$$

（3）干燥总时间 θ

$$\theta = \theta_1 + \theta_2 = 0.05 + 0.04 = 0.09 （h）$$

（五）影响干燥速度的主要因素

（1）干燥介质的温度和相对湿度　理论上空气的相对湿度一定，温度越高，传质与传热推动力就越大，干燥速度就会越大；但也不宜采取过高温，过高温度会对食品的性质、风味、色泽等产生影响。如果温度不变，空气的相对湿度愈低，干燥速度愈快；反之，空气相对湿度过高，原料会从空气中吸收水分，达不到干燥的目的。

（2）干燥介质的流动速度与方式　通过的空气流速越快，单位时间内带走的湿气越多，干燥速度就越大。因此，人工干燥设备中，可以用鼓风增加风速，以便缩短干燥时间，但是也不宜过快，否则造成干燥介质利用率过低，提高成本。

（3）干燥介质与湿物料的接触情况　干燥介质与湿物料接触的干燥面越大，汽化面积也就越大，干燥速度就加大；但干燥是由外往里干燥的，里面物料很难与干燥介质接触。所以在生产过程中，干燥器内往往会有翻动物料的装置，在干燥进行的同时翻动物料，使湿物料与干燥介质充分接触。

（4）原料的种类和形态　原料对干燥速度的影响主要是临界含水量 X_C 的不同，对于一些固态的物料，临界含水量 X_C 越高，干燥速度总体越小，反之临界含水量 X_C 越小，干燥速度总体越大。而对于一些液态的物料如各种溶液、悬浊液和乳浊液（牛奶、蛋液、果汁）等，可先进行浓缩或用喷雾干燥的形式，以加快干燥的速度，缩短干燥时间，尽量保持物料的原有性质。

（5）物料的水分活度与传热系数　水分活度高，传热系数大，那么干燥速度就大。

第四节　喷雾干燥

作为现代干燥新技术之一，喷雾干燥在食品工业中的应用开始于脱脂奶粉的制造。随着喷雾干燥技术的不断开发和完善，这项技术在食品工业中已得到了广泛应用。喷雾干燥技术适用于水分含量高的溶液、悬浮液、乳浊液等物料的干燥，例如奶粉、乳清粉、奶油粉、蛋粉、果汁粉、速溶咖啡等的生产。

1.喷雾干燥原理

如图9-14所示，物料经过均质、空气被加热后都被送到空气与料液混合器中，空气与料液经过混合器的分配，再进入雾化器，雾化器将需要干燥的液

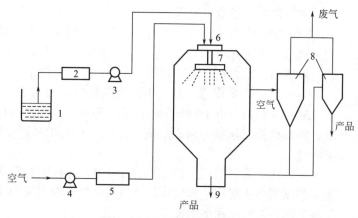

图 9-14 喷雾干燥器工作原理

1—料液；2—均质机；3—泵；4—抽风机；5—空气预热器；6—空气与料液混合器；
7—雾化器；8—旋风分离器；9—产品出口

体喷成极细雾滴（直径为 10～100μm）。这些雾滴群的表面积很大，呈雾状充满在干燥塔中，同时与热空气之间发生激烈的热质交换，水分迅速被蒸发并被空气带走，雾滴中的溶质在极短的时间（0.01～0.04s）内完成脱水干燥，形成微细粉末，由于重力作用，大部分沉降到设备底部产品出口处。热空气与雾滴接触后放出热量用于汽化物料中水分，自身温度大大下降，同时湿度增大，作为废气由排风机抽出，废气中夹带的少量微粒用旋风分离器进行分离回收。

2. 喷雾干燥设备

整个喷雾干燥器包括泵、加热器、雾化器、干燥器、旋风分离器，其中最重要的是雾化器，雾化器使物料形成雾滴，是实现喷雾干燥的主要部件。常用的雾化器一般有以下三种。

（1）离心式雾化器　如图 9-15 所示，利用在水平方向以 5000～15000r/min 作高速旋转的圆盘给料液以离心力，使其以 100～160m/s 高速甩出，形成薄膜、细丝或液滴，同时又受到周围空气的摩擦、阻碍与撕裂等作用而形成雾滴。雾滴大小取决于相对速度和物料的黏度，相对速度越高，黏度越小，雾滴越小。

离心式雾化器的特点：操作简单、对物料的适应能力强、适合高黏度的物料喷雾、不易堵塞、操作压力小、雾滴呈球状；但喷嘴结构复杂、安装要求高、干燥器半径大、投资高、只适应立式干燥器。

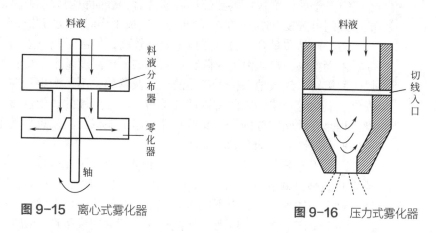

图 9-15　离心式雾化器　　　　**图 9-16**　压力式雾化器

（2）压力式雾化器　如图 9-16 所示，压力式雾化器主要由液体切线入口、液体旋转室、喷嘴孔等组成，物料经高压泵加压后，使物料获得 2～20MPa 的高压后，从直径 0.5～6mm 的喷嘴中挤压喷出，料

液瞬时雾化成直径微小的雾滴。

压力式雾化器的特点：喷嘴结构简单、可采用多个喷嘴提高生产能力、动力消耗小、干燥塔半径小，适应并逆流及卧立式干燥器；其缺点是喷嘴易堵塞、易磨损，不适宜高黏度的物料干燥，操作弹性小。

（3）气流式雾化器　利用料液在喷嘴出口处与 200 ～ 300m/s 的高速蒸气或压缩空气相遇，由于物料的速度小，料液与气流之间存在一个很高的相对速度，料液被拉成丝状，再断裂成细小的雾滴，相对速度越高，料液黏度越低，雾滴越小。

气流式喷雾器适用于产生直径小于 30μm 范围的雾滴，结构比较简单，但是安装喷嘴必须对称，以使压缩空气或蒸气对液流断面上的分布均匀，否则会影响雾滴的均匀性和重现性。

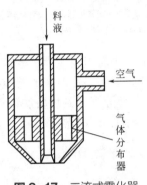

图 9-17　二流式雾化器

气流式雾化器可分为内部混合、外部混合以及内混合和外混合相结合三种。

二流式喷嘴指的是仅具有一个物料通道和一个气体通道，即两个流体通道的喷嘴；三流式是指具有三个流体通道的喷嘴，即一个物料通道和两个气体通道。

现以二流式喷嘴为例说明其操作原理，如图 9-17：中心管是物料通道，速度一般不高（不超过 2m/s），压缩空气经气体分布器后从环隙喷出，速度相当快（一般为 200 ～ 340m/s）。此时，当气、液两相在端面一接触，就会产生很大的相对速度，从而产生很大的摩擦力和剪切力，将料液在瞬间拉成细丝，然后细丝断裂料液雾化。

气流式雾化器的特点：可制备粒径小的产品、可处理高黏度的物料、干燥塔半径小、并逆流操作均适应；但是不适应大型设备、粒子均匀度差。

3. 喷雾干燥的特点

喷雾干燥的优点是：

（1）干燥速度快　料液经离心喷雾后，表面积增大至万倍以上，在高温气流中瞬间可蒸发 95% ～ 98% 的水分，完成干燥时间仅需几秒至十几秒。

（2）产品质量好　虽然热风的温度较高，但由于热风进入干燥室内立即与喷雾液滴接触，热风温度急降，而物料的湿球温度基本不变；另一方面由于干燥时间极短，最大地保持了产品的性质及营养，不易产生蛋白质变性、维生素损失、氧化等缺陷，因此特别适合于易分解、变性的热敏性食品加工。由于干燥过程是在瞬间完成的，产品的颗粒基本上能保持液滴近似的球状，产品具有良好的分散性、流动性和溶解性。

（3）工艺简单，操作方便　喷雾干燥是单一工序操作，一次干燥直接得到粉末状或微细颗粒状产品，简化了生产工艺。通过改变原料的浓度、热风温度、喷雾条件等，可获得不同水分和粒度的产品，易于操作、控制方便。

（4）生产效率高　喷雾干燥能适应连续大规模生产，物料可连续进料、连续排料，结合冷却器和风力输送，组成连续的生产作业线，操作人员少，劳动强度低。

（5）使用范围广　根据物料的特性，可以用于热风干燥、离心造粒和冷风造粒，广泛地应用于果蔬、奶制品等产品的生产过程中。

喷雾干燥的不足之处是：一次性投资费用比较高；能耗大，热效率不高，热效率一般约为30%～40%；清洗工作量大，干燥室内壁易于黏附产品微粒，腔体体积大，清洗不方便。

第五节　冷冻干燥

冷冻干燥技术又称真空冷冻干燥技术，是将湿物料或溶液在较低的温度（-10～-50℃）下冻结成固态，然后在真空（1.3～13Pa）下使其中的水分不经液态直接升华成气态，最终使物料脱水的一种干燥技术。

1.冷冻干燥原理

如图9-18所示，纯水（H_2O）在温度为0.0098℃、压力为610.5Pa时，其三态（气态、固态、液态）共存，称为水的共晶点（三相点）。冷冻干燥即是物料在共晶点以下通过减压升华除去物料中的水分而得到干燥制品的加工工艺。对纯水而言，当压力低于610.5Pa，且温度低于0.0098℃时，水可由固态直接升华为气态。对于一般物料，因其水分中溶解有溶质，溶液的冰点低于纯水，水分升华的温度和压力也较纯水低。在物料共晶点以下，通过升温或减压或同时升温减压，都可使物料中的水分升华除去而得到干燥的制品。

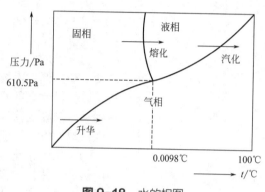

图9-18　水的相图

2.冷冻干燥过程

冷冻过程一般分为三个阶段。

（1）冻结阶段　要实现冷冻干燥，首先要将湿物料中的水分变成冰晶，这样水分就可在不经液态的情况下升华，保证了物料的形态。

冻结温度必须低于三相点（共晶点）温度，各种湿物料的共晶点是不一样的。冻结时间一般由实验测得，冻结时间如果过短，就有内部的水分没有结冰，不能完成干燥；反之，如果冻结时间过长，则造成浪费能量，也容易产生冻伤等对产品品质的不良影响。冻结速度也由实验测得，所以一般冷冻干燥前要对物料的各种干燥条件进行实验测定，以获得高质量的冻干产品，同时可以节约能量。

（2）升华干燥阶段　在物料的冻结后进行抽真空操作，当压力降低到冻结温度下水的饱和蒸气压的1/2～1/4的真空度时，固态的水就会直接升华成气态。汽化的过程是一个吸热的过程，为了保持产品的温度不变，此时就要通过隔板对物料进行加热，给予的热量等于汽化带走的热量。这是干燥的第一阶段，干燥箱内的温度几乎保持不变。

随着干燥的进行，水蒸气越来越多，干燥箱与冷凝器就会形成一个压力差，水蒸气就会不断地进入冷凝器，升华连续进行，直到升华阶段结束。

（3）解析干燥阶段　干燥第一阶段（升华）结束之后，所有的冰晶都升华完成，物料内留下许多空隙。残余的水分是未冻结的水分，这些水分一般以结合水的形式存在，干燥这部分水分称为解析干燥。

解析干燥必须依靠提高温度来除去水分，要提供足够的热量。为了使物料不因高温而变质，解析过程必须采用高真空。对于有些食品，升华干燥与解析干燥往往在不同的部位同时进行。

解析干燥结束后，开始破坏真空，取出物料，进行下一个操作周期。

3. 冷冻干燥主要系统

（1）制冷系统　如图 9-19 所示，冷冻干燥机的制冷系统是将蒸发器安放在干燥箱内，以降低干燥箱的温度，使物料尽快冻结。

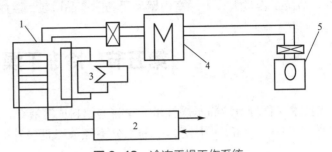

图 9-19　冷冻干燥工作系统

1—干燥箱；2—制冷系统；3—供热系统；4—排气系统；5—真空系统

（2）真空系统　真空系统主要是在物料冻结完成后在干燥室和排气系统内获得真空，保持真空，确保冷冻升华的顺利进行。

（3）供热系统　在升华干燥阶段，冰晶的升华需要吸热，但干燥箱内的温度又不能过低，需要保持稳定的温度。所以就需要另外的加热装置给干燥箱供热，以提供冰晶的升华潜热。供热系统供热时，应保证传热速度使冻结层表面达到尽可能高的蒸气压，但又不能使它熔化。

供热的方式一般有导热、辐射、微波这三种，一般不采用对流传热。

（4）排气系统　冷冻干燥的排气系统一般采用低温冷凝器（冷阱）- 真空泵的组合气体排出系统。物料中升华的水蒸气在冷阱内大部分结霜除去，剩余少量的水蒸气和一些不凝结的气体，通过真空泵抽走。

4. 冷冻干燥的特点

在低温下干燥时，能最大限度地保留新鲜食品的营养成分和色、香、味；由于在冻结的状态下进行干燥，食品的体积形状基本不变、食用方便。冻干食品最大的特点是它有较好的复水性，可迅速地吸水复原，而其品质与新鲜品基本相同或完全相同。比如冷冻干燥的草莓，其外形和体积都与新鲜草莓相差无几；冷冻干燥的豌豆和玉米在汤中只需 3min 就能再次水化，而风干的豌豆和玉米则需要 10min；对于一些溶液，冻干后物质疏松多孔，呈海绵状，加水后溶解迅速而完全，几乎立即恢复原来的性状；冷冻干燥能排除 95% ～ 99% 以上的水分，使干燥后产品能 3 ～ 5 年长期保存而不变质。

但冷冻干燥需要一整套的冷冻设备，投资较大，能耗多，设备的要求高，不适宜连续、大量的干燥。

第六节　干燥原理在食品工业中的应用

一、概述

干燥在食品加工过程中是一个很重要的单元操作，许多食品在加工或贮运的过程中都要涉及干燥的操作，但由于各种食品性质不同、干燥的要求不同，对干燥方式与设备的选择就很重要。因此对于干燥器在食品加工过程中的应用要考虑到物料的种类、理化性质、工艺要求及产品的要求，同时还应考虑到经济效益。下面对不同食品的种类可以选用的干燥设备进行介绍。

（1）粮谷与豆类　这类食品一般是干燥以利于贮运，由于量大，一般采用带式、流化床等连续的干燥设备。

（2）蔬菜　蔬菜的供应一般以新鲜的为主，但由于运输及季节的原因，近年来，人们把新鲜蔬菜加工成脱水蔬菜，脱水蔬菜的干燥一般采用带式干燥机。

（3）水果　由于水果的产品比较多，各种产品的干燥方式有所不同，如表9-1所示。

表9-1 水果干燥加工表

浓缩果汁	果肉片	水果干	果汁粉	水果保鲜
洞道式或滚筒式干燥器	带式或辐射干燥	流化床或辐射干燥	喷雾干燥	真空冷冻干燥

（4）坚果和种子　一般适合对流热风干燥，如箱式、带式、洞道式、流化床、气流干燥等。

（5）肉制品　肉干的生产利用箱式、带式、洞道式以及辐射干燥比较多。

（6）乳制品　奶粉的生产普遍使用的是喷雾干燥。

（7）水产品　传统的有热风干燥，比如箱式、带式、洞道式，最近利用真空冷冻干燥技术大大提高了产品的营养成分与风味。

二、常用的食品干燥设备

（一）热风干燥

热风干燥是食品最常见的干燥类型，主要设备有以下几种。

1. 箱式干燥器（托盘式干燥器）

如图9-20所示，空气由风扇送到加热片，通过加热片的空气变成热空气，然后通过托盘的物料带走水分。物料均匀地平铺在活动托盘上，尽量铺薄，因为干燥过程中不会翻动物料。

箱式干燥器一般为间歇操作，设备简单、投资少，能干燥大部分的物料（除了热敏性的与易变色的物料），比如粮食、坚果、种子、饼干等都可以用箱式干燥器干燥，但装料与卸料麻烦，因此不适合大量的物料干燥，一般适合几千克或几十千克的物料操作，典型的设备有烘箱、烘房等。

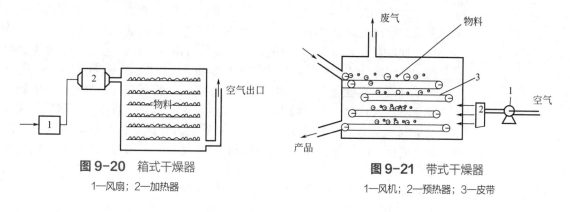

图9-20　箱式干燥器
1—风扇；2—加热器

图9-21　带式干燥器
1—风机；2—预热器；3—皮带

2. 带式干燥器

如图9-21所示，带式干燥器分为多层与单层，物料由风机或提升机被送到干燥器入口，置于皮带表

面，热空气由另一端进入干燥器内，由热风来干燥物料，在干燥器内进行热交换，为了提高热风的利用率，带式干燥器一般制成多层式。

带式干燥机是大批生产用的连续式干燥设备，用于透气性较好的片状、条状、颗粒状物料的干燥。对于脱水蔬菜类如胡萝卜、洋葱等含水率高，而且是干燥热敏性的物料尤为合适。该系列干燥机具有干燥速度高、蒸发强度高、产品质量好等优点。

3. 流化床干燥器

如图 9-22 所示，物料由进料口进入干燥器，热空气由下面进入，从下面吹动着湿物料，物料会上下翻腾，故也称之为沸腾床。

散粒状固体物料由加料器加入流化床干燥器中，过滤后的洁净空气加热后由鼓风机送入流化床底部，经分布板与固体物料接触，形成流化态达到气固的热质交换。流化床干燥器由空气过滤器、沸腾床主机、旋风分离器、布袋除尘器、高压离心通风机、操作台组成。

流化床适用于粮食、脱水蔬菜、水果干等食品的干燥，如工业上生产萝卜丝用到流化床干燥比较多。

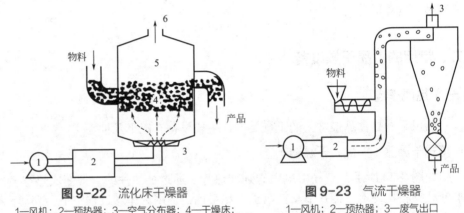

图 9-22　流化床干燥器
1—风机；2—预热器；3—空气分布器；4—干燥床；
5—干燥室；6—废气出口

图 9-23　气流干燥器
1—风机；2—预热器；3—废气出口

4. 气流干燥器

如图 9-23 所示，气流干燥器主要由空气过滤器、空气预热器、加料器、主机、旋风分离器组成，热空气经过滤后进入预热室，然后从底部垂直吹起物料，使物料悬浮在热空气中，并作激烈的相对运动，达到迅速热质交换的目的。利用螺杆式加料机可以将物料初步粉碎、微粒化，有利于干燥的进行。

气流干燥器适宜干燥的食品有大豆蛋白、胶凝淀粉、酒糟、小麦糖、小麦淀粉。以大豆蛋白的干燥为例，大豆经脱脂、磨浆、脱渣、去腥后，块状物料经加料机进入干燥室，热空气经过滤后进入预热室，高速的热风可以通过剪切、碰撞、摩擦等作用力将物料进行微粒化，然后通过惯性或旋转的热风将大豆蛋白粉冲起，使大豆蛋白悬浮在热空气中，达到干燥的目的，然后进入旋风分离器，产品落入收集塔底，废气从塔顶排出。

（二）热传导干燥

热传导干燥与热风干燥不同的是其热传导的干燥介质不是热风，而是通过设备加热物料,从而蒸发水分。

1. 滚筒式干燥器

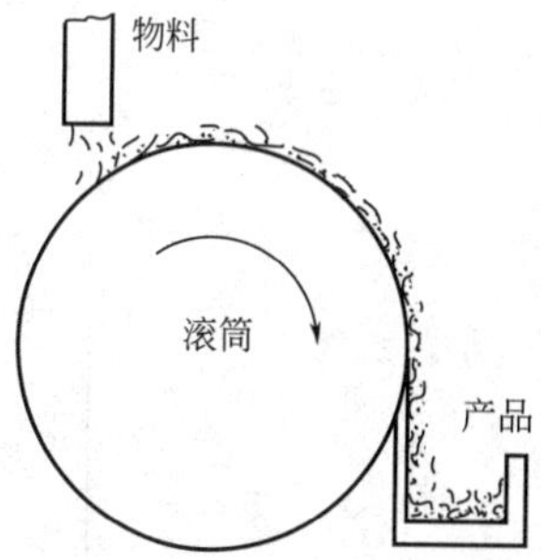

如图 9-24 所示,将需要加热的食品从高位槽流入滚筒干燥器的受料槽内,料液附在已经被加热的滚筒上,通过滚筒将热能传递到需要干燥的物料上以蒸发多余的水分,来完成干燥的目的。

滚筒干燥器是通过转动的圆筒,以热传导的方式进行干燥的,热效率高,干燥时间短,滚筒外壁上的被干燥物料在干燥开始时能形成的湿料膜一般为 0.5 ~ 1.5mm,整个干燥周期共为 10 ~ 15s。干燥速度快,因为料膜很薄,且传热、传质方向一致。

由于要进行布膜,所以物料必须具有流动性,而且与热源直接接触,所以物料需要具有一定的热稳定性。

按滚筒数量可分为两种形式:单筒、双筒干燥机,另外也可按操作压力分为常压和减压两种形式。

图 9-24 滚筒式干燥器

2. 旋转干燥器

如图 9-25 所示,旋转干燥器是利用热空气或蒸汽加热滚筒外壁,利用外壁传热将湿物料升温,以达到蒸发水分从而干燥的目的。外面的加热通道与内部物料通道是同心圆,在物料通道内部设有抄板。间接加热旋转干燥器的干燥介质不与物料直接接触。

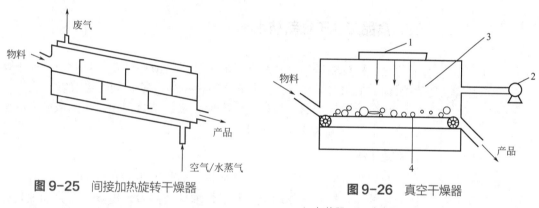

图 9-25 间接加热旋转干燥器

图 9-26 真空干燥器

1—加热器; 2—真空泵; 3—干燥室; 4—物料带

3. 真空干燥器

将干燥器内的空气抽至一定的真空度,这样水的沸点就会降低,所以干燥室的温度就可以降低,从而可以保证物料的性质不因干燥时的高温而被破坏。

如图 9-26 所示,真空干燥器主要由真空泵和加热器组成,物料平铺于干燥室的托盘内,在一定的真空度下,加热器产生的热风就可以带走水分。

真空干燥的供热装置可以是电热炉通过载热板传递给湿物料,也可以是微波辐射。

(三)辐射干燥

辐射干燥的干燥介质不与物料接触,通过辐射传热的方式,将湿物料加热进行干燥。辐射干燥根据供热方式不同可以分为电加热辐射干燥器和煤气加热干燥器两种。

1. 电加热辐射干燥器

辐射灯泡通电后发射的红外线照在物料表面,经过干燥室的物料吸收红外线后升温从而达到干燥的

目的。经过干燥室的物料可以由连续的皮带传送，也可以间歇操作。如图 9-27 所示。

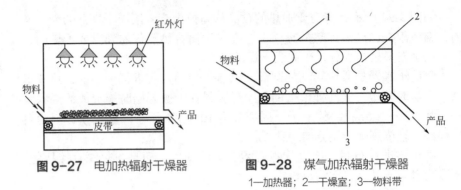

图 9-27　电加热辐射干燥器　　　　图 9-28　煤气加热辐射干燥器
　　　　　　　　　　　　　　　　　　　1—加热器；2—干燥室；3—物料带

2.煤气加热辐射干燥器

燃烧煤气将金属或陶瓷辐射板加热到 400 ～ 500℃，使之产生红外线，用以加热被干燥的物料。如图 9-28 所示。辐射干燥器的特点是生产强度大，设备紧凑，使用灵活，不使用热风不易产生风干结壳的现象，但能量消耗较大。

三、食品工业干燥新技术

随着科技的进步，一些干燥的新技术被应用到食品行业中，使干燥食品的质量有了很大的提高，大大延长了食品的保存期，同时也节省了能源。

现在干燥技术的趋势是几个干燥方法的结合使用，比如微波冷冻干燥、真空冷冻干燥、卤素红外线干燥。

1.微波干燥

在高频电磁场的作用下，被加热介质物料中的水分子是极性分子。它在快速变化的高频电磁场作用下，其极性取向将随着外电场的变化而变化，造成分子的运动和相互摩擦效应。此时微波场的场能转化为介质内的热能，使物料温度升高，产生热化和膨化等一系列物化过程而达到微波加热干燥的目的。

微波干燥的特点：加热迅速、加热均匀、节能高效、工艺先进、安全无害，同时还起到杀菌的作用。近年来微波在干燥中的利用发展迅速，比如微波在箱式干燥器、隧道式干燥器、冷冻干燥器等传统干燥器中的应用，这大大提高了干燥效率。

微波干燥主要应用于各种小包装食品、瓶装食品、糕点、饼干、果脯、豆制品、熟食、调味品（鸡精、香精）、面粉等的处理，也用于对海产品（海带、紫菜）的干燥，以及对各类速冻食品的解冻处理。

2.微波冷冻干燥

在真空冷冻干燥的过程中，随着干燥的进行，有些干燥食品表面层变厚，由于温度差不是很大，传热和传质动力被削弱。因为微波加热是由外而内的加热方式，此时，采用微波加热的形式可促进干燥的进行，缩短干燥时间。如图 9-29 所示。

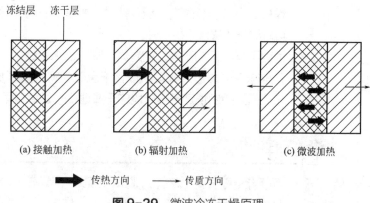

图 9-29　微波冷冻干燥原理

3. 超声波干燥

超声干燥原理：超声波干燥是利用功率低、能量高的超声波在介质中传播时，使介质的状态、组成、结构和功能等发生变化，所以物料在超声波干燥时，反复受到压缩和拉伸作用，使物料不断收缩和膨胀，形成海绵状结构，此时水分散发的阻力变得很小，而且水分移动速度也会加快，所以干燥速度大大加快。

超声干燥尤其适合食品工业中热敏性稀溶液物料的浓缩干燥以及耐热性差的高黏度、高纤维性的难以干燥的食品的干燥，如含悬浊液、明胶状物食品的脱水。超声干燥与普通的加热和气流干燥相比，具有干燥速度快、温度低、最终含水率低且物料不会被损坏或吹走等优点。

拓展阅读

理性求真

大量工程问题由于情况复杂、影响因素多，难以完全用精确解析法得到准确的理论计算公式，对于此类复杂问题，工程技术中经常采用的解决途径是通过实验建立经验关系式。由于影响过程的因素很多，进行实验时，要单独研究每一个变量，不仅实验工作量浩繁，而且难以将实验结果关联成具有指导意义的便于应用的经验公式。要解决这类问题，可以应用量纲分析法先进行理论分析，将若干个单一变量组合成一个量纲为 1 的数群，用这些数群替代各个单一变量来组织实验，使实验与关联工作都能够得到简化。

通过深入挖掘专业知识中所蕴含的科学精神，培养学生依据科学事实得出结论的科学态度，训练学生探索真知、创新创业的意志品质。

知识归纳

○ 在一定的总压下，已知湿空气的性质中的两个独立的参数就可以确定湿空气的状态。但不是所有参数都是独立的，如湿度 H- 相对湿度 φ，湿球温度 t_w- 湿度 H，湿球温度 t_w- 焓值 I，水蒸气分压 p_w- 湿度 H 等。

○ 结合水分与非结合水分取决于物料本身的性质，与干燥介质状况无关。而平衡水分与自由水分既与物料本身的性质有关，还与干燥介质的状况有关。

○ 在一定条件下，湿物料中不能被去除的水分称为平衡水分，它是物料在一定空气温度和湿度条件下的干

燥极限水分。当改变干燥条件时，如提高干燥介质的温度或降低其湿度，可以进一步降低平衡水分。

○ 恒速干燥阶段的干燥速度越大，临界含水量越大。一旦达到临界含水量，就意味着干燥进入降速阶段，干燥时间将大大延长。因此，工业生产中往往需要控制恒速干燥阶段的干燥速度，避免过早进入降速干燥阶段。

🌿 工程训练

利用热风干燥生产洋葱脱水蔬菜，干燥第一阶段要求洋葱含水量由 $w_1=90.5\%$ 干燥到 $w_2=45.9\%$。原干燥条件为，干燥空气干球温度为 50℃，空气流量为 140kg/h，载物量为 2.0kg/m²，干燥室面积为 10m²，其他条件如表 9-2 所示。现因生产需要，要求在保证产品质量的基础上，利用现有设备将产量提高 35% 以上，试通过改变干燥空气温度、干燥空气流量，提出几种不同的解决方案，并比较选择最优方案。

表 9-2 不同温度、空气流量、料层厚度对应的临界含水量与恒速干燥速度

温度t/℃	空气流量 L/（kg/h）	载物量 /（kg/m²）	平衡水分 X^*/（kg/kg）	临界含水量 X_C/（kg/kg）	恒速干燥速度 U_C/[kg/（m²·h）]
60	110		0.43	7.83	2.35
	125		0.43	8.00	2.48
	140		0.38	8.05	2.63
	155	2.0	0.33	8.37	2.90
45			0.43	7.63	1.76
50	140		0.42	7.95	2.05
60			0.38	8.05	2.63
70			0.30	8.10	3.35

注：干燥温度越高，营养成分被破坏得越多，复水性越不好，且热量损耗也就越大。洋葱 50℃ 左右干燥时干燥速度不是很快，60℃ 的干燥温度比较适宜，70℃ 时洋葱品质有不良影响，洋葱营养成分破坏较多，复水性不好（忽略风量变化引起的风机功率变化）。

📝 习题

9-1 已知湿空气中水蒸气分压为 $p_w=1.7$kPa，总压 $p=1.013\times10^5$Pa。求此湿空气在 15℃ 时的相对湿度 φ。若将此空气分别加热到 60℃ 和 100℃，其相对湿度各是多少？

9-2 今测得空气的干球温度 $t=60$℃，湿球温度 $t_w=45$℃，求湿空气的湿度 H、相对湿度 φ、焓 I、露点 t_d。总压为 101.3kPa。

9-3 试将 $t_0=32$℃、$\varphi=65\%$ 的新鲜空气调成温度 24℃、相对湿度 40% 的空气。所用的方法是将空气经过喷水室以冷水冷却减湿达到饱和，然后在加热器内加热到 24℃，试求：（1）经调节后空气的湿度；（2）设离开喷水室的空气与水进口的温度是相同的，求水的温度；（3）对每千克干空气而言，试求在喷

水室内水的蒸发量（或冷凝量）；（4）求加热器所需要的热量。

9-4　某奶粉厂生产奶粉时将牛奶先从含水量90%（湿基，下同）浓缩至48%，设此阶段被干燥的水分为 W_1；再利用喷雾干燥至1%的含水量，设此阶段被干燥的水分为 W_2。求 W_1/W_2。

9-5　在并流干燥器中，每小时将1.5t切丁胡萝卜从含水量0.85干燥到0.20（湿基，下同）。新鲜空气的温度为27℃，相对湿度为60%，空气预热温度为93℃，若干燥器中空气是绝热增湿，离开干燥器的温度为50℃，试求：（1）每小时除去的水分；（2）每小时空气用量；（3）每天的产品量。

9-6　某果蔬加工厂用热风干燥新鲜蘑菇，生产能力为100kg/h，经干燥器脱水处理，湿基含水量由0.90降至0.30，温度由25℃升至35℃，干蘑菇比热容为2.345kJ/(kg·K)。新鲜空气由温度25℃、φ 为0.30经预热器升温至70℃。加热后的空气通过干燥室温度降至50℃。假设空气在干燥过程中是绝热增湿，试求：（1）每小时除去的水分；（2）每小时空气用量；（3）汽化1kg水分的热消耗量。

9-7　用连续式干燥器每小时干燥处理湿物料9200kg，湿基含水量由1.5%降至0.2%，温度由25℃升至34.4℃，其比热容为1.842kJ/(kg·K)。空气温度26℃，湿球温度23℃，在加热器中升温到95℃进入干燥器。离开干燥器的空气温度为65℃。假设空气在干燥过程中是绝热增湿，试求：（1）每小时产品量及水分蒸发量；（2）每小时空气用量；（3）干燥器的热效率。

9-8　某物料在某恒定干燥情况下的临界含水量 $X_C=0.16$kg/kg，平衡水分 $X^*=0.05$kg/kg，将其从 $X_1=0.33$kg/kg 干燥到 $X_2=0.09$kg/kg 需7h，继续干燥至 $X_3=0.07$kg/kg，还需几小时？

9-9　将500kg湿物料由最初含水量 $w_1=0.15$ 干燥到 $w_2=0.008$，已测得干燥条件下降速阶段的干燥速率曲线为直线，物料临界含水量 $X_C=0.11$kg/kg，平衡水分 $X^*=0.002$kg/kg，恒速阶段干燥速度为1kg/(m²·h)，一批操作中湿物料提供的干燥表面积为40m²，试求干燥总时间。

第十章　其他传质分离方法

为什么学习膜分离技术？膜分离技术在食品工业中有哪些应用？

葡萄柚果肉中含有苦味物质——柚苷配基，因此吃起来会觉得苦，如何除去柚皮苷等苦味物质，对提高果汁的风味具有重要意义。浓缩是果汁加工中最主要的工序，传统的果汁浓缩多采用蒸发技术。在高温下果汁中的热敏性物质以及营养物质容易受到高温损害，因此采用合理的分离技术，对苹果、梨、柑橘、菠萝、葡萄、番茄、西番莲等果蔬汁浓缩的同时保留其营养成分具有重要意义。膜分离技术具有高效节能、无污染以及防止热敏性物质失活等优点，目前已广泛应用于食品工业的各个领域，具有良好的发展前景。

思维导图

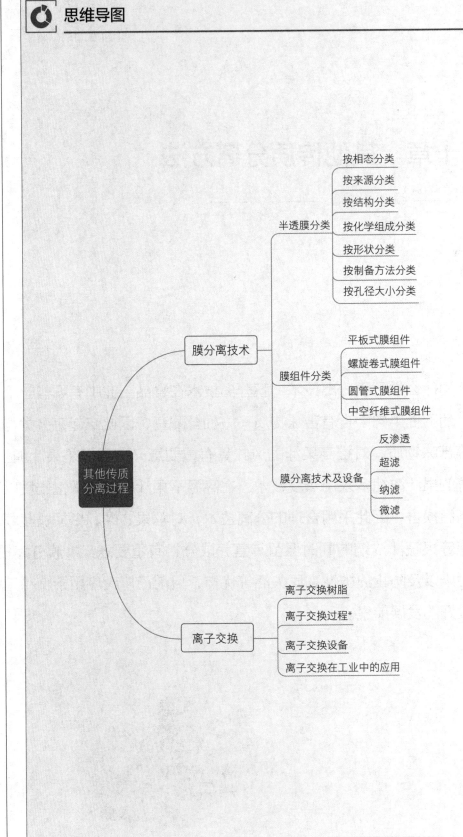

第一节 膜分离技术

膜分离技术是 20 世纪 50 年代后开发的一种高效分离技术。膜分离技术是指在分子水平上不同粒径分子的混合物在通过半透膜时,实现选择性分离的技术。半透膜是具有选择性分离功能的材料。利用半透膜选择性分离的特性可实现料液中不同组分的分离、纯化、浓缩等分离操作。膜分离与传统过滤分离的不同之处在于,膜可以在分子范围内进行分离,并且分离过程中不发生相的变化以及不需要添加助剂,是一种物理过程。膜分离技术是物质分离技术中的一个单元操作。由于分离时的驱动力主要为压力,所以具有常温下操作、无相态变化、高效节能、在生产过程中不产生污染、可连续操作、便于自动化等特点,因此在城市给水处理,纯水和超纯水制备,城市污水处理及利用,工业废水处理,海水淡化,食品、饮料用水净化、除菌,生物活性物质回收、精制等方面得到广泛应用,并迅速推广到纺织、化工、电力、食品、冶金、石油、机械、生物、制药、发酵等各个领域。在能源紧张、资源短缺、生态环境恶化的今天,膜分离技术将是 21 世纪工业技术改造以及环境保护中的一项极为重要的新技术。

膜分离技术的优点:

(1)常温过程 有效成分损失极少,风味成分不易散失,特别适用于热敏性物质,如维生素、酶、蛋白质的分离与浓缩。

(2)不存在相变过程 能耗低,运行费用低。

(3)过程无化学变化 是物理分离过程,不使用加工助剂,无化学反应发生,产品不受污染。

(4)选择性好 可根据分离膜的特性来选择性地分离混合物粒子、分子或离子。

(5)适应性强 工艺适应性强,处理规模可大可小,工艺简单,设备紧凑,易于实现自动化控制。

一、分离膜

半透膜又称分离膜或滤膜,膜壁布满小孔,孔径一般为微米级。

如图 10-1 所示,为膜分离过程示意图。分离膜是指能以特定形式限制和传递流体物质的,并能将流体分隔成两部分的界面。

分离膜是一种特殊的、具有选择性透过功能的薄层物质,它能使流体内的一种或几种物质透过,而其他物质不透过,

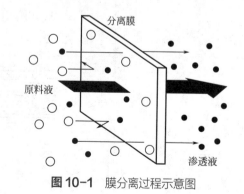

图 10-1 膜分离过程示意图

从而起到浓缩和分离纯化的作用。

分离膜的品种很多，可根据分离膜的相态、来源、结构、化学组成、形状、制备方法和功能等方面的不同进行分类。

根据分离膜的相态可以分为固态膜、液态膜和气态膜。

根据分离膜的来源可以分为天然膜和人造膜。

根据分离膜的结构可以分为多孔膜和致密膜。

根据分离膜的化学组成可以分为有机膜和无机膜。

根据分离膜的制备方法可以分为拉伸膜、烧结膜、挤压膜、流延膜、聚合物膜、相转化膜和核径迹膜。

根据分离膜的形状可以分为平板式膜、卷式膜、管式膜和中空纤维膜。

根据分离膜的孔径大小可以分为反渗透膜、超滤膜、纳滤膜、微滤膜等。

其中有机膜又可以分为纤维素类、聚酰胺类、芳香杂环类、聚砜类、聚烯烃类、硅橡胶类和含氟聚合物。

无机膜可以分为陶瓷膜、玻璃膜和金属膜。

分离膜的性能除了与膜材料有关外，主要由膜结构决定。而膜结构主要由膜材料、制膜工艺条件决定。因此，在确定了膜材料以后，找出制膜条件 - 膜结构 - 膜性能之间的关系，对于改进膜性能、提高膜分离过程的技术经济指标是非常重要的。

膜形态结构测定与表征通过计算机图像分析，测定如下表征参数：①平均几何孔径及几何孔径分布；②平均有效孔径及有效孔径分布；③孔形不圆度；④孔形的分形维数。

膜的理化指标：①膜材质；②允许使用的压力；③适用的 pH 范围；④耐 O_2 和 Cl_2 等氧化性物质的能力；⑤抗微生物、细菌侵蚀的能力；⑥耐胶体颗粒及有机物、微生物污染的能力。

二、膜组件

各种分离膜只有组装成膜组件，并与泵、过滤器、阀、仪表及管路等装配在一起，才能实现膜的分离功能。膜组件是膜分离操作中的主要部件，其形式主要根据膜的构性设计而成。

（一）平板式膜组件

平板式膜组件也称板框式膜组件，其结构与板框压滤机类似。如图 10-2

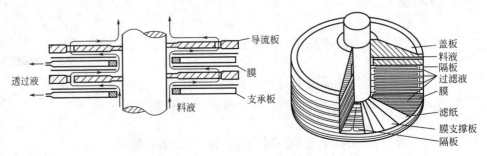

图 10-2　平板式膜组件

所示，为平板式膜组件结构示意图。它是由许多导流板、膜、支撑板堆积组装在一起的。导流板相当于滤框，支撑板相当于过滤板。

优点：膜的安装、更换方便，易清洗，液流线速度可高达 1～5m/s，流道不易被异物堵塞。

缺点：膜的装填密度低（即单位体积中有效膜面积小）。

（二）螺旋卷式膜组件

螺旋卷式膜组件简称卷式组件，是由平板膜制成的，其结构与螺旋板式换热器类似，如图 10-3 所示。在多孔支撑材料的两侧是膜，三边密封组成一个信封状膜袋，开放边为袋口，袋口与一根多孔的中心产品水收集管连接，在膜袋外部的上下垫一层料液隔网，把膜袋 - 隔网依次叠合，绕中心集水管紧密地卷起来，形成一个膜卷，装进圆柱形压力容器内，就制成了一个螺旋卷式膜组件。

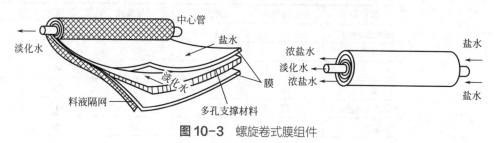

图 10-3 螺旋卷式膜组件

优点：膜的装填密度高，单位体积内膜面积大，膜支撑结构简单，浓差极化小，容易调整膜面流态。

缺点：中心管处易泄漏，膜与支撑材料的黏结处易破裂而造成泄漏，膜的清洗、更换困难。

（三）圆管式膜组件

圆管式膜组件简称管式膜组件，是由管式膜制成的，其结构与管式换热器类似，如图 10-4 所示。它是由膜和多孔的支撑管构成的，支撑管材料一般为不锈钢管、陶瓷管或塑料管，膜可以放在支撑管的内侧（称内压式），也可以放在支撑管的外侧（称外压式），每个膜组件中膜管数目一般为 4～18 根。

优点：流速易控制，安装、拆卸、换膜和维修较方便，可处理含悬浮物的料液，机械清洗容易，流动状态好，可防止浓差极化和污染。

缺点：管膜的加工复杂，装填密度很低，一般低于 300m²/m³。

管式膜组件主要有烧结聚乙烯微孔滤膜、陶瓷膜、多孔石墨管等，它们价格较高，但耐污染且易清洗，尤其对高温介质适用。

图 10-4 管式膜组件

1—多孔外衬管；2—膜管；3—渗透液；4—料液

（四）中空纤维式膜组件

如图 10-5 所示，为中空纤维式膜组件。它是由中空纤维膜制成的，中空纤维管外径 80～400μm，内径 40～200μm，在管壁上布满微孔，孔径以能截留物质的分子量表达，截留分子量可达几千至几十万。原水在中空纤维外侧或内腔加压流动，分别构成外压式与内压式。若把

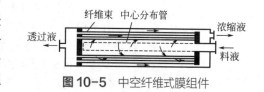

图 10-5 中空纤维式膜组件

大量（多达几十万根）中空纤维膜装入圆筒形耐压容器内，纤维束的开口端用环氧树脂铸成管板，则可构成一个完整的膜组件。

优点：膜的装填密度很高，一般可达 16000 ～ 30000m²/m³，设备紧凑，不需要支撑材料。

缺点：料液流动阻力大，压力降较大，易堵塞，膜易污染，再生清洗困难，对料液处理要求高。

表 10-1 对各种构型膜组件的特性进行了比较，一般根据客户的具体技术要求、所处理的体系或预处理要求、操作费用、膜使用寿命等方面来选择合适构型的膜组件。

表10-1　各种构型膜组件的特性比较

项　目	中空纤维式	毛细管式	螺旋卷式	平板式	圆管式
价格/(元/m³)	40～150	150～800	250～800	800～2500	400～1500
装填密度	高	中	中	低	低
清洗	难	易	中	易	易
压力降	高	中	中	中	低
可否高压操作	可	否	可	较难	较难
膜形式限制	有	有	无	无	无
膜更换	不可	不可	不可	可	可

依据混合物粒子或分子的大小和所采用不同孔径的膜，可将以压力差为推动力的膜分离过程分为反渗透（RO）、超滤（UF）、纳滤（NF）和微滤（MF）。此外还有电渗析、气体膜分离、渗透汽化、蒸气渗透等分离过程。

三、膜分离技术

（一）反渗透技术

反渗透（Reverse Osmosis，RO）技术是利用压力表差为动力的膜分离技术，反渗透现象早在 1748 年就被法国人 AbbleNelh 发现。1950 年美国人 Reid 和 Hassler 提出来利用与渗透相反的过程进行海水淡化的设想。1960 年，洛布（Loeb）与索里拉（Sourirajan）对其共同改进和提高，于同年制成了世界上第一张具有高脱盐率、高透水量的非对称性醋酸纤维半透膜，并首次用于海水和苦咸水的淡化工作。1971 年开始有工业性反渗透装置在电厂投入运行，目前已广泛运用于科研、医药、食品、海水淡化等领域。

反渗透膜（RO）孔径小至纳米级（1nm=10⁻⁹m），在一定的压力下，H_2O 分子可以通过 RO 膜，而源水中的无机盐、重金属离子、有机物、胶体、细菌、病毒等杂质无法通过 RO 膜，从而使可以透过的纯水和无法透过的浓缩水严格区分开来。

一般性的自来水经过 RO 膜过滤后的纯水电导率为 5μS/cm（RO 膜过滤后出水电导 = 进水电导 × 除盐率，一般进口反渗透膜脱盐率都能达到 99% 以上，5 年内运行能保证 97% 以上。对出水电导要求比较高的，可以采用 2 级反渗透，再经过简单的处理，水电导能小于 1μS/cm），符合国家实验室三级用水标准。再经过原子级离子交换柱循环过滤，出水电阻率可以达到 18.2Ω·cm，超过中国国家实验室分析用水标准（GB/T 6682—2008）一级水标准。

如图 10-6 所示，为渗透与反渗透原理示意图。从图中可以看出，反渗透分离过程是利用半透膜选择性只能透过溶剂的性质，对溶液施加压力以克服溶液的渗透压，使溶剂通过反渗透膜而从溶液中分离出来的过程。

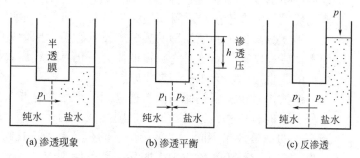

图 10-6 渗透与反渗透原理

渗透过程是当纯水和盐水被理想半透膜隔开，理想半透膜只允许水通过而阻止盐通过，此时膜纯水侧的水会自发地通过半透膜流入盐水一侧，这种现象称为渗透。

若在半透膜的盐水侧施加压力，那么水的自发流动将受到抑制而减慢，当施加的压力达到某一数值时，水通过膜的净流量等于零，这个压力称为渗透压力，当施加在膜盐水侧的压力大于渗透压力时，水的流向就会逆转，此时，盐水中的水将流入纯水侧，上述过程就是水的反渗透（RO）分离的基本过程。

反渗透膜的分离机理至今尚有许多争论，主要有氢键理论、选择吸附-毛细管流动理论、溶解扩散理论等。反渗透膜的分离机理并非简单按膜孔的大小的筛分作用，膜的物化性能对分离起主要作用。

（二）超滤技术

1748 年，Schmidt 采用棉花胶膜或璐膜作为过滤介质进行过滤操作，当在溶液一侧施加压力时，溶液（水）透过膜，而蛋白质、胶体等物质则被截留下来，其过滤精度远远超过滤纸，于是他提出"超滤"一词。1896 年，Martin 制出了第一张人工超滤膜，20 世纪 60 年代，分子量级概念的提出，是现代超滤的开始，70 年代和 80 年代是高速发展期，90 年代以后开始趋于成熟。我国对该项技术研究较晚，70 年代尚处于研究阶段，80 年代末才进入工业化生产和应用阶段。

如图 10-7 所示，为超滤原理示意图。超滤是借助于压差，利用超滤膜进行过滤，从水中分离大分子物质或微细粒子。

超滤是介于微滤和纳滤之间的一种膜过滤。在常温下，采用孔径在 10 ～ 1000Å 之间的分离膜，对溶液施加压力，以错流方式进行过滤，使溶剂及小分子物质从高压侧透过滤膜进入低压侧，并作为滤液而排出，大分子物质或微细粒子（如蛋白质、水溶性高聚物、细菌等）被滤膜阻留，从而实现溶液的分离、分级、纯化、浓缩。

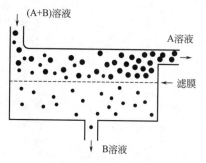

图 10-7 超滤原理示意图

一般认为超滤过程主要是筛分作用，膜的物化性能对分离起一定作用，其有效分离范围为 0.005 ～ 0.1μm 的微细粒子或大分子，操作压差为 0.2 ～ 1MPa。

（三）纳滤技术

纳滤是介于超滤与反渗透之间的一种膜分离技术，其截留分子量在 200 ～ 1000 的范围内，膜孔径为

几纳米，因此称为"纳滤"。与其他以压力为推动力的膜分离过程相比，纳滤技术出现较晚，20世纪70年代末，J.E.Cadotte进行了纳滤膜的研究，至20世纪80年代中期出现了商品化的膜组件。

纳滤膜主要用于截留粒径在0.1～1nm，分子量为1000左右的物质，可以使一价盐和小分子物质透过，具有较小的操作压力（0.5～1MPa）。其被分离物质的尺寸介于反渗透膜和超滤膜之间，但与上述两种膜有所交叉。

纳滤分离作为一项新型的膜分离技术，技术原理近似机械筛分。但是纳滤膜本体带有电荷性。这是它在很低压力下仍具有较高脱盐性能和截留分子量为数百的膜也可脱除无机盐的重要原因。

纳滤恰好填补了超滤与反渗透之间的空白，它能截留透过超滤膜的那部分小分子量的有机物，透析被反渗透膜所截留的无机盐。而且，纳滤膜对不同价态离子的截留效果不同，对单价离子的截留率低（10%～80%），对二价及多价离子的截留率（90%以上）明显高于单价离子。

由于纳滤操作压力很低，因此纳滤又被称作"低压反渗透"或"疏松反渗透"。

（四）微滤技术

微滤又称微孔过滤，它属于精密过滤，截留溶液中的砂砾、淤泥、黏土等颗粒和贾第虫、隐孢子虫、藻类和一些细菌等，而大量溶剂、小分子及少量大分子溶质都能透过膜的分离过程。

微过滤，也称保安过滤，常常用过滤精度为5μm的中空纤维，继续净化水质，延长和保护膜的使用寿命。

1907年Bechhold制得系列化多孔火棉胶膜，从而开创了微滤技术的先河，二战之后微滤技术得到了广泛的应用。我国微滤技术的研究始于70年代初，开始以CA-CN膜片为主，于80年代相继开发成功CA、CA-CTA、PS、PAN、PVDF、尼龙等膜片，并进而开发出褶筒式滤芯，开发了控制拉伸致孔的PP、PE和PTFE膜，也开发出聚酯和聚碳酸酯的核径迹微孔膜，多通道无机微孔膜也实现产业化。

微滤是以压力差为推动力，利用筛网状过滤介质膜的"筛分"作用将原料液中大于膜孔径的微粒、细菌及悬浮物质等截留下来，达到滤液澄清的目的。

微滤过滤过程类似于常规的过滤，基本上属于固液分离的范畴，其分离机理有三种：筛分、滤饼层过滤、深层过滤。一般认为微滤的分离机理为筛分，决定膜的分离效果的是膜的物理结构、孔的形状和大小。此外，吸附和电性能等因素对截留率也有影响。其有效分离范围为0.1～10μm的粒子，操作静压差为0.01～0.2MPa。

（五）电渗析技术

电渗析（eletrodialysis，ED）技术是膜分离技术的一种，它将阴、阳离子交换膜交替排列于正负电极之间，并用特制的隔板将其隔开，组成除盐（淡化）和浓缩两个系统，在直流电场作用下，以电位差为动力，利用离子交换膜的选择透过性，把电解质从溶液中分离出来，从而实现溶液的浓缩、淡化、精制和提纯。

电渗析技术的研究始于 20 世纪初的德国，直到 1950 年 Juda 首次试制成功了具有高选择性的离子交换膜后，电渗析技术才进入了实用阶段。1952 年美国 Ionics 公司制成了用于苦咸水淡化的世界第一台电渗析装置，随后美、英均制造并将电渗析装置用于淡化苦咸水，制取饮用水和工业用水。我国在 20 世纪 50 年代末期就开始了电渗析（ED）的研究，先后研制成功聚乙烯醇异相阴、阳离子交换膜，易保存、高强度的聚乙烯异相离子交换膜，聚氯乙烯鱼鳞网一体化隔板，钛涂钌和不锈钢电极等，使电渗析的性能得到全面改善；并于 1970 ～ 1972 年之间完成日产 7m^3 和 14m^3 两种电渗析海水淡化装置用于岛屿饮用水制取，1981 年 6 月在西沙建成 200m^3/d 的电渗析海水淡化站，满足了当时的军用和民用的需求。

利用半透膜的选择透过性来分离不同的溶质粒子（如离子）的方法称为渗析。自然渗析的推动力是半透膜两侧溶质的浓度差。在直流电场的作用下，溶液中带电的溶质粒子（如离子）透过选择性膜而迁移的现象称为电渗析（ED）。

对离子具有选择透过性的薄膜又称离子交换膜，它主要分阳离子交换膜（CM，简称阳膜）和阴离子交换膜（AM，简称阴膜）两种。阳膜由于膜体固定基带有负电荷离子，基本上只允许透过阳离子；阴膜由于膜体固定基带有正电荷离子，基本上只允许透过阴离子。

因为各种不同的水（包括天然水、自来水、工业废水）中都有一定量的盐分，而组成这些盐的阴、阳离子在直流电场的作用下会分别向相反方向的电极移动。如果在一个电渗析器中插入阴、阳离子交换膜各一个，由于离子交换膜具有选择透过性，即阳离子交换膜只允许阳离子自由通过，阴离子交换膜只允许阴离子自由通过，这样在两个膜的中间隔室中，盐的浓度就会因为离子的定向迁移而降低，而靠近电极的两个隔室则分别为阴、阳离子的浓缩室，最后在中间的淡化室内达到脱盐的目的。

如图 10-8 所示，若电渗析器各系统进液都为 NaCl 溶液，在通电情况下，淡水隔室中的 Na$^+$ 向阴极方向迁移，Cl$^-$ 向阳极方向迁移，Na$^+$ 与 Cl$^-$ 就分别透过阳膜与阴膜迁移到相邻的隔室中去。这样淡水隔室中的 NaCl 溶液便逐渐降低。相邻隔室，即浓水隔室中的 NaCl 溶液相应逐渐升高，从电渗析器中就能源源不断地流出淡化液与浓缩液。

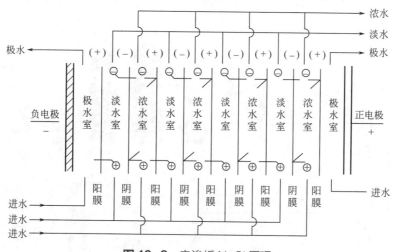

图 10-8　电渗析 NaCl 原理

电渗析器通电后，在阳极和阴极室上会发生氧化和还原反应，在阳极室产生氯气、氧气和次氯酸等，其反应过程如下：

$$2Cl^- - 2e^- \longrightarrow Cl_2 \uparrow$$

$$H_2O \longrightarrow H^+ + OH^-$$

$$4OH^- - 4e^- \longrightarrow O_2 + 2H_2O$$

第十章

$$Cl_2+H_2O \longrightarrow HCl+HClO$$

$$HClO \longrightarrow HCl+[O]$$

由此可见，阳极反应有氧气和氯气产生，氯气溶于水又产生 HCl 及新生态氧 [O]，阳极呈酸性反应，应当注意阳极的氧化和腐蚀问题。

在阴极室产生氢气和氢氧化钠，其反应过程如下：

$$H_2O \longrightarrow H^++OH^-$$

$$H^++2e^- \longrightarrow 2H_2 \uparrow$$

$$Na^++OH^- \longrightarrow NaOH$$

在阴极室由于 H^+ 的减少，放出氢气，极水呈碱性反应，当极水中含有 Ca^{2+}、Mg^{2+} 和 HCO_3^{2-} 等离子时，会生成 $CaCO_3$ 和 $Mg(OH)_2$ 等沉淀物，在阴极上形成结垢。

在极室中应注意及时排出电极反应产物，以保证电渗析过程的正常安全运行。考虑到阴膜容易损坏，并为防止 Cl^- 透过阴膜进入阳极室，所以在阳极附近一般不用阴膜，而改用阳膜或惰性多孔保护膜。

四、膜分离技术设备

(一) 反渗透技术设备

反渗透装置系统是以反渗透膜组件为主，辅以多级离心泵（增压装置）、压力容器、保安过滤器、不锈钢高压管路管件、控制阀门、检测和测量仪表、电器控制系统、反冲洗、化学清洗等组成的。如图 10-9 所示，是二级反渗透纯水制备装置系统。

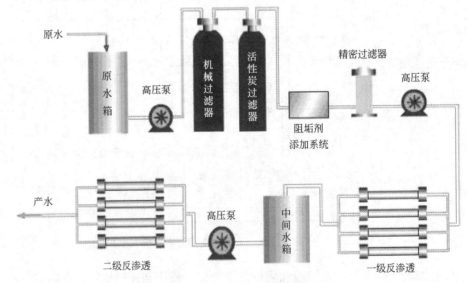

图 10-9 反渗透装置系统

反渗透膜表面层孔隙直径约为 0.1 ~ 1nm。

反渗透膜具有多孔状结构，主要是非对称性膜、复合膜和中空纤维膜，常用的有醋酸纤维素膜、聚酰胺膜和聚砜膜等。

管式和板框式是反渗透膜组件最初的产品形式，中空纤维式和卷式是管式和板框式膜元件的改进和发展。

反渗透的评价指标可以从以下几个方面分析。

1. 脱盐率和透盐率

脱盐率：指通过反渗透膜从系统进水中去除可溶性杂质浓度的百分比。

$$脱盐率 =(1- 产水含盐量 / 进水含盐量)\times 100\%$$

透盐率：指进水中可溶性杂质透过膜的百分比。

$$透盐率 =100\%- 脱盐率$$

2. 产水量（水通量）

产水量（水通量）：指反渗透系统的产能，即单位时间内透过膜的水量，通常用 t/h 或 gal/d 来表示。

3. 回收率

回收率：指膜系统中给水转化成为产水或透过液的百分比。膜系统的回收率在设计时就已经确定，是基于预设的进水水质而定的。回收率通常希望最大化以便提高经济效益，但是应以膜系统内不会因盐类等杂质的过饱和发生沉淀为它的极限值。

$$回收率 =(产水流量 / 进水流量)\times 100\%$$

（二）超滤技术设备

如图 10-10 所示，为超滤装置系统示意图。通常，一个超滤系统由超滤膜组件、增压装置、管路管件、检测和测量仪表、控制阀门、反冲洗、化学清洗组成。

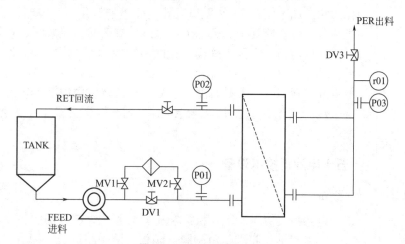

图 10-10 超滤装置系统

超滤膜为非对称膜，具有微孔状结构，其表面活性层的微孔孔径约 $1 \sim 20nm$，截留分子量 $500 \times 10^5 \sim 5 \times 10^5$，常用的材料有聚砜、聚酰胺和陶瓷等。超滤膜外壳采用 ABS、有机玻璃、玻璃钢或不锈钢等材料制造，密封可靠，安全耐用。

可根据不同的水质或料液情况，进行膜组件的选型，以保证系统的低运行成本、安全可靠性以及膜组件的使用寿命。

超滤膜组件形式有中空纤维膜组件、管式膜组件、卷式膜组件、板式膜组件四种，中空纤维膜组件分为内压式和外压式两种。

增压装置采用不锈钢离心泵或蠕动泵，以确保系统长期安全运行。

（三）纳滤技术设备

纳滤膜为多孔多层结构，其成膜材料基本上与反渗透材料相同。商品化纳滤膜的膜材质主要有以下几种：醋酸纤维素（CA）、磺化聚砜（SPS）、磺化聚醚砜（SPES）和聚乙烯醇（PVA）等。无机材料制备的纳滤膜目前也已商品化。膜结构绝大多数是多层疏松结构。

商业上的纳滤膜组件大多为卷式组件，此外也有采用管式和中空纤维式的纳滤膜组件。

纳滤纯水装置系统是由原水罐（可选）、增压泵、多介质过滤器、活性炭过滤器、离子软化系统/加药系统、精密过滤器、高压泵、纳滤主机、储水箱、臭氧杀菌器（可选）、管路管件、检测和测量仪表、控制阀门等组成的。

技术要求与性能指标：①对于阴离子，截留率按下列顺序递增 NO_3^-，Cl^-，OH^-，SO_4^{2-}，CO_3^{2-}。②对于阳离子，截留率递增的顺序为 H^+，Na^+，K^+，Ca^{2+}，Mg^{2+}，Cu^{2+}。③一价离子渗透，多价离子有滞留。④截留分子量在 100～1000 之间。⑤脱盐率 50%～90%。

（四）微滤技术设备

微滤膜是均匀的多孔薄膜，孔径一般为 0.025～10μm 之间，厚度在 90～150μm 左右，能够滤除微米级或纳米级的杂质微粒和大多数细菌。

微滤膜由多种材料制成，根据其材料的不同可分为三大类：①烧结金属微孔滤膜（如不锈钢）；②无机微孔滤膜（如氧化铝、玻璃、二氧化硅等）；③有机高分子微孔滤膜（如聚乙烯、聚砜、聚酰胺、醋酸纤维素等）。

到目前为止，国内外商品化的微滤膜约有 13 类，总计 400 多种。主要有：混合纤维酯微孔滤膜、硝酸纤维素滤膜、聚偏氟乙烯滤膜、醋酸纤维素滤膜、再生纤维素滤膜、聚酰胺滤膜、聚四氟乙烯滤膜以及聚氯乙烯滤膜等。

微滤膜组件包括压力容器、微滤滤芯及设置于压力容器两端的进出液端口。

（五）电渗析技术设备

1.组成

电渗析装置由膜堆、极区和压紧装置三大部分构成。

（1）膜堆　膜堆是由阳膜、隔板、阴膜组成的。即每个膜堆均由阳离子交换膜、浓缩室隔板、阴离子交换膜、脱盐室隔板交替排列而成。

离子交换膜基体是空间网状结构，是由高分子材料制成的。由于制造工艺和材料的不同，可制成均相膜和非均相膜两类。

① 均相膜　先用高分子材料如丁苯橡胶、纤维素衍生物、聚四氟乙烯、聚三氟氯乙烯、聚偏二氟乙烯、聚丙烯腈等制成膜，然后引入单体如苯乙烯、甲基丙烯酸甲酯等，在膜内聚合成高分子，再通过化学反应引入所需功能基。

② 非均相膜　用粒度为 200～400 目的离子交换树脂和普通成膜性高分

子材料如聚苯乙烯、聚氯乙烯等充分混合后加工成膜制得。

离子交换膜的构造和离子交换树脂相同，但为膜的形式。

对离子交换膜的性能要求：较高的选择透过性、较好的化学稳定性、离子的反扩散和渗水性较低、较高的机械强度、较低的膜电阻以及膜的原料丰富、价格低廉、工艺简单等。

离子交换膜的性能指标：

交换容量，指每克干膜所含交换基团的量（mmol）。

含水率，指在工作状态下每克干膜的含水量（g）。膜的含水率随外液浓度的提高而下降。

隔板置于阴膜和阳膜之间，超着支撑和分隔阴膜和阳膜的作用，并构成浓缩室和淡水室，形成水流通道，并起配水和集水的作用。隔板常用 1 ~ 2mm 的硬聚氯乙烯板制成，板上开有配水孔、布水槽、流水道、集水槽和集水孔。

（2）极区　极区的主要作用是给电渗析器供给直流电，将原水导入膜堆的配水孔，将淡水和浓水排出电渗析器，并通入和排出极水。

极区由托板、电极、极框和垫板组成。

托板的作用是加固极板和安装进出水接管，常用厚的硬聚氯乙烯板制成。

电极的作用是接通内外电路，在电渗析器内造成均匀的直流电场。阳极的材料有石墨、铅、涂钌的钛电极。阴极可用不锈钢等材料制成。电极的形式有板状、网状和栅状数种。

极框用来在极板和膜堆之间保持一定的距离，构成极室，也是极水的通道。极框又称导水板，常用厚 5 ~ 7mm 的粗网多水道式塑料板制成，它比浓淡水隔板厚，以利于废气与废液的排除。

垫板起防止漏水和调整厚度不均的作用，常用具有弹性的橡胶或软聚氯乙烯板制成。

（3）压紧部件　压紧部件的作用是把极区和膜堆组成不漏水的电渗析器整体，可采用压紧板和螺栓拉紧，也可采用液压压紧。

2. 电渗析装置的组装

如图 10-11 所示是板框式电渗析装置组装时的排列方式。把阴、阳离子交换膜与浓、淡水隔板交替排列，重复叠加，再加上一对端电极，用压紧部件将上述组件压紧，就组装成了一台电渗析器。实际应用中，一台电渗析器并非由一对阴、阳离子交换膜所组成（因为这样做效率很低），而是采用 200 ~ 400 张阴、阳离子交换膜以特制的隔板相间，装配成具有 100 ~ 200 对隔室的电渗析装置，因而大大提高了效率。

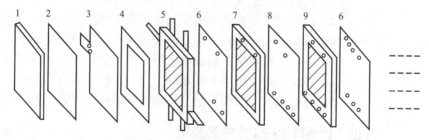

图 10-11　板框式电渗析组装方式

1—压紧板；2—垫板；3—电极；4—垫圈；5—导水板；6—阳膜；7—淡水隔板；8—阴膜；9—浓水隔板

整个装置有三套水路系统：淡水水路系统、浓水水路系统与极水水路系统。高压泵给各系统提供输送的动力。

从供电网供给的交流电，经整流器变为直流电，由电极引入电渗析器。经过在电极 - 溶液界面上的电化学反应，完成由电子导电转化为离子导电的过程。

电渗析器的基本性能：①操作压力 0.5 ~ 3.0kgf/cm² （49.03 ~ 294.2kPa）；②操作电压、电流 100 ~

250V，1～3A；③本体耗电量每吨淡水约 0.2～2.0kW·h。

五、膜分离技术在工业中的应用

（一）反渗透技术在工业中的应用

（1）纯净水、蒸馏水等制备；

（2）食品、医药、电子、造纸、电镀、印染等工业用水及废水处理；

（3）化工、生物、食品、医药等行业产品的浓缩、分离、提纯；

（4）锅炉用水的除盐软化；

（5）海水、苦咸水淡化。

（二）超滤技术在工业中的应用

超滤技术主要用于含相对分子质量 $500 \times 10^5 \sim 5 \times 10^5$ 的微粒溶液的分离，尤其适用于大分子溶液的浓缩、不同种类分子的精制或分离等，主要有以下方面。

（1）纯水的制备。超滤技术广泛用于水中的细菌、病毒和其他异物的除去，用于制备高纯饮用水、电子工业超净水和医用无菌水等。

（2）工业产品的浓缩、精制或分离。在食品工业中用于果汁、牛奶的浓缩和其他乳制品的加工（如乳清中分离蛋白和低分子量的乳糖）。

（3）在医药和生化工业中用于处理热敏性物质，分离浓缩生物活性物质，从生物中提取药物等（如从生物体液、发酵肉汤培养基中纯化抗生素、激素、药物或对蛋白质、酶、DNA、单克隆抗体、免疫球蛋白进行浓缩和脱盐）。

（4）工业废水处理。

（三）纳滤技术在工业中的应用

（1）纳滤技术最早也是应用于海水及苦咸水的淡化方面。

（2）由于该技术对低价离子与高价离子的分离特性良好，因此在硬度高和有机物含量高、浊度低的原水处理及高纯水制备中颇受瞩目。

（3）在食品行业中，纳滤膜可用于果汁生产，大大节省能源。

（4）在医药行业可用于氨基酸生产、抗生素回收等方面。

（5）在石化生产的催化剂分离回收等方面更有着不可比拟的作用。

（四）微滤技术在工业中的应用

微孔过滤技术目前主要在以下方面得到应用。

（1）微粒和细菌的过滤。可用于水的高度净化、食品和饮料的除菌、药液的过滤、发酵工业的空气净化和除菌等。

（2）微粒和细菌的检测。微孔膜可作为微粒和细菌的富集器，从而进行微粒和细菌含量的测定。

（3）气体、溶液和水的净化。大气中悬浮的尘埃、纤维、花粉、细菌、病毒等，溶液和水中存在的微小固体颗粒和微生物，都可借助微孔膜去除。

（4）食糖与酒类的精制。微孔膜对食糖溶液和啤酒、黄酒等酒类进行过滤，可除去食糖中的杂质、酒类中的酵母、霉菌和其他微生物，提高食糖的纯度和酒类产品的清澈度，延长存放期。由于是常温操作，不会使酒类产品变味。

（5）药物的除菌和除微粒。以前药物的灭菌主要采用热压法。但是热压法灭菌时，细菌的尸体仍留在药品中。而且对于热敏性药物，如胰岛素、血清蛋白等不能采用热压法灭菌。对于这类情况，微孔膜有突出的优点，经过微孔膜过滤后，细菌被截留，无细菌尸体残留在药物中。常温操作也不会引起药物的受热破坏和变性。许多液态药物，如注射液、眼药水等，用常规的过滤技术难以达到要求，必须采用微滤技术。

（6）微滤技术常用于电子工业、半导体、大规模集成电路生产中使用的高纯水等的进一步过滤。

（五）电渗析技术在工业中的应用

电渗析技术早在20世纪50年代就广泛用于苦咸水脱盐。随着新型离子交换膜的出现和交换树脂填充床电渗析技术的推出，电渗析技术将再次呈现出广阔的应用前景。目前，电渗析技术已普遍应用于饮用水、工业废水、医药用水处理以及食品、化学工业等领域，并取得了较好的效果，具有显著的社会效益和经济效益。

1. 在水处理方面的应用

（1）工业废水处理；
（2）饮用及过程水的应用。

2. 在食品和化学工业中的应用

（1）海水浓缩制盐；
（2）提取乳酸新技术；
（3）在食品精制方面的应用；
（4）金属元素的分离；
（5）无机酸、碱、盐的提纯。

 过程检查 10.1

○ 比较超滤、纳滤和微滤的区别。

第二节　离子交换

离子交换法是利用离子交换剂与溶液中的离子之间所发生的交换反应进行分离的方法，是一种固-液分离法。

早在古希腊时期人们就会用特定的黏土纯化海水，算是比较早的离子交换法，这些黏土主要是沸石。而在18世纪中期，汤普森（Thompson）就发现了离子交换现象。直至1935年亚当斯（Adams）和霍姆斯（Holmes）研究合成了具有离子交换功能的高分子材料，即第一批离子交换树脂——聚酚醛系强酸性阳离子交换树脂和聚苯胺醛系弱碱性阴离子交换树脂。离子交换技术和离子交换剂的发展一直是相互促进、互相依赖的，自从20世纪60年代初期大孔离子交换树脂以及稍后的大孔吸附树脂问世以来，离子

交换技术更是以前所未有的速度向前发展。开始是间歇床工艺，很快就发展到固定床工艺，20世纪60年代后逆流技术及连续式离子交换工艺、双层床技术等获得了很快的发展。这些新的应用技术和工艺的开发，使离子交换技术在许多领域的应用更加经济有效。

一、离子交换树脂

（一）离子交换树脂的分类

离子交换树脂经历了由沸石、磺化煤、磺化酚醛树脂、凝胶聚苯乙烯、聚丙烯酸（包括 α-甲基丙烯酸）、大孔离子交换树脂和吸附树脂的过程。

根据离子交换剂的组成可以分为无机和有机两大类。

无机的离子交换剂有天然沸石和人工合成沸石。沸石既可作阳离子交换剂，也能用作吸附剂。

有机的离子交换剂有磺化煤和各种离子交换树脂。

离子交换树脂通常有4种分类方法。

1. 根据离子交换树脂中活性基团的性质

分为强酸性树脂、强碱性树脂、弱酸性树脂、弱碱性树脂、氧化还原树脂、两性树脂和螯合树脂。

（1）强酸性树脂　这类树脂含有大量的强酸性交换基团，如磺酸基—SO_3H，容易在溶液中离解出 H^+，故呈强酸性。树脂离解后，本体所含的负电基团，如 SO_3^-，能吸附结合溶液中的其他阳离子。这两个反应使树脂中的 H^+ 与溶液中的阳离子互相交换。强酸性树脂的离解能力很强，在酸性或碱性溶液中均能离解和产生离子交换作用。树脂在使用一段时间后，要进行再生处理，即用化学药品使离子交换反应以相反方向进行，使树脂的官能基团恢复原来状态，以供再次使用。如上述的阳离子树脂是用强酸进行再生处理，此时树脂放出被吸附的阳离子，再与 H^+ 结合而恢复原来的组成。

（2）强碱性树脂　这类树脂含有强碱性基团，如季铵基（亦称四级氨基）—NR_3OH（R为碳氢基团），能在水中离解出 OH^- 而呈强碱性。这种树脂的正电基团能与溶液中的阴离子吸附结合，从而产生阴离子交换作用。这种树脂的离解性很强，在不同 pH 下都能正常工作。它用强碱（如 NaOH）进行再生。

（3）弱酸性树脂　这类树脂含弱酸性基团，如羧基—COOH，能在水中离解出 H^+ 而呈酸性。树脂离解后余下的负电基团，如 R—COO^-（R为碳氢基团），能与溶液中的其他阳离子吸附结合，从而产生阳离子交换作用。这种树脂的酸性即离解性较弱，在低 pH 下难以离解和进行离子交换，只能在碱性、中性或微酸性溶液中（如 pH 5～14）起作用。这类树脂亦是用酸进行再生的（比强酸性树脂较易再生）。

（4）弱碱性树脂　这类树脂含有弱碱性基团，如伯氨基（亦称一级氨基）—NH_2、仲氨基（二级氨基）—NHR 或叔氨基（三级氨基）—NR_2，它们在水中能离解出 OH^- 而呈弱碱性。这种树脂的正电基团能与溶液中的阴离子吸附结合，从而产生阴离子交换作用。这种树脂在多数情况下是将溶液中的整个其他酸分子吸附。它只能在中性或酸性条件（如 pH 1～9）下工作。它可用 Na_2CO_3、NH_4OH 进行再生。

（5）氧化还原树脂 含有氧化还原性能的交换基因，如—CH_2SH，它和一般离子交换树脂不同的地方，是由于后者只依靠活性官能团经电离后形成离子而进行交换，前者则由于官能团电子的得失能将同它接触的化合物还原或氧化。这种树脂从 1950 年出现到现在仅有几十年的历史，目前常见的主要有对苯二酚和硫酚型两大类。

（6）两性树脂 其交换基团如—NR_2。阴、阳两种树脂混合使用，可以除去溶液中的阴、阳离子，达到去盐的目的，但是再生时要求将两种树脂分开，分别用酸碱处理。为了克服分开树脂的繁琐手续，将两种性质相反的阴、阳离子交换功能基（一至四胺及磺酸、磷酸、羧酸）连接在同一树脂骨架上，就构成两性树脂。

（7）螯合树脂 其交换基团如—CH_2SH。螯合树脂是一类能与金属离子形成多配位络合物的交联功能高分子材料。螯合树脂吸附金属离子的机理是树脂上的功能原子与金属离子发生配位反应，形成类似小分子螯合物的稳定结构，而离子交换树脂吸附的机理是静电作用。与离子交换树脂相比，螯合树脂与金属离子的结合力更强，选择性也更高。因此，可根据需要，有目的地合成一些新的螯合树脂，以解决某些性质相似离子的分离与富集问题。

2. 根据离子交换树脂的外观形状及物理性质

分为凝胶型和大孔型树脂。

凝胶型树脂的高分子骨架，在干燥的情况下内部没有毛细孔。它在吸水时润胀，在大分子链节间形成很微细的孔隙。润湿树脂的平均孔径为 2～4nm。这类树脂较适合用于吸附无机离子，它们的直径较小，一般为 0.3～0.6nm。这类树脂不能吸附大分子有机物质，因后者的尺寸较大，如蛋白质分子直径为 5～20nm，不能进入这类树脂的显微孔隙中。

大孔型树脂是在聚合反应时加入致孔剂，形成多孔海绵状构造的骨架，内部有大量永久性的微孔，再导入交换基团制成。它并存有微细孔和大网孔，润湿树脂的孔径达 100～500nm，其大小和数量都可以在制造时控制。孔道的表面积可以增大到超过 1000m^2/g。这不仅为离子交换提供了良好的接触条件，缩短了离子扩散的路程，还增加了许多链节活性中心，通过分子间的范德华引力产生分子吸附作用，能够像活性炭那样吸附各种非离子性物质，扩大它的功能。一些不带交换功能团的大孔型树脂也能够吸附、分离多种物质，例如化工厂废水中的酚类物。大孔树脂内部的孔隙又多又大，表面积很大，活性中心多，离子扩散速度快，离子交换速度也快很多，比凝胶型树脂快约十倍，使用时作用快、效率高，所需处理时间缩短。大孔树脂还有多种优点：耐溶胀，不易碎裂，耐氧化，耐磨损，耐热及耐温度变化，以及对有机大分子物质较易吸附和交换，因而抗污染力强，并较容易再生。

3. 根据聚合物的单体

分为苯乙烯类、丙烯酸类、酚醛类、环氧类、乙烯基吡啶类、脲醛类和氯乙烯类等。

（1）苯乙烯类树脂 由苯乙烯或其衍生物聚合或以苯乙烯为主与其他不饱和化合物共聚所制得的聚合物。

（2）丙烯酸类树脂 以丙烯酸或丙烯酸的衍生物为单体聚合或以它们为主而与其他不饱和化合物共聚合所制得的聚合物。丙烯酸树脂是由丙烯酸酯类和甲基丙烯酸酯类及其他烯类单体共聚制成的树脂，通过选用不同的树脂结构、不同的配方、生产工艺及溶剂组成，可合成不同类型、不同性能和不同应用场合的丙烯酸树脂。丙烯酸树脂根据结构和成膜机理的差异又可分为热塑性丙烯酸树脂和热固性丙烯酸树脂。用丙烯酸酯和甲基丙烯酸酯单体共聚合成的丙烯酸树脂对光的主吸收峰处于太阳光谱范围之外，所以制得的丙烯酸树脂漆具有优异的耐光性及户外老化性能。

4. 根据用途

分为工业级、食品级、分析级、核子级、双层床用树脂、高流速混床用树脂、移动床用和覆盖过滤

器用树脂等。

离子交换树脂的型号多数由各制造厂家或所在国自行规定。中华人民共和国国家标准（GB 1631—79）规定，离子交换树脂的型号由三位阿拉伯数字组成，第一位数字代表产品的分类：0代表强酸性，1代表弱酸性，2代表强碱性，3代表弱碱性，4代表螯合性，5代表两性，6代表氧化还原。第二位数字代表骨架的差异：0代表苯乙烯系，1代表丙烯酸系，2代表酚醛系，3代表环氧系等。第三位数字为顺序号，用以区别基团、交联剂等的差异。凡大孔型离子交换树脂，在型号前加"大"字的汉字拼音的首位字母"D"表示之。因此，D001是大孔强酸性苯乙烯系树脂。凝胶型离子交换树脂的交联度值，可在型号后用"×"号连接阿拉伯数字表示。如遇到二次聚合或交联度不清楚时，可采用近似值表示或不予表示。国外一些产品用字母C代表阳离子树脂（C为cation的第一个字母），A代表阴离子树脂（A为Anion的第一个字母），如Amberlite的IRC和IRA分别为阳树脂和阴树脂。

（二）离子交换树脂的交换容量

离子交换树脂进行离子交换反应的性能，表现在它的"离子交换容量"，总共有三种交换容量表述方式：总交换容量、工作交换容量和再生交换容量。

总交换容量，表示每单位数量（质量或体积）树脂能进行离子交换反应的化学基团的总量，是反映树脂交换能力大小的重要参数，可以用重量法和容积法两种方法表示。

重量法是指单位质量的干树脂中离子交换基团的数量，用mmol/g或mol/g来表示。

容积法是指单位体积的湿树脂中离子交换基团的数量，用mmol/L或mol/m³树脂来表示。由于树脂一般在湿态下使用，因此常用的是容积法。

除总交换容量外，还有工作交换容量和再生交换容量。

工作交换容量：表示在某一定的应用条件下树脂表现出来的交换容量，它与树脂种类和树脂粒度，以及具体工作条件如溶液的组成和温度、原水水质、出水水质、运行流速、树脂层高和再生等因素有关。

再生交换容量：表示在一定的再生剂量条件下所取得的再生树脂的交换容量，表明树脂中原有化学基团再生复原的程度。

一般情况下三者的关系为：再生交换容量为总交换容量的50%～90%（一般控制70%～80%），而工作交换容量为再生交换容量的30%～90%（对再生树脂而言），后一比率亦称为树脂的利用率。

在实际运用中，离子交换树脂的交换容量包括了吸附容量，但后者所占的比例因树脂结构不同而异，现仍未能分别进行计算，在具体设计中，需凭经验数据进行修正，并在实际运行时复核之。

离子树脂交换容量的测定一般以无机离子进行。这些离子尺寸较小，能自由扩散到树脂体内，与它内部的全部交换基团起反应。而在实际应用时，溶液中常含有高分子有机物，它们的尺寸较大，难以进入树脂的显微孔中，因而实际的交换容量会低于用无机离子测出的数值。这种情况与树脂的类型、孔的结构尺寸及所处理的物质有关。

（三）离子交换树脂的选择性

如图 10-12 所示，为离子交换树脂的结构示意图。从图中可以
看出，离子交换树脂是具有特殊网状结构的高分子化合物，由空间
网状结构骨架（即母体）和附着在骨架上的许多活性基团所构成。
活性基团中含有固定离子和活动离子。当离子交换树脂的活性基团
遇水电离，分成两部分：固定部分（固定离子）和活动部分（活动
离子）。

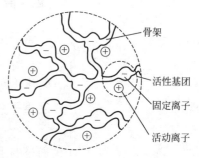

图 10-12　离子交换树脂的结构

一些离子很容易被吸附而另一些离子却很难吸附，被树脂吸附
的离子再生的时候，有的离子很容易被置换下来，而有的却很难被置换。离子交换树脂对溶液中某种离
子能优先交换的性能称为离子交换树脂的选择性，它是决定离子交换法处理效率的一个主要因素。

离子交换树脂的选择性有其一定的规律性，其对常见离子的选择性次序为：

（1）强酸性阳离子交换树脂对阳离子的选择性顺序

$$Fe^{3+} > Al^{3+} > Pb^{2+} > Ca^{2+} > Mg^{2+} > K^+ \approx NH_4^+ > Na^+ > H^+ > Li^+$$

高价离子通常被优先吸附，而低价离子的吸附较弱。在同价的同类离子中，直径较大的离子的被吸
附性较强。

（2）弱酸性阳离子交换树脂对阳离子的选择性顺序

$$H^+ > Fe^{3+} > Cr^{3+} > Al^{3+} > Ca^{2+} > Mg^{2+} > K^+ \approx NH_4^+ > Na^+ > Li^+$$

（3）强碱性阴离子交换树脂对阴离子的选择性顺序

$$SO_4^{2-} > NO_3^- > Cl^- > HCO_3^- > OH^- > F^- > HSiO_3^-$$

（4）弱碱性阴离子交换树脂对阴离子的选择性顺序

$$OH^- > 柠檬酸根^{3-} > SO_4^{2-} > 酒石酸根^{2-} > 草酸根^{2-} > PO_4^{3-} > NO_2^- > Cl^- > 醋酸根^- > HCO_3^-$$

通常，交联度高的树脂对离子的选择性较强，大孔结构树脂的选择性小于凝胶型树脂。这种选择性
在稀溶液中较大，在浓溶液中较小。

废水中的悬浮物会堵塞树脂孔隙，油脂会包住树脂颗粒，都会使交换能力下降。因此当这些物质含
量较多时，应进行预处理。预处理的方法有过滤、吸附等。

废水中某些高分子有机物与树脂活性基团的固定离子结合力很大，一旦结合就很难进行再生，结果
是降低树脂的再生率和交换能力。

废水中 Fe^{3+}、Al^{3+}、Cr^{3+} 等高价金属离子能引起树脂中毒，当树脂受铁中毒时，会使树脂颜色变深。

从阳离子树脂的选择性可看出，高价金属离子易被树脂吸附，再生时难于把它洗脱下来，结果会降
低树脂的交换能力。为了恢复树脂的交换能力，可用高浓度酸长时间浸泡。

强酸和强碱树脂的活性基团的电离能力很强，交换能力基本上与 pH 值无关。但弱酸性树脂在 pH
值低时不电离或部分电离，因此，在碱性条件下，才能得到较高的交换能力。而弱碱性树脂在酸性
溶液中才能得到较高的交换能力。螯合树脂对金属的结合与 pH 值有很大关系，每种金属都有适宜的
pH 值。

废水中如果含有氧化剂（如 Cl_2、O_2、$H_2Cr_2O_7$ 等）时，会使树脂氧化分解。强碱性阴树脂容易被氧
化剂氧化，使交换基团变成非碱性物质，可能完全丧失交换能力。氧化作用也会影响交换树脂的本体，
使树脂加速老化，结果使交换能力下降。

（四）离子交换树脂的物理性质

1. 离子交换树脂颗粒形状

离子交换树脂通常制成球状的小颗粒，要求圆球率达到90%以上。树脂的圆球率越高，树脂在一定容积内装载量越大，并且溶液通过树脂的阻力越小。

2. 离子交换树脂颗粒粒度

粒度大，交换反应速度慢。粒度小，交换反应速度较大，但细颗粒对液体通过的阻力较大，需要较高的工作压力。因此，树脂颗粒的大小应选择适当。如果树脂粒径在0.2mm（约为70目）以下，会明显增大流体通过的阻力，降低流量和生产能力。

树脂颗粒是否均匀以均匀系数表示。树脂粒度相差较大时，将使小颗粒树脂堵塞大颗粒树脂间的空隙，造成水流不均和水流阻力增大。

3. 离子交换树脂的密度

离子交换树脂的密度是指单位体积树脂的质量。

在实际应用中常用湿真密度和湿视密度来表达离子交换树脂的密度特性。

（1）湿真密度

$$湿真密度 = \frac{湿态树脂质量}{湿态树脂的真体积}$$

湿态树脂的真体积是指树脂颗粒的固有体积，不包括树脂颗粒间空隙的体积。

湿真密度决定了树脂在水中的沉降速度，对离子交换器的反洗速度和分层特性有很大的影响。

（2）湿视密度

$$湿视密度 = \frac{湿态树脂质量}{湿态树脂的视体积}$$

视体积是树脂在交换柱中所占有的体积，包括树脂颗粒的固有体积和颗粒间的空隙体积。

湿视密度用来计算单位体积需湿树脂量的装载量。

4. 离子交换树脂的含水率

$$含水率 = \frac{湿树脂质量-干树脂质量}{湿树脂质量}$$

树脂的含水率能反映树脂的交联度和网眼中的孔隙率。

5. 离子交换树脂的膨胀性

离子交换树脂的膨胀性是指由一单一离子型转变为另一种单一离子型的体积变化。离子交换树脂含有大量亲水基团，与水接触即吸水膨胀。当树脂中的离子变换时，如阳离子树脂由 H^+ 转为 Na^+，阴树脂由 Cl^- 转为 OH^-，都因离子直径增大而发生膨胀，增大树脂的体积。由于树脂具有这种性能，因而在其交换和再生过程中会发生胀缩现象，多次的胀缩就容易促使颗粒破裂，从而影响树脂的使用寿命。

6. 耐用性

由于离子交换树脂颗粒使用时有转移、摩擦和胀缩等变化，所以要提高离子交换树脂的耐用性，就必须选择使用机械强度与耐磨性都较高的树脂。通常，具有较高的交联度者，结构稳定，耐用性强。

（五）离子交换树脂的选用

供选择的国产和进口离子交换树脂的品种、牌号越来越多。这使得正确选择离子交换树脂常常不是一件简单的事情。为了合理投资，确保装置系统正常运行，应选择合适的离子交换树脂。一般从以下几方面考虑。

1. 原水的水质

树脂对离子有选择性吸附交换的性能，所以原水中去除离子的性质不同，选用的离子交换树脂不同。

2. 出水的水质

离子交换树脂的性能优劣，对出水水质和处理的水量有较大影响。

3. 离子交换树脂的交换容量

离子交换树脂的交换容量与处理的水量有关。

4. 离子交换设备的类型

设备类型不同，要求选用的离子交换树脂也不同。

二、离子交换的基本原理

离子交换法（ion exchange process）是一种传质分离过程的单元操作。它是借助于固体离子交换剂中的离子与稀溶液中的离子进行交换，以达到提取或去除溶液中某些离子的目的。

（一）离子交换平衡

1. 离子交换过程

离子交换过程是在溶液中的离子和离子交换树脂的可交换基团间进行的。树脂的可交换基团不规则分布在每一颗粒中，它不仅处于树脂颗粒的表面，而且大量处在树脂颗粒的内部，所以离子交换的进行过程是比较复杂的，因为它不单是离子间交换位置的问题，还有离子在水中扩散到颗粒内部的过程。

如图 10-13 所示，为离子交换过程示意图。离子交换树脂在溶液中溶胀后，可交换离子（如 B^+）在水分子的作用下，有向水中扩散的倾向。溶液中的离子（如 A^+）则先扩散至树脂表面，然后再扩散至树脂内部与功能团的离子（如 B^+）进行交换。树脂上的交换功能团的离子（如 B^+）从树脂网状内部向外扩散到溶液中。

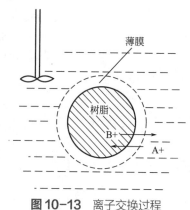

图 10-13 离子交换过程

离子交换过程可以看作是固相的离子交换树脂与液相（废水）电解质之间的化学置换反应。过程通常分为五个阶段：①交换离子从溶液中扩散到树脂颗粒表面；②交换离子在树脂颗粒内部扩散；③交换离子与结合在树脂活性基团上的可交换离子发生交换反应；④被交换下来的离子在树脂颗粒内部扩散；⑤被交换下来的离子在溶液中扩散。

离子交换剂中的离子与被处理的溶液中的离子在离子交换过程中都经历了离子扩散过程。扩散是溶液的基本性质，这种扩散推动力是溶液中各部分的浓度差。

交换反应主要是依靠交换剂上的功能基对离子的亲和能力。由于离子交换树脂功能基对各种离子的亲和力大小各不相同，所以在人为控制的条件下，功能基离解出的可交换离子就可与溶液中带同类电荷的离子发生交换。

离子交换方式按照溶液与离子交换树脂的接触方式可分为静态交换与动态交换两种。

静态交换是将废水与交换剂同置于一耐腐蚀的容器内，使它们充分接触（可进行不断搅拌）直至交换反应达到平衡状态。此法适用于平衡良好的交换反应。

动态交换是指废水与树脂发生相对移动，它又有塔式（柱式）与连续式之分。在离子交换系统中多采用柱式交换法。

离子交换过程是以固相的树脂作为离子交换剂，与液相中的离子发生可逆的、等量的化学反应。例如，磺酸型阳离子交换树脂（R—SO₃H）与含 NaCl 的水溶液接触时，由于树脂上 H^+ 浓度大，而且磺酸基对 Na^+ 的亲和力比对 H^+ 大，所以树脂上的 H^+ 就与溶液中的 Na^+ 发生交换，使树脂功能基上原来带有的 H^+ 进入溶液，而溶液中的 Na^+ 则交换到树脂上，其反应可以用方程式表示如下（右向箭头所示）：

$$R-SO_3^-H^+ + Na^+ \rightleftharpoons R-SO_3^-Na^+ + H^+$$

$$R-NH_4OH^- + Cl^- \rightleftharpoons R-NH_4Cl^+ + OH^-$$

2.离子交换平衡

在一定温度下，溶液相与树脂相在交换设备内经过一定时间接触后，其交换反应达到的平衡状态称为离子交换平衡。也可以说是指当溶液中的离子扩散进入树脂内部的速率与交换的离子扩散进入溶液的速率相等时，达到的交换平衡状态。

如图 10-14 所示，如果将树脂 R-B 浸入含有 A^+ 的溶液中，则 A^+ 将透过半透膜进入树脂相，与树脂上的 B^+ 发生交换，树脂相中的 B^+ 则透过半透膜进入外部溶液，若树脂和溶液接触充分，交换时间足够长，则离子交换就可从初始状态到达理想的平衡状态。

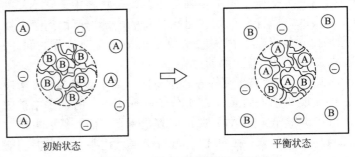

初始状态   平衡状态

图10-14 离子交换平衡示意图

离子交换反应可用下面的可逆反应式表达：

$$RB + A^+ \rightleftharpoons RA + B^+$$

在平衡状态下，树脂中及溶液中的反应物浓度符合下列关系式：

$$K = ([RA][B^+])/([RB][A^+])$$

式中，K 为平衡常数。

K 值的大小能定量地反映离子交换剂对某两个固定离子交换选择性的大小。当 K 大于 1 时，表示交换反应能顺利地向右方进行。K 值越大，越有利于交换反应，而不利于逆反应。

（二）离子交换速度

离子的交换过程可以分为五个步骤，在这五个步骤里，步骤③是交换反应。步骤①和⑤是离子在溶液中的外部扩散，步骤②和④是离子在树脂颗粒内部的扩散，也就是说离子交换过程受外部扩散、内部扩散和交换反应三个步骤速度的影响。离子间的交换反应是化学反应，其速度一般是很快的，不是控制因素。所以通常说的离子交换速度，不单指此种化学反应，而是表示水溶液中离子浓度改变的速度。如果进行交换的离子在液相中的扩散速度较慢，称为外扩散控制，如果在固相中的扩散较慢，则称为内扩散控制。所以，一般认为，离子交换过程的速度是由离子的外部扩散速度或离子的内部扩散速度来控制的，而扩散速度又与树脂颗粒大小、溶液的浓度、温度、交换容量的饱和度等有关。

判断离子交换过程是由外部液膜外部扩散还是颗粒内扩散控制，可采用 Helfferich 数或 Vermeulen 数进行确定。

（1）Helfferich 数（He）

$$He = \frac{q_0 D_r \delta_{b1}}{c_0 r_0 D_1}(5 + 2\alpha_{A/B})$$

$He = 1$，表示影响液膜外部扩散与颗粒内扩散两种控制因素同时存在，且作用相等；

$He \gg 1$，表示为液膜外部扩散控制；

$He \ll 1$，表示为颗粒内部扩散控制。

（2）Vermeulen 数（Ve）

$$Ve = \frac{4.8}{D_1}\left(\frac{q_0 D_r}{c_0 \varepsilon_b} + \frac{D_1 \varepsilon_p \delta_{b1}}{2}\right)Pe^{-1/2}$$

其中

$$Pe = \frac{ur_0}{3(1 - \varepsilon_b)D_1}$$

$Ve < 0.3$，表示为颗粒内部扩散控制；

$Ve > 3.0$，表示为液膜外部扩散控制；

$0.3 < Ve < 3.0$，表示为两种因素皆起作用的中间状态。

早期人们根据 Fick 定律用扩散速度来表示离子交换速度，但随着离子交换技术的飞速发展，经过大量的理论和实践研究，人们提出了多种表示离子交换速度的经验公式，下面介绍的离子交换速度表达式是用单位时间单位体积树脂的离子交换量来表示的。

$$\frac{dq}{dt} = \frac{D^0 \zeta (c_1 - c_r)(1 - \varepsilon_p)}{r_0 r}$$

式中，$\frac{dq}{dt}$ 为单位时间单位体积树脂的离子交换量，$kmol/m^3$；D^0 为总的扩散系数，m^2/s；ζ 为与粒度均匀程度有关的系数；c_1，c_r 分别表示同一种离子在溶液相和树脂相中的浓度，$kmol/m^3$；ε_p 为树脂颗粒的孔隙率；r_0 为树脂颗粒的粒径，m；r 为扩散距离，m。

由于离子交换过程的复杂性，所以离子交换速度大小受多种因素影响，离子交换要达到平衡状态，是在某种具体条件下离子交换能达到的极限情况。在实际运用中，总是希望离子交换设备能在水的高流速下运行，所以离子和树脂之间接触反应的时间是有限的，不可能让离子交换达到平衡状态。为此，研究影响离子交换速度的因素，是有重要实践意义的。影响离子交换速度的因素主要有以下几

方面。

（1）树脂的颗粒大小　树脂颗粒越小，由于内扩散距离缩短和液膜扩散的表面积增大，使扩散速度加快。研究指出，液膜扩散速度与粒径成反比，内孔扩散速度与粒径的高次方成反比。但颗粒不宜太小，否则会增加水流阻力，且在反洗时易流失。

（2）树脂的交联度　树脂的交联度越低，离子在树脂网孔内的扩散越容易，交换速度越快。

（3）树脂的强弱和树脂层装填的松紧度。

（4）离子的浓度　溶液浓度是影响扩散速度的重要因素，浓度越大，扩散速度越快。水溶液中离子浓度内扩散和膜扩散有不同程度的影响。当水溶液中离子浓度较大，膜扩散的速度就较快，此时交换速度主要受内扩散的支配，即内扩散是决定性阶段。这相当于水处理工艺中树脂再生时的情况。若水溶液中电解质的浓度较小，膜扩散的速度就变得非常慢，故交换速度受膜扩散的支配，这相当于用阳离子交换树脂进行水软化时的情况。当然，溶液中离子浓度变化时，树脂因膨胀或收缩也会影响到内扩散。

（5）离子的电荷数和大小　被交换离子的电荷数和水合离子的半径越大，内孔扩散速度越慢。试验证明，阳离子每增加一个电荷，其扩散速度就减慢到约为原来的1/10。

（6）溶液的温度　提高溶液的温度能使离子的动能增加，能降低液体的黏度，液膜变薄，能同时加快颗粒内部扩散和液膜外部扩散，所以离子交换过程中要注意控制溶液的温度，一般溶液的温度保持在 $20 \sim 40℃$ 较合适，不能过高，因为溶液的温度过高会影响离子交换剂的热稳定性，如强碱性阴树脂，不耐高温。

（7）搅拌或提高流速　在离子交换过程中增加搅拌或提高溶液的流动速度，可使液膜变薄，能加快液膜扩散，但不影响内孔扩散。

   过程检查 10.2

○ 如何利用离子交换技术制备超纯水？

三、离子交换设备

离子交换装置系统通常包括离子交换器、除碳器和再生系统的设备等。另外，还有存放酸、碱及产品的贮槽、管道阀门、流量计、流速计及各种测定仪表等辅助设备。离子交换器是提供离子交换剂与溶液接触空间，实现离子交换过程的装置。它是离子交换装置系统中的主要设备，随着离子交换技术的发展，出现了类型繁多的离子交换设备。根据操作方式不同，可分为：

$$离子交换器\begin{cases}静态法离子交换器\\动态法离子交换器\end{cases}$$

按操作运行方式不同分为：

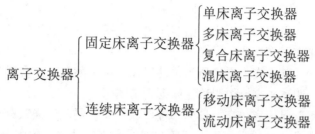

根据溶液进入交换柱（罐）的方向不同分为：

$$离子交换器\begin{cases}正吸附离子交换器\\反吸附离子交换器\end{cases}$$

根据设备规模分为：

$$离子交换器\begin{cases}实验室用离子交换器\\工业用离子交换器\end{cases}$$

静态法交换设备通常为简单容器或一带有搅拌器的设备。树脂与所处理的溶液在设备内于静止状态下（也可搅拌）进行离子交换反应，然后用沉降、过滤、倾析、离心分离等方法将树脂与溶液分离，最后装入解吸设备中洗涤和解吸。

静态法交换设备特点：①设备和操作简单。②间歇操作，交换不完全，效率低，生产实用价值不大。③适用于实验室用以测定离子交换树脂的特性，以及某些不适合进行动态法操作的场合，如溶液黏度太大，含有悬浮固体，反应时放出气体造成沟流或堵塞管柱等情况。

动态法离子交换设备通常为一圆柱形设备，所以又称管柱法设备。溶液从柱的一端通入，所处理的溶液与离子交换树脂在流动状态下进行离子交换。离子交换反应是可逆的平衡反应，动态交换使交换后的溶液能及时与树脂分离，从而大大减少逆反应的影响，并使溶液在整个离子交换树脂层中进行多次交换，即相当于进行多次间歇操作，因此提高了交换效率。随着交换时间和溶液在树脂层的高度不同，流过离子交换树脂层的溶液成分不断地变化。

动态法离子交换设备特点：①连续操作，交换完全，效率高。②适宜多组分分离。

（一）固定床离子交换器

如图 10-15 所示，为固定床离子交换装置示意图。固定床离子交换是将树脂装在交换柱内，欲处理的

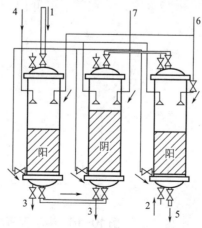

图 10-15　固定床离子交换装置

1—原液；2—废水；3—废液；4—进水；5—精制液；6—HCl；7—NaOH

溶液不断地流过树脂层，离子交换的各项操作均在柱内进行。

固定床特点：交换效率高，设备体积小，操作简单，设备规模可大可小。

根据不同用途，固定床离子交换器可以设计成单床、多床、复合床和混合床离子交换器。

单床离子交换器为单柱操作。单一阳离子交换树脂填充床则为单阳床，单一阴离子交换树脂填充床则为单阴床。

多床离子交换器为多柱串联操作。弱碱、强碱离子交换树脂或弱酸、强酸离子交换树脂分为上下层装在同一交换柱中，构成双层床（或称多床），多床可充分利用各种离子交换树脂的特性，以提高交换和再生效率。

复合床离子交换器：几个阳离子交换柱及几个阴离子交换柱串联而成。用复合床处理原水，可除去原水中的阳离子与阴离子，得到纯度很高的去离子水。

混合床离子交换器：阴、阳离子交换剂装在同一个交换柱中。由于混合离子交换后进入水中的 H^+ 与 OH^- 立即生成电离度很低的水分子，可以使交换反应进行得十分彻底。混合床一般设置于一级复合床之后，对水质进行进一步纯化处理。当水质要求不高时，也可以单独使用。

（二）连续床离子交换器

连续床离子交换器有两种形式，一种是移动床离子交换器，另一种是流动床离子交换器。

1.移动床离子交换器

如图 10-16 所示，为半连续移动床水处理装置。移动床离子交换器实际上是一种介于固定床和流动床之间的半连续式离子交换器，离子交换树脂层在运行中是周期性移动的，即交换运行一定时间后，定期排出一部分已失效的树脂，并补充进等量再生好的树脂，而被排出失效的树脂在另一设备中进行再生，然后再次打进交换器，进行循环。交换柱中的离子交换树脂多批不断进行交换—再生—交换，周期循环。在两个周期的交替间隔停产几分钟，使离子交换树脂落床，而在其余时间内，交换柱、再生柱分别连续进行交

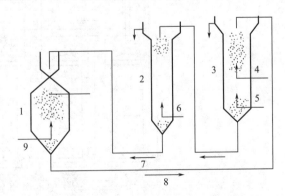

图 10-16　半连续移动床水处理装置

1—交换柱；2—清洗柱；3—再生柱；4—再生剂；5—水；6—清洗水；
7—洗净树脂；8—饱和树脂；9—原水

换、再生操作。移动床采用离子交换树脂分批半连续再生取代固定床的整体再生。

移动床离子交换器特点：①优点是与固定床相比，移动床可缩短操作周期，提高离子交换树脂利用率，减少用量，且便于操作自动化；②主要缺点是设备复杂，操作要求严格，离子交换树脂磨损严重。

2. 流动床离子交换器

如图 10-17 所示，为重力式流动床水处理装置。流动床离子交换器是指溶液及树脂以相反方向均连续不断流入和离开交换设备。

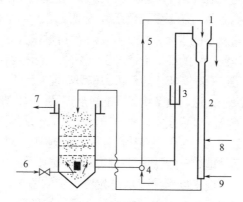

图 10-17 重力式流动床水处理装置

1—交换柱；2—再生柱；3—溢流；4—喷射点；5—树脂；6—原水；7—出水；8—再生剂；9—进水

流动床可以说是移动床的改进设备。流动床是全连续式的离子交换装置，在流动床操作中，溶液和离子交换树脂处于连续流动状态，离子交换树脂在流动过程中，依次进行交换、洗涤、淋洗、再生等操作，再回到交换柱，作连续周期循环。

四、离子交换在工业中的应用

离子交换技术是近几十年内蓬勃发展起来的一门分离技术，已广泛地应用于国民经济的各个领域中。在水处理、电力工业、电子工业、化学工业、轻工业、医药工业、冶金工业、环境保护及科研探索等领域常采用离子交换技术来增加新品种，提高产品质量，改革工艺，简化流程，降低成本和改善劳动条件等。

我国离子交换技术主要应用在以下几个方面：

（1）水的软化、高纯水的制备、环境废水的净化。

（2）溶液和物质的纯化，如食品工业中糖汁的脱色、氨基酸的提取和蛋白质的分离纯化，医药工业抗生素的提取和纯化等。

（3）金属离子的分离、痕量离子的富集及干扰离子的除去，如原子能工业中铀的提取与精制，稀土金属分离，矿石中痕量铂、钯的富集。

国外主要用于水软化和脱盐处理，应用约占 80%，既用于工业，也用于家庭生活用水。其中，工业水处理占 50%，民用生活水软化约占 20%，制糖占 14%，化学工业占 10%，制药工业占 3%，其他占 3%。

 拓展阅读

海水变甘泉

中国工程院院士、浙工大海洋学院院长、膜分离与水处理协同创新中心主任高从堦先生，是我国膜技术的奠基者之一，他在过去的半个世纪中坚持前沿探索，见证了我国膜技术从无到有、向世界先进水平迈进的历程。我国的膜技术是从海水淡化领域起步的。把海水变为甘泉，传统的蒸馏法等耗费巨大。20世纪60年代，美国率先实现了用反渗透膜脱除海水盐分，成本低、更便捷，在军事和民用领域都展现出巨大实用意义。"中国也要有！"包括高从堦的老师在内，我国不少科学家开始了早期实验探索。1967年，大学毕业不久的高从堦参加了全国海水淡化会议。全国多家科研机构、各领域的科技专家齐集于北京和山东青岛埋头苦干，自主取得了膜法海水淡化的多个突破。这场会议给年轻的高从堦留下了深刻的印象，从那时起，他就始终没有离开过膜技术科研一线，收获了一系列重大创新成果，培养了遍布海内外的人才。今天，高从堦被视为我国膜技术界一面极具号召力的旗帜。这源于高从堦数十年如一日在膜技术领域孜孜不倦的耕耘和奉献。

自主创新是高从堦始终不变的追求。在国产高性能膜追赶世界先进水平的征途上，他总能立足实际、独辟蹊径。创新是新时代的强音。高从堦说，着眼国家重大战略需求，我国膜技术领域必须实现跨越式发展。"应当清醒地看到，我们与发达国家的创新实力仍然存在较大差距。在膜领域，还有许多原材料、重要设备我们无法国产化。我国膜技术一定要继续提高创新能力和竞争力，完善产业链。"

知识归纳

○ 膜组件是一种将膜以某种形式组装在一个基本单元设备内，然后在外界驱动力的作用下实现对混合物中各组分分离的器件。膜组件种类繁多，各有其特点和适用范围。

○ 微滤：微滤技术的膜孔径大约是0.1μm，分离过程主要是根据膜的筛分原理进行压力驱动。它可以将污染物、微生物以及微米级悬浮物、亚微米级悬浮物等从液相物质和气相物质里截留出来，实现分离、净化以及浓缩的目的。

○ 纳滤：纳滤是在压力差推动力作用下，让盐及小分子物质透过纳滤膜，而截留大分子物质的一种分离方法。纳滤膜截留分子量范围为200～1000，介于超滤和反渗透之间，主要应用于溶液中大分子物质的浓缩和纯化。

○ 反渗透：反渗透技术膜孔径是1nm。将两侧的静压力当作推动力，让溶剂透过反渗透膜，从而达到分离混合物的效果。

○ 离子交换：离子交换法是借助固体中的离子交换剂与溶液中的离子进行交换，以提取或者去除溶液中某些离子。

🌿 工程训练

　　食用油加工过程中，为了保证食用油的品质和食用安全性，油厂会对食用油进行精炼除杂，这个除杂的过程需要用到精炼设备。精炼设备精炼食用油的主要工序有脱胶、脱酸、脱水、脱色、脱臭等，请提出几种不同的脱酸、脱色的解决方案，并比较选择最优方案。

📝 习题

判断题：

① 超滤是借助于压差，利用超滤膜进行过滤，从水中分离蛋白质和细菌等大分子物质。

② 为了提高离子交换速度，应尽可能提高溶液的浓度，增加离子动能，降低液体黏度。

③ 离子交换法是借助固体中的离子交换剂与溶液中的离子进行交换，以提取或者去除溶液中某些离子，属于一种传质分离的单元操作。

第十章

附　录

附录一　干空气的物理性质

温度 $t/°C$	密度ρ /（kg/m³）	比热容 C_p/[kJ/（kg·K）]	热导率λ /[W/（m·K）]	热扩散率α /（m²/s）	黏度μ /Pa·s	运动黏度γ /（m²/s）	普兰特数 Pr
−50	1.584	1.013	0.02034	$1.27×10^{-5}$	$1.46×10^{-5}$	$9.23×10^{-6}$	0.727
−40	1.515	1.013	0.02115	$1.38×10^{-5}$	$1.52×10^{-5}$	$10.04×10^{-6}$	0.732
−30	1.453	1.013	0.02196	$1.49×10^{-5}$	$1.57×10^{-5}$	$10.80×10^{-6}$	0.724
−20	1.395	1.009	0.02278	$1.62×10^{-5}$	$1.62×10^{-5}$	$11.60×10^{-6}$	0.717
−10	1.342	1.009	0.02359	$1.74×10^{-5}$	$1.67×10^{-5}$	$12.43×10^{-6}$	0.714
0	1.293	1.005	0.02440	$1.88×10^{-5}$	$1.72×10^{-5}$	$13.28×10^{-6}$	0.708
10	1.247	1.005	0.02510	$2.01×10^{-5}$	$1.77×10^{-5}$	$14.16×10^{-6}$	0.708
20	1.205	1.005	0.02591	$2.14×10^{-5}$	$1.81×10^{-5}$	$15.06×10^{-6}$	0.686
30	1.165	1.005	0.02673	$2.29×10^{-5}$	$1.86×10^{-5}$	$16.00×10^{-6}$	0.701
40	1.128	1.005	0.02754	$2.43×10^{-5}$	$1.91×10^{-5}$	$16.96×10^{-6}$	0.696
50	1.093	1.005	0.02824	$2.57×10^{-5}$	$1.96×10^{-5}$	$17.95×10^{-6}$	0.697
60	1.060	1.005	0.02893	$2.72×10^{-5}$	$2.01×10^{-5}$	$18.97×10^{-6}$	0.698
70	1.029	1.009	0.02963	$2.86×10^{-5}$	$2.06×10^{-5}$	$20.02×10^{-6}$	0.699
80	1.000	1.009	0.03044	$3.02×10^{-5}$	$2.11×10^{-5}$	$21.09×10^{-6}$	0.699
90	0.972	1.009	0.03126	$3.19×10^{-5}$	$2.15×10^{-5}$	$22.10×10^{-6}$	0.693
100	0.946	1.009	0.03207	$3.36×10^{-5}$	$2.19×10^{-5}$	$23.13×10^{-6}$	0.695
120	0.898	1.009	0.03335	$3.68×10^{-5}$	$2.29×10^{-5}$	$25.45×10^{-6}$	0.692
140	0.854	1.013	0.03486	$4.03×10^{-5}$	$2.37×10^{-5}$	$27.80×10^{-6}$	0.688
160	0.815	1.017	0.03637	$4.39×10^{-5}$	$2.45×10^{-5}$	$30.09×10^{-6}$	0.685
180	0.779	1.022	0.03777	$4.75×10^{-5}$	$2.53×10^{-5}$	$32.49×10^{-6}$	0.684
200	0.746	1.026	0.03928	$5.14×10^{-5}$	$2.60×10^{-5}$	$34.85×10^{-6}$	0.679
300	0.615	1.048	0.0461	$7.15×10^{-5}$	$2.97×10^{-5}$	$48.29×10^{-6}$	0.674
400	0.524	1.068	0.0521	$9.31×10^{-5}$	$3.30×10^{-5}$	$62.98×10^{-6}$	0.678
500	0.456	1.093	0.0575	$11.54×10^{-5}$	$3.62×10^{-5}$	$79.39×10^{-6}$	0.687
600	0.404	1.114	0.0622	$13.82×10^{-5}$	$3.91×10^{-5}$	$96.78×10^{-6}$	0.699
700	0.362	1.135	0.0671	$16.33×10^{-5}$	$4.18×10^{-5}$	$115.5×10^{-6}$	0.706

附录二 水的饱和蒸气压

$t/°C$	p/Pa	$t/°C$	p/Pa	$t/°C$	p/Pa
−20	102.92	20	2338.43	60	19910.00
−19	113.32	21	2486.42	61	20851.25
−18	124.65	22	2646.40	62	21837.82
−17	136.92	23	2809.05	63	22851.05
−16	150.39	24	2983.70	64	23904.28
−15	165.05	25	3167.68	65	24997.50
−14	180.92	26	3361.00	66	26144.05
−13	198.11	27	3564.98	67	27330.60
−12	216.91	28	3779.62	68	28557.14
−11	237.31	29	4004.93	69	29823.68
−10	259.44	30	4242.24	70	31156.88
−9	283.31	31	4492.88	71	32516.75
−8	309.44	32	4754.19	72	33943.27
−7	337.57	33	5030.16	73	35423.12
−6	368.10	34	5319.47	74	36956.30
−5	401.03	35	5623.44	75	38542.81
−4	436.76	36	5940.74	76	40182.65
−3	475.42	37	6275.37	77	41875.81
−2	516.75	38	6619.34	78	43635.64
−1	562.08	39	6691.30	79	45462.12
0	610.47	40	7375.26	80	47341.93
1	657.27	41	7777.89	81	49288.40
2	705.26	42	8199.18	82	51314.87
3	758.59	43	8639.14	83	53407.99
4	813.25	44	9100.42	84	55567.78
5	871.91	45	9583.04	85	57807.55
6	943.57	46	10085.66	86	60113.99
7	1001.23	47	10612.27	87	62220.44
8	1073.23	48	11160.22	88	64940.17
9	1147.89	49	11734.83	89	67473.25
10	1227.88	50	12333.43	90	70099.66
11	1311.87	51	12958.70	91	72806.05
12	1402.53	52	13611.97	92	75592.44
13	1497.18	53	14291.90	93	78472.15
14	1598.51	54	14998.50	94	81445.19
15	1705.16	55	15731.76	95	84511.55
16	1817.15	56	16505.02	96	87671.23
17	1937.14	57	17304.94	97	90937.57
18	2063.79	58	18144.85	98	94297.24
19	2197.11	59	19011.43	99	97750.22
				100	101325.00

附录三　饱和水蒸气表

绝对压强 /kPa	温度/°C	蒸汽的比体积 / (m³/kg)	蒸汽的密度 / (kg/m³)	焓（液体） / (kJ/kg)	焓（蒸汽） / (kJ/kg)	汽化热 / (kJ/kg)
1.0	6.3	129.37	0.00773	26.48	2503.1	2476.8
2.5	20.9	54.47	0.01836	87.45	2531.8	2444.3
5	32.4	28.27	0.03537	135.69	2554.0	2418.3
10	45.3	14.71	0.06798	189.59	2578.5	2388.9
15	53.5	10.04	0.09956	224.03	2594.0	2370.0
20	60.1	7.65	0.13068	251.51	2606.4	2354.9
30	66.5	5.24	0.19093	288.77	2622.4	2333.7
40	75.0	4.00	0.24975	315.93	2634.1	2312.2
50	81.2	3.25	0.30799	339.80	2644.3	2304.5
60	85.6	2.74	0.36514	358.21	2652.1	2293.9
70	89.9	2.37	0.42229	376.61	2659.8	2283.2
80	93.2	2.09	0.47807	390.08	2665.3	2275.3
90	96.4	1.87	0.53384	403.49	2670.8	2267.4
100	99.6	1.70	0.58961	416.90	2676.3	2259.5
120	104.5	1.43	0.69868	437.51	2684.3	2246.8
140	109.2	1.24	0.80758	457.67	2692.1	2234.4
160	113.0	1.21	0.82981	473.88	2698.1	2224.2
180	116.6	0.988	1.0209	489.32	2703.7	2214.3
200	120.2	0.887	1.1273	493.71	2709.2	2204.6
250	127.2	0.719	1.3904	534.39	2719.7	2185.4
300	133.3	0.606	1.6501	560.38	2728.5	2168.1
400	143.4	0.463	2.1618	603.61	2742.1	2138.5
500	151.7	0.375	2.6673	639.59	2752.8	2113.2
600	158.7	0.316	3.1686	670.22	2761.4	2091.1
700	164.7	0.273	3.6657	696.27	2767.8	2071.5
800	170.4	0.240	4.1614	720.96	2773.7	2052.7
900	175.1	0.215	4.6525	741.82	2778.1	2036.2
1×10^3	179.9	0.194	5.1432	762.68	2782.5	2019.7
1.1×10^3	180.2	0.177	5.6339	780.34	2785.5	2005.1
1.2×10^3	187.8	0.166	6.1241	797.92	2788.5	1990.6
1.3×10^3	191.5	0.155	6.6141	814.25	2790.9	1976.7
1.4×10^3	194.8	0.141	7.1038	829.06	2792.4	1963.7
1.5×10^3	198.2	0.132	7.5935	843.86	2794.5	1950.7
1.6×10^3	201.3	0.124	8.0814	857.77	2796.0	1938.2
1.7×10^3	204.1	0.117	8.5674	870.58	2797.1	1926.5
1.8×10^3	206.9	0.110	9.0533	883.39	2798.1	1914.8
1.9×10^3	209.8	0.105	9.5392	896.21	2799.2	1903.0
2.0×10^3	212.2	0.0997	10.0338	907.32	2799.7	1892.4
3×10^3	233.7	0.0666	15.0075	1005.4	2798.9	1793.5
4×10^3	250.3	0.0498	20.0969	1082.9	2789.8	1706.8

附录四 水的物理性质

温度 /°C	压力 p/kPa	密度ρ / (kg/m³)	焓i / (J/kg)	比热容 c_p/[kJ / (kg·K)]	热导率 λ/[W/ (m·K)]	热扩散系数 $\alpha \times 10^6$ / (m²/s)	动力黏度 μ/μPa·s	运动黏度 $\gamma \times 10^6$ / (m²/s)	体积膨胀系数$\beta \times 10^3$/K⁻¹	表面张力σ/ (mN/m)	普兰特数 Pr
0	101	999.9	0	4.212	0.5508	0.131	1788	1.789	-0.063	75.61	13.67
10	101	999.7	42.04	4.191	0.5741	0.137	1305	1.306	0.070	74.14	9.52
20	101	998.2	83.90	4.183	0.5985	0.143	1004	1.006	0.182	72.67	7.02
30	101	995.7	125.69	4.174	0.6171	0.149	801.2	0.805	0.321	71.20	5.42
40	101	992.2	165.71	4.174	0.6333	0.153	653.2	0.659	0.387	69.63	4.31
50	101	988.1	209.30	4.174	0.6473	0.157	549.2	0.556	0.449	67.67	3.54
60	101	983.2	211.12	4.178	0.6589	0.161	469.8	0.478	0.511	66.20	2.98
70	101	977.8	292.99	4.167	0.6670	0.163	406.0	0.415	0.570	64.33	2.55
80	101	971.8	334.94	4.195	0.6740	0.166	355	0.365	0.632	62.57	2.21
90	101	965.3	376.98	4.208	0.6798	0.168	314.8	0.326	0.695	60.71	1.95
100	101	958.4	419.19	4.220	0.6821	0.169	282.4	0.295	0.752	58.84	1.75
110	143	951.0	461.34	4.233	0.6844	0.170	258.9	0.272	0.808	56.88	1.60
120	199	943.1	503.67	4.250	0.6856	0.171	237.3	0.252	0.864	54.82	1.47
130	270	934.8	546.38	4.266	0.6856	0.172	217.7	0.233	0.917	52.86	1.36
140	362	926.1	589.08	4.287	0.6844	0.173	201.0	0.217	0.972	50.70	1.26
150	476	917.0	632.20	4.312	0.6833	0.173	186.3	0.203	1.03	48.64	1.17
160	618	907.4	675.33	4.346	0.6821	0.173	173.6	0.191	1.07	46.58	1.10
170	792	897.3	719.29	4.379	0.6786	0.173	162.8	0.181	1.13	44.33	1.05
180	1003	886.9	763.25	4.417	0.6740	0.172	153.0	0.173	1.19	42.27	1.00
190	1255	876.0	807.63	4.460	0.6693	0.171	144.2	0.165	1.26	40.01	0.96
200	1555	863.0	852.43	4.505	0.6624	0.170	136.3	0.158	1.33	37.66	0.93
210	1908	852.8	897.65	4.555	0.6548	0.169	130.4	0.153	1.41	35.40	0.91
220	2320	840.3	943.71	4.614	0.6649	0.166	124.6	0.148	1.48	33.15	0.89
230	2798	827.3	990.18	4.681	0.6368	0.164	119.7	0.145	1.59	30.99	0.88
240	3348	813.6	1037.49	4.756	0.6275	0.162	114.7	0.141	1.68	28.54	0.87
250	3978	799.0	1085.64	4.844	0.6271	0.159	109.8	0.137	1.81	26.19	0.86
260	4695	784.0	1135.04	4.949	0.6043	0.156	105.9	0.135	1.97	23.73	0.87
270	5506	767.9	1185.28	5.070	0.5892	0.151	102.0	0.133	2.16	21.48	0.88
280	6420	750.7	1236.28	5.229	0.5741	0.146	98.1	0.131	2.37	19.12	0.90
290	7446	732.3	1289.95	5.485	0.5578	0.139	94.2	0.129	2.62	16.87	0.93
300	8592	712.5	1344.80	5.736	0.5392	0.132	91.2	0.128	2.92	14.42	0.97
310	9870	691.1	1402.16	6.071	0.5229	0.125	88.3	0.128	3.29	12.06	1.03
320	11290	667.1	1462.03	6.573	0.5055	0.115	85.3	0.128	3.82	9.81	1.11
330	12865	640.2	1526.19	7.243	0.4834	0.104	81.4	0.127	4.33	7.67	1.22
340	14609	610.1	1594.75	8.164	0.4567	0.092	77.5	0.127	5.34	5.76	1.39
350	16538	574.4	1671.37	9.504	0.4300	0.079	72.6	0.126	6.68	3.82	1.60
360	18675	528.0	1761.39	13.984	0.3951	0.054	66.7	0.126	10.9	2.02	2.35
370	21054	450.5	1892.43	40.319	0.3370	0.019	56.9	0.126	26.4	0.47	6.79

附录五　某些液体的重要物理性质

名称	分子式	摩尔质量 /(kg/kmol)	密度(20℃) /(kg/m³)	沸点(101.3kPa) /℃	汽化热 /(kJ/kg)	比热容(20℃) /[kJ/(kg·℃)]	黏度(20℃) /mPa·s	热导率(20℃) /[W/(m·℃)]	体积膨胀系数β(20℃) /10^{-4}℃$^{-1}$	表面张力σ(20℃) /(10^{-3}N/m)
水	H_2O	18.02	998	100	2258	4.183	1.005	0.599	1.82	72.8
氯化钠盐水(25%)	—	—	1186(25℃)	107	—	3.39	2.3	0.57(30℃)	(4.4)	
氯化钙盐水(25%)	—	—	1228	107	—	2.89	2.5	0.57	(3.4)	
硫酸	H_2SO_4	98.08	1831	340(分解)	—	1.47(98%)		0.38	5.7	
硝酸	HNO_3	63.02	1513	86	481.1		1.17(10℃)			
盐酸(30%)	HCl	36.47	1149			2.55	2(31.5%)	0.42		
二硫化碳	CS_2	76.13	1262	46.3	352	1.005	0.38	0.16	12.1	32
戊烷	C_5H_{12}	72.15	626	36.07	357.4	2.24(15.6℃)	0.229	0.113	15.9	16.2
己烷	C_6H_{14}	86.17	659	68.74	335.1	2.31(15.6℃)	0.313	0.119		18.2
庚烷	C_7H_{16}	100.20	684	98.43	316.5	2.21(15.6℃)	0.411	0.123		20.1
辛烷	C_8H_{18}	114.22	763	125.67	306.4	2.19(15.6℃)	0.540	0.131		21.8
三氯甲烷	$CHCl_3$	119.38	1489	61.2	253.7	0.992	0.58	0.138(30℃)	12.6	28.5(10℃)
四氯化碳	CCl_4	153.82	1594	76.8	195	0.850	1.0	0.12		26.8
1,2-二氯乙烷	$C_2H_4Cl_2$	98.96	1253	83.6	324	1.260	0.83	0.14(50℃)		30.8
苯	C_6H_6	78.11	879	80.10	393.9	1.704	0.737	0.148	12.4	28.6
甲苯	C_7H_8	92.13	867	110.63	363	1.70	0.675	0.138	10.9	27.9
邻二甲苯	C_8H_{10}	106.16	880	144.42	347	7.74	0.811	0.142		30.2
间二甲苯	C_8H_{10}	106.16	864	139.10	343	1.70	0.611	0.142	10.1	29.0
对二甲苯	C_8H_{10}	106.16	861	138.35	340	1.704	0.643	0.129		28.0
苯乙烯	C_8H_8	104.1	911(15.6℃)	145.2	(352)	1.733	0.72			
氯苯	C_6H_5Cl	112.56	1106	131.8	325	1.298	0.85	0.14(30℃)		32
硝基苯	$C_6H_5NO_2$	123.17	1203	210.9	396		2.1	0.15		41
苯胺	$C_6H_5NH_2$	93.13	1022	184.4	448	2.07	4.3	0.17	8.5	42.9

续表

名　称	分子式	摩尔质量 /(kg/kmol)	密度 (20℃) /(kg/m)	沸点 (101.3kPa) /℃	汽化热 /(kJ/kg)	比热容 (20℃) /[kJ/(kg·℃)]	黏度(20℃) /mPa·s	热导率 (20℃) /[W/(m·℃)]	体积膨胀系数β(20℃) /10⁻⁴℃⁻¹	表面张力 σ(20℃) /(10⁻³N/m)
酚	C_6H_5OH	94.1	1050(50℃)	181.8(熔点40.9)	511		3.4(50℃)			
萘	$C_{16}H_8$	128.17	1145(固体)	217.9(熔点80.2)	314	1.80(100℃)	0.59(100℃)			
甲醇	CH_3OH	32.04	791	64.7	1101	2.48	0.6	0.212	12.2	22.6
乙醇	C_2H_5OH	46.07	789	78.3	846	2.39	1.15	0.172	11.6	22.8
乙醇(95%)	—		804	78.3			1.4			
乙二醇	$C_2H_4(OH)_2$	62.05	1113	197.6	780	2.35	23	0.59	5.3	47.7
甘油	$C_3H_5(OH)_2$	92.09	1261	290(分解)	—	2.34	1499	0.14	16.3	63
乙醚	$(C_2H_5)_2O$	74.12	714	34.6	360	1.9	0.24	0.14		18
乙醛	CH_3CHO	44.05	783(18℃)	20.2	574	1.6	1.3(18℃)			21.2
糠醛	$C_5H_4O_2$	96.09	1168	161.7	452		1.15(50℃)			43.5
丙酮	CH_3COCH_3	58.08	792	56.2	523	2.35	0.32	0.17		23.7
甲酸	$HCOOH$	46.03	1220	100.7	494	2.17	1.9	0.26		27.8
乙酸	CH_3COOH	60.03	1049	118.1	406	1.99	1.3	0.17	10.7	23.9
乙酸乙酯	$CH_3COOC_2H_5$	88.11	901	77.1	368	1.92	0.48	0.14(10℃)		
煤油	—	—	780~820				3	0.15	10.0	
汽油	—	—	680~800				0.7~0.8	0.19(30℃)	12.5	

附录六　某些气体的重要物理性质

名称	化学符号	密度(0°C, 101.3kPa) /(kg/m³)	相对分子质量	比热容(20°C、101.3kPa) /[kJ/(kg·K)]		$K=c_p/c_v$	黏度(0°C, 101.3kPa) /μPa·s	沸点(101.3kPa) /°C	蒸发热(101.3kPa) /(kJ/kg)	临界点		热导率(20°C,101.3kPa) /[W/(m·K)]
				c_p	c_v					温度/°C	压力/MPa	
氮	N_2	1.2507	28.02	1.047	0.745	1.40	17.0	-195.78	199.2	-147.13	3.39	0.0228
氨	NH_3	0.771	17.03	2.22	1.67	1.29	9.18	-33.4	1373	+132.4	11.29	0.0215
氩	Ar	1.7820	39.94	0.532	0.322	1.66	20.9	-185.87	162.9	-122.44	4.86	0.0173
乙炔	C_2H_2	1.171	26.04	1.683	1.352	1.24	9.35	-83.66(升华)	829	+35.7	6.24	0.0184
苯	C_6H_6	—	78.11	1.252	1.139	1.1	7.2	+80.2	349	+288.5	4.83	0.0088
丁烷(正)	C_4H_{10}	2.673	58.12	1.918	1.733	1.108	8.10	-0.5	386	+152	3.80	0.0135
空气	—	1.293	(28.95)	1.009	0.720	1.40	17.3	-195	197	-140.7	3.77	0.024
氢	H_2	0.08985	2.016	14.27	10.13	1.407	8.42	-252.754	454	-239.9	1.30	0.163
氦	He	0.1785	4.00	5.275	3.182	1.66	18.8	-268.85	19.5	-267.96	0.229	0.144
一氧化氮	NO_2	—	46.01	0.804	0.615	1.31	—	+21.2	711.8	+158.2	10.13	0.0400
二氧化硫	SO_2	2.867	64.07	0.632	0.502	1.25	11.7	-10.8	394	+157.5	7.88	0.0077
二氧化碳	CO_2	1.96	44.01	0.837	0.653	1.30	13.7	-782(升华)	574	31.1	7.38	0.0137
氧	O_2	1.42895	32	0.913	0.653	1.40	20.3	-182.98	213.2	-118.82	5.04	0.0240
甲烷	CH_4	0.717	16.04	2.223	1.700	1.31	10.3	-161.58	511	-82.15	4.62	0.0300
一氧化碳	CO	1.250	28.01	1.047	0.745	1.40	16.6	-101.48	211	-140.2	3.50	0.0226
戊烷(正)	C_5H_{12}	—	72.15	1.72	1.574	1.09	8.74	+36.08	360	+917.1	3.34	0.0128
丙烷	C_3H_8	2.020	44.1	1.863	1.650	1.13	7.95(18°C)	-42.1	427	+95.6	4.36	0.0148
丙烯	C_3H_6	1.914	42.08	1.633	1.436	1.17	8.35(20°C)	-47.7	440	+91.4	4.60	—
硫化氢	H_2S	1.589	34.08	1.059	0.804	1.30	11.66	-60.2	548	+100.4	19.14	0.0131
氯	Cl_2	3.217	70.91	0.481	0.355	1.36	12.9(16°C)	-33.8	305.4	+144.0	7.71	0.0072
氯甲烷	CH_3Cl	2.308	50.49	0.741	0.582	1.28	9.89	-24.1	405.7	+148	6.69	0.0085
乙烷	C_2H_6	1.357	30.07	1.729	1.444	1.20	8.50	-88.50	486	+32.1	4.95	0.0180
乙烯	C_2H_4	1.261	28.05	1.528	1.222	1.25	9.85	-103.7	481	+9.7	5.14	0.0164

附录七　气体的扩散系数

1. 一些物质在氢、二氧化碳、空气中的扩散系数（0℃，101.3kPa）/（$10^{-4}m^2/s$）

物质名称	H_2	CO_2	空气	物质名称	H_2	CO_2	空气
H_2		0.550	0.611	NH_3			0.198
O_2	0.697	0.139	0.178	Br_2	0.563	0.0363	0.086
N_2	0.674		0.202	I_2			0.097
CO	0.651	0.137	0.202	HCN			0.133
CO_2	0.550		0.138	H_2S			0.151
SO_2	0.479		0.103	CH_4	0.625	0.153	0.223
CS_2	0.3689	0.063	0.0892	C_2H_4	0.505	0.096	0.152
H_2O	0.7516	0.1387	0.220	C_6H_6	0.294	0.0527	0.0751
空气	0.611	0.138		甲醇	0.5001	0.0880	0.1325
HCl			0.156	乙醇	0.378	0.0685	0.1016
SO_3			0.102	乙醚	0.296	0.0552	0.0775
Cl_2			0.108				

2. 一些物质在水溶液中的扩散系数

溶质	浓度/（mol/L）	温度/℃	扩散系数$D \times 10^9$/（m^2/s）	溶质	浓度/（mol/L）	温度/℃	扩散系数$D \times 10^9$/（m^2/s）
HCl	9	0	2.7	NH_3	0.7	5	1.24
	7	0	2.4		1.0	8	1.36
	4	0	2.1		饱和	8	1.08
	3	0	2.0		饱和	10	1.14
	2	0	1.8		1.0	15	1.77
	0.4	0	1.6		饱和	15	1.26
	0.6	5	2.4			20	2.04
	1.3	5	1.9	C_2H_2	0	20	1.80
	0.4	5	1.8	Br_2	0	20	1.29
	9	10	3.3	CO	0	20	1.90
	6.5	10	3.0	C_2H_4	0	20	1.59
	2.5	10	2.5	H_2	0	20	5.94
	0.8	10	2.2	HCN	0	20	1.66
	0.5	10	2.1	H_2S	0	20	1.63
	2.5	15	2.9	CH_4	0	20	2.06
	3.2	19	4.5	N_2	0	20	1.90
	1.0	19	3.0	O_2	0	20	2.08
	0.3	19	2.7	SO_2	0	20	1.47
	0.1	19	2.5	Cl_2	0.138	10	0.91
	0	20	2.8		0.128	13	0.98
CO_2	0	10	1.46		0.11	18.3	1.21
	0	15	1.60		0.104	20	1.22
	0	18	1.71±0.03		0.099	22.4	1.32
	0	20	1.77		0.092	25	1.42
NH_3	0.686	4	1.22		0.083	30	1.62
	3.5	5	1.24		0.07	35	1.8

附录八　几种气体溶于水时的亨利系数

气体	温度/°C															
	0	5	10	15	20	25	30	35	40	45	50	60	70	80	90	100
	$E\times10^{-3}$/MPa															
H_2	5.87	6.16	6.44	6.70	6.92	7.61	7.38	7.52	7.61	7.70	7.75	7.75	7.71	7.65	7.61	7.55
N_2	5.36	6.05	6.77	7.48	8.14	8.76	9.36	9.98	10.5	11.0	11.4	12.2	12.7	12.8	12.8	12.8
空气	4.38	4.94	5.56	6.15	6.73	7.29	7.81	8.34	8.81	9.23	9.58	10.2	10.6	10.8	10.9	10.8
CO	3.57	4.01	4.48	4.95	5.43	5.87	6.28	6.68	7.05	7.38	7.71	8.32	8.56	8.56	8.57	8.57
O_2	2.58	2.95	3.31	3.69	4.06	4.44	4.81	5.14	5.42	5.70	5.96	6.37	6.72	6.96	7.08	7.10
CH_4	2.27	2.62	3.01	3.41	3.81	4.18	4.55	4.92	5.27	5.58	5.85	6.34	6.75	6.91	7.01	7.10
NO	1.71	1.96	1.96	2.45	2.67	2.91	3.14	3.35	3.57	3.77	3.95	4.23	4.34	4.54	4.58	4.60
C_2H_6	1.27	1.91	1.57	2.90	2.66	3.06	3.47	3.88	4.28	4.69	5.07	5.72	6.31	6.70	6.96	7.01
	$E\times10^{-2}$/MPa															
C_2H_4	5.59	6.61	7.78	9.07	10.3	11.5	12.9	—	—	—	—	—	—	—	—	—
N_2O	—	1.19	1.43	1.68	2.01	2.28	2.62	3.06	—	—	—	—	—	—	—	—
CO_2	0.737	0.887	1.05	1.24	1.44	1.66	1.88	2.12	2.36	2.62	2.87	3.45	—	—	—	—
C_2H_2	0.729	0.85	0.97	1.09	1.23	1.35	1.48	—	—	—	—	—	—	—	—	—
Cl_2	0.271	0.334	0.399	0.461	0.537	0.604	0.67	0.739	0.80	0.86	0.90	0.97	0.99	0.97	0.96	—
H_2S	0.271	0.319	0.372	0.418	0.489	0.552	0.617	0.685	0.755	0.825	0.895	1.04	1.21	1.37	1.46	1.062
	E/MPa															
Br_2	2.16	2.79	3.71	4.72	6.01	7.47	9.17	11.04	13.47	16.0	19.4	25.4	32.5	40.9	—	—
SO_2	1.67	2.02	2.45	2.94	3.55	4.13	4.85	5.67	6.60	7.63	8.71	11.1	13.9	17.0	20.1	—

附录九 液体黏度共线图

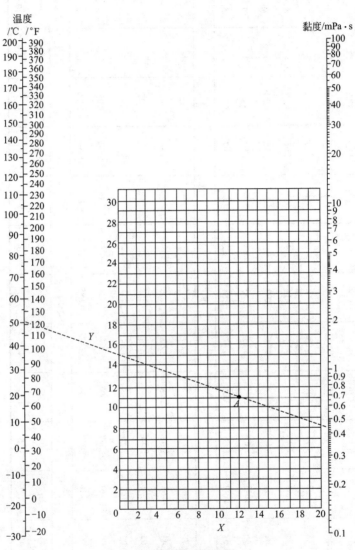

液体黏度共线图坐标值

用法举例：求苯在50℃时的黏度，从本表序号26查得苯的 $X=12.5$，$Y=10.9$。把这两个数值标在共线图的 Y-X 坐标上得一点 A，将点 A 与图中左方温度标尺上50℃的点连成一直线，延长，与右方黏度标尺相交，由此交点定出50℃苯的黏度为0.44mPa·s。

序号	名称	X	Y	序号	名称	X	Y
1	水	10.2	13.0	31	乙苯	13.2	11.5
2	盐水（25%NaCl）	10.2	16.6	32	氯苯	12.3	12.4
3	盐水（25%CaCl₂）	6.6	15.9	33	硝基苯	10.6	16.2
4	氨	12.6	2.0	34	苯胺	8.1	18.7
5	氨水（26%）	10.1	13.9	35	酚	6.9	20.8
6	二氧化碳	11.6	0.3	36	联苯	12.0	18.3
7	二氧化硫	15.2	7.1	37	萘	7.9	18.1
8	二氧化碳	16.1	7.5	38	甲醇（100%）	12.4	10.5
9	溴	14.2	13.2	39	甲醇（90%）	12.3	11.8
10	汞	18.4	16.4	40	甲醇（40%）	7.8	15.5
11	硫酸（110%）	7.2	27.4	41	乙醇（100%）	10.5	13.8
12	硫酸（100%）	8.0	25.1	42	乙醇（95%）	9.8	14.3
13	硫酸（98%）	7.0	24.8	43	乙醇（40%）	6.5	16.6
14	硫酸（60%）	10.2	21.3	44	乙二醇	6.0	23.6
15	硝酸（95%）	12.8	13.8	45	甘油（100%）	2.0	30.0
16	硝酸（60%）	10.8	17.0	46	甘油（50%）	6.9	19.6
17	盐酸（31.5%）	13.0	16.6	47	乙醚	14.5	5.3
18	氢氧化钠（50%）	3.2	25.8	48	乙醛	15.2	14.8
19	戊烷	14.9	5.2	49	丙酮	14.5	7.2
20	乙烷	14.7	7.0	50	甲酸	10.7	15.8
21	庚烷	14.1	8.4	51	乙酸（100%）	12.1	14.2
22	辛烷	13.7	10.0	52	乙酸（50%）	9.5	17.0
23	三氯甲烷	14.4	10.2	53	乙酸酐	12.7	12.8
24	四氯化碳	12.7	13.1	54	乙酸乙酯	13.7	9.1
25	二氯乙烷	13.2	12.2	55	乙酸戊酯	11.8	12.5
26	苯	12.5	10.9	56	氟里昂-11	14.4	9.0
27	甲苯	13.7	10.4	57	氟里昂-12	16.8	5.6
28	邻二甲苯	13.5	12.1	58	氟里昂-21	15.7	7.5
29	间二甲苯	13.9	10.6	59	氟里昂-22	17.2	4.7
30	对二甲苯	13.9	10.9	60	煤油	10.2	16.9

附录十　液体比热容共线图

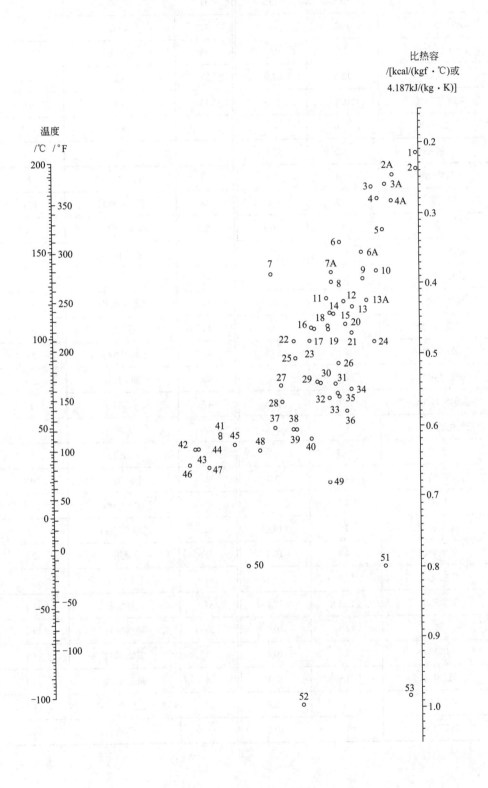

液体比热容共线图中的编号

编　号	名　称	温度范围/℃	编　号	名　称	温度范围/℃
1	溴乙烷	5～25	23	甲苯	0～60
2	二硫化碳	−100～25	24	乙酸乙酯	−50～25
2A	氟里昂-11	−20～70	25	乙苯	0～100
3	四氯化碳	10～60	26	乙酸戊酯	0～100
3	过氯乙烯	30～40	27	苯甲基醇	−20～30
3A	氟里昂-113	−20～70	28	庚烷	0～60
4	三氯甲烷	0～50	29	乙酸	0～80
4A	氟里昂-21	−20～70	30	苯胺	0～130
5	二氯甲烷	−40～50	31	异丙醚	−80～200
6	氟里昂-12	−40～15	32	丙酮	20～50
6A	二氯乙烷	−30～60	33	辛烷	−50～25
7	碘乙烷	0～100	34	壬烷	−50～25
7A	氟里昂-22	−20～60	35	己烷	−80～20
8	氟苯	0～100	36	乙醚	−100～25
9	硫酸（98%）	10～45	37	戊醇	−50～25
10	苯甲基氯	−20～30	38	甘油	−40～20
11	二氧化硫	−20～100	39	乙二醇	−40～200
12	硝基苯	0～100	40	甲醇	−40～20
13	氯乙烷	−30～40	41	异戊醇	10～100
13A	氯甲烷	−80～20	42	乙醇（100%）	30～80
14	萘	90～200	43	异丁醇	0～100
15	联苯	80～120	44	丁醇	0～100
16	联苯醚	0～200	45	丙醇	−20～100
16	联苯-联苯醚	0～200	46	乙醇（95%）	20～80
17	对二甲苯	0～100	47	异丙醇	−20～50
18	间二甲苯	0～100	48	盐酸（30%）	20～100
19	邻二甲苯	0～100	49	盐水（25%CaCl₂）	−40～20
20	吡啶	−50～25	50	乙醇（50%）	20～80
21	癸烷	−80～25	51	盐水（25%NaCl）	−40～20
22	二苯基甲烷	30～100	52	氨	−70～50
23	苯	10～80	53	水	10～200

附录十一　气体黏度共线图

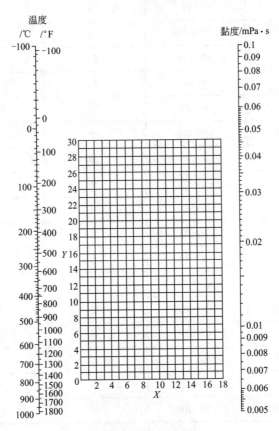

气体黏度共线图坐标值

序号	名　称	X	Y	序号	名　称	X	Y
1	空气	11.0	20.0	21	乙炔	9.8	14.9
2	氧	11.0	21.3	22	丙烷	9.7	12.9
3	氮	10.6	20.0	23	丙烯	9.0	13.8
4	氢	11.2	12.4	24	丁烯	9.2	13.7
5	$3H_2+1N_2$	11.2	17.2	25	戊烷	7.0	12.8
6	水蒸气	8.0	16.0	26	己烷	8.6	11.8
7	二氧化碳	9.5	18.7	27	三氯甲烷	8.9	15.7
8	一氧化碳	11.0	20.0	28	苯	8.5	13.2
9	氨	8.4	16.0	29	甲苯	8.6	12.4
10	硫化氢	8.6	18.0	30	甲醇	8.5	15.6
11	二氧化硫	9.6	17.0	31	乙醇	9.2	14.2
12	二氧化碳	8.0	16.0	32	丙醇	8.4	13.4
13	一氧化二氮	8.8	19.0	33	乙酸	7.7	14.3
14	一氧化氮	10.9	20.5	34	丙酮	8.9	13.0
15	氟	7.3	23.8	35	乙醚	8.9	13.0
16	氯	9.0	18.4	36	乙酸乙酯	8.5	13.2
17	氯化氢	8.8	18.7	37	氟里昂-11	10.6	15.1
18	甲烷	9.9	15.5	38	氟里昂-12	11.1	16.0
19	乙烷	9.1	14.5	39	氟里昂-21	10.8	15.3
20	乙烯	9.5	15.1	40	氟里昂-22	10.1	17.0

附录十二　气体比热容共线图

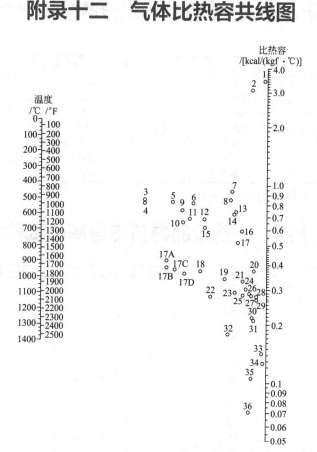

气体比热容共线图中的编号

编 号	名 称	温度范围/℃	编 号	名 称	温度范围/℃
1	氢	0～600	17D	氟里昂-113	0～500
2	氢	600～1400	18	二氧化碳	0～400
3	乙烷	0～200	19	硫化氢	0～700
4	乙烯	0～200	20	氟化氢	0～1400
5	甲烷	0～300	21	硫化氢	700～1400
6	甲烷	300～700	22	二氧化硫	0～400
7	甲烷	700～1400	23	氧	0～500
8	乙烷	600～1400	24	二氧化碳	400～1400
9	乙烷	200～600	25	一氧化氮	0～700
10	乙炔	0～200	26	氮	0～1400
11	乙烯	200～600	27	空气	0～1400
12	氨	0～600	28	一氧化氮	700～1400
13	乙烯	600～1400	29	氧	500～1400
14	氨	600～1400	30	氯化氢	0～1400
15	乙炔	200～400	31	二氧化硫	400～1400
16	乙炔	400～1400	32	氯	0～200
17	水蒸气	0～1400	33	硫	300～1400
17A	氟里昂-22	0～500	34	氯	200～1400
17B	氟里昂-11	0～500	35	溴化氢	0～1400
17C	氟里昂-21	0～500	36	碘化氢	0～1400

附录十三　一些食品的组分的热物理性质

组　分	密度/（kg/m³）	比热容C_p/（kJ/kg）	热导率λ/[W/（m·K）]
水	1000	4.182	0.60
碳水化合物	1550	1.42	0.58
蛋白质	1380	1.55	0.20
脂肪	930	1.67[①]	0.18
空气	1.24	1.00	0.025
冰	917	2.11	2.24
矿物质	2400	0.84	

① 固体脂肪的比热容为 1.67，而液态脂肪的比热容为 2.094。

附录十四　一些食品材料热导率的试验数据

食品名称	温度/℃	含水量（质量分数）/%	热导率λ/[W/（m·K）]（试验者）
	20	87	0.599（Ricdel）
	80		0.631
苹果汁	20	70	0.504
	80		0.564
	20	36	0.389
	80		0.435
苹果	8		0.418（Gane）
干苹果	23	41.6	0219（Sweat）
干杏	23	43.6	0.375（Sweat）
草莓酱	20	41.0	0.338（Sweat）
牛肉脂肪	35	0	0.190（Poppendick）
	35	20	0.230
瘦牛肉=	3	75	0.506（Lentz）
	−15		1.42
瘦牛肉=	20	79	0.430（Hill）
	−15		1.43
瘦牛肉⊥	20	79	0.408（Hill）
	−15		
瘦牛肉⊥	3	74	0.471（Lentz）
	−15		1.12
猪肉脂肪	3	6	0.215（Lentz）
	−15		0.218
瘦猪肉=	4	72	0.478（Lentz）
（6.1%脂肪）	−15		1.49
=	20	76	0.453（Hill）
（6.7%脂肪）	−13		1.42
⊥	4	72	0.456（Lentz）
（6.1%脂肪）	−15		1.29
⊥	20	76	0.505（Hill）
（6.7%脂肪）	−14		1.30
蛋黄（32.7%脂肪，16.75%蛋白质）	31	50.6	0.420（Poppendick）
鳕鱼⊥	3	83	0.534
（0.1%脂肪）	−15		1.46
（鳕鱼）⊥	3	67	0.531（Lentz）
（12%脂肪）	−5		1.24
全奶（3%脂肪）	28	90	0.580（Leidenfrost）
巧克力蛋糕	23	31.9	0.106（Sweat）

注：表中符号 = 表示平行纤维方向，⊥表示垂直纤维方向。

附录十五　一般食品的主要物理性质

食品名称	含水量/%	冰点t_i/℃	定压比热容C_p/[kJ/(kJ·K)]		汽化热r/(kJ/kg)
			$>t_i$	$<t_i$	
苹果	85	−2	3.85	2.09	280
苹果汁	—	−1.7			—
杏子	85.4	−2	3.68	1.94	285
杏干	—				—
香蕉	75	−1.7	3.35	1.76	251
樱桃	82	−4.5	3.46	1.93	276
葡萄	85	−4	3.60	1.84	297
椰子	83	−2.8	3.43		—
干果	30	—	1.76	1.13	100
柠檬	89	−2.1	3.85	1.93	297
柑橘	86	−2.2	3.64		—
桃子	86.9	−1.5	3.77	1.93	289
梨	83	−2	3.77	2.01	280
青豌豆	74	−1.1	3.31	1.76	247
菠萝	85.3	−1.2	3.68	1.88	285
李子	86	−2.2	3.68	1.88	285
杨梅	90	−1.3	3.85	1.97	301
番茄	94	−0.9	3.98	2.01	310
甜菜	72	−2	3.22	1.82	243
洋白菜	85	—	3.85	1.79	285
卷心菜	91	−0.5	3.89	1.79	306
胡萝卜	83	−1.7	3.64	1.88	276
黄瓜	96.4	−0.8	4.06	2.05	318
干大蒜	74	−4	3.31	1.76	247
咸肉	39	−1.7	2.31	1.34	131
腊肉	13～29	—	1.26～1.80	1.00～1.21	48～92
黄油	14～15	−2.2	2.30	1.42	197
炼乳	87	−1.7	3.77	—	—
干酪	46～53	−2.2～−1.1	2.68	1.47	167
巧克力	1.6	—	3.18	3.14	
稀奶油	59	—	2.85	—	193
鲜蛋	70	−2.2	3.18	1.67	226
蛋粉	6	—	1.05	0.88	21
冰蛋	73	−2.2	—	1.76	243
火腿	47～54	−2.2～−1.7	2.43～2.64	1.42～1.51	167
冰激凌	67		3.27	1.88	218
果酱	36		2.01	—	
人造奶油	17～18		3.35	—	126
猪油	46	—	2.26	1.30	155
牛乳	87	−2.8	3.77	1.93	189
奶粉	—	—			
鲜鱼	73	−2～−1	3.43	1.80	243
冻鱼	—				
干鱼	45	—	2.34	1.42	151
猪肉	35～42	−2.2～−1.7	2.01～2.26	1.26～1.34	126
冻猪肉	—				
鲜家禽	74	−1.7	3.35	1.80	247
冻兔肉	60	—	2.85	—	

附录十六　一些食品材料的含水量、冻前比热容、冻后比热容和熔化热数据

食品材料	含水量（质量分数）/%	初始冻结温度/℃	冻前比热容/[kJ/（kg·K）]	冻后比热容/[kJ/（kg·K）]	熔化热/（kJ/kg）
1.蔬菜					
芦笋	93	−0.6	4.00	2.01	312
干菜豆	41	—	1.95	0.98	37
甜菜根	88	−1.1	3.88	1.95	295
胡萝卜	88	−1.4	3.88	1.95	295
花椰菜	92	−0.8	3.98	2.00	308
芹菜	94	−0.5	4.03	2.02	315
甜玉米	74	−0.6	3.53	1.77	248
黄瓜	96	−0.5	4.08	2.05	322
茄子	93	−0.8	4.00	2.01	312
大蒜	61	−0.8	3.20	1.61	204
姜	87	—	3.85	1.94	291
韭菜	85	−0.7	3.80	1.91	285
莴苣	95	−0.2	4.06	2.04	318
蘑菇	91	−0.9	3.95	1.99	305
青葱	89	−0.9	3.90	1.96	298
干洋葱	88	−0.8	3.88	1.95	295
青豌豆	74	−0.6	3.53	1.77	248
四季萝卜	95	−0.7	4.06	2.04	318
菠菜	93	−0.3	4.00	2.01	312
西红柿	94	−0.5	4.03	2.02	315
青萝卜	90	−0.2	3.93	1.97	302
萝卜	92	−1.1	3.98	2.00	308
水芹菜	93	−0.3	4.00	2.01	312
2.水果					
鲜苹果	84	−1.1	3.78	1.90	281
杏	85	−1.1	3.80	1.91	285
香蕉	75	−0.8	3.55	1.79	251
樱桃（酸）	84	−1.7	3.78	1.90	281
樱桃（甜）	80	−1.8	3.68	1.85	268
葡萄柚	89	−1.1	3.90	1.96	298
柠檬	89	−1.4	3.90	1.96	298
西瓜	93	−0.4	4.00	2.01	312
橙	87	−0.8	3.85	1.94	292
鲜桃	89	−0.9	3.90	1.96	298
梨	83	−1.6	3.75	1.89	278
菠萝	85	−1.0	3.80	1.91	285
草莓	90	−0.8	3.93	1.97	302
3.鱼					
大马哈鱼	64	−2.2	3.28	1.65	214
金枪鱼	70	−2.2	3.43	1.72	235
青鱼片	57	−2.2	3.10	1.56	191

续表

食品材料	含水量 （质量分数）/%	初始冻结温度 /℃	冻前比热容 /[kJ/（kg·K）]	冻后比热容 /[kJ/（kg·K）]	熔化热 /（kJ/kg）
4. 贝类					
扇贝肉	80	−2.2	3.68	1.85	268
小虾	83	−2.2	3.75	1.89	278
美洲大龙虾	79	−2.2	3.65	1.84	265
5. 牛肉					
胴体（60%瘦肉）	49	−1.7	2.90	1.46	164
胴体（54%瘦肉）	45	−2.2	2.80	1.41	151
大腿肉	67		3.35	1.68	224
小牛胴体（81%瘦肉）	66	—	3.33	1.67	221
6. 猪肉					
烟熏肉	19	—	2.15	1.08	64
胴体（47%瘦肉）	37	—	2.60	1.31	124
胴体（33%瘦肉）	30	—	2.42	1.22	101
后腿（轻度腌制）	57	—	3.10	1.56	191
后腿（74%瘦肉）	56	−1.7	3.08	1.55	188
7. 羊羔肉					
腿肉（83%瘦肉）	65	—	3.30	1.66	218
8. 乳制品					
奶油	16	—	2.07	1.04	54
干酪（瑞士）	39	−10.0	2.65	1.33	131
冰激凌（10%脂肪）	63	−5.6	3.25	1.63	211
罐装炼乳（加糖）	27	−15	2.35	1.18	90
浓缩乳（不加糖）	74	−1.4	3.53	1.77	248
全脂乳粉	2	—	1.72	0.87	7
脱脂乳粉	3	—	1.75	0.88	10
鲜乳（3.7%脂肪）	87	−0.6	3.85	1.94	291
脱脂鲜乳	91	—	3.95	1.99	305
9. 禽肉制品					
鲜蛋	74	−0.6	3.53	1.77	247
蛋白	88	−0.6	3.88	1.95	295
蛋黄	51	−0.6	2.95	1.48	171
加糖蛋黄	51	−3.9	2.95	1.48	171
全蛋粉	4	—	1.77	0.89	13
蛋白粉	9	—	1.90	0.95	30
鸡	74	−2.8	3.53	1.77	248
火鸡	64	—	3.28	1.65	214
鸭	69	—	3.40	1.71	231
10. 杂项					
蜂蜜	17	—	2.10	1.68	57
奶油巧克力	1	—	1.70	0.85	3
花生酥	2	—	1.72	0.87	7
带皮花生	6	—	1.82	0.92	20
带皮花生（烤熟）	2	—	1.72	0.87	7
杏仁	5	—	1.80	0.9	17

附录十七　常见固体材料的重要物理性质

名称	密度 /（kg/m³）	热导率		比热容	
		/[W/（m·K）]	/[kcal/（m·h·℃）]	/kJ/（kg·K）	/[kcal/（kgf·℃）]
（1）金属					
钢	7850	45.3	39.0	0.46	0.11
不锈钢	7900	17	15	0.50	0.12
铸铁	7220	62.8	54.0	0.50	0.12
铜	8800	383.8	330.0	0.41	0.097
青铜	8000	64.0	55.0	0.38	0.091
黄铜	8600	85.5	73.5	0.38	0.09
铝	2670	203.5	175.0	0.92	0.22
镍	9000	58.2	50.0	0.46	0.11
铅	11400	34.9	30.0	0.13	0.031
（2）塑料					
酚醛	1250～1300	0.13～0.26	0.11～0.22	1.3～1.7	0.3～0.4
尿醛	1400～1500	0.30	0.26	1.3～1.7	0.3～0.4
聚氯乙烯	1380～1400	0.16	0.14	1.8	0.44
聚苯乙烯	1050～1070	0.08	0.07	1.3	0.32
低压聚乙烯	940	0.29	0.25	2.6	0.61
高压聚乙烯	920	0.26	0.22	2.2	0.53
有机玻璃	1180～1190	0.14～0.20	0.12～0.17		
（3）建筑材料、绝热材料、耐酸材料及其他					
干沙	1500～1700	0.45～0.48	0.39～0.50	0.8	0.19
黏土	1600～1800	0.47～0.53	0.4～0.46	0.75（-20～20℃）	0.18（-20～20℃）
锅炉炉渣	700～1100	0.19～0.30	0.16～0.26		
黏土砖	1600～1900	0.47～0.67	0.4～0.58	0.92	0.22
耐火砖	1840	1.05（800～1100℃）	0.9（800～1100℃）	0.88～1.00	0.21～0.24
绝缘转（多孔）	600～1400	0.16～0.37	0.14～0.32		
混凝土	2000～2400	1.3～1.55	1.1～1.33	0.84	0.20
松木	500～600	0.07～0.10	0.06～0.09	2.7（0～100℃）	0.65（0～100℃）
软土	100～300	0.041～0.064	0.035～0.055	0.96	0.23
石棉板	770	0.11	0.10	0.816	0.195
石棉水泥板	1600～1900	0.35	0.3		
玻璃	2500	0.74	0.64	0.67	0.16
耐酸陶瓷制品	2200～2300	0.93～1.0	0.8～0.9	0.75～0.80	0.18～0.19
耐酸砖和板	2100～2400				
耐酸搪瓷	2300～2700	0.99～1.04	0.85～0.9	0.84～1.26	0.2～0.3
橡胶	1200	0.16	0.14	1.38	0.33
冰	900	2.3	2.0	2.11	0.505

附录十八   几种常用包装材料的热阻

材　　料	厚度δ/mm	热阻δ/λ
蜡纸板	0.625	0.096
带玻璃纸的蜡纸板	0.568	0.0109
铝箔	0.509	0.0070
	0.599	0.0095
	0.568	0.0075
双层蜡防水纸	0.212	0.0035

附录十九   管子规格

（1）管端用螺纹和沟槽连接的钢管尺寸（摘自 GB/T 3091—2015）

表 A.1   管端用螺纹和沟槽连接的钢管外径、壁厚

单位为 mm

公称口径(DN)	外径(D)	壁厚(t)	
		普通钢管	加厚钢管
6	10.2	2.0	2.5
8	13.5	2.5	2.8
10	17.2	2.5	2.8
15	21.3	2.8	3.5
20	26.9	2.8	3.5
25	33.7	3.2	4.0
32	42.4	3.5	4.0
40	48.3	3.5	4.5
50	60.3	3.8	4.5
65	76.1	4.0	4.5
80	88.9	4.0	5.0
100	114.3	4.0	5.0
125	139.7	4.0	5.5
150	165.1	4.5	6.0
200	219.1	6.0	7.0

注：表中的公称口径系近似内径的名义尺寸，不表示外径减去两倍壁厚所得的内径。

附录

（2）无缝钢管规格（摘自 GB/T 17395—2008）

外径/mm	壁厚/mm		外径/mm	壁厚/mm		外径/mm	壁厚/mm		外径/mm	壁厚/mm	
	从	到		从	到		从	到		从	到
6	0.25	2.0	51	1.0	12	152	3.0	40	450	9.0	100
7	0.25	2.5	54	1.0	14	159	3.5	45	457	9.0	100
8	0.25	2.5	57	1.0	14	168	3.5	45	473	9.0	100
9	0.25	2.8	60	1.0	16	180	3.5	50	480	9.0	100
10	0.25	3.5	63	1.0	16	194	3.5	50	500	9.0	110
11	0.25	3.5	65	1.0	16	203	3.5	55	508	9.0	110
12	0.25	4.0	68	1.0	16	219	6.0	55	530	9.0	120
14	0.25	4.0	70	1.0	17	232	6.0	65	560	9.0	120
16	0.25	5.0	73	1.0	19	245	6.0	65	610	9.0	120
18	0.25	5.0	76	1.0	20	267	6.0	65	630	9.0	120
19	0.25	6.0	77	1.4	20	273	6.5	85	660	9.0	120
20	0.25	6.0	80	1.4	20	299	7.5	100	699	12	120
22	0.40	6.0	83	1.4	22	302	7.5	100	711	12	120
25	0.40	7.0	85	1.4	22	318.5	7.5	100	720	12	120
27	0.40	7.0	89	1.4	24	325	7.5	100	762	20	120
28	0.40	7.0	95	1.4	24	340	8.0	100	788.5	20	120
30	0.40	8.0	102	1.4	28	351	8.0	100	813	20	120
32	0.40	8.0	108	1.4	30	356	9.0	100	864	20	120
34	0.40	8.0	114	1.5	30	368	9.0	100	914	25	120
35	0.40	9.0	121	1.5	32	377	9.0	100	965	25	120
38	0.40	10.0	127	1.8	32	402	9.0	100	1016	25	120
40	0.40	10.0	133	2.5	36	406	9.0	100			
45	1.0	12	140	3.0	36	419	9.0	100			
48	1.0	12	142	3.0	36	426	9.0	100			

注：壁厚 /mm：0.25，0.30，0.40，0.50，0.60，0.80，1.0，1.2，1.4，1.5，1.6，1.8，2.0，2.2、2.5、2.8，3.0，3.2，3.5，4.0，4.5，5.0，5.5，6.0，6.5，7.0，7.5，8.0，8.5，9.0，9.5，10，11，12，13，14，15，16，17，18，19，20，22，24，25，26，28，30，32，34，36，38，40，42，45，48，50，55，60，65，70，75，80，85，90，95，100，110，120。

（3）热轧无缝钢管（摘自 GB 8163—87）

外径/mm	壁厚/mm		外径/mm	壁厚/mm		外径/mm	壁厚/mm	
	从	到		从	到		从	到
32	2.5	8.0	63.5	3.0	14	102	3.5	22
38	2.5	8.0	68	3.0	16	108	4.0	28
42	2.5	10	70	3.0	16	114	4.0	28
45	2.5	10	73	3.0	19	121	4.0	28
50	2.5	10	76	3.0	19	127	4.0	30
54	3.0	11	83	3.5	19	133	4.0	32
57	3.0	13	89	3.5	22	140	4.5	36
60	3.0	14	95	3.5	22	146	4.5	36

附录二十　IS 型单极单吸离心泵性能表

型号	转数n /（r/min）	流量		扬程 H/m	效率η	功率		必需汽蚀余量（NPSH）,/m	质量（泵/底座）/kg
		（m³/h）	L/s			轴功率	电机功率		
IS50-32-125	2900	7.5	2.08	22	47%	0.96		2.0	
		12.5	3.47	20	60%	1.13	2.2	2.0	32/46
		15	4.17	18.5	60%	1.26		2.5	
	1450	3.75	1.04	5.4	43%	0.13		2.0	
		6.3	1.74	5	54%	0.16	0.55	2.0	32/38
		7.5	2.08	4.6	55%	0.17		2.5	
IS50-32-160	2900	7.5	2.08	34.3	44%	1.59		2.0	
		12.5	3.47	32	54%	2.02	3	2.0	50/46
		15	4.17	29.6	56%	2.16		2.5	
	1450	3.75	1.04	8.5	35%	0.25		2.0	
		6.3	1.74	8	4.8%	0.29	0.55	2.0	50/38
		7.5	2.08	7.5	49%	0.31		2.5	
IS50-32-200	2900	7.5	2.08	52.5	38%	2.82		2.0	
		12.5	3.47	50	48%	3.54	5.5	2.0	52/66
		15	4.17	48	51%	3.95		2.5	
	1450	3.75	1.04	13.1	33%	0.41		2.0	
		6.3	1.74	12.5	42%	0.51	0.75	2.0	52/38
		7.5	2.08	12	44%	0.56		2.5	
IS50-32-250	2900	7.5	2.08	82	23.5%	5.87		2.0	
		12.5	3.47	80	38%	7.16	11	2.0	88/110
		15	4.17	78.5	41%	7.83		2.5	
	1450	3.75	1.04	20.5	23%	0.91		2.0	
		6.3	1.74	20	32%	1.07	1.5	2.0	88/64
		7.5	2.08	19.5	35%	1.14		3.0	
IS65-50-125	2900	15	4.17	21.8	58%	1.54		2.0	
		25	6.94	20	69%	1.97	3	2.5	50/41
		30	8.33	18.5	68%	2.22		3.0	
	1450	7.5	2.08	5.35	53%	0.21		2.0	
		12.5	3.47	5	64%	0.27	0.55	2.0	50/38
		15	4.17	4.7	65%	0.30		2.5	
IS65-50-160	2900	15	4.17	35	54%	2.65		2.0	
		25	6.94	32	65%	3.35	5.5	2.0	51/66
		30	8.33	30	66%	3.71		2.5	
	1450	7.5	2.08	8.8	50%	0.36		2.0	
		12.5	3.47	8.0	60%	0.45	0.75	2.0	51/38
		15	4.17	7.2	60%	0.49		2.5	

续表

型号	转数n /(r/min)	流量 (m³/h)	L/s	扬程 H/m	效率η	轴功率	电机功率	必需汽蚀余量 (NPSH)$_r$/m	质量(泵/底座)/kg
IS65-40-200	2900	15	4.17	53	49%	4.42	7.5	2.0	62/66
		25	6.94	50	60%	5.67		2.0	
		30	8.33	47	61%	6.29		2.5	
	1450	7.5	2.08	13.2	43%	0.63	1.1	2.0	62/46
		12.5	3.47	12.5	55%	0.77		2.0	
		15	4.17	11.8	57%	0.85		2.5	
IS65-40-250	2900	15	4.17	82	37%	9.05	15	2.0	82/110
		25	6.94	80	50%	10.89		2.0	
		30	8.33	78	53%	12.02		2.5	
	1450	7.5	2.08	21	35%	1.23	2.2	2.0	82/67
		12.5	3.47	20	46%	1.48		2.0	
		15	4.17	19.4	48%	1.65		2.5	
IS65-40-315	2900	15	4.17	127	28%	18.5	30	2.5	152/110
		25	6.94	125	40%	21.3		2.5	
		30	8.33	123	44%	22.8		3.0	
	1450	7.5	2.08	32.2	25%	6.63	4	2.5	152/67
		12.5	3.47	32.0	37%	2.94		2.5	
		15	4.17	31.7	41%	3.16		3.0	
IS80-65-125	2900	30	8.33	22.5	64%	2.87	5.5	3.0	44/66
		50	13.9	20	75%	3.63		3.0	
		60	16.7	18	74%	3.98		3.5	
	1450	15	4.17	5.6	55%	0.42	0.75	2.5	44/38
		25	6.94	5	71%	0.48		2.5	
		30	8.33	4.5	72%	0.51		3.0	
IS80-65-160	2900	30	8.33	36	61%	4.82	7.5	2.5	48/66
		50	13.9	32	73%	5.97		2.5	
		60	16.7	29	72%	6.59		3.0	
	1450	15	4.17	9	55%	0.67	1.5	2.5	48/46
		25	6.94	8	69%	0.79		2.5	
		30	8.33	7.2	68%	0.86		3.0	
IS80-50-200	2900	30	8.33	53	55%	7.87	15	2.5	64/124
		50	13.9	50	69%	9.87		2.5	
		60	16.7	47	71%	10.8		3.0	
	1450	15	4.17	13.2	51%	1.06	2.2	2.5	64/46
		25	6.94	12.5	65%	1.31		2.5	
		30	8.33	11.8	67%	1.44		3.0	
IS80-50-250	2900	30	8.33	84	52%	13.2	22	2.5	90/110
		50	13.9	80	63%	17.3		2.5	
		60	16.7	75	64%	19.2		3.0	
	1450	15	4.17	21	49%	1.75	3	2.5	90/64
		25	6.94	20	60%	2.27		2.5	
		30	8.33	18.8	61%	2.52		3.0	

续表

型号	转数n / (r/min)	流量		扬程 H/m	效率η	功率		必需汽蚀余量 (NPSH)ᵣ/m	质量（泵/底座）/kg
		（ m³/h ）	L/s			轴功率	电机功率		
IS80-50-315	2900	30	8.33	128	41%	25.5	37	2.5	125/160
		50	13.9	125	54%	31.5		2.5	
		60	16.7	123	57%	35.3		3.0	
	1450	15	4.17	32.5	39%	3.4	5.5	2.5	125/66
		25	6.94	32	52%	4.19		2.5	
		30	8.33	31.5	56%	4.6		3.0	
IS100-80-125	2900	60	16.7	24	67%	5.86	11	4.0	49/64
		100	27.8	20	78%	7.00		4.5	
		120	33.3	16.5	74%	7.28		5.0	
	1450	30	8.33	6	64%	0.77	1	2.5	49/46
		50	13.9	5	75%	0.91		2.5	
		60	16.7	4	71%	0.92		3.0	
IS100-80-160	2900	60	16.7	36	70%	8.42	15	3.5	69/110
		100	27.8	32	78%	11.2		4.0	
		120	33.3	28	75%	12.2		5.0	
	1450	30	8.33	9.2	67%	1.12	2.2	2.0	69/64
		50	13.9	8.0	75%	1.45		2.5	
		60	16.7	6.8	71%	1.57		3.5	
IS100-65-200	2900	60	16.7	54	65%	13.6	22	3.0	81/110
		100	27.8	50	76%	17.9		3.6	
		120	33.3	47	77%	19.9		4.8	
	1450	30	8.33	13.5	60%	1.84	4	2.0	81/64
		50	13.9	12.5	73%	2.33		2.0	
		60	16.7	11.8	74%	2.61		2.5	
IS100-65-250	2900	60	16.7	87	61%	23.4	37	3.5	90/160
		100	27.8	80	72%	30.0		3.8	
		120	33.3	74.5	73%	33.3		4.8	
	1450	30	8.33	21.3	55%	3.16	5.5	2.0	90/66
		50	13.9	20	68%	4.00		2.0	
		60	16.7	19	70%	4.44		2.5	
IS100-65-315	2900	60	16.7	133	55%	39.6	75	3.0	180/295
		100	27.8	125	66%	51.6		3.6	
		120	33.3	118	67%	57.5		4.2	
	1450	30	8.33	34	51%	5.44	11	2.0	180/112
		50	13.9	32	63%	6.92		2.0	
		60	16.7	30	64%	7.67		2.5	
IS125-100-200	2900	120	33.3	57.5	67%	28.0	45	4.5	108/160
		200	55.6	50	81%	33.6		4.5	
		240	66.7	44.5	80%	36.4		5.0	
	1450	60	16.7	14.5	62%	3.83	7.5	2.5	108/66
		100	27.8	12.5	76%	4.48		2.5	
		120	33.3	11.0	75%	4.79		3.0	

型号	转数n /（r/min）	流量		扬程 H/m	效率η	功率		必需汽蚀余量 （NPSH）_r/m	质量（泵/底座）/kg
		（m³/h）	L/s			轴功率	电机功率		
IS125-100-250	2900	120	33.3	87	66%	43.0	75	3.8	166/295
		200	55.6	80	78%	55.9		4.2	
		240	66.7	72	75%	62.8		5.0	
	1450	60	16.7	21.5	63%	5.59	11	2.5	166/112
		100	27.8	20	76%	7.17		2.5	
		120	33.3	18.5	77%	7.84		3.0	
IS125-100-315	2900	120	33.3	132.5	60%	72.1	110	4.0	189/330
		200	55.6	125	75%	90.8		4.5	
		240	66.7	120	77%	101.9		5.0	
	1450	60	16.7	33.5	58%	9.4	15	2.5	189/160
		100	27.8	32	73%	11.9		2.5	
		120	33.3	30.5	74%	13.5		3.0	
IS125-100-400	1450	60	16.7	52	53%	16.1	30	2.5	205/233
		100	27.8	50	65%	21.0		2.5	
		120	33.3	48.5	67%	23.6		3.0	
IS150-125-250	1450	120	33.3	22.5	71%	10.4	18.5	3.0	758/158
		200	55.6	20	81%	13.5		3.0	
		240	66.7	17.5	78%	14.7		3.5	
IS150-125-315	1450	120	33.3	34	70%	15.9	30	2.5	192/233
		200	55.6	32	79%	22.1		2.5	
		240	66.7	29	80%	23.7		3.0	
IS150-125-400	1450	120	33.3	53	62%	27.9	45	2.0	233/233
		200	55.6	50	75%	36.3		2.8	
		240	66.7	46	74%	40.6		3.5	
IS200-150-250	1450	240	66.7	20	82%	26.6	37		203/233
		400	111.1						
		460	127.8						
IS200-150-315	1450	240	66.7	37	70%	34.6	55	3.0	262/295
		400	111.1	32	82%	42.5		3.5	
		460	127.8	28.5	80%	44.6		4.0	
IS200-150-400	1450	240	66.8	55	74%	48.6	90	3.0	295/295
		400	111.1	50	81%	67.2		3.8	
		460	127.8	48	76%	74.2		4.5	

附录二十一　换热器

固定管板式 ϕ19mm 管径热交换器基本参数（摘自 GB/T 151—2014）

ϕ19mm 管径热交换器基本参数

公称直径（DN）/mm	公称压力（PN）/MPa	管程数（N）	管子根数（n）	中心排管数	管程流通面积/m²	计算换热面积（A₁）/m² 换热管长度（L）/mm						
						1500	2000	3000	4500	6000	9000	12000
168	≤6.40	1	19	5	0.0034	1.6	2.1	3.3	—	—	—	—
219			33	7	0.0058	2.8	3.7	5.7	—	—	—	—
273		1	65	9	0.0115	5.4	7.4	11.3	17.1	22.9	—	—
		2	56	8	0.0049	4.7	6.4	9.7	14.7	19.7	—	—
325		1	99	11	0.0175	8.3	11.2	17.1	26.0	34.9	—	—
		2	88	10	0.0078	7.4	10.0	15.2	23.1	31.0	—	—
		4	68	11	0.0030	5.7	7.7	11.8	17.9	23.9	—	—
377		1	135	13	0.0239	11.2	15.3	23.3	35.4	47.5	—	—
		2	126	12	0.0111	10.5	14.2	21.8	33.0	44.3	—	—
		4	104	13	0.0046	8.7	11.8	18.0	27.3	36.6	—	—
400		1	174	14	0.0307	14.5	19.7	30.1	45.7	61.3	—	—
		2	164	15	0.0145	13.7	18.6	28.4	43.1	57.8	—	—
		4	146	14	0.0065	12.2	16.6	25.3	38.3	51.4	—	—
450		1	237	17	0.0419	19.8	26.9	41.0	62.2	83.5	—	—
		2	220	16	0.0194	18.4	25.0	38.1	57.8	77.5	—	—
		4	200	16	0.0088	16.7	22.7	34.6	52.5	70.4	—	—
500		1	275	19	0.0486	—	31.2	47.6	72.2	96.8	—	—
		2	256	18	0.0226	—	29.0	44.3	67.2	90.2	—	—
		4	222	18	0.0098	—	25.2	38.4	58.3	78.2	—	—
600		1	430	22	0.0760	—	48.8	74.4	112.9	151.4	—	—
		2	416	23	0.0368	—	47.2	72.0	109.8	146.5	—	—
		4	370	22	0.0163	—	42.0	64.0	97.2	130.3	—	—
		6	360	20	0.0106	—	40.8	62.3	94.5	126.8	—	—
700		1	607	27	0.1073	—	—	105.1	159.4	213.8	—	—
		2	574	27	0.0507	—	—	99.4	150.8	202.1	—	—
		4	542	27	0.0239	—	—	93.8	142.3	190.9	—	—
		6	518	24	0.0153	—	—	89.7	136.0	182.4	—	—
800		1	797	31	0.1408	—	—	138.0	209.3	280.7	—	—
		2	776	31	0.0686	—	—	134.3	203.8	273.3	—	—
		4	722	31	0.0319	—	—	125.0	189.8	254.3	—	—
		6	710	30	0.0209	—	—	122.9	186.5	250.0	—	—
900		1	1009	35	0.1783	—	—	174.7	265.0	355.3	536.0	—
		2	988	35	0.0873	—	—	171.0	259.5	347.9	524.9	—
		4	938	35	0.0414	—	—	162.4	246.4	330.3	498.3	—
		6	914	34	0.0269	—	—	158.2	240.0	321.9	485.6	—

公称直径（DN）/mm	公称压力（PN）/MPa	管程数（N）	管子根数（n）	中心排管数	管程流通面积/m²	计算换热面积（A₁）/m²						
						换热管长度（L）/mm						
						1500	2000	3000	4500	6000	9000	12000
1000	≤6.40	1	1267	39	0.2239	—	—	219.3	332.8	446.2	673.1	—
		2	1234	39	0.1090	—	—	213.6	324.1	434.6	655.6	—
		4	1186	39	0.0524	—	—	205.3	311.5	417.7	630.1	—
		6	1148	38	0.0338	—	—	198.7	301.5	404.3	609.9	—
1100		1	1501	43	0.2652	—	—	—	394.2	528.6	797.4	—
		2	1470	43	0.1299	—	—	—	386.1	517.7	780.9	—
		4	1450	43	0.0641	—	—	—	380.8	510.6	770.3	—
		6	1380	42	0.0406	—	—	—	362.4	486.0	733.1	—

附录二十二　常用筛子的规格

（1）国内常用筛

目数	筛孔尺寸/mm	目数	筛孔尺寸/mm	目数	筛孔尺寸/mm
8	2.5	45	0.40	130	0.112
10	2.00	50	0.355	150	0.100
12	1.60	55	0.315	160	0.090
16	1.25	60	0.28	190	0.080
18	1.00	65	0.25	200	0.071
20	0.900	70	0.224	240	0.063
24	0.800	75	0.200	260	0.056
26	0.700	80	0.180	300	0.050
28	0.63	90	0.160	320	0.045
32	0.56	100	0.154	360	0.040
35	0.50	110	0.140		
40	0.45	120	0.125		

注：目数为每英寸长度的筛孔数。

（2）标准筛目

泰勒标准筛			日本JIS标准筛		德国标准筛		
目数/in	孔目大小/mm	网线径/mm	孔目大小/mm	网线径/mm	目数/cm	孔目大小/mm	网线径/mm
2½	7.925	2.235	7.93	2.0			
3	6.680	1.778	6.73	1.8			
3½	5.613	1.651	5.66	1.6			
4	4.699	1.651	4.76	1.29			
5	3.962	1.118	4.00	1.08			

续表

泰勒标准筛			日本JIS标准筛		德国标准筛		
目数 /in	孔目大小 /mm	网线径 /mm	孔目大小 /mm	网线径 /mm	目数 /cm	孔目大小 /mm	网线径 /mm
6	3.327	0.914	3.36	0.87			
7	2.794	0.853	2.83	0.80			
8	2.362	0.813	2.38	0.80			
9	1.981	0.738	2.00	0.76			
10	1.651	0.689	1.68	0.74			
12	1.397	0.711	1.41	0.71	4	1.50	1.00
14	1.168	0.635	1.19	0.62	5	1.20	0.80
16	0.991	0.597	1.00	0.59	6	1.02	0.85
20	0.833	0.437	0.84	0.43	—	—	—
24	0.701	0.358	0.71	0.35	8	0.75	0.50
28	0.589	0.318	0.59	0.32	10	0.60	0.40
32	0.495	0.300	0.50	0.29	11	0.54	0.37
35	0.417	0.310	0.42	0.29	12	0.49	0.34
42	0.351	0.254	0.35	0.29	14	0.43	0.28
48	0.295	0.234	0.297	0.232	16	0.385	0.24
60	0.246	0.178	0.250	0.212	20	0.300	0.20
65	0.208	0.183	0.210	0.181	24	0.250	0.17
80	0.175	0.142	0.177	0.141	30	0.200	0.13
100	0.147	0.107	0.149	0.105	—	—	—
115	0.124	0.097	0.125	0.037	40	0.150	0.10
150	0.104	0.066	0.105	0.070	50	0.120	0.08
170	0.088	0.061	0.088	0.061	60	0.102	0.065
200	0.074	0.053	0.074	0.053	70	0.088	0.055
250	0.061	0.041	0.062	0.048	80	0.075	0.050
270	0.053	0.041	0.053	0.048	100	0.060	0.040
325	0.043	0.036	0.044	0.034			
400	0.038	0.025					

参考文献

[1] 赵思明，等. 食品工程原理[M]. 2版. 北京：科学出版社，2020.

[2] 蒋维钧，等. 化工原理[M]. 3版. 北京：清华大学出版社，2019.

[3] 李云飞，等. 食品工程原理[M]. 4版. 北京：中国农业大学出版社，2019.

[4] 杨同舟. 食品工程原理[M]. 2版. 北京：中国农业出版社，2011.

[5] 张裕中. 食品加工技术装备[M]. 2版. 北京：中国轻工业出版社，2007.

[6] 陈斌，等. 食品加工机械与设备[M]. 2版. 北京：机械工业出版社，2018.

[7] 冯骉. 食品工程原理[M]. 3版. 北京：中国轻工业出版社，2022.

[8] 谭天恩，等. 化工原理[M]. 4版. 北京：化学工业出版社，2013.

[9] 无锡轻工业学院，天津轻工业学院. 食品工程原理[M]. 北京：中国轻工业出版社，1985.

[10] 姚玉英. 化工原理[M]. 3版. 天津：天津大学出版社，2010.

[11] Earle R L. Unit Operations in Food Processing[M]. NZIFST（Inc.），1983.

[12] 崔春芳，童忠良. 干燥新技术及应用. 北京：化学工业出版社，2009.

[13] 朱家骅，叶世超，夏索兰，等. 化工原理[M]. 北京：科学出版社，2005.

[14] 杨世铭. 传热学基础（中译本）[M]. 北京：高等教育出版社，1954.

[15] 化学工业部第六设计院. 传热手册[M]. 北京：化学工业出版社，1974.

[16] 唐莉萍. 热工基础[M]. 北京：中国电力出版社，2006.

[17] 郑贤德. 制冷原理与装置[M]. 北京：机械工业出版社，1999.

[18] 华泽钊，李云飞，刘宝林. 食品冷冻冷藏原理与设备[M]. 北京：机械工业出版社，1999.

[19] 谢晶. 食品冷冻冷藏原理与技术[M]. 北京：化学工业出版社；2005.

[20] 陈汝东. 制冷技术与应用[M]. 上海：同济大学出版社，2006.

[21] 随继学. 制冷与食品保藏技术[M]. 北京：中国农业大学出版社，2005.

[22] 李勇. 食品冷冻加工[M]. 北京：化学工业出版社，2004.

[23] 袁渭康，等. 化学工程手册[M]. 3版. 北京：化学工业出版社，2019.

[24] 江体乾，等. 基础化学工程：下册[M]. 上海：上海科技出版社，1991.

[25] 于才渊，王宝和，等. 干燥装置设计手册[M]. 北京：化学工业出版社，2005.

[26] 高福成. 冻干食品[M]. 北京：中国轻工业出版社，1998.

[27] 高福成. 食品的干燥及其设备[M]. 北京：中国食品出版社，1987.

[28] 曾庆孝. 食品加工与保藏原理[M]. 2版. 北京：化学工业出版社，2007.

[29] 肖旭霖. 食品加工机械与设备[M]. 北京：中国轻工业出版社，2000.

[30] Rautenbach R. 膜工艺——组件和装置设计基础[M]. 王乐夫，译. 北京：化学工业出版社，1998.

[31] 崔建云，等. 食品加工机械与设备[M]. 北京：中国轻工业出版社，2004.

[32] 周本省. 工业水处理技术[M]. 北京：化学工业出版社，1997.

[33] 高福成，等. 食品分离重组工程技术[M]. 北京：中国轻工业出版社，1998.

[34] 管国锋，赵汝溥，等. 化工原理[M]. 北京：化学工业出版社，2003.

[35] 王志魁，等. 化工原理[M]. 5版. 北京：化学工业出版社，2017.

[36] 叶世超，等. 化工原理[M]. 2版. 北京：科学出版社，2002.

[37] 陈敏恒，等. 化工原理[M]. 5版. 北京：化学工业出版社，2020.

[38] 姚玉英，等. 化工原理学习指南[M]. 天津：天津大学出版社，2003.

[39] Jiang Z，Mu S，Ma C，et al. Consequences of ball milling combined with high-pressure homogenization on structure, physicochemical and rheological properties of citrus fiber [J]. Food Hydrocolloids，2022，127：107515.

[40] Wang G，Yan X，Wang B，et al. Effects of milling methods on the properties of rice flour and steamed rice cakes [J]. Lwt-Food Science and Technology，2022，167：113848.

[41] Chen Z，Mense A L，Brewer L R，et al. Wheat bran layers：composition，structure，fractionation，and potential uses in foods [J]. Crit Rev Food Sci Nutr，2023：2171962.

[42] Bouchendhomme T，Soret M，Devin A，et al. Differentiating between fresh and frozen-thawed fish fillets by mitochondrial permeability measurement [J]. Food Control，2022，141：109197.

[43] Cheng H，Jung E-Y，Song S，et al. Effect of freezing raw meat on the physicochemical characteristics of beef jerky [J]. Meat Science，2023，197：109082.

[44] Li Z，Warner R D，Minh H. Rinse and chill®，frozen storage and retail packaging influence the quality of lamb loins [J]. Meat Science，2023，195：109000.

[45] Bouchendhomme T，Soret M，Grard T，et al. Differentiating between fresh and frozen-thawed fish fillets by muscle fibre permeability measurement [J]. Food Control，2023，147：109567.

[46] Angeloni G，Spadi A，Corti F，et al. Investigation of the Effectiveness of a Vertical Centrifugation System Coupled with an Inert Gas Dosing Device to Produce Extra Virgin Olive Oil [J]. Food and Bioprocess Technology，2022，15（11）：2456-2467.

[47] Gila A，Aguilera M P，Sanchez-Ortiz A，et al. Effect of centrifugal force（G）on stability of natural emulsions（water/oil）present in fresh virgin olive oils [J]. J Food Eng，2022，334：111169.

[48] Pena-Gomez N，Panagopoulos V，Kanellaki M，et al. Non-thermal treatment for the stabilisation of liquid food using a tubular cellulose filter from corn stalks [J]. Food Control，2020，112：107164.

[49] Du S，Chen I H，Maclachlan A，et al. 3D Phage-based biomolecular filter for effective high throughput capture of Salmonella Typhimurium in liquid streams [J]. Food Research International，2021，142：110181.

[50] Du Y，Yang F，Yu H，et al. Improving food drying performance by cold plasma pretreatment：A systematic review [J]. Compr Rev Food Sci Food Saf，2022，21（5）：4402-4421.

[51] Qadri O S，Srivastava A K，Yousuf B. Trends in foam mat drying of foods：Special emphasis on hybrid foam mat drying technology [J]. Crit Rev Food Sci Nutr，2020，60（10）：1667-1676.

[52] Menon A，Stojceska V，Tassou S A. A systematic review on the recent advances of the energy efficiency improvements in non-conventional food drying technologies [J]. Trends Food Sci Technol，2020，100：67-76.